KB044082

입문
건축환경설비

박찬필 지음

光文閣
www.kwangmoonkag.co.kr

머리말

건축환경은 건축에서 건강하고 쾌적한 생활환경을 제공하는 중요한 자연요소이다. 건축환경공학은 '건축환경을 수치화하고 그것을 객관적으로 해석하여, 공학적 수법으로 풀어 가는 학문'이라고 할 수 있다.

이렇게 과학적으로 자연환경을 취급하는 과목이 '건축환경공학'이다. 그러나 도심부의 주택이나 빌딩에서는 자연에너지를 이용한 수법만으로는 쾌적한 실내 환경을 유지하기 어렵다. 그래서 거기에는 에너지를 사용하는 기계적인 수법이 필요한데 바로 이것이 '건축설비'이다. 양자 모두 목적은 인간 생활의 쾌적성을 요구하는 것이며, '에너지 절약'을 목표로 하는 것이다. 지금까지 의지한 화석에너지는 자원의 고갈과 지구온난화의 문제가 있다. 그 대책으로써 최근의 세계 각국에서는 지속가능한 발전 목표(SDGs: Sustainable Development Goals)를 추구하여 활동을 시작하고 있다. 그 활동에는 에너지 절약이 절대 필요한 건축이 막대한 영향을 끼치면서 더욱더 건축환경공학과 건축설비의 중요성을 이해할 수 있을 것이다.

건축환경·건축설비·에너지 절약의 세 분야의 범위는 넓고, 어렵게 느껴진다. 그리고 건축환경공학과 건축설비는 에너지 절약과 관련된 내용이 많으므로 당연히 중복되어 혼란스러운 내용이 있을 수 있다. 본서는 이 세 분야를 한 권으로 정리하여 중복 부분을 없애고 연결성을 알기 쉽게 정리하여 종합적으로 이해가 되도록 하였다.

또한, 이 세 분야를 잘 이용하여 건축에 적용하면 건축계획·설계에도 응용할 수 있고, 최근 주목하는 지속적인 친환경 건축에도 도움이 될 것이다. 본서에는 건축환경·건축설비·에너지 절약 중에서 반드시 습득해야 하는 내용을 빠짐없이 저술하였다.

또한, 단원별로 개념 다지기와 연습문제도 다수 게재하여 스스로 테스트해 볼 수 있다. 건축환경·건축설비·에너지 절약을 합본한 이 한 권으로 세 분야를 동시에 효율적인 방법으로 공부할 수 있는 것이 본서의 가장 큰 특징이다. 그리고 학생을 포함하여, 건축사(건축 관련 자격 취득)를 꿈꾸는 수험생이나 건축설계에도 응용할 수 있는 좋은 교과서가 되기를 기원한다.

2023년 3월
박찬필

목차

제1편

건축환경공학

도시속의 건축환경과 자연, 서울 청계천

건축환경공학은 건축물 내부 및 외부의 환경적 조건을 공학적으로 분석하여 건축물의 건강하고 편안한 생활환경을 제공하는 학문입니다. 이를 위해 자연 현상을 수치화하고 과학적으로 이해하여 건축물의 설계 및 시공에 적용합니다. 건축환경공학은 내부의 쾌적한 실내환경, 외부의 적정한 조도, 온도, 소음, 공기질 등을 고려하여 건축물의 기능성과 안전성을 개선하는데 중요한 역할을 합니다.

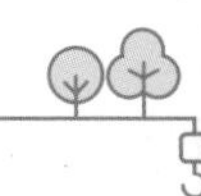

1. 인간과 환경의 관계

환경은 사람이나 생명체를 둘러싸는 외부의 모든 요소와 조건을 말한다. 인류의 역사는 환경과 함께 공유해 왔고, 현재 인류의 문명도 환경의 역할이 크다. 환경은 빛, 물, 공기, 토양, 동물, 식물, 경관 등의 자연환경과 집, 지역, 언어, 정치, 종교 등 사람들의 활동에 의해 만들어진 인공(사회) 환경으로 구분된다(표 1). 인간은 자연으로부터 얻은 자원을 끊임없이 소모하고 경제 활동을 하고 있다. 즉 자원으로부터 원료를 얻고 공장에서 가공하고 상품을 생산하고, 유통하고 소비하는 과정에서 많은 자원과 에너지를 소비한다. 이 때문에 자연스럽게 많은 폐기물이 버려지고 환경 문제가 발생한다. 이러한 환경 문제를 해결할 수 있는 자정(自淨) 능력이나 에너지 자원에는 한계가 있으므로 자연환경의 오염 등 환경 문제가 발생하고 있다(그림 1).

표 1. 환경의 요소와 구분

자연 환경	물리적 환경	빛, 열, 바람, 소리, 비, 눈, 기온, 습도, 기압, 방사 등
	생물적 환경	동물, 식물, 미생물
	지리적 환경	지형, 하천, 바다, 산, 계곡, 위도, 경도, 시차, 경관 등
	화학적 환경	공기, 물, 가스, 원자력, 화학물질, 공기오염 등
인공 환경	사회적 환경	가족, 집, 지역, 건축물, 직장, 산업, 교통 등
	자극적 환경	정치, 경제, 보건, 종교, 교육, 문화, 인종 등

2. 환경 문제

인간의 경제 활동과 관련된 환경 문제는 산업혁명 전후로 지금은 그때와 그 성격이 매우 다르다. 산업혁명 이전에도 그리스와 로마 등에서는 과다한 자원 소비로 환경 문제가 발생했다고 전해지고 있다. 그 원인은 산림 자원의 남용과 같이 비교적 단순한 문제이고, 오염 범위도 특정 지역에 한정되었다. 한편, 산업혁명 이후의 환경 문제는 과학기술의 발달에 의한 산업화가 주요 원인이고, 인류뿐만 아니라 생태계까지 위협하고 있다. 과학기술의 발달은 일상생활을 편리하고 풍부하게 하지만, 기후 변화와 오존층 파괴, 생물 종류의 다양성 감소, 코로나 신형 바이러스 등과 같은

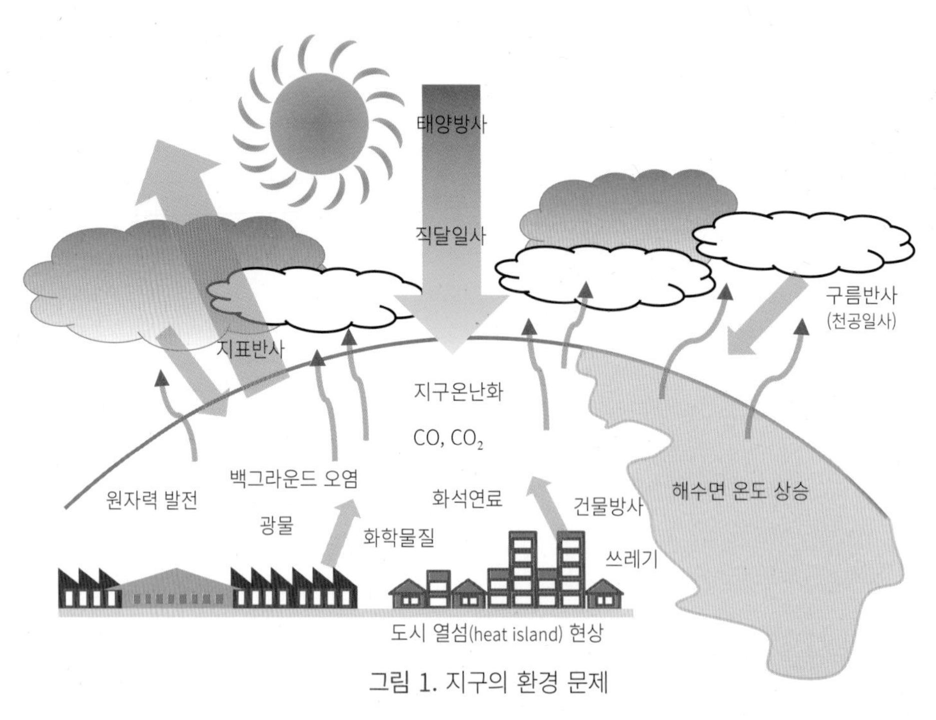

그림 1. 지구의 환경 문제

환경 문제를 일으키는 원인이 되고 있다. 따라서 환경 문제와 같은 산업화의 부작용을 최소화하는 것과 인류의 지속적인 발전을 추구하기 위해서는 건축환경과 과학기술이 필요하다.

3. 건축환경 설비와 에너지 절약의 관련성

훌륭한 건축이란, 어떤 공간에서 생활하면서 일을 하는 인간에게 있어서 안전하고 위생적이고, 쾌적한 환경을 주지 않으면 안 된다. 또한 기능적, 실내·실외의 디자인에도 뛰어나야 한다.

이러한 훌륭한 건축에는 사람을 위한 건강하고 쾌적성을 실현하기 위해서는 건축환경과 건축설비의 기법이 중요하다. 이 양자를 서로 이해하고 건축 계획에 응용하면 건강하고 쾌적한 생활을 할 수 있는 것과 동시에 에너지 절약이 되어 환경 문제 해결의 열쇠가 될 수 있다. 말하자면, 에너지 절약이 환경 설비의 주역이며 환경 설비의 목적이다.

건축 계획은 전통 민가처럼 그 지역의 자연 환경이 건축물에 주는 공기, 열, 빛, 물, 소리 등을 쾌적한 실내 환경을 위해서 받아들여 이용하며 차단하는 것이 중요하다. 이 자연의 에너지는 물리적인 이론과 수치적인 근거가 필요하다. 이러한 과학적으로 객관적인 자연환경을 취급하는 과목이 '건축환경공학'이다. 그러나 도심부의 주택이나 빌딩에서는 전통 민가처럼 자연 에너지를 이용한 패시브적인 기법만으로는 쾌적한 실내 환경은 어렵다. 여기서 전기나 기계의 에너지를 사용하는 액티브한 기법이 필요해지는데, 이것이 '건축설비'이다. 건축환경공학, 건축설비, 에너지 절약의 관련성을 표 2에 정리하였으니 참고하기 바란다.

과학기술의 진보에 의해 건축설비의 발전은 현저하지만 건축 계획으로는 최대한 패시브적 기법을 이용한 다음, 그 부족분을 액티브적 기법(active control)인 건축설비로 보충하는 것이 금세기 전 인류의 과제인 에코(ecolygy) 대책이다.

4. 환경설비 에너지 절약 기법

건축 환경을 조절하는 기법으로서 패시브(자연형) 기법과 액티브(설비형) 기법이 있다. 환경 조절에서는 이 2개의 방법은 없으면 안 되는 기법이다. 패시브 기법을 우선으로 하고 액티브 기법을 보조로 하면, 에너지 절약 효과는 커진다.

1) 패시브 기법(passive control)

패시브 기법이란 건물의 형태, 구조, 공간 구성, 건물의 외부 구성 등 각종의 설계 기법을 통해 자연환경이 가지고 있는 이점을 최대한 이용하여 에너지를 절약하며 실내 환경을 조절하는 방법이다.

표 2. 건축환경공학·건축설비·에너지 절약의 관련성

건축환경공학		건축설비		에너지 절약	
주요 부문	주요 항목	주요 부문	주요 항목	주요 부문	주요 항목
공기환경	공기오염, 환기, 통풍	공기조화설비, 방재설비	환기(換氣), 냉난방, 배기, 환기(還氣)	지표	자연환기, 제로에너지, 환경효율, 지속가능
빛환경	일조, 일영, 채광, 조명, 색채	전기설비	전력, 수신, 조명, 통신,	이용	지중열, 풍력, 해력, 수력, 태양력
열환경	일사, 전열, 차열, 단열, 결로	공기조화설비	공기, 열, 온도, 습도, 냉난방	기법	에너지 생산, 차열, 단열, 축열, 녹화
음환경	음향, 소음, 흡음, 차음	방재설비	소화, 피난, 배기, 경보기, 통신	기술	히트 펌프, 연료전지, 태양광판넬, 스마트하우스
도시환경	이상기후, 지구온난화, 환경문제	급배수설비, 위생설비	급수, 급탕, 배수, 통기, 가스	효과	환경, 설비응용기법, 우수 이용

패시브 기법은 그림 2.a와 같이 하계에는 수목이나 차양에 의해 일사를 차폐하여 실내는 통풍에 의해 쾌적한 온열 환경을 만들 수 있다. 동계가 되면, 그림 2.b와 같이 낙엽수의 잎이 떨어져 따뜻한 일사가 실내 안쪽까지 들어가 열 에너지원이 되고 있다. 이 열원을 축열하기 위해서 바닥과 벽을 열용량이 큰 재료로 구성하면 바닥과 벽에서 저축해진 열이 자연스럽게 방사하면서 난방을 한다. 이러한 기법이야말로 자연의 힘을 그대로 이용한 것이 된다. 또한, 그림 3과 같이 안정된 지중열을 이용하여 계절에 따라서 열교환하여 냉난방을 실시하는 방법도 패시브 이용이다(그림 4). 그리고 그림 5처럼 태양열 집열기를 이용하여 난방과 급탕에 사용하는 것도 패시브 기법의 좋은 예라 할 수 있다.

a. 여름: 낙엽수의 잎이 일사를 차단하며, 통풍에 의해 냉방 효과를 얻는다.

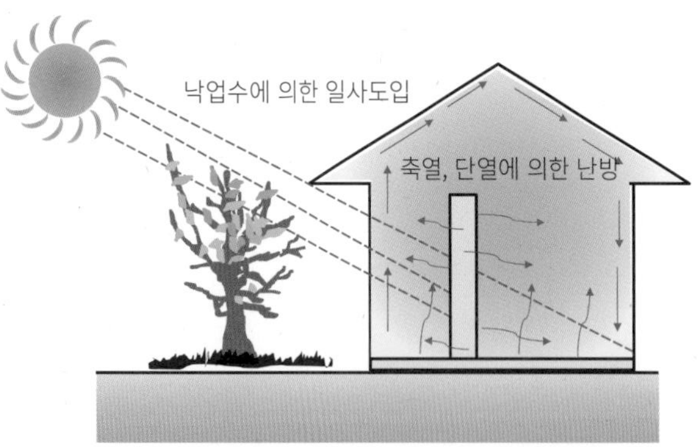

b. 겨울: 낙엽수의 잎이 떨어져, 일사를 실내에 도입하여 축열량이 많은 바닥이나 벽에서 따뜻한 복사열에 의해 난방효과를 얻는다.

그림 2. 패시브 기법

2) 액티브 기법(active control)

액티브 기법이란 에너지를 소모하는 기계 장치를 적극적으로 이용하는 환경 조절 방법이며, 외부 환경

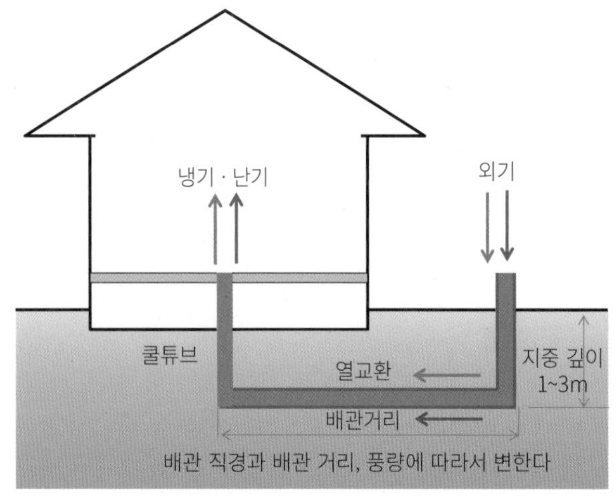

열교환: 외기온과 지중온도 차를 이용한 열
동기: 지중온도 > 외기온도
하기: 지중온도 < 외기온도

그림 3. 지중열을 이용하는 패시브 기법

그림 4. 전통민가의 지중열을 이용하는 패시브 기법
(흙바닥의 표면온도는 여름철에는 3~5°C 낮다) (안동북촌댁)

그림 5. 패시브 기법 이용 주택

으로부터의 부하를 조절하면서 일정한 실내 환경을 제공할 수 있도록 조절하는 기법이다. 액티브 기법은 기계설비를 설치하는 것으로 에너지 소비를 감소시키는 역할을 한다.

예를 들면, 그림 6처럼 지중열의 패시브 이용할 때에 더 안정된 냉난방의 효과를 얻기 위해서 송풍기의 기계 장치를 사용하는 것이다.

5. 환경설비 에너지 응용

환경공학적인 기법으로는 단독으로 자연 에너지를 사용할 수 있다. 한편, 설비 기법으로는 자연 에너지를 이용하고 새로운 에너지를 만드는 것이 가능하다. 이 2개의 기법을 공유하면 깨끗한 1차 에너지(→제3부 에너지의 분류 p.222 참조)를 그대로 이용할 수 있고, 1차 에너지로부터 깨끗한 2차 에너지를 만드는 것도 가능하다. 예를 들면, 그림 7과 같이 지중열을 이용하면 냉난방이 가능하다. 송풍기를 설치하지 않는 경우는 공기가 역류하는 경우도 있기 때문에 이때는 송풍기를 설치하면 안정된 지중열을 유인할 수 있다. 이런 경우에는 건축환경만으로는 부족하기 때문에 건축설비의 힘이 필요하다.

또한, 태양열을 이용하여 더운물을 만들어 급탕이나 난방에 사용할 수 있다. 그리고 태양광이나 바람을 이용하여 전기 에너지를 생산하여 지중열의 송풍기나 가전의 에너지 등에 사용하는 것이 가능하다.

이러한 시스템은 건축환경·설비·에너지 절약이 상호적으로 작용하여 우리에게 건강하고 쾌적한 환경을 만들 수 있는 장래에 바람직한 지속 가능한(sustainable) 건축이라 할 수 있다.

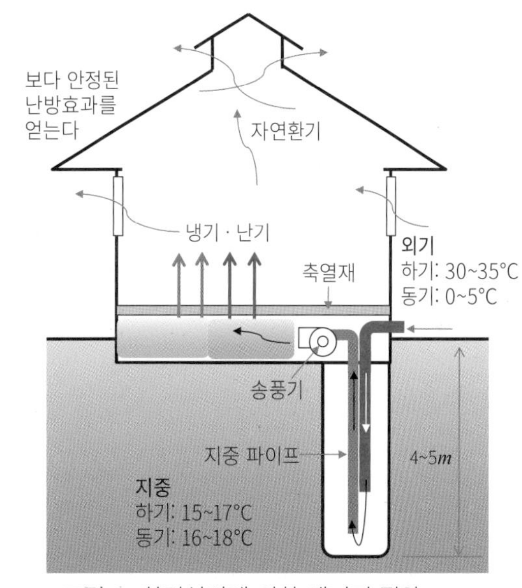

그림 6. 환경설비에 의한 에너지 절약
(지중열 패시브 기법+송풍기 액티브 기법)

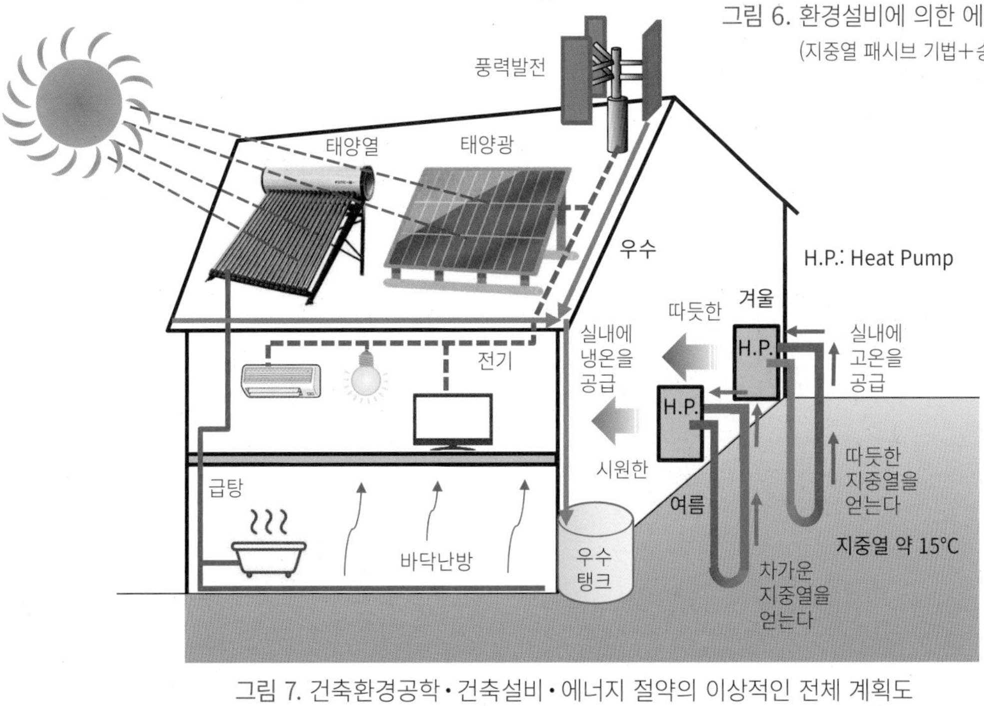

그림 7. 건축환경공학·건축설비·에너지 절약의 이상적인 전체 계획도

6. 풍토와 건축

토착의 전통적인 건축 기법에는 그 토지의 기후나 풍토가 반영되었다. 예를 들면, 한랭 지역에서는 냉기(冷氣)의 침입을 막아 실내로부터의 난기(暖氣)를 밖에 방출하지 않도록 했다. 그러기 위해서는 단열이 중요하였기 때문에 벽은 두껍게 하고, 문과 창 등의 개구부 면적을 가능한 한 작게 했다. 즉 추위를 막기 위해서 밀폐형 단열의 건축 기법이 발달해 왔다(그림 8.a).

그 반면, 온난 지역에서는 더위 대책으로써 개방적인 건축 기법이 발달했다. 외부와 내부를 차단하는 것보다 일체화하는 방법을 우선으로 하여 바깥공기를 어떻게 실내에 도입하는 것이 중요했다. 그러기 위해서는 두꺼운 벽이 아니라 어디까지나 외부와 실내의 유동적인 공간 구성이 필요하다. 혹은 애매한 구분을 허락하면서 실내의 쾌적함을 유지하는 것이었다. 그리고 두꺼운 지붕, 깊은 차양, 개방적인 평면, 수목과 뜰의 배치 등 통풍이 좋고 그늘의 공간을 만드는 궁리가 있었다(그림 8.b).

a. 한랭 지역의 폐쇄적 배치(봉화마을)

b. 온난 지역의 개방적 배치(일본 가고시마 치란)

그림 8. 풍토와 건축

세계 각국의 민속 건축 문화는 각각의 기후나 풍토의 환경 조건을 긴 세월을 거쳐서 궁리되어 패시브적인 기법(passive control)을 도입해 왔다. 즉 쾌적한 공간을 만들기 위해서 계획되어 자연스러운 디자인이 태어났다. 그 모습이 바로 전통 민가이며 이러한 풍토와 건축은 지구상에서의 선조들의 지혜이지만, 어떤 의미로는 자연의 에너지를 최대한으로 이용하는 건축에서의 환경공학의 원점이라 할 수 있다(그림 8).

그리고 이러한 지혜로운 건축 기법은 건축환경공학, 건축설비, 에너지 절약 분야에서 요구하는 지속 가능한(sustainable) 건축의 근본적 기술이라 할 수 있다.

한반도 전통 주택의 평면 형식은 기후적 영향에 의하여 지방에 따라 특징이 있다. 이러한 형태는 오랫동안에 지역의 특수한 자연환경이나 생산 활동, 문화적 맥락이 만들어 낸 결과라 할 수 있다(그림 9).

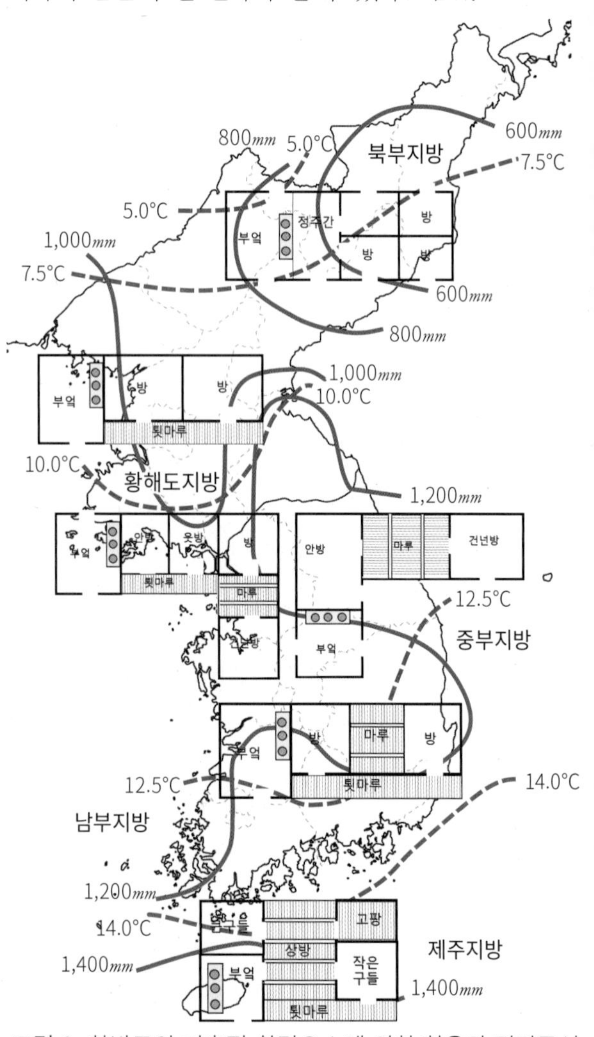

그림 9. 한반도의 기후적 환경요소에 의한 한옥의 평면구성

7. 에코하우스 한옥

한옥은 여름에는 시원하고 겨울에도 따뜻하다. 이러한 자연을 이용한 냉난방은 사람 몸에 부담이 안 가고 실내 온도를 조절해 주는 에코 스페이스라고 할 수 있다.

1) 한옥의 일사 조절

전통 한옥은 처마의 길이와 툇마루의 공간 구성으로 여름에는 뜨거운 일사를 차단하고 겨울에는 태양의 충분한 열을 실내 깊숙이 받아들여 따뜻하게 한다.

서울(북위 37.5°) 북촌마을의 남향인 한옥을 대상으로 태양의 고도에 의한 일사의 길이를 계산해 봤다(그림 10.a). 하지 정오의 경우 일사의 길이는 약 68*cm*로 툇마루까지가 110*cm*, 툇마루 폭이 151.5*cm*이기 때문에 방까지는 261.5*cm*가 된다. 즉 이 길이는 일출로부터 일몰까지 실내에 일사가 들어오는 것이 거의 없기 때문에 방은 시원하다. 그리고 태양의 고도가 낮은 동지 정오의 경우에는 태양의 고도가 29°, 일사의 길이는 약 487*cm*가 된다. 그러므로 따뜻한 햇볕이 종일 방 안쪽 깊숙이까지 와닿는다. 초가집의 일사 조절도 그림 10.b와 같이 처마 길이와 높이는 계절에 맞추어서 적당한 길이로 구성되어 있는 것을 알 수 있다.

2) 온돌과 마루의 축열

온돌의 바닥재는 석재로서 열을 저축하는 열용량이 커서 온돌방에 적절한 것은 당연하다(그림 11). 돌솥비빔밥처럼 일단 따뜻해지면 식기 어려운 것과 같은 원리이다. 마루의 개구부의 단열 성능을 높게 하면 패시브적(자연) 난방도 기대할 수 있다. 목재도 어느 정도 축열 효과가 있다. 그 목재는 소나무로서 용적 비열(축열)로 비교해 보면, 소나무가 1,624$kJ/m^2\cdot$℃로, 삼나무의 783$kJ/m^2\cdot$℃에 대해 약 2배 이상이다. 물론, 콘크리트(2,520$kJ/m^2\cdot$℃)보다는 적지만, 그 효과는 무시할 수 없다. 한국의 전통 마루는 거의 소나무가 사용되어 왔다.

그림 11. 온돌방

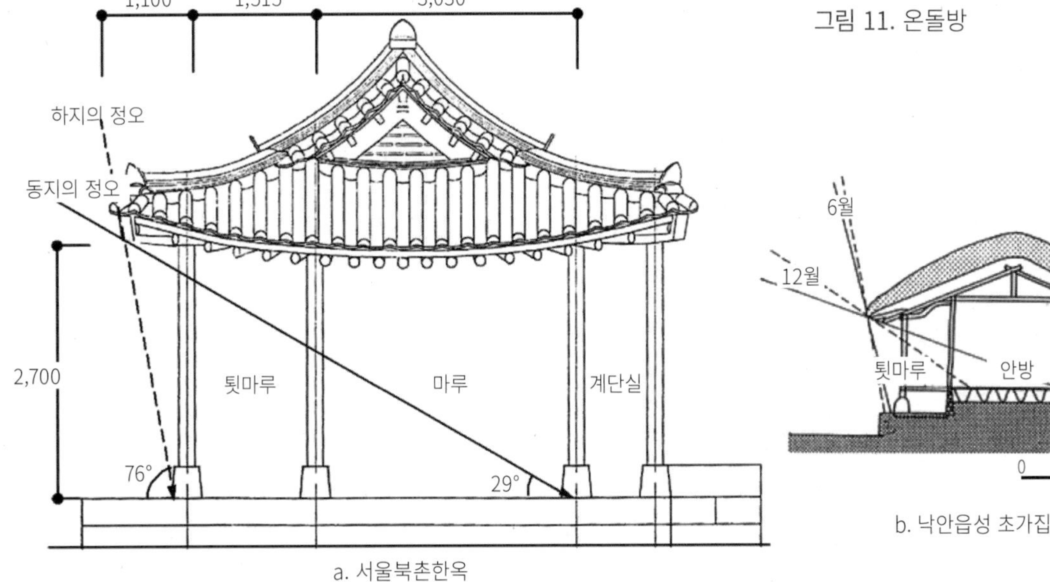

a. 서울북촌한옥

b. 낙안읍성 초가집

그림 10. 한옥의 처마길이와 일사조절

3) 한옥의 단열창

전통 한옥은 안쪽에서 창호지를 붙이며 바깥에서 보면 격자가 보이는 것이 일반적이다. 반면 일본의 전통 가옥은 창호지를 바깥에서 붙여 바깥에서 보면 격자가 안 보이는 것이 특징이다.

이러한 창호가 양국의 큰 차이점이라 할 수 있다. 그리고 일본의 경우, 여닫이 창호는 없고 미닫이 창호만 존재하지만, 한옥은 미닫이와 여닫이문으로 구성된 이중 창호가 통례이다(그림 12). 이중 창호의 공기층 틈새는 약 4.5*cm*이며 단열 효과가 있다. 환경공학적으로는 벽의 공기층은 5*cm*가 가장 효율적으로 알려졌지만 지금의 공기층 단열 기술에 가깝다. 최근에는 한옥의 창호는 미닫이 창호를 이중으로 하고 여닫이 문을 유리로 하여 삼중으로 되어 있다.

그림 12. 한옥의 창호문

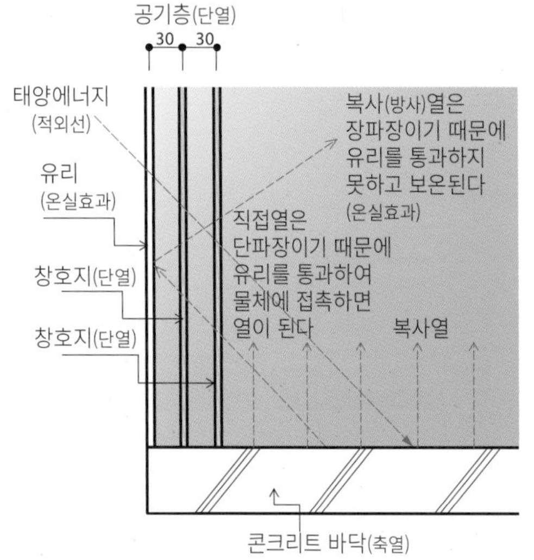

그림 13. 현대풍 한옥 창호의 온열효과의 해석도

겨울에는 여닫이창은 태양의 일사를 이용한 온실효과 역할을 하고, 미닫이 이중창의 공기층은 단열 효과 역할을 한다(그림 13).

4) 한옥의 분합문

분합은 마당과 마루 사이에 혹은 마루와 방 사이에 사용되는 창살문으로 건축물의 기둥과 기둥 사이를 4

그림 14. 한옥 분합의 바람 측정 모습(양동마을)

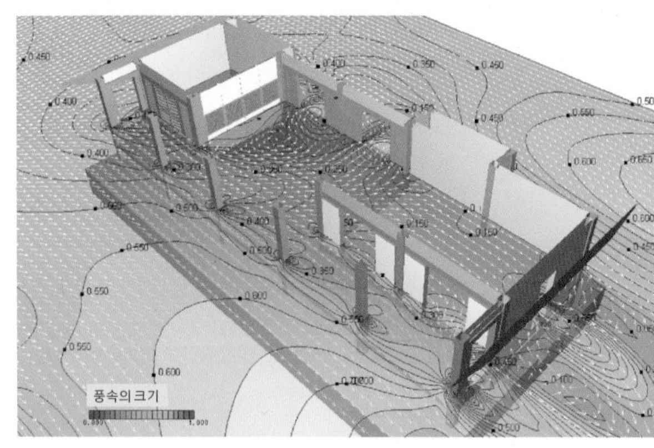

그림 15. 바람의 움직임을 나타내는 시뮬레이션

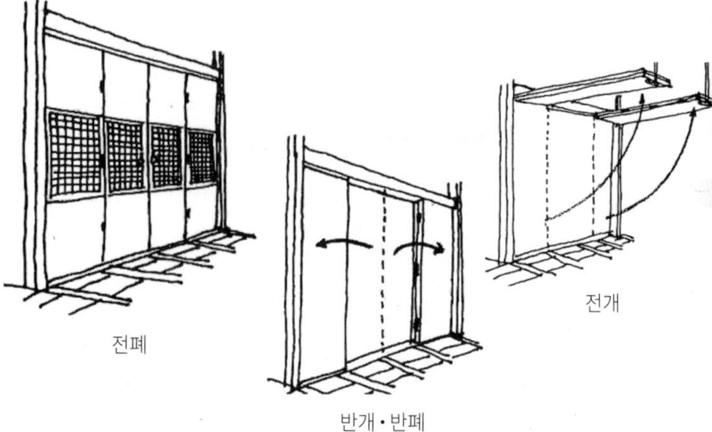

그림 16. 분합의 개폐

등분 한 문이다. 겨울에는 매달아 올린 분합을 내려서 단열 효과로 추운 겨울을 견디고 여름에는 매달아 올려서 마당에서 불어오는 바람으로 실내가 시원하도록 개방하고 있다(그림 14~16).

서울을 중심으로 한 중부 지방의 한옥에서는 마루와 마당 사이에 메달아 올린 분합이 많은 편이고, 남부 지방의 한옥에서는 마루와 방 사이에 설치하는 경우가 많다. 그 이유는 남부 지방이 중부 지방보다 춥지 않기 때문이다.

표 3.a SI 단위(SI 단위 접두어)

량	기호	호칭
10^{12}	T	테라(tera)
10^{9}	G	기가(giga)
10^{6}	M	메가(mega)
10^{3}	k	킬로(kilo)
10^{-3}	m	밀리(milli)
10^{-6}	μ	마이크로(micro)
10^{-9}	n	나노(nano)
10^{-12}	p	피코(pico)

표 3.b SI 단위 공용 단위

명칭	기호	호칭
분	min	$1\,min=60s$
시	h	$1h=60min=3{,}600s$
일	d	$1d=24h=1{,}440min=86{,}400s$
도	°	$1°=(\pi/180)\ rad$
분	′	$1'=(1/60)°=(\pi/10{,}800)\ rad$
초	″	$1''=(1/60)'=(\pi/648{,}000)\ rad$
리터	ℓ	$1\ell=10^{-3}m^{3}$
톤	t	$1t=10^{3}kg$

표 3.c SI 기본 단위

내용	기호	호칭
길이	m	미터
질량	kg	킬로그램
시간	s	초
전류	A	암페아
온도	K	켈빈
물질량	mol	몰
광도	cd	칸델라

8. 건축환경 설비에서 사용하는 단위

단위는 수량과 수치를 취급하는 데 있어서 필요 불가결한 것은 말할 것도 없다. 단위를 이해하면 그 뜻을 알 수 있다. 현재 단위는 국제단위계(SI)로 통일되고 있다. SI 단위는 종래의 미터법을 보다 간단하고 합리적인 것으로 하기 위해 1960년에 국제적으로 결정되었다(표 3). 우리나라는 1964년부터 계량법에 따라 SI 단위계를 표준으로 사용하기 시작하였다. 그러나 일상생활에 있어서는 전통적인 단위에 대해서도 완전히 무시할 수는 없다. 그 이유로서 단위는 문화와 밀접하게 관계되어 있기 때문이다. 아울러 건축환경 설비를 비롯하여 건축 분야에서는 그리스 문자가 사용되므로 기억할 필요가 있다(표 4).

표 4. 그리스 문자

대문자	소문자	호칭	영문
A	α	알파	*alpha*
B	β	베타	*beta*
Γ	γ	감마	*gamma*
Δ	δ	델타	*delta*
E	ε	엡실론	*epsilon*
Z	ζ	지타	*zeta*
H	η	이타	*eta*
Θ	θ	시타(테타)	*theta*
I	ι	요타	*iota*
K	κ	카파	*kappa*
Λ	λ	람다	*lambda*
M	μ	뮤	*mu*
N	ν	뉴	*nu*
Ξ	ξ	크시(크사이)	*xi*
O	o	오미크론	*omicron*
Π	π	파이(피)	*pi*
P	ρ	로	*rho*
Σ	σ	시그마	*sigma*
T	τ	타우	*tau*
Y	υ	입실론	*upsilon*
Φ	φ	피(파이)	*phi*
X	χ	카이	*chi*
Ψ	ψ	프시(프사이)	*psi*
Ω	ω	오메가	*omega*

01 건축환경공학의 개요

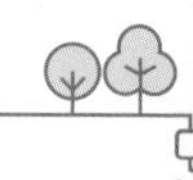

1. 건축환경공학의 분야

건축환경은 건축에서 건강하고 쾌적한 생활 환경을 제공하는 중요한 자연 요소이다. 건축환경 공학이란, 그러한 건축환경을 수치화하고 그것을 객관적으로 해석하여, 공학적 기법으로 풀어 가는 학문이라고 말할 수 있다. 또한, 쾌적한 공간을 만족시키고 자연적으로 그 공간과 어울리는 미적 감각의 디자인을 포함한 종합적인 학문이다.

공학은 기술적인 문제를 찾아내고 기술적으로 해결책을 제시하는 학문이므로, 과학적으로 잘 조직된 지식을 현실적인 문제 해결을 위해서 체계적으로 적용하는 분야이다. 건축환경공학의 분야에 관련된 자연 요소는 기후 풍토와 관계가 깊으며 실내 환경에 영향을 주는 공기, 열, 빛, 색, 음, 비, 눈, 바람 등이 있다.

이들을 각각 공기 환경, 온열 환경, 빛 환경, 음 환경, 기상·기후·환경으로 구별할 수 있다(그림 1.1 참조).

건축환경공학은 일본에서 사용되는 용어로서 1935년경에는 계획원론이라는 분야가 확립되어 1945년경에 건축설비의 인식이 높아지면서, 1965년경에는 계획원론과 건축설비가 합체하는 형태로 건축환경공학으로 총칭하였다. 최근에는 세계적인 환경 문제, 에너지 문제의 증가에 대응하여 건축환경공학은 건축으로부터 도시로 확대하여서 다양한 전개를 보이고 있다.

건축환경공학은 영문으로는 environmental engineering으로 표현한다. 미국에서는 환경기술이며, environmental technology라고 한다. 그리고 영국에서는 환경과학이라고 하여, environmental science로 표현한다. 또한, 독일은 환경물리로, environmental physics라고 한다. 각각의 나라에서는 명칭이 달라도 자연과 건축을 취급하는 것이며, 근거가 있는 수치를 사용하여 객관적으로 해결하는 점은 기본적으로는 같다. 즉 건축환경공학은 건축 계획·설계에서 필요한 과학적인 문제를 체계화한 응용 분야이다.

2. 건축과 환경

건축물의 거대화와 기계의 발달로 에너지 소비량은 늘어나고 있는 것이 현실이다.

에너지를 절감하기 위해서는 건축물에 의한 환경의 배려가 필요하다. 건축가가 하는 일은 건축이나 도시 등을 창조하는 것에 머무르지 않고, 가능한 한 화석 에너지를 사용하지 않고, 그 지역의 풍토나 계절에 대

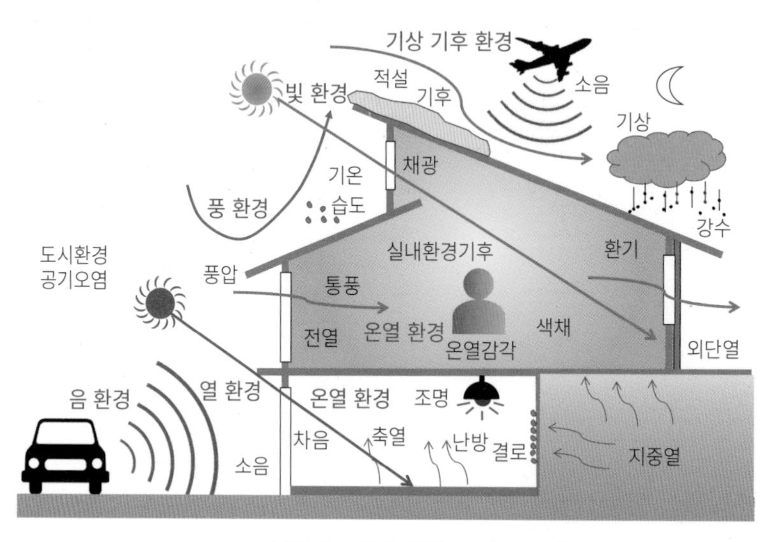

그림 1.1 건축환경 인자

응한 자연 에너지를 사용하면서 환경 오염을 시키지 않는 건축물을 만드는 것이다.

지구 환경 오염이라는 세계적 문제에 대해 자연환경에 순응하면서 자연의 은혜를 최대한으로 이용하는 건축 계획이 필요하다. 이러한 환경 문제는 건축환경 분야가 가장 중요하다는 것을 인식해야 한다.

3. 자연을 가시화하는 환경공학

서모그래피(thermography)는 물체로부터 방사되는 적외선을 분석하여 열분포를 이미지로써 실시하는 장치인데, 이 도구를 사용하면 건물에 끼치는 일사열을 가시화가 가능하기 때문에 온열 환경을 명확하게 할 수 있다.

그림 1.3은 겨울철에 온돌방의 표면 온도(그림 1.2)를 측정한 서모그래프이다. 아궁이의 바로 위의 온돌방의 바닥 표면온도가 최고 76.2℃, 포인트별 최저온도와의 차이가 50℃ 이상이나 되고 있는 것은 같은 공간에서 그 온도차는 매우 크다. 한겨울에 실내 온도가 평균 약 18℃로서 온돌방에 있으면 매우 따뜻하게 느껴진다(그림 1.4).

그림 1.5는 일반적인 2층 건물의 거실이지만, 그림 1.6의 서모그래피 사진을 보면 열분포를 읽을 수 있다. 유리창의 흰색 붉게 보이는 부분이 열부하가 많은 부분이다. 서모그래피 사진으로 이 실내 벽의 온도 분포가 37℃~46℃인 것이 간단하게 파악할 수 있다. 이러한 서모그래피는 결로나 누수, 히트 브리지(열교) 등의 조사로도 이용되는 건축환경공학의 기술이다.

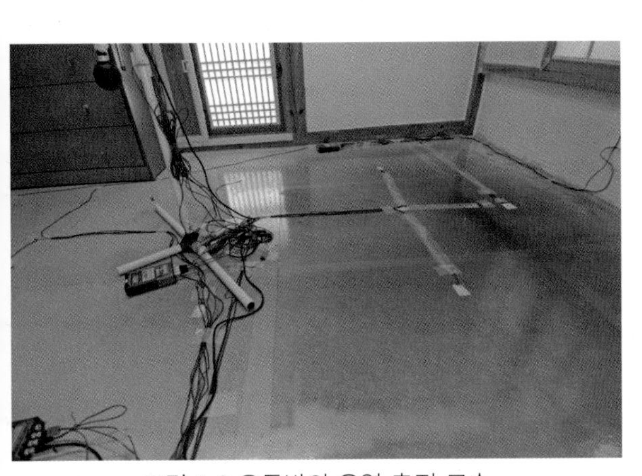
그림 1.2 온돌방의 온열 측정 모습

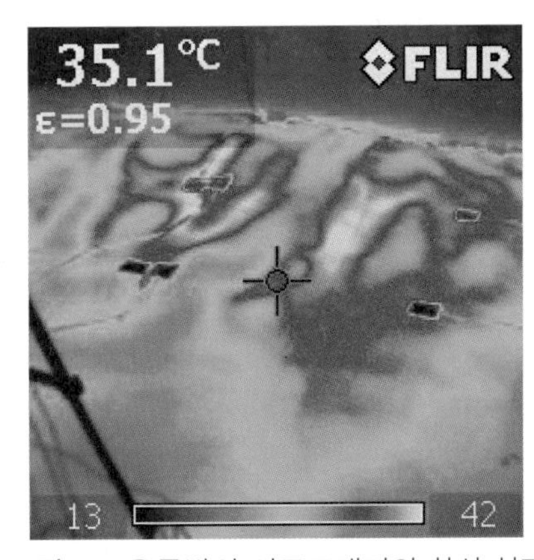

그림 1.3 온돌방의 서모그래피의 화상 처리

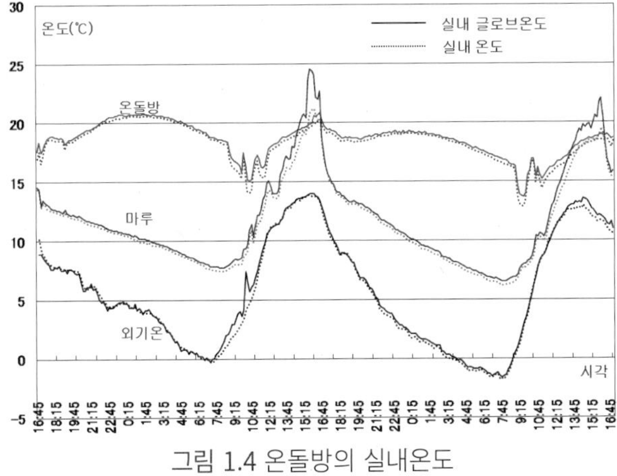

그림 1.4 온돌방의 실내온도

그림 1.5 주택의 내부창

그림 1.6 서모그래피의 화상 처리
2019년 8월 2일 16시 측정, 외기온 32.5°C

02 외부 기후

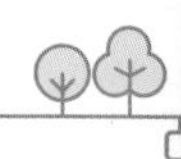

1. 기상과 기후

'기상'과 '기후'는 비슷한 인식이 있어서 혼동되는 경우가 있다. 기상(weather)은 시시각각 변화하는 대기의 상태를 의미하며 기온, 습도, 기압, 비, 구름, 눈, 바람 등을 나타낸다(그림 2.1). 일상생활에서 일기예보 또는 기상예보는 대기 안에서 발생하는 다양한 자연 현상 전반을 가리키며 단기간에 있어서 대기의 종합적인 상태를 예측하는 것을 말한다.

기후(climate)란 어떤 지역에 장기간의 고유한 대기의 현상을 종합한 것을 의미한다. 대기 안에 일어나는 다양한 현상을 분류하지 않고 전체적으로 본다.

미기후(微氣候)는 지면 부근의 기층의 기후로서 지형, 식생, 바다 또는 도시 지역 등에 따라 달라지는 접지층 구조와 연관하여 기온과 습도, 바람 등의 차이로 나타나는 공간적으로 작은 규모로 발생하는 기후를 말한다. 즉 건축물이나 인체에의 영향을 주는 기후를 말하며 주로 주거 환경에서 그 지역의 기후나 풍토에 알맞은 생활을 이해하기 위해서 이용된다.

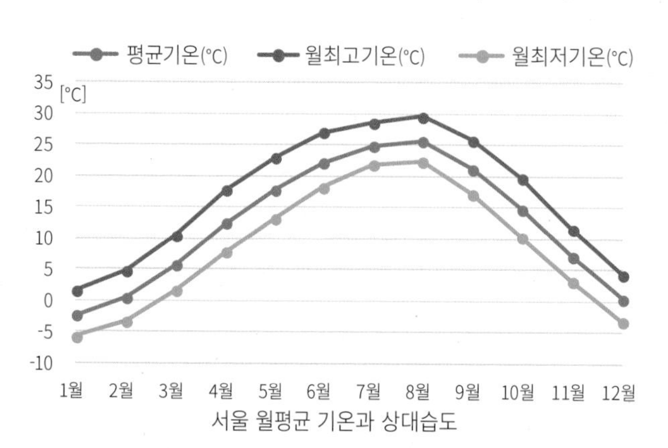

서울 월평균 기온과 상대습도

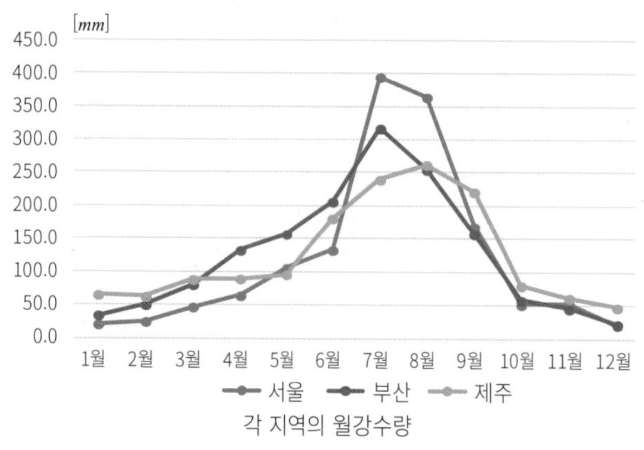

각 지역의 월강수량

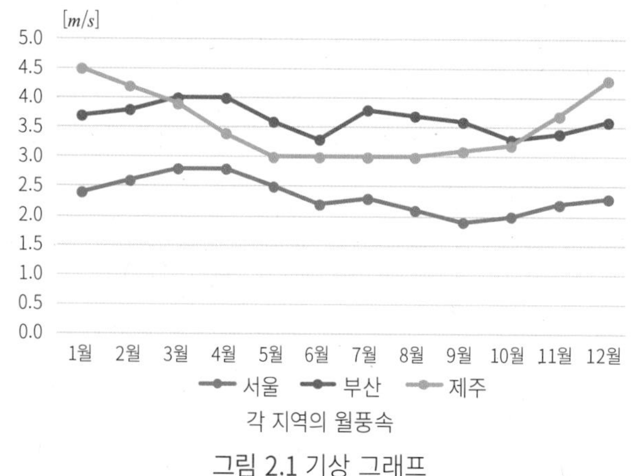

각 지역의 월풍속

그림 2.1 기상 그래프

2. 기온

기온이란 대기의 온도를 지표면상 1.5m의 높이에서 측정한 것이다. 하지 무렵에는 지표면에 입사하는 일사량이 최대인데, 지표면에서는 축열로 인해 월평균 기온이 최고가 되는 것은 하지 무렵보다 한 달 정도 늦어진다.

■ **기온 판정**

겨울철의 기온 판정은 일 최저기온이 이용되고, 한겨울의 판정은 일 최고기온이 이용된다. 그리고 여름철과 한여름의 기온 판정은 일 최고기온이 이용된다. 여기서 한겨울 날은 일 최고기온이 0℃ 미만의 날이며, 한여름 날은 일 최고기온이 30℃ 이상의 날이다.

3. 기온 교차

최고기온과 최저기온의 차이를 기온 교차라고 한다.

1) 일교차

하루의 최고기온과 최저기온과의 차이를 일교차라고 한다. 일교차는 바다의 열용량이 육지보다 크기 때문에 연안부에서는 작고, 내륙부에서는 크다.

2) 연교차

1년간의 월별 평균의 최고기온과 최저기온과의 차이를 연교차라고 한다. 연교차는 내륙부 쪽이 해안보다 크다. 또한, 적도 부근에서는 지극히 작다. 일교차와 연교차의 기온 교차의 특징을 표 2.1에 정리하였다.

표 2.1 기온교차의 비교

	해안부 저위도	내륙부 고위도	맑은날	비 · 흐린날
일교차	작다	크다	크다	작다
연교차	작다	크다	-	-

4. 온도의 측정

1) 섭씨온도 [℃]

1기압에서의 물의 빙점(氷点)을 0도, 비점(沸点)을 100도로 정하고, 그 사이를 100등분 한 온도이다. 세계에서 일반적으로 사용되고 있다.

2) 화씨온도[°F]

1기압에서의 물의 빙점을 32도, 비점을 212도로 정하고, 그 사이를 180등분 한 온도이다. 미국을 중심으로 그 주변의 나라, 지역에서 사용되고 있다.

섭씨온도와의 관계는

$$°F = \frac{9}{5} \times ℃ + 32$$

$$℃ = \frac{5}{9} \times (°F - 32)$$

예) 섭씨온도 30℃의 경우, 화씨온도 °F는

$$\frac{9}{5} \times 30 + 32 = 86°F$$

화씨온도 86℃의 경우, 섭씨온도 ℃는

$$\frac{5}{9} \times (86 - 32) = 30℃$$

3) 절대온도(켈빈온도[K])

열역학의 법칙에 의해 정의된 온도이다. 물질을 구성하는 원자의 열운동이 완전히 정지하는 온도를 0[K]으로 한다. 섭씨온도[℃]와 절대온도[K]의 관계는 다음과 같다.

0K=－273.15℃, 0℃ = ＋ 273.15K,

'온도차'는 1℃ =1K이다.

5. 디그리데이(degree day, 度日)

디그리데이는 일평균 기온이 기준의 온도를 초과한 분만을 그 기간에 걸쳐 합산한 적산온도이다(그림 2.2). 기준온도는 난방 디그리데이 18℃이하, 냉방 디그리데이 124℃이다. 디그리데이는 난방이나 냉방에 필요한 열량을 계산하여 그 지역의 추위와 더위를 평가할 수 있으며, 냉난방의 연료와 설비 규모에 따른 경비를 추측할 수 있다.

난방 디그리데이는 그 지역의 추위의 지표이며, 그 값이 크면 큰 만큼 난방에 필요한 에너지가 커지며, 지역마다 그 값은 틀리다. 또한, 냉방 디그리데이는 하기의 냉방이 필요한 기간 중의 기후 조건이며, 그 값이 큰 만큼 냉방 부하는 커진다. 디그리데이의 단위는 [℃ · day], [℃ · 일]이다.

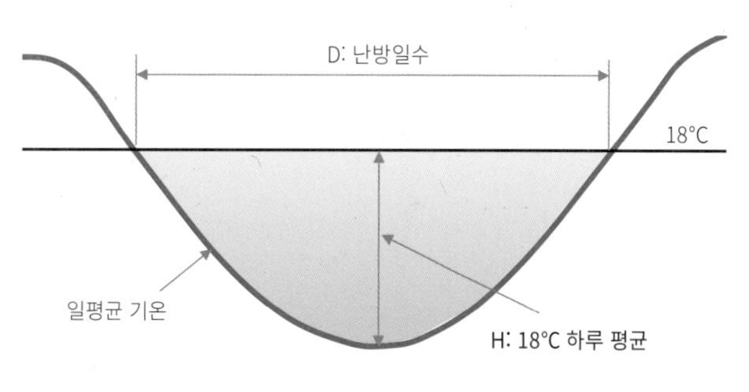

그림 2.2 난방 디그리데이

6. 온도

온도는 건구온도와 습구온도가 있다. 건구온도란, 기온을 말하며 일상에 사용하는 기온이다. 습구온도는 온도계에 물을 적신 거즈로 싼 온도를 말한다. 물방울이 공기 속에 있으면 물방울에서 물이 증발해 물방울의 온도는 공기의 온도보다 낮아지는데, 이때 물방울의 온도를 습구온도라고 한다.

물방울로부터 물이 증발하는 속도는 공기의 습도에 의존하므로, 건구와 습구의 온도차로부터 공기의 습도를 알 수 있다. 건구온도와 습구온도의 차이가 작아지면 작아질수록 상대습도는 높아진다. 건습온도계는 건구온도, 습구온도, 상대습도를 알 수 있다(그림 2.3).

7. 습도

1) 절대습도

절대습도는 마른 공기 1kg에 포함되어 있는 수증기량이다(그림 2.4). 쾌청한 날의 옥외의 절대습도는 온종일 거의 변화하지 않는다. 단위는 [*kg*/*kg*(DA)], [*kg*/*kg*']이고, DA는 Dry Air(마른 공기)를 의미한다.

> **■ 포화 상태**
>
> 대기 안에는 일정 용량의 수증기가 반드시 포함되어 있어, 계속 냉각하고 그 한계 이상이 되면 응결되어 물이 된다. 이것을 포화 상태라고 하는데, 온도와 습도에 따라 다르다.

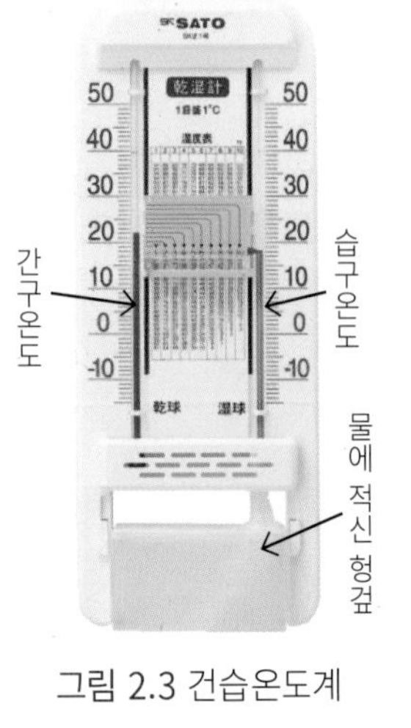

그림 2.3 건습온도계

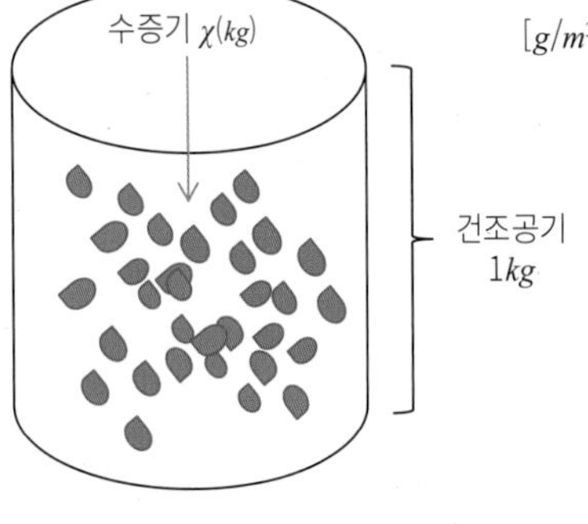

수증기 $\chi(kg)$

건조공기 1*kg*

그림 2.4 절대습도

포화 절대습도란 어떤 온도로 공기 안에 포함할 수 있는 최대(한계)의 수증기량(수분량)을 단위 건조 공기에 대해서 수증기량으로 나타낸 것이다.

그림 2.5는 포화 수증기량이 그 온도로 공기 안에 포함할 수 있는 최대의 수증기량(수분량)이다.

예를 들면, 25℃에서 습도가 100%이면, 1m^3당 22.8*g* [=0.0228*kg*/*kg*(DA)]의 수증기(수분량)가 포함되어 있다.

건축 재료는 평형 함수율이 이용되는데 이것은 재료를 일정한 온도와 습기에서 충분히 오랜 시간을 방치하여, 함수율이 변화하지 않게 된 상태(평형 상태)에 달했을 때 재료의 건조 질량에 대한 함수율의 비율이다.

2) 상대습도

상대습도는 어떤 온도에서의 포화 수증기량에 대한 수증기량의 비율이다.

$$\text{상대습도(RH)} = \frac{\text{실제의 수증기량}}{\text{포화 수증기량}} \times 100\,[\%]$$

그림 2.6처럼 쾌청한 날의 상대습도는 주간에는 낮고, 야간에는 높아진다. 이것은 대기 중에 포함되는 습기의 양(수증기)은 야간에 비해서 주간에는 기온이 오르기 때문에 습기를 포함할 수 있는 양(포화 수증기량)이 늘어나므로 주간에는 상대습도가 낮아진다. 일상적으로 사용되는 습도로 단위는 %이다.

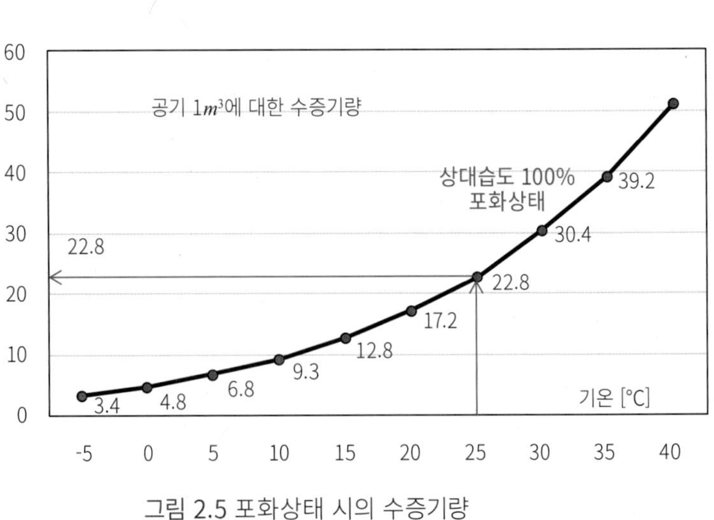

그림 2.5 포화상태 시의 수증기량

8. 기온과 습도의 일변화

상대습도의 일변화는 일반적으로 기온과 반대인 현상으로, 일출 전 6시경에는 최고습도, 최저온도가 되고, 정오를 지나서14시경에 최저습도, 최고온도가 된다(그림 2.6).

■ 클라이모그래프(Climo Graph)

기온과 습도의 특성을 나타내는 기후 그래프(그림 2.7)로서 세로축을 기온, 가로축을 습도로 하여 각 지역의 월평균의 기온 변동을 나타낸 것이다. 그래프가 오른쪽 오름이 되면 겨울은 저온·저습하고, 여름은 고온·고습이라 할 수 있다.

9. 바람

바람은 공기의 흐름으로서 지표면에서는 공기가 기압이 높은 쪽에서 낮은 쪽으로 흐를 때 일어나는 공기의 이동 현상이다.

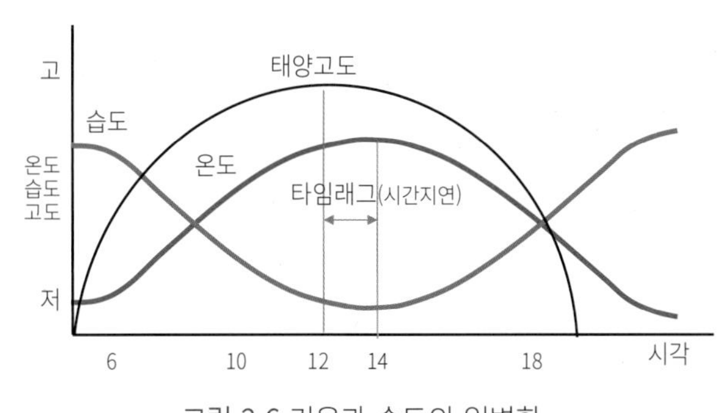

그림 2.6 기온과 습도의 일변화

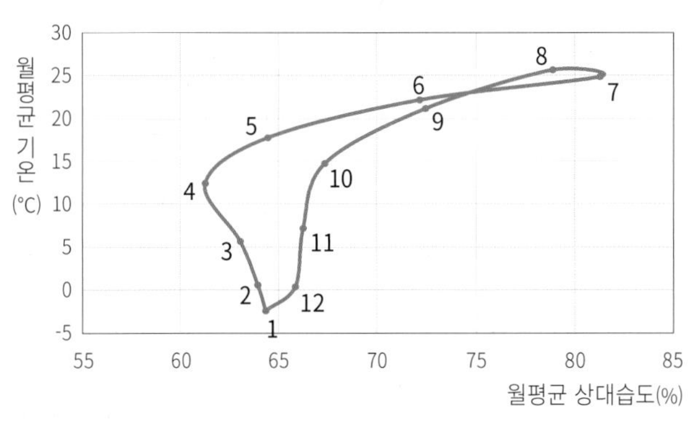

그림 2.7 클라이모 그래프(서울)

1) 풍속

평균 풍속이란 단위 시간 내에 분 바람의 평균적인 속도를 의미한다. 기상청에서는 지상 10m 위치에서 풍속 10분간의 평균치를 이용하고 있다. '최대풍속'은 10분간의 평균 풍속의 최대치이며, '최대순간풍속'은 순간풍속의 최대치이다.

2) 풍향

풍배도는 그림 2.8처럼 어떤 지역의 특정의 계절·시각에 부는 바람의 풍향 발생 빈도를 원그래프로 나타낸 것이다. 즉 원의 중심에서 막대 모양으로 데이터를 나타낸 것과 각 데이터를 선으로 맺어서 레이더 차트처럼 나타낸 것이 있다. 형태가 장미의 꽃잎과 비슷하여 윈드 로즈라고도 한다. 원그래프의 중심에서 먼 만큼 그 풍향의 바람의 발생 빈도가 높은 것을 나타내고 있다.

3) 바람의 일변화

지면은 태양열에 의해 따뜻해지기 쉽고 금방 식는다. 해수는 반대로 따뜻해지기 어렵고 식기 어렵기 때문에 연안부에서는 해륙풍이라는 현상이 일어나기 쉽다. 즉 쾌청한 날 연안 지방의 바람은 낮에는 육지 표면이 태양열에 의해 따뜻해져 상승 기류가 발생하여 바다에서 공기가 흘러들어와 바다에서 육지로 분다.

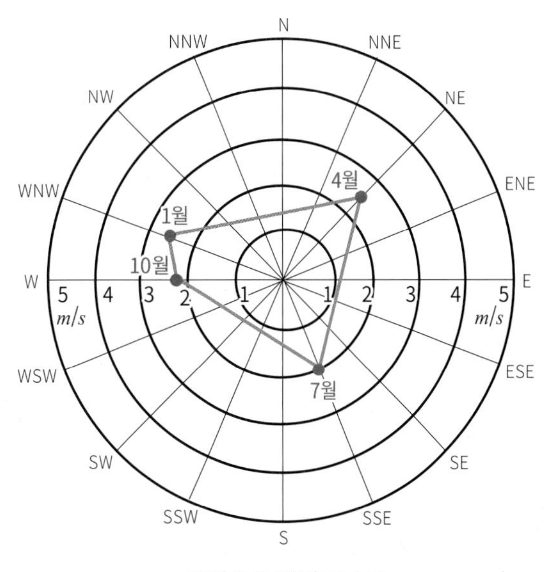

그림 2.8 풍배도(서울)

반대로 밤이 되면 육상의 공기는 해면상의 공기보다 빨리 차가워지기 때문에 육지에서 바다로 불어와 풍향이 반대로 된다(그림 2.9).

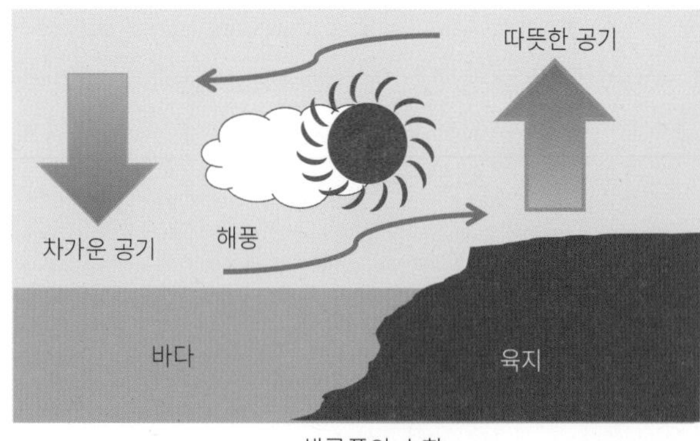

a. 해륙풍의 순환

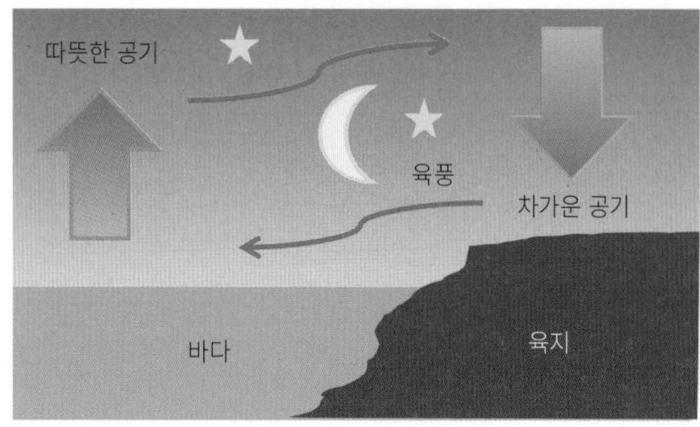

b. 내륙풍의 순환

그림 2.9 바람의 일변화

10. 비와 눈

1) 강수량

하늘에서 내린 물의 양이 강수량이다. 말하자면 비, 눈, 우박 등 하늘에서 내려오는 수분의 총량을 말한다. 강수량은 0.5*mm* 단위로 계측하며 10분간 강수량, 1시간 강수량, 일 강수량으로 발표된다. 일반적으로 1시간 전 강수량이라고 하는데, 이것은 10시의 강우량이 10*mm*라고 하면 9시부터 10시까지 내린 비의 양이라 할 수 있다.

2) 하이더그래프

하이더그래프란, 어떤 지역의 강수량과 기온을 나타내는 그래프이며 우온도(雨溫度)라고도 한다.

월별 평균 강수량과 월별 평균 기온의 교점을 꺾은 선그래프로 나타낸 것으로, 그 교점에서 발생하는 루프의 형태에 의해, 그 지점의 기후를 시각적으로 판정할 수 있다(그림 2.10).

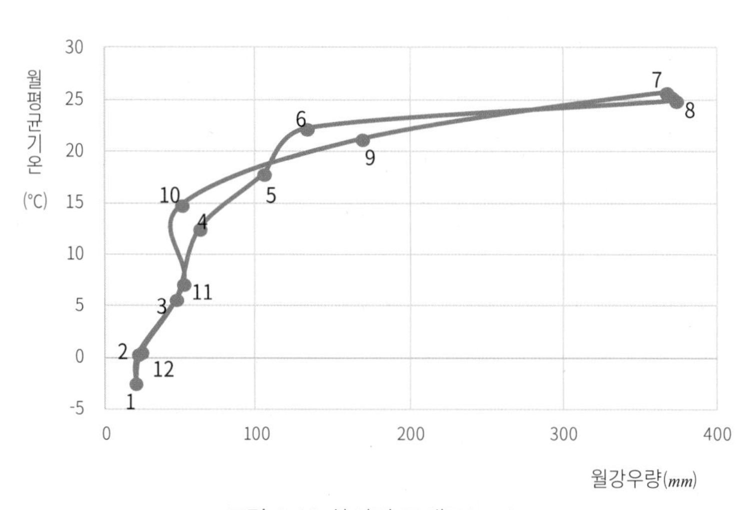

그림 2.10 하이더 그래프(서울)

1. 인체의 열생산과 열방사

인간은 1일 약 1,700~3,500*W*(1,500~3,000kcal)의 에너지를 섭취하여 신진대사와 근육운동으로 열을 생산하며, 그 생산 열은 몸의 표면이나 호흡에 의해 방출된다. 인체는 생산열과 방열의 밸런스를 유지하면서 체온을 일정하게 유지하고 있다.

1) 에너지 대사(metabolic)

인체의 열생산은 주로 음식으로부터의 소화와 근육운동으로 성립되지만, 이것을 인체의 대사 작용이라고 한다. 그 양을 met(메트)라는 단위를 사용해 측정하는 것이 가능하다. 에너지 대사율은 인간의 작업 강도를 나타내는 지표이며 노동대사의 기초대사에 대한 비율로 나타내진다.

1met(메트)는 정좌한 자세에서 표준 체격의 한국인 성인 남성(약 1.7m^2)의 체표면적 1m^2에서 발산하는 평균 열량으로 58.2W/m^2 [=50kcal/($m^2 \cdot h$)]이다. 따라서 성인 남성 1시간의 열량은 약 100*W*(58.2×1.7) 정도라 할 수 있다.

2) 총발열량

연소하면 수증기가 발생하지만 이 수증기의 증발잠열(온도 변화가 없는 에너지)을 포함할 수 없는 발열량을 진(眞)발열량(저발열량)이라고 하며, 수증기의 증발잠열을 포함한 발열량을 총발열량(고발열량)이라고 한다. 인체로부터의 총발열량에서 차지하는 잠열 발열량의 비율은 작업의 정도에 따라 대사량이 많을수록 커진다. 인체의 열발산량은 개인적인 차이가 있어, 나이가 들면 감소하고, 성인 여성의 경우에는 성인 남성의 약 85% 정도이다.

3) 열방출

체내의 근육으로부터 생산된 열은 피부 표면으로 운반되어 방사(복사), 대류, 증발, 전도에 의해 주위로 방출된다. 전도에 의한 열손실이 없는 경우, 복사 45%, 대류 30%, 증발 25%에 의한 열손실이 있다.

2. 온열 감각

온열 감각에 영향을 주는 물리적인 4요소는 온도, 습도, 기류, 방사(복사)이다. 또한, 착의량(clo)과 활동량(met)이 있다.

1) 유효온도(ET, Effective Temperature)

유효온도 ET(체감온도, 효과온도)의 근본적인 개념은 그림 3.1과 같이 실험대상자가 A실과 B실을 왕복하여, 평가대상실 B의 상태와 같은 온감을 참조실 A실의 기온에 맞추어 결정하는 기온을 말한다. 방사(복사)열을 고려하지 않기 때문에 습도와 기류의 영향을 받는다.

습도 40~60%, 기류 0.5*m/s*일 경우 쾌적 환경의 유효온도는 겨울: 17~22℃(평균 19.5℃), 여름: 19~24℃(평균 21.5℃)이다.

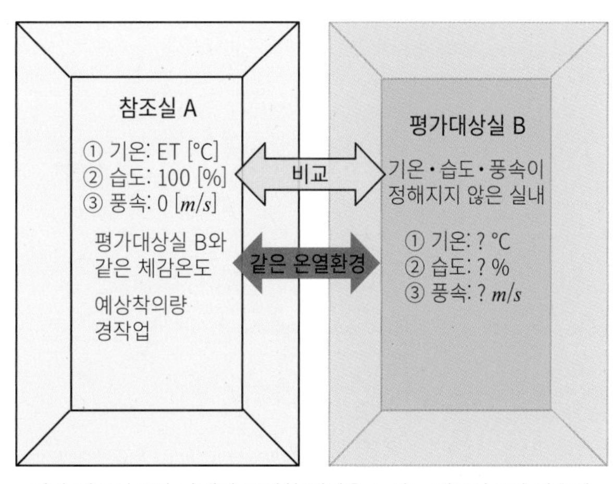

그림 3.1 유효온도(ET)의 발상

(예제 1)

그림 3.2에서 건구온도 20℃, 습구온도 15℃의 경우, 유효온도 ET는

풍속 0.5*m/s* ≒ 17.5℃,

1.0*m/s* ≒ 16.5℃, 2.0*m/s* ≒ 14.5℃이다.

풍속이 2배로 커지면 약 1℃씩 체감온도가 떨어진다.

2) 수정 유효온도(CET, Corrected Effective Temperature)

유효온도에 글로브온도계를 사용하여 둘레의 벽에서 나오는 방사열(복사열)을 고려한 쾌적 지표이다. 수정 유효온도의 요소는 기온, 습도, 기류, 방사(복사)이다.

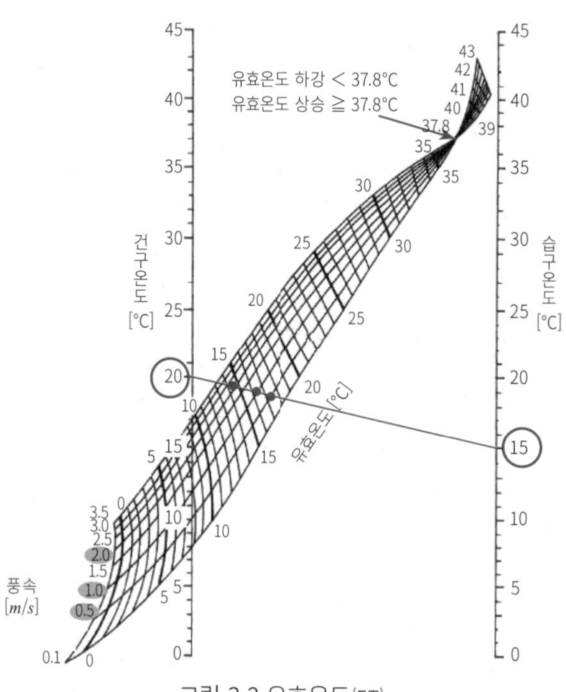

그림 3.2 유효온도(ET)

3) 신유효온도(ET*, New Effective Temperature)

수정 유효온도인 4요소에 착의량과 대사량(작업량)를 더한 6요소의 체감온도이며, ET 스타라고도 말한다. 착의량은 0.6clo, 기류 0.5*m/s* 이하, 상대습도 50%일 때의 실온으로 나타낸다. 이것을 신유효온도라고 한다.

그림 3.3은 실온과 신유효온도 ET*를 나타낸 그래프이다. 방사온도가 동일한 실내 환경에 대해 필요한 착의 관계를 나타내고 있다. 그래프의 적색 부분처럼 ET*는 실온이 22.9~25.2℃, 절대온도 0.004~0.012*kg*/*kg*(DA), 상대습도가 20~60%의 범위가 쾌적 범위이다.

그림 3.4는 신유효온도와 착의량의 영향에 관한 그래프이다. 예를 들어, 1clo, 실온이 18℃의 경우 신유효온

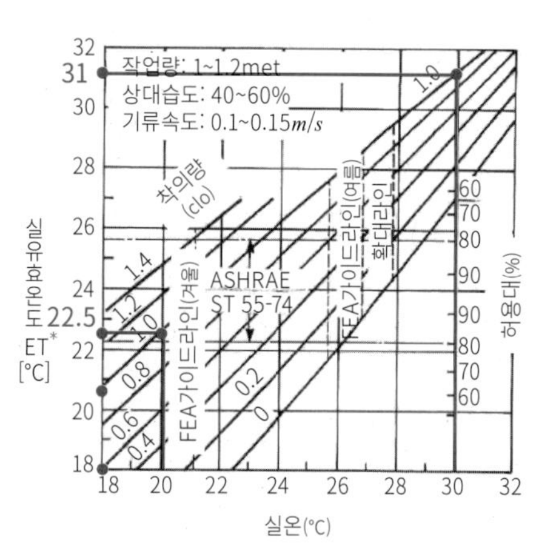

그림 3.4 신유효온도와 착의량의 영향(ASHRAE 인용)

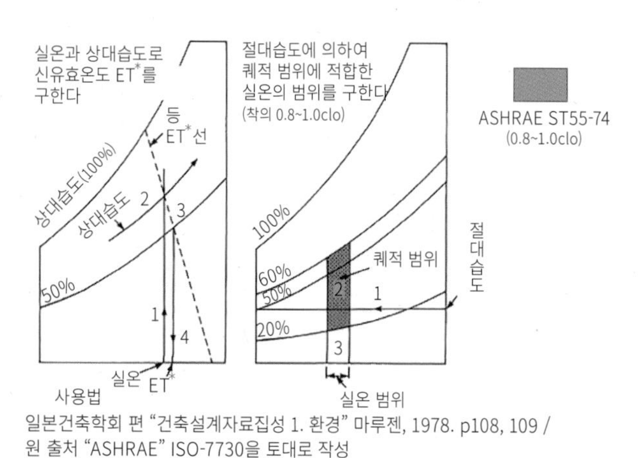

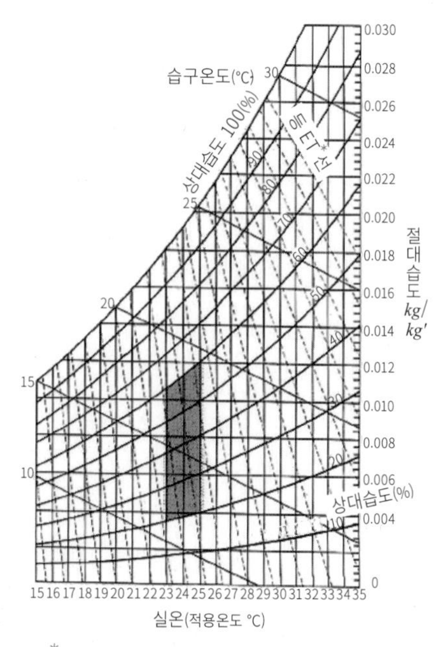

일본건축학회 편 "건축설계자료집성 1. 환경" 마루젠, 1978. p108, 109 / 원 출처 "ASHRAE" ISO-7730을 토대로 작성

그림 3.3 신유효온도(ET*)

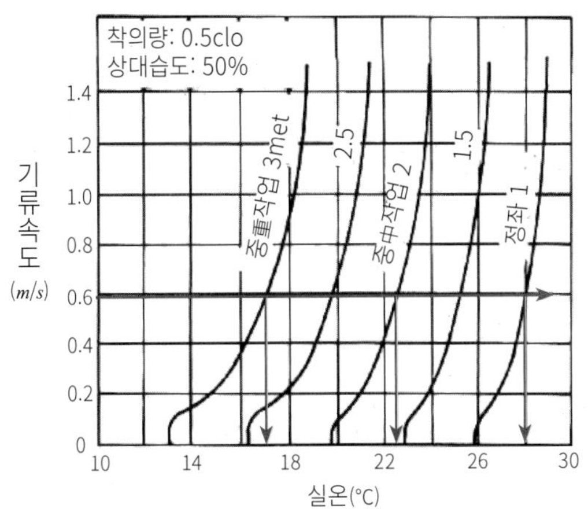

그림 3.5 신유효온도와 작업량의 영향(ASHRAE인용)

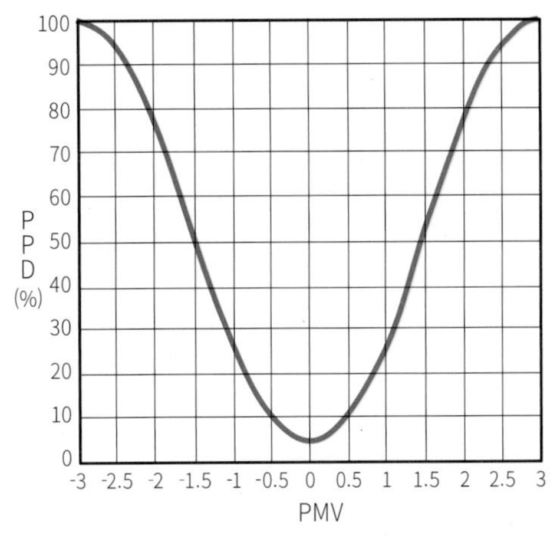

그림 3.6 PMV 예상 평균 온열감 · PPD 예상 불만족자 비율

도는 21℃이며, 실온이 20℃의 경우 신유효온도는 22.5℃로, 실온이 30℃의 경우 신유효온도는 31℃이다.

그림 3.5는 실온과 기류 속도에 의한 작업량에 관한 그래프로서 착의량 0.5clo, 상대습도 50%의 조건에서 작업의 정도에 응한 쾌적한 실온과 기류 속도를 조합해서 나타낸 것이다. 예를 들면, 착의량 0.5clo, 기류 0.6*m/s*의 조건하에서 정좌 1met는 28℃, 보통작업 2met는 22.5℃, 중작업 3met는 17℃가 같은 체감온도가 된다.

4) 표준 신유효온도(SET*, Standard Effective Temperature)

최신 쾌적 지표로서 ASHRAE[1)]에서 채택하여 세계적으로 널리 사용되고 있다. 착의량을 대사량에 따라 수정하고 있기 때문에 다른 대사량·착의량에서의 온랭감, 쾌적감의 평가가 가능하다. 습도 50%, 기류 0.125m/s, 정좌 상태의 대사량 1met, 착의량 0.6clo에 표준화한 체감지수이다.

SET*의 실내 쾌적 범위는 22.2~25.6 ℃이다.

3. 온열지표

1) 불쾌지수(DI, Discomfort Index)

건구온도와 상대습도만 가지고 불쾌지수의 계산을 할 수 있다. 불쾌지수가 75를 넘으면 10%의 사람이 불쾌하게 느끼고, 85를 넘으면 전원이 불쾌해진다. 그러나 인종과 남녀노소와 개인적인 차이가 있고 풍속이 포함되어 있지 않기 때문에 정확하다고는 할 수 없다. 불쾌지수를 구하는 식은 다음과 같다.

불쾌지수 a = 0.72×(DB+WB)+40.6

불쾌지수 b = 0.81×DB+0.01×H(0.99×DB−14.3)+46.3

기온 : DB(건구온도 ℃), WB(습구온도 ℃), H(상대습도 %)

예제 2

건구온도 32℃, 습구온도 30℃, 상대습도 75%인 경우 불쾌지수를 구하시오.

불쾌지수 a = 0.72×(32+30)+40.6 = 85.24%

불쾌지수 b = 0.81×32+0.01×75(0.99×32−14.3)+46.3
= 85.25%

∴ 전원 불쾌

2) 예상 평균 온열감(PMV, Predicted Mean Vote)

PMV(예상 평균 온열감)는 온도, 습도, 기류, 방사의 4가지 온열 요소에 착의량과 작업량(대사량)을 덧붙여 고려한 온열 지표이다. 주로 균일한 환경에 대한 온열 쾌적 지표로서 상하 온도 분포가 큰 환경이나 불균일한 방사 환경에 대해서는 적절히 평가할 수 없는 경우가 있다. ISO[2)]의 추천치는 $-0.5 < PMV < +0.5$이다(그림 3.6 참조).

1) ASHRAE: American Society of Heating Refrigerating and Air-Conditioning Engineers(미국온냉방공조학회)

2) ISO: International Organization for Standardization, 국제표준화기구

3) 예상 불만족자 비율(PPD, Predicted Percentage of Dissatisfied)

PPD는 요구된 온열 환경에서 불만족하다고 느끼는 사람의 비율을 말한다. 그림 3.6에서 PMV의 값이 0에서 멀어질 만큼 PPD의 값도 커진다. 즉 너무 덥다(혹은 너무 춥다)는 것은 그 환경을 불만족하게 생각하는 사람이 많다는 것을 나타내고 있다.

쾌적역은 −0.5 < PMV < +0.5의 범위에서 PPD < 10%가 된다.

4. 온열 감각온도

1) 평균 방사온도(MRT, Mean Radiant Temperature)

평균 방사온도(MRT)란 전 방향에서 받는 열방사의 평균온도로서 글로브온도, 실온, 기류속도의 계측치로 개산(槪算)한다. MRT의 값이 기온보다 높으면 덥게 느끼고, 낮으면 시원하게 느껴진다. 더위나 시원함 등 온열 감각을 측정할 때 유효하다.

2) 작용온도(OT, Operative Temperature)

실온이 같아도 주위 온도와 기류, 방사열의 상태에 따라 체감온도는 다르다. 습도를 생각하지 않고 기온, 기류, 방사의 조건에서 측정하는 체감온도를 작용온도라고 하고, 이 지표는 난방 시에 이용된다.

작용온도는 효과온도라고도 하며, 글로브온도와 거의 같다. 발한의 영향이 작은 환경에서의 열 환경에 관한 지표로서 이용되어, 공기 온도와 평균 방사온도(MRT)의 가중 평균(중요도를 가미한 평균)으로 측정한다.

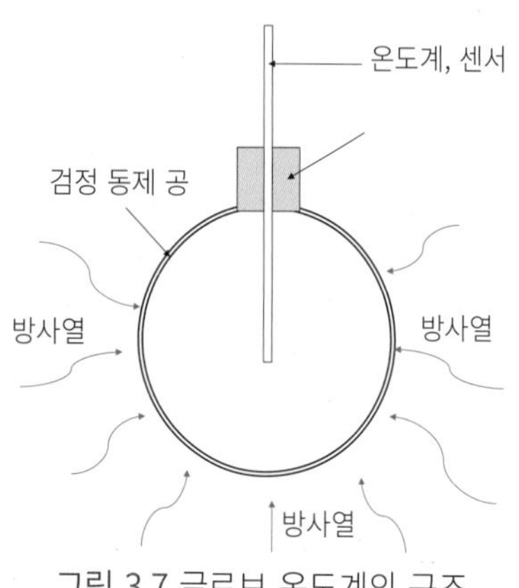

그림 3.7 글로브 온도계의 구조

3) 글로브온도(GT, Globe Temperature)

글로브온도계는 그림 3.7~3.8처럼 얇은 동제이며, 표면에는 검은색으로 도장되어 있는 가상 검정체의 동제 공이다. 이 속에 온도계를 넣고 주위로부터의 열복사에 의한 영향을 관측할 수 있다. 최근에는 센서를 넣고 측정하는 것이 많다. 기류가 평온인 상태에서는 작용온도와 거의 일치한다.

4) 실효온도차(ETD, Equivalent Temperature Difference)

실효온도차는 열관류 계산을 간략하게 실시하기 위해서 '내외온도차', '일사량' 및 '벽이나 천장 등의 열용량이 큰 부재에 의한 열적 거동의 시간 지연', 즉 타임래그(timelag)를 고려하여 사용되는 가상의 온도차이다. 실효 방사(야간 방사)는 지표에 있어서의 장파장(열선) 방사 수지(收支)이며, 낮이나 야간에 발생하는 '대기 방사와 지표면 방사와의 차이'이다.

1. 2. 3. 기후 연습문제

1) 클라이모그래프와 하이더그래프의 차이에 대해서 설명하시오.
2) 오늘의 일교차와 작년의 연교차를 계산하시오.
3) 섭씨온도 20℃는 화씨온도로는 몇 도인지 계산하시오.
4) 해풍과 육풍에 대해서 설명하시오.
5) 온열 감각 4요소를 답하시오.
6) 온열 감각온도의 진화 과정을 설명하시오.
7) 불쾌지수 85를 넘으면 체감은 어떻게 느끼는지 답하시오.
8) 건구온도 27℃, 상대습도 60% 때의 불쾌지수를 구하고 체감을 평가하시오.
9) 온열 지표 PMV과 PPD의 차이에 대해서 설명하시오.
10) MRT, OT, GT, ETD의 각각의 특징을 설명하시오.

그림 3.8 글로브 온도계

1. 2. 3. 기후 / 심화문제

[1] 기후에 관한 다음 기술 중 가장 부적당한 것은 어떤 것일까?

1. 미기후는 실내 환경에서의 인체의 피부와 건축 부재 부근의 기후 등을 말한다.
2. 연교차는 적도 부근에서는 지극히 작고, 연안부 쪽이 내륙부보다 크다.
3. 디그리데이의 단위는 [℃·day], [℃·일]이다.
4. 작용온도(OT)는 발한의 영향이 작은 환경하에서의 열환경에 관한 지표이다.
5. 냉방 디그리데이는 그 값이 크면 냉방 부하는 커진다.

[2] 기온에 관한 다음 기술 중 가장 부적당한 것은 어떤 것일까?

1. 하지 무렵이 일사량이 최대이지만, 월평균 기온이 최고가 되는 것은 하지의 무렵보다 늦어진다.
2. 난방 디그리데이는 그 값이 큰 만큼 난방에 필요한 에너지가 커진다.
3. 작용온도(OT), 공기온도와 평균 방사온도(MRT)의 가중 평균으로 측정한다.
4. 평균 방사온도(MRT)란 전 방향에서 받는 열방사의 평균 온도이다.
5. 온열 감각에 영향을 주는 물리적인 4개의 요소는 온도, 습도, 기류, 착의량이다.

[3] 실내 기후 등에 관한 다음 기술 중 가장 부적당한 것은 어떤 것일까?

1. 습도를 생각하지 않고 기온, 기류, 방사의 조건에서 측정하는 체감온도를 작용온도라고 한다.
2. 인체로부터의 총발열량에서 차지하는 잠열 발열량의 비율은 작업의 정도에 따라 대사량이 많아질수록 작아진다.
3. 불쾌지수가 75를 넘으면 10%의 사람이 불쾌해지며, 85를 넘으면 전원이 불쾌해진다.
4. 실효온도차는 열관류 계산을 간략하기 위해서 사용되는 가상의 온도차이다.
5. SET*는 표준 신유효온도로 최신 쾌적 지표로서 세계적으로 널리 사용되고 있다.

[4] 온도 · 습도에 관한 다음 기술 중 가장 부적당한 것은 어떤 것일까?

1. 미기후는 지면 부근의 기후로서 건축물이나 인체에 영향을 끼친다.
2. 연교차는 저위도 지역에서 크고, 고위도 지역에서 작아지는 경향이 있다.
3. 쾌청한 날의 상대습도는 낮에는 낮고, 밤에는 높아진다.
4. 에너지 대사율은 인간의 기초대사에 대한 노동대사의 비율이다.
5. 작용온도는 효과온도라고도 하며, 글로브온도와 거의 같다.

[5] 기후에 관한 다음 기술 중 가장 부적당한 것은 어떤 것일까?

1. 난방 디그리데이는 난방 에너지 소비량의 예측에 사용된다.
2. 풍향은 밤이 되면 육지에서 바다로 불고, 낮에는 바다에서 육지로 불어온다.
3. 지면은 해면에서 따뜻해지기 쉬워서 식기 쉽다.
4. 풍배도는 지역의 특정의 계절·시각에 부는 바람의 풍향 발생 빈도를 원그래프로 나타낸 것이다.
5. 클라이모그래프는 세로축을 기온, 가로축을 습도로 한 그래프이다.

[6] 그림은 실내 환경에 대해 필요한 착의 관계를 나타내고 있다. 가장 부적당한 것은 어떤 것일까?

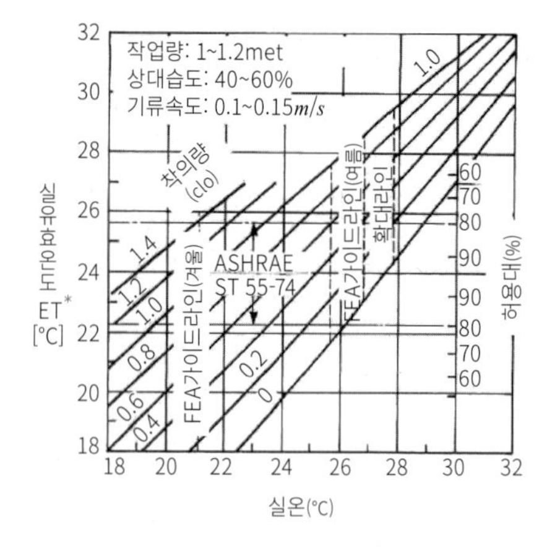

1. 1 clo, 실온이 18℃의 경우 신유효온도는 21℃이다.
2. 1 clo, 실온이 20℃의 경우 신유효온도는 22.5 ℃이다.
3. 1 clo, 실온이 30℃의 경우 신유효온도는 27℃이다.
4. 0.6 clo, 실온이 20℃의 경우 신유효온도는 20℃이다.
5. 0.6 clo, 실온이 20℃의 경우 신유효온도는 29℃이다.

[7] 기후에 관한 다음 기술 중 가장 부적당한 것은 어떤 것일까?

1. 일교차는 바다의 열용량이 육지보다 크기 때문에 연안부에서는 작고, 내륙부에서는 크다.
2. 습구온도는 온도계에 물을 적신 거즈로 싼 온도를 말한다.
3. 절대습도는 마른 공기 1g에 포함되어 있는 수증기량이다
4. 클라이모그래프는 기온과 습도의 특성을 나타내는 기후그래프이다.
5. 평균 방사온도(MRT)는 글로브온도, 실온, 기류 속도의 계측치로 개산(槪算)한다

[8] 온도 · 습도에 관한 다음 기술 중 가장 부적당한 것은 어떤 것일까?

1. 건구온도와 습구온도의 차이가 작아지면 작아질수록 상대습도는 높아진다.
2.. 에너지 대사율 met(메트)는 인간의 작업 강도를 나타내는 지표이며, 노동대사의 기초대사에 대한 비율이다.
3. 신유효온도는 수정 유효온도인 4요소에 착의량과 대사량(작업량)를 더한 6요소의 체감온도이다.
4. 클라이모그래프에서 그래프가 오른쪽 오름이 되면 여름은 저온·저습하고, 겨울은 고온·고습이라 할 수 있다.
5. 실효 방사(야간 방사)는 낮이나 야간에 발생하는 대기 방사와 지표면 방사와의 차이이다.

[9] 온도 · 습도에 관한 다음 기술 중 가장 부적당한 것은 어떤 것일까?

1. 포화 절대습도란 어떤 온도로 공기 안에 포함할 수 있는 최대(한계)의 수증기량(수분량)을 단위 건조 공기에 대해서 수증기량으로 나타낸 것이다.
2. PMV(예상 평균 온열감)는 온도, 습도, 기류, 방사의4가지 온열 요소에 착의량과 작업량(대사량)을 덧붙여 고려한 온열 지표이다.
3. 쾌청한 날의 낮에 연안 지방의 바람은 바다에서 육지로 분다.
4. 절대온도(켈빈온도[K]) 물질을 구성하는 원자의 열운동이 완전히 정지하는 온도를 100[K]으로 한다.
5. 쾌청한 날에 옥외의 절대습도는 온종일 거의 변화하지 않는다.

[10] 온도 · 습도에 관한 다음 기술 중 가장 부적당한 것은 어떤 것일까?

1. 상대습도는 어떤 온도에서의 포화 수증기량에 대한 수증기량의 비율이다.
2. PMV는 상하 온도 분포가 큰 환경이나 불균일한 방사 환경에 대해서는 적절히 평가할 수 없는 때도 있다.
3. 건구온도란 기온을 말하며 일상에 사용하는 기온이다.
4. 평형 함수율이란 함수율이 변화하지 않게 된 상태(평형 상태)에 달했을 때 재료의 건조 질량에 대한 함수율의 비율이다.
5. MRT의 값이 기온보다 낮으면 덥게 느끼고, 높으면 시원하게 느껴진다.

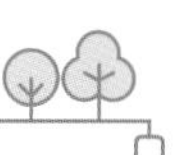

1. 열전달

물이 높은 곳에서 낮은 곳에 흐르는 것과 똑같이 열도 고온 측에서 저온 측으로 이동한다. 즉 자연 현상이란 높은 곳에서 낮은 곳으로 이동하여 평형을 유지하는 경향이 있다. 냉방 때는 실내에 열이 유입되고, 난방 때는 열이 실내에서 방출된다. 실내 온도는 항상 열취득과 열손실을 한다. 열취득은 건물이 열을 받는 것이며, 열손실은 건물이 열을 방출하는 것이다. 이러한 열의 이동을 막는 것이 단열이며, 열이 축적되면 축열이 된다.

열의 전달은 물질 사이를 전하는 전도, 유체(액체나 기체)의 온도차에 의한 이동의 대류, 전자파에 의해 전해지는 방사(복사)가 있다(그림 4.1).

■ **정상 전열**

정상 전열이란 벽체 양면의 공기온도 또는 표면온도를 장시간 일정하게 유지한 후, 벽체 내의 각부의 온도가 시간의 경과에 의해 변화하지 않고, 열유량이 일정하게 전달하는 과정을 말한다. 그 반면, 시간적 요소를 고려한 것을 부정상 전열 또는 비정상 전열이라고 한다.
부정상 전열에 의한 계산은 엄밀한 건축환경이 요구되는 실내 공간의 상세 열부하 계산에 사용되지만 통상의 건축에서의 사용은 드물다.

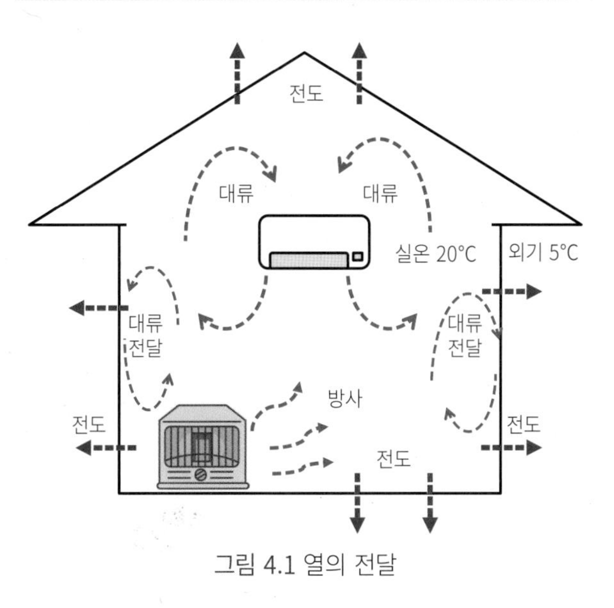

그림 4.1 열의 전달

1) 전도: conduction

전도란 온도가 다른 물체 사이에서 고온의 분자에서 저온의 분자로 열에너지가 전해질 때의 열이동 현상이다. 이 전도의 열이동의 크기는 고체 〉 액체 〉 기체이다.

2) 대류: convection

대류란 어떤 공간에서 온도차에 의해서 생긴 유체가 열평형을 유지하기 위하여 열이동하는 현상이다. 따뜻한 공기는 팽창하여 비중이 작아지므로 가벼워져서 열은 상부로 이동하고, 그와 반대로 찬 공기는 따뜻한 공기보다 비중이 크기 때문에 하부로 이동한다. 실내, 실외의 공기와 벽면에 접하는 공기(유체)에 의한 열이동은 대류 현상이다.

3) 방사(복사): radiation

열방사는 진공 중에 있어서도 발생하며, 어떤 물체로부터 다른 물체에 적외선(전자파)에 의해 직접 전달되는 열의 이동 현상이다. 전도와 대류는 반드시 열을 전하는 매체가 필요하지만, 방사 시에는 열이 전자파로서 전해지므로 공기가 없는 진공 상태에서도 열은 전해진다. 천이나 종이라도 방사열의 전자파를 막는 것이 가능하다. 예를 들면, 양산 효과가 하나의 예이다(그림 4.2). 물체로부터 나오는 방사의 힘은 주위의 물질에는 관계없이 그 물체의 온도와 표면의 상태에 의해 정해진다.

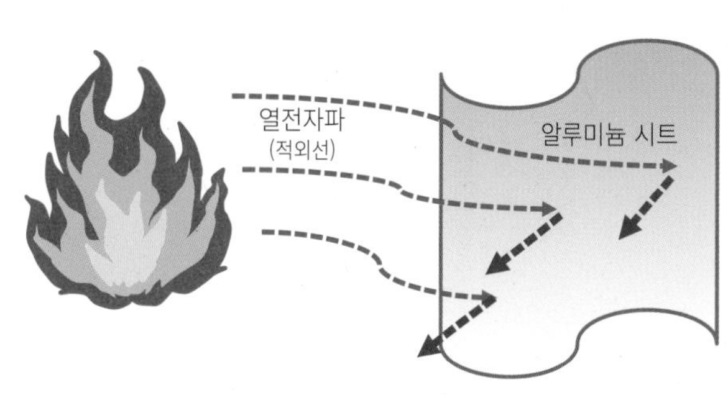

그림 4.2 방사열(전자파)의 성질
알루미늄 시트와 같은 매끄러운 면을 붙이면 방사열(전자파)은 반사

2. 열관류

열관류는 건물에서 열전달→열전도→열전달에 의한 열의 흐름을 말한다(그림 4.3). 단층 벽에서 열관류율에 영향을 주는 3요소는 벽체 표면의 열전달율, 벽체 재료의 열전도율, 벽체의 두께이다.

1) 열전도율

열전도율은 재료 내의 열전달을 나타내는 것으로 그 값이 큰 만큼 열을 전하기 쉽다. 목재(경량)는 0.13*W*/(*m*·*K*), 콘크리트는 1.4*W*/(*m*·*K*)로서 목재의 열전도율은 보통 콘크리트의 열전도율보다 작다.

열전도율은 금속 〉 보통 콘크리트 〉 목재의 순서이다.

일반적으로 부피 비중(g/cm^3)이 커지면 열전도율은 커지지만, 유리섬유의 열전도율은 섬유의 굵기가 같은 경우 부피 비중(밀도)이 크면 작아진다. 이것은 섬유계 단열재(그림 4.4)는 내부에서 발생하는 공기의 유동성이 억제되어 단열 효과가 상승되기 때문이다. 반대로 말하면, 일반적인 물체는 부피 비중이 작아지면 열전도율도 작아지지만, 유리섬유는 용적당 중량이 큰 쪽이 열전도율이 작아지는 특성이 있다.

동종의 발포성 단열재(그림 4.5)에 있어서 공극률이 같은 경우에는 재료 내부의 기포 치수가 크면 클수록 열전도율은 커진다.

주요 재료의 열전도율은 표 4.1과 같다.

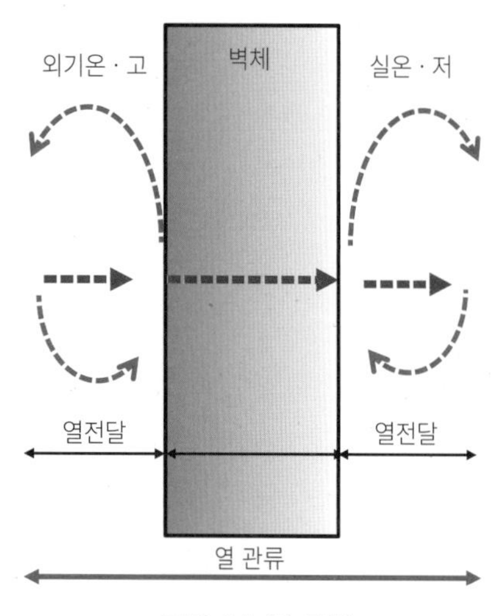

그림 4.3 열 관류
(벽에서의 전열과정)

표 4.1 주요 재료의 열전도율

재료	열전도율 λ [$W/(m \cdot K)$]	밀도 P [kg/m^3]	비열 c [$KJ/(kg \cdot K)$]
동판	372	8,900	0.4
알루미늄판	209	2,700	0.9
철판	44	7.900	0.5
몰탈	1.3	2,200	0.8
콘크리트	1.4	2,200	0.9
판유리	0.8	2,500	0.8
결량콘크리트	0.7	1,700	1.1
벽돌	0.6	1,700	0.9
합판	0.16	550	2.1
ALC판	0.15	600	1.1
석고보드	0.14	860	1.1
목재	0.13	330	2.1
암면	0.062	35	0.8
글라스울	0.043	20	0.8
폴리스티렌폼	0.033	30	1.5
물	0.6	1,000	4.2
공기	0.025	1.2	1.006

그림 4.4 섬유성 단열재 글라스울

그림 4.5 발포성 단열재 스티로폼

大平茂男씨 사진 제공

2) 열전달율

열전달율은 벽면 등의 고체 표면과 그것에 접하고 있는 공기 사이에 발생하는 열이동 현상이다. 벽면에 맞닿는 풍속이 크면 강제 대류에 의한 전열이 커지기 때문에 열전달율의 값은 커진다. 또한, 벽면 표면이 거칠면 표면적이 커지므로 열전달율의 값은 커진다. 실내에서 자연대류 열전달율은 열의 흐르는 방향과 실온, 표면온도의 분포에 의해 변화하여, 실온이 표면온도보다 높은 경우, 바닥 면보다 천장 면이 열전달율은 커진다.

① 종합 열전달율

외벽면이 외기온과 동일한 흑체로 덮여 있다고 가정하여, 일사나 야간 방사에 의한 영향이 없다고 간주한 값이다.

② 열전달 저항

열전달율의 역으로 외기로부터 벽체 표면에 열이 전해지기 어려운 정도를 말한다. 열전달 저항의 외기 측의 값은 실내 측에 비해 그 값은 작다.

3) 열관류율

열관류율은 건축 벽체에서 열이 전달하는 지표로서, 벽체에 있어서 열관류율의 수치가 작다는 것은 열이 전달되기 어렵고 보온성과 단열성이 크다는 뜻이다.

열관류율: $K[W/(m^2 \cdot K)]$는

$$K = \frac{1}{R} = \frac{1}{\dfrac{1}{\alpha_0} + \Sigma\dfrac{d_n}{\lambda_n} + \dfrac{1}{\alpha_i}}$$

R : 열관류 저항

α_0: 실외 열전달율[≒ $29W/(m^2 \cdot K)$]

α_i: 실내 열전달율[≒ $9W/(m^2 \cdot K)$]

λ_n: 벽체 재료 열전도율[$W/(m^2 \cdot K)$] 표 4.1 참조.

d_n: 벽 두께[m]

외벽 표면의 방사율이 커지면 열관류율도 커진다. 저방사 유리의 열관류율은 보통 유리에 비해 작다. 목조 건축물의 외벽에 유리섬유를 충전해도 목재 접합 부분의 '평균 열관류율'은 열교(히트 브리지) 영향에 의해 다른 부분에 비해 크다. 또한, 외벽의 열관류율은 외벽과 지붕이나 바닥 부분에서 열전도를 고려하지 않으면 구조체의 실외 측에 단열을 해도 재료 등 여러 조건이 같은 경우에는 열관류율은 작아지지 않고 단열 효과가 적어진다. 이것도 각 부분에서의 열교의 영향 때문이다.

■ 열관류 저항

$R[m^2 \cdot K/W]$은 K(열관류율)의 역수이다. 단층 벽의 열관류 저항은 동일한 재료로 벽의 두께를 2배 해도 2배는 되지 않는다. 외벽을 구성하는 각 부재의 열전도 저항이 커지면 열관류율은 작아져 단열 효과가 있다.

4) 열관류량

단위 면적당 열관류량: $Q[W/m^2]$은 다음 식과 같다.

$Q[W/m^2] = K \times A \times \Delta t$

K: 열관류율[$W/(m^2 \cdot K)$]

A: 벽 면적[m^2]

Δt: $t_0 > t_i$의 경우에는 $(t_0 - t_i)$

$t_i > t_0$의 경우는 $(t_i - t_0)$

t_0: 외기 온도[℃]

t_i: 실내 온도[℃]

예제 1

동기 때 그림과 같은 건축물의 벽체의 열관류율을 구하시오.

조건은 다음과 같다.

K: 열관류율[$W/(m^2 \cdot K)$]

A: 외벽 면적 = $20m^2$

t_o: 외기온 = −5℃

t_i: 실내 기온 = 20℃

α_i: 실내 열전달율 = $9W/(m^2 \cdot K)$

α_0: 실외 열전달율 = $23W/(m^2 \cdot K)$

λ : 몰탈 열전도율 = $1.5W/(m \cdot K)$

d_1: 몰탈 두께 = $20mm(0.02m)$

λ_2: 철근콘크리트 열전도율 = $1.4W/(m \cdot K)$

d_2: 철근콘크리트 두께 = $150mm(0.15m)$

λ_3: 플라스터 열전도율 = $0.8W/(m \cdot K)$

d_3: 플라스터 두께 = $10mm(0.01m)$

해답

$$K=\cfrac{1}{\cfrac{1}{\alpha_0}+\Sigma\cfrac{d_n}{\lambda_n}+\cfrac{1}{\alpha_i}}$$ 식을 이용

$$=\cfrac{1}{\cfrac{1}{23}+\cfrac{0.02}{1.5}+\cfrac{0.15}{1.4}+\cfrac{0.01}{0.8}+\cfrac{1}{9}}$$

$$=\frac{1}{0.043+0.013+0.107+0.013+0.111}$$

$$=\frac{1}{0.287}$$

$=3.5W/(m^2 \cdot K)$

예제 2

예제 1에서, 동기 때 외기온 −5℃, 실온 20℃, 외벽 $20m^2$일 경우, 이 외벽에서 유출되는 열관류량을 구하시오.

해답

$Q=K\times A\times(t_i-t_o)$ 식을 이용

$Q=3.5\times 20\times 25=1{,}750[W]$

3. 단열

단열이란 거주 공간에 대해 외계의 열이 실내로 유입·유출을 막는(작게 하는) 것을 말한다. 단열 효과로서 열전도 저항 $[m\cdot K/W]$·열전달 저항 $[m^2\cdot K/W]$·열관류 저항 $[m^2\cdot K/W]$이 큰 것은 열전달이 적고 단열성이 좋다.

이 역수인 열전도율 $[W/(m\cdot K)]$·열전달율 $[W/(m^2\cdot K)]$·열관류율 $[W/(m^2\cdot K)]$이 작으면 단열성이 좋다고 할 수 있다.

외피의 단열과 기밀성을 높이면 실온과 실내 표면 온도와의 차이를 작게 할 수 있어서 실내의 상하의 온도차도 작게 할 수 있다. 동기의 야간에 단열 방수를 한 평지붕의 외기 표면온도는 외기온이 같을 경우에 쾌청한 날보다 구름이 낀 날이 열관류율이 작고 단열성은 향상된다. 그 이유는 구름이 낀 날이 온도차(t_i-t_o)가 작기 때문이다.

1) 외단열

철근콘크리트 건축물에서 난방에 의해 실온을 일정하게 유지할 경우 난방 정지 후의 실온의 저하는 외벽의 구성 재료와 그 두께가 같을 경우에는 내단열 공법보다 외단열 공법(그림 4.6)이 작다(그림 4.7.a).

그리고 단열·축열 성능이 뛰어나기 때문에 실온의 변화도 작다. 또한, 철근콘크리트 건축물에서 히트 브리지(열교) 현상을 줄이고 결로를 방지하는 효과가 있다.

2) 내단열

열용량이 작기 때문에 짧은 시간에 따뜻하게 할 수 있다(그림 4.7.b). 따라서 항상 사용하는 실보다 가끔 사용하는 실 쪽이 유리하다. 예를 들면 집회장, 강당 등에 유효하다. 겨울에는 외벽이 차가운 상태가 되어 실내 측의 수증기 분압은 실외 측보다 높아져 수증기가 단열재를 침투하는 과정에서 차갑게 식어서 내부 결로가 발생할 위험성이 있다.

3) 단열성

외벽의 단열성을 높이면 창으로부터의 일사의 영향에 의한 실내 온도의 상승은 커진다. 겨울철에 섬유계

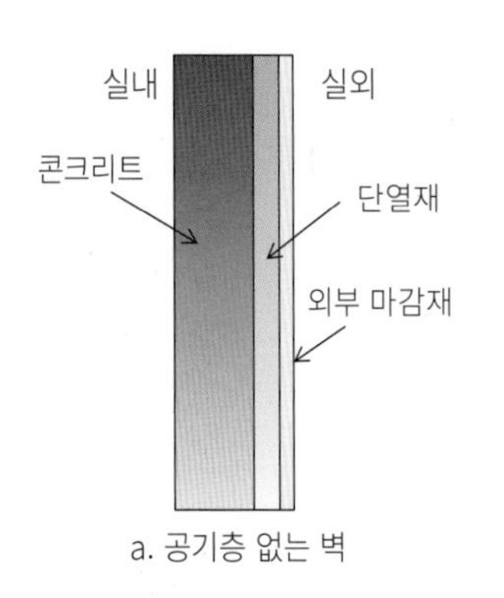

a. 공기층 없는 벽

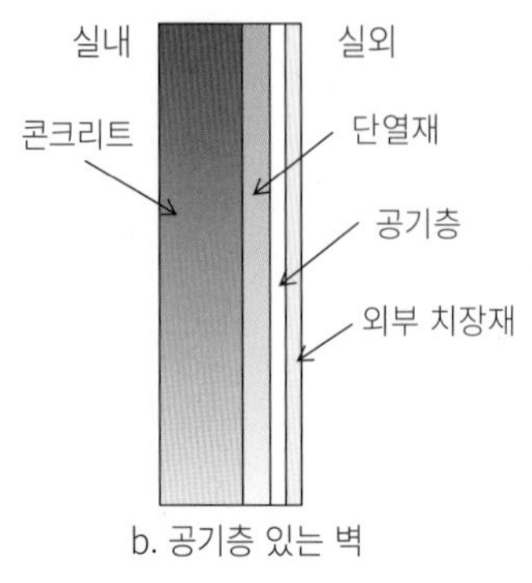

b. 공기층 있는 벽

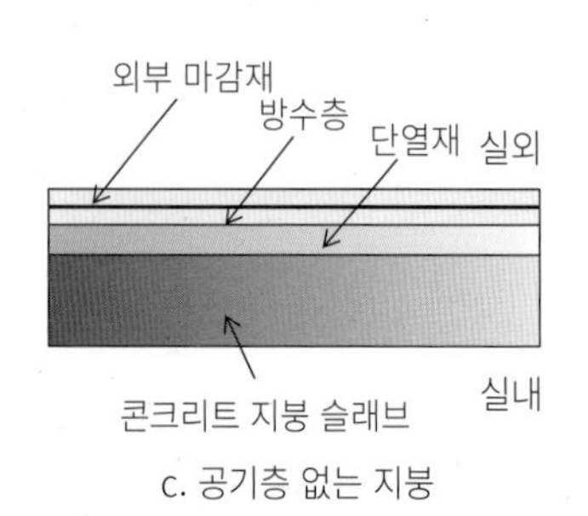

c. 공기층 없는 지붕

그림 4.6 철근 콘크리트의 외단열

의 단열재를 사용한 외벽의 단열층 내에 통기가 발생하면 외벽의 단열성이 저하할 우려가 있다.

4) 중공층

복층유리의 중공층에서 내부가 진공이어도 전도, 대류에 의한 열이동이 발생하지 않지만, 방사(전자파)에 의해 열이동이 발생하여 복층유리의 열관류율은 0(제로)가 아니다. 벽체 내의 밀폐된 중공층의 열저항은 중공층의 두께가 100*mm*를 넘으면 거의 변화하지 않는다(그림 4.8). 또한, 진공 상태가 아닌 경우는 그림 4.9처럼 중공층 내에서 대류가 발생하여 열을 전하기 때문에 열저항은 작아진다. 그러나 벽체 내의 중공층 표면의 한쪽을 알루미늄 필름으로 가리면, 방사열(전자파)을 반사하기 때문에 벽체의 열저항은 커진다.

5) 이중창

이중 유리창에서 외측 창의 유리실 내측 표면 결로를 방지하기 위해서는 외측 새시의 기밀성을 높게 하는 것보다 안쪽 새시의 기밀성을 높게 하는 것이 효과적이다. 그 이유는 이중 새시에서 안쪽보다 외측 새시의 기밀성을 높게 하면 겨울철에는 실내의 습기를 포함한 높은 온도의 공기가 내측 새시를 통과해, 외측 새시의 안쪽에서 멈추기 때문에 이 부분에는 결로가 발생하기 쉽다. 그림 4.10은 비행기의 중공 이중창인데 극심한 외기온을 극복하기 위한 투명한 단열재 역할을 한다.

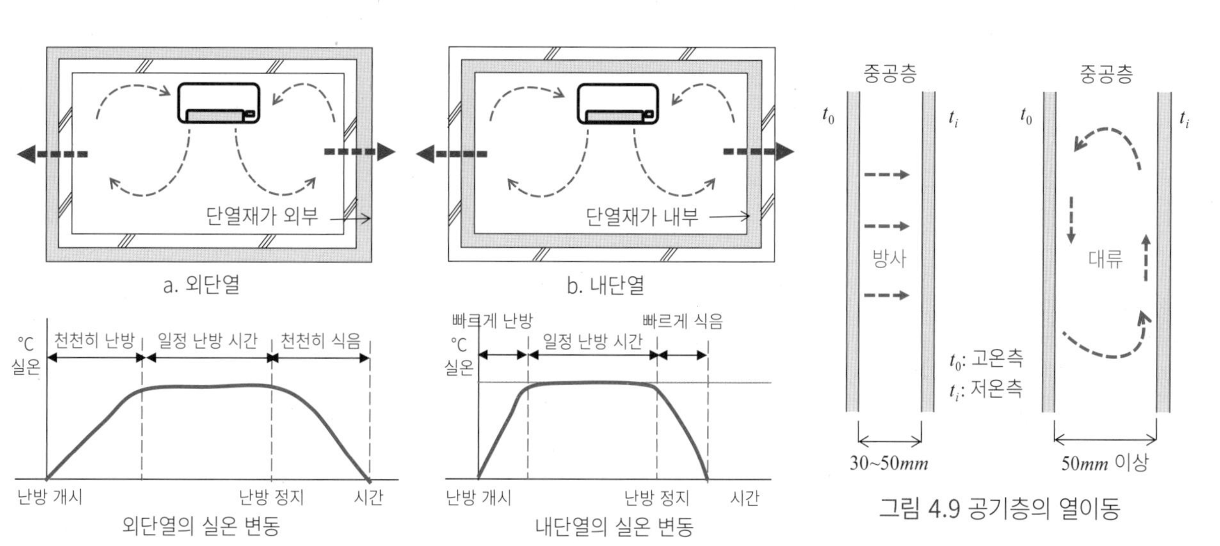

그림 4.7 외단열과 내단열의 실온 변동

그림 4.9 공기층의 열이동

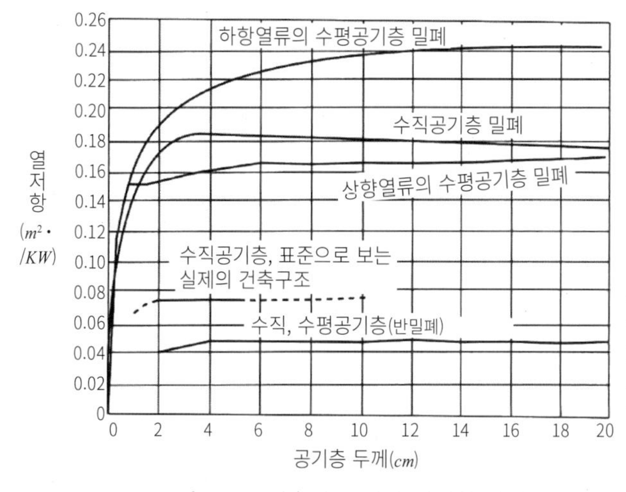

일본건축학회 편 "건축설계자료집성 1. 환경" 마루젠, 1978. p122을 토대로 작성

그림 4.8 공기층의 두께와 열저항 관계

그림 4.10 비행기의 중공 이중창

4. 열이동 현상

1) 열교(히트 브리지, heat bridge) 현상

열교란 건물 내외에서 열이 전해지기 쉬워지는 현상을 말한다(그림 4.11). 벽과 지붕, 벽과 바닥의 접합 부위, 창틀 등에서 발생하기 쉽다.

외벽에서 열교 부분의 실내 표면온도는 열교 부분 이외의 부분의 실내 표면온도에 비해 외기온도에 가깝다. 그리고 열교에 발생하는 부분의 열관류율은 유리섬유를 충전한 부분보다 높아진다.

철근콘크리트 구조에서 콘크리트 자체에 열교가 발생하지만, 외단열 공법으로 하면 온도차가 작아져서 결로를 방지하는 효과가 있다.

열교 현상에 의한 국부 열손실의 방지는 어렵기 때문에 접합 부위의 단열, 단열재의 연속성 등 세세한 단열 시공이 필요하고 외단열 공법으로 한다.

2) 콜드 드래프트(cold draft)

창 부근에 발생하는 콜드 드래프트는 웃풍을 말하는데, 실내 공기가 창의 유리 면에서 차갑게 식어서 무거워져 바닥 면을 향해 강하하는 현상이다.

3) 열손실 계수

대류, 복사, 전도에 의해 지붕, 벽, 창문, 바닥으로 열이 주위에 유출되는 것을 열손실(그림 4.12)이라 하고, 열손실 계수는 건축물에서 단열성이나 보온성을 평가하는 수치이다. 그 수치가 작을수록 단열 효과가 좋다고 할 수 있다. 그 계수는 기밀성을 높이면 열의 출입은 작아져, 그 값도 작아진다. 예를 들면, 종래의 주택과 고단열의 주택을 비교하면 고단열의 주택 쪽이 열의 출입이 적으므로 열손실 계수는 작다.

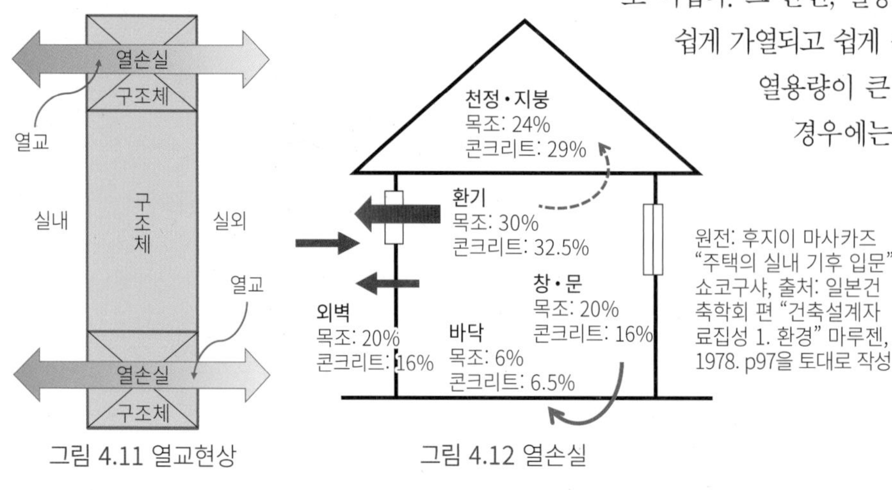

그림 4.11 열교현상

그림 4.12 열손실

5. 축열

축열은 열을 비축하는 의미이고 열용량은 축열하는 용량을 말한다.

1) 비열

비열은 물질 1*kg*을 1*K* 올리는 데 필요한 열량을 말한다. 주 건축 재료의 비열은 표 4.2와 같다.

표 4.2 건축재료의 비열

건축재료	비열 [*kJ/kg·K*]
물	4.18
목재	1.25
공기	1.00
콘크리트	1.05
유리	0.77
강재	0.48

2) 열용량

열용량과 비열의 관계는 열용량=비열×질량이다. 재료의 비중과 질량에 비례한다. 일반적으로 열용량이 큰 건축 재료는 콘크리트로 가열하기 어렵고 식히기도 어렵다. 그 반면, 열용량이 작은 재료는 유리로서 쉽게 가열되고 쉽게 식는다.

열용량이 큰 철근콘크리트(RC)조 외벽의 경우에는 일사의 영향 등에 의한 외기온도의 영향은 받기 어렵다. 따라서 실내 온도의 변화는 완만하고 변동의 폭이 적다.

이때 외기온도의 최고점과 실내 온도의 최고점과 최저점은 그림 4.13

처럼 시간의 지연(타임 래그)이 생긴다. 여기서 반대로, 열용량의 작은 벽체의 경우에는 일사의 영향 등에 의한 실외 온도의 영향을 받기 쉬워서 그 변동 폭도 커진다.

예제 3

표 4.2를 참고해 그림에 나타내는 강판 Q_1, 콘크리트 Q_2, 물 Q_3의 열용량을 구하시오.
단, 밀도[kg/m^3]는 강판 7,860, 콘크리트 2,400, 물 1,000으로 한다.

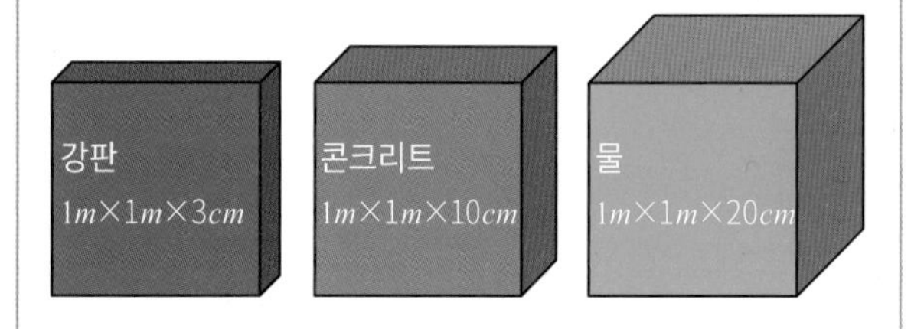

해답

열용량 Q=비열 × 질량 m의 식을 이용한다.

강판 질량	m=7,860 × 1 × 1 × 0.03=236kg
강판	Q_1: 0.48 × 236=113.28kJ/K
콘크리트 질량	m: 2,400 × 1 × 1 × 0.1=240kg
콘크리트	Q_2: 1.05 × 240=252kJ/K
물 질량	m: 1,000 × 1 × 1 × 0.2=200kg
물	Q_3: 4.18 × 200=836kJ/K

이 결과에서 물의 열용량이 제일 크기 때문에 욕실의 물이 잘 식지 않는 것을 알 수 있다.

4. 전열 연습문제

1) 열관류율이 1.0$W/(m^2 \cdot K)$의 벽체에 열전도율이 0.04$W/(m \cdot K)$인 단열재를 40mm의 두께로 했을 때의 벽체의 열관류율은?

2) 열관류율이 1.0$W/(m^2 \cdot K)$의 벽체에 열전도율 0.03$W/(m \cdot K)$의 단열재를 이용하여 열관류율을 0.4$W/(m^2/K)$로 하기 위해서 필요한 단열재의 두께는?

3) 다음 1~8의 조건에 의해서 계산한 외벽, 창 및 천장의 열손실의 합계치는?
   단, 정상 상태로 한다.
   1. 외벽(창을 제외한) 면적: 180m^2
   2. 창 면적: 15m^2
   3. 천장 면적: 70m^2
   4. 외기온: 0℃
   5. 실온: 20℃
   6. 외벽의 열관류율: 0.3$W/(m^2 \cdot K)$
   7. 창의 열관류율: 2.0$W/(m^2 \cdot K)$
   8. 천장의 열관류율: 0.2$W/(m^2 \cdot K)$

4) 다음 1~3의 조건에 나타내는 실의 열손실의 값은?
   바닥 면의 열손실은 무시한다.
   1. 바닥 면적: 20m^2
   2. 지붕(천장) 면적: 20m^2,
      열관류율: 0.1$W/(m^2 \cdot K)$
   3. 외벽(창을 제외한) 면적: 50m^2,
      열관류율: 0.2$W/(m^2 \cdot K)$
   4. 창 면적: 4m^2, 열관류율: 2.0$W/(m^2 \cdot K)$
   5. 실내외 온도차 1℃당 환기에 의한 열손실: 20.0W/K

5) 내단열과 외단열의 차이를 간단하게 설명하시오.

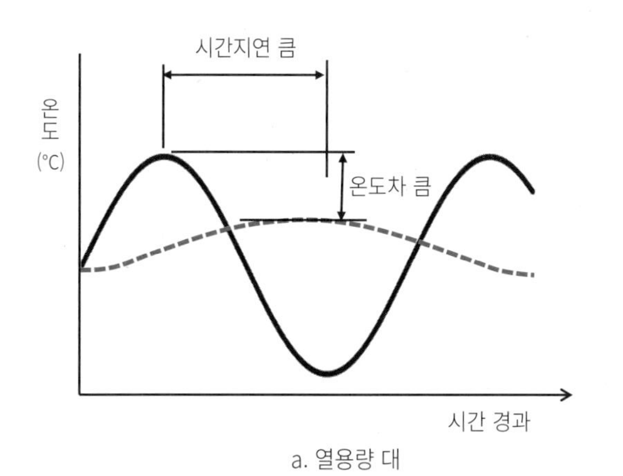

a. 열용량 대

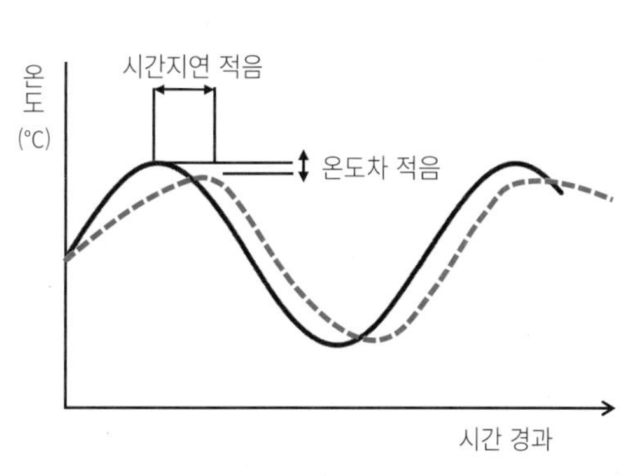

b. 열용량 소

그림 4.13 열용량에 의한 타임 래그

4. 전열 / 심화문제

[1] 전열에 관한 다음 기술 중 가장 부적당한 것은 어떤 것일까?

1. 물체로부터 나오는 방사의 크기는 주위의 물질에는 관계없이 그 물체의 온도와 표면의 상태에 의해 정해진다.
2. 열전도율은 재료 내의 열이 전해지는 정도를 나타내는 것으로 그 값이 큰 만큼 열을 전하기 쉽다.
3. 열전달 저항은 열전달율의 역으로 외기로부터 벽체 표면으로 열이 전해지기 어려움을 말한다.
4. 기밀성을 높이면 열손실 계수의 값은 작아진다.
5. 이중창에서 유리 실내 측 표면의 결로를 방지하기 위해서는 '내측 새시의 기밀성을 높이기'보다 '외측 새시의 기밀성을 높게 하는' 쪽이 효과적이다.

[2] 전열에 관한 다음 기술 중 가장 부적당한 것은 어떤 것일까?

1. 열손실 계수는 그 수치가 작은 만큼 단열 효과가 좋다.
2. 외벽의 단열성을 높이면 창으로부터의 일사의 영향에 의한 실온의 상승은 커진다.
3. 열교가 발생하는 부분의 열관류율은 '유리섬유를 충전한 부분'보다 높아진다.
4. 내단열 공법은 외단열 공법보다 단열·축열 성능이 뛰어나기 때문에 실내 온도 변화는 적다.
5. 저방사 유리의 열관류율은 보통 유리에 비해 작다.

[3] 전열에 관한 다음 기술 중 가장 부적당한 것은 어떤 것일까?

1. 열전달은 물질 사이를 전하는 전도, 유체(액체나 기체)의 온도차에 의한 대류, 전자파로 전하는 방사(복사)가 있다.
2. 열전도율은 금속〉보통 콘크리트〉목재의 순이다.
3. 열전달율은 벽면 표면이 거칠면 표면적이 커지므로 열전달율의 값은 커진다.
4. 겨울철의 야간에 단열 방수를 한 평지붕의 외기 측 표면온도는 외기온이 같으면, 비 오는 날보다 쾌청한 날 쪽이 높아지기 쉽다.
5. 철근콘크리트 구조는 콘크리트 자체에 열교가 발생하기 때문에 외단열 공법으로 하면 콘크리트 내에 온도차가 작아지므로 결로를 방지하는 효과가 있다.

[4] 전열에 관한 다음 기술 중 가장 부적당한 것은 어떤 것일까?

1. 진공 상태에서는 열을 전달할 수 없다.
2. 외벽에서 열교 부분의 실내 측 표면온도는 열교 부분 이외의 부분의 실내 측 표면 온도에 비해서 외기온에 가까워진다.
3. 외피의 단열이나 기밀의 성능을 높이는 것은 실온과 실내 표면온도와의 차이를 작게 할 수 있어, 실내의 상하 온도차도 작게 할 수 있다.
4. 단층 벽의 열관류 저항은 동일한 재료로 벽의 두께를 2배로 한다 해도 2배는 되지 않는다.
5. 종합 열전달율이란 외벽면이 외기온과 동일한 검정체로 덮여 있다고 가정하여, 일사나 야간 방사의 영향이 없는 것으로 간주한 값이다.

[5] 전열에 관한 다음 기술 중 가장 부적당한 것은 어떤 것일까?

1. 정상 전열은 벽체 양면의 공기온도 또는 표면온도를 장시간 일정하게 유지한 후에 벽체 내의 각부의 온도가 시간의 경과에 의해 변화하지 않고, 열유량이 일정한 경우의 전열 과정을 말한다.
2. 일반적으로 부피 비중(밀도)이 커지면 열전도율은 커지지만, 유리섬유의 열전도율은 섬유의 굵기가 같으면 부피 비중(밀도)이 클수록 작아진다.
3. 같은 종류의 발포성의 단열재에 있어서 공극률이 같은 경우에 일반적으로 재료 내부의 기포 치수가 클수록 열전도율은 작아진다.
4. 실내에서 자연 대류의 열전달율은 열의 흐르는 방향과 실온·표면온도의 분포에 의해 변화하며, 실온이 표면온도보다 높은 경우, 바닥 면보다 천장 면이 큰 값이 된다.
5. 벽체 내의 밀폐된 중공층의 열저항은 중공층의 두께가 100mm를 넘으면 거의 변화하지 않는다.

[6] 전열에 관한 다음 기술 중 가장 부적당한 것은 어떤 것일까?

1. 열방사는 진공 중에 있어서도 발생하며, 어떤 물체로부터 다른 물체에 적외선에 의해 직접 전달되는 열의 이동현상이다.
2. 외단열은 실온의 변화도 작고, 히트 브리지 현상을 줄이고 결로를 방지하는 효과가 있다.
3. 겨울철에 섬유계의 단열재를 사용한 외벽의 단열층 내에 통기가 발생하면 외벽의 단열성이 저하할 우려가 있다.
4. 복층유리의 열관류율은 0(제로)이 아니다.
5. 내단열은 열용량이 크기 때문에 짧은 시간에 따뜻하게 할 수 있다.

[7] 전열에 관한 다음 기술 중 가장 부적당한 것은 어떤 것일까?

1. 열전달 저항의 외기 측의 값은 실내 측에 비해 그 값은 크다.
2. 벽체 내의 중공층 표면의 한쪽을 알루미늄 필름으로 가리면 방사열(전자파)을 반사하기 때문에 벽체의 열저항은 커진다
3. 벽면에 맞닿는 풍속이 크면 강제 대류에 의한 전열이 커지기 때문에 열전달율의 값은 커진다.
4. 내단열은 집회장, 강당 등에 유효하다.
5. 물체로부터 나오는 방사의 힘은 주위의 물질에는 관계없이 그 물체의 온도와 표면의 상태에 의해 정해진다.

[8] 전열에 관한 다음 기술 중 가장 부적당한 것은 어떤 것일까?

1. 비열은 물질 1kg을 1K 올리는 데 필요한 열량을 말한다.
2. 복층유리의 중공층에서 내부가 진공이어도 전도, 대류에 의한 열이동이 발생하지 않지만, 방사(전자파)에 의해 열이동한다.
3. 외벽과 지붕이나 바닥 부분은 구조체이므로 열관류율은 작고 단열 효과가 있다.
4. 외벽을 구성하는 각 부재의 열전도 저항이 커지면 열관류율은 작아져 단열 효과가 있다.
5. 열용량은 비열×질량이다.

결로란 구조체의 표면이나 내부에 공기 중의 수증기가 응축되어 물방울이 생기는 현상을 말한다(그림 5.1). 공기 중의 온도가 노점온도 이하가 되면 수증기(기체)의 상태를 유지할 수 없어 '물'이 된다. 이렇게 응축이 되어 버린 '물'을 결로라고 한다. 결로의 발생 원인은 실내의 온도차, 수증기의 다량 발생, 골조의 결합 부분의 열교 부위, 환기 부족, 시공 불량 등 복합적인 작용에 따른다.

1. 공기 선도

공기 선도란 건구온도, 습구온도를 기본으로 하여, 절대온도, 상대습도, 노점온도, 비엔탈피 등을 기재하여 어느 한쪽 2개의 값을 정하면 습공기의 상태치를 가시적으로 구할 수 있는 선도이다(그림 5.2). 습공기 선도라고도 한다.

1) 노점온도와 결로

노점온도란 수증기를 포함한 공기를 냉각했을 때에 응결이 시작되어 결로가 되는 온도를 말한다. 노점온도는 공기 선도를 이용해 기온과 상대습도로부터 수증기압(습기공기 안의 수증기 분압)을 구하고, 그 수증기압을 포화 수증기압으로 하는 온도로 구할 수 있다. 상대습도 100%가 바로 노점온도이다.

예를 들면, 그림 5.2의 공기 선도에 있어 건구온도가 27℃, 상대습도가 60%일 때(A점)의 절대온도는 B점이 되어 0.0134*kg*/*kg*(*DA*)가 된다. 이 공기를 냉각하면 좌 방향으로 이동하여 C점에서 포화 상태가 된다. 이 점을 노점온도라고 한다. 따라서 노점온도는 C점 수직의 D점 18.6℃가 된다. 이때 공기 안의 여분의 수증기는 표면으로 응결하여 물방울이 되는데 이것이 결로이다.

2) 비엔탈피[*kJ*/*kg*(*DA*)]

엔탈피란 공기가 가지고 있는 총열량을 말하며, 공기가 가지는 내부 에너지와 그 일을 열량에 환산한 값이다. 비엔탈피란 마른 공기 1*kg*에 해당하는 엔탈피(*KJ*)로 환산한 값이다.

1*cal*=4.186*Joule*(쥬울) ≒ 4.19*Joule*

1*Joule*=0.239*cal* ≒ 0.24*cal*

1*kcal* ≒ 4.19*kJoule*

그림 5.2의 공기 선도에서 건구온도가 27℃, 상대습도가 60%(A점)의 경우, 습구온도(E점) 21.2℃, 비엔탈피(F점) 61.35[*kJ*/*kg*(*DA*)], 수증기 분압 2.1*kPa*이다.

그림 5.1 창틀에 발생한 결로현상

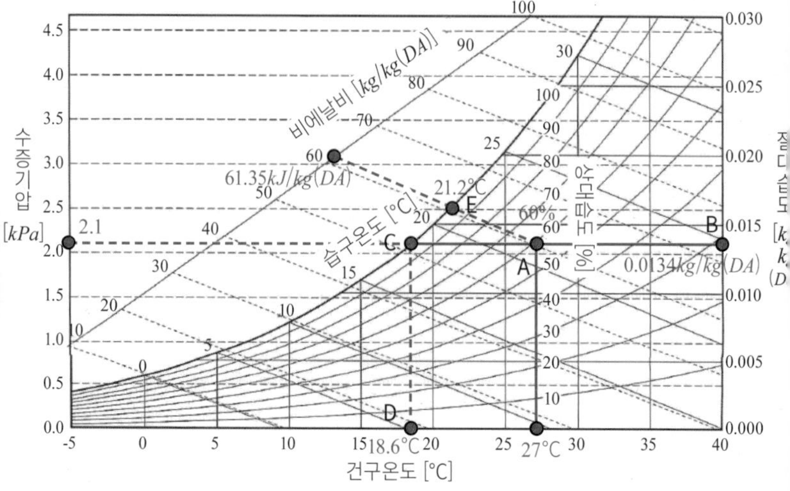

그림 5.2 공기 선도

2. 공기 선도를 보는 방법

1) 공기 선도의 이해

그림 5.3은 그림 5.2의 가열과 냉각, 가습과 제습 관계를 알기 쉽게 간략한 그림이다. 2개의 그림을 보고 공기 선도를 읽어낼 수 있다. 공기를 가열, 냉각 또는 가습, 제습 때의 상황을 알 수 있고, 건구온도, 습구온도, 상대습도, 절대온도, 포화 상태, 엔탈피, 노점온도를 읽을 수 있다. 예를 들면, 다음과 같은 것이 읽을 수 있다.

① 건구온도와 습구온도가 주어지면, 그 공기의 상대습도 및 수증기 분압을 구할 수 있다.
② 건구온도가 낮은 만큼 포화 수증기압은 낮다.
③ 습구온도는 건구온도보다 높지 않다. 이것은 대기 중의 상대습도가 100%이지 않는 한, 습구로부터 증발하는 기화열이 열을 빼앗으므로 건구온도보다 높아지는 것은 없다.
④ 노점온도란 습도가 100%가 되는 온도이고, 수증기량이 변화하지 않으면 온도가 변화해도 노점온도가 변화하는 것은 없다.
⑤ 상대습도를 일정하게 유지한 채로 건구온도를 상승시키려면, 가열과 가습을 동시에 실시할 필요가 있다.
⑥ 상대습도가 동일해도 건구온도가 다르면, 공기 $1m^3$에 포함되는 수증기량은 다르다.
⑦ 포화 수증기량은 건구온도가 높아질수록 커진다.

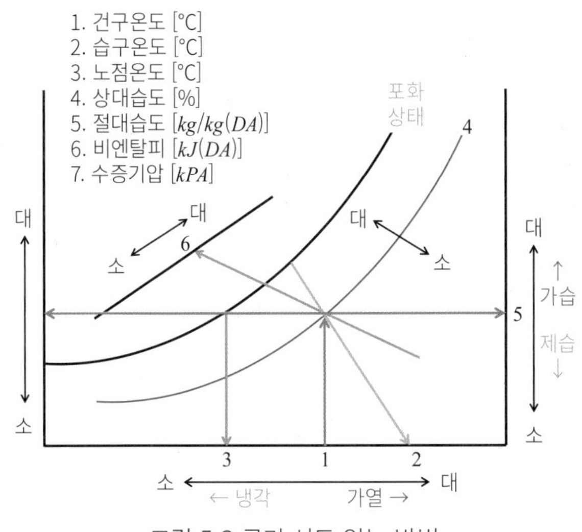

그림 5.3 공기 선도 읽는 방법

2) 절대습도가 같으면

① 공기를 가열·냉각해도 노점온도는 변화하지 않는다.
② 공기를 가열하면 그 공기의 상대습도는 낮아진다.
③ 공기를 냉각해도 그 공기의 수증기압(수증기량)은 변화하지 않는다.

3) 건구온도가 같으면

① 건구온도와 습구온도의 차이가 큰 만큼 상대습도는 낮다. 반대로 차이가 작을수록 상대습도는 높아진다.
② 상대습도가 반이 되면 절대온도도 약 반이 된다.
③ 상대습도가 낮아질수록 노점온도는 낮아진다.

예제 1

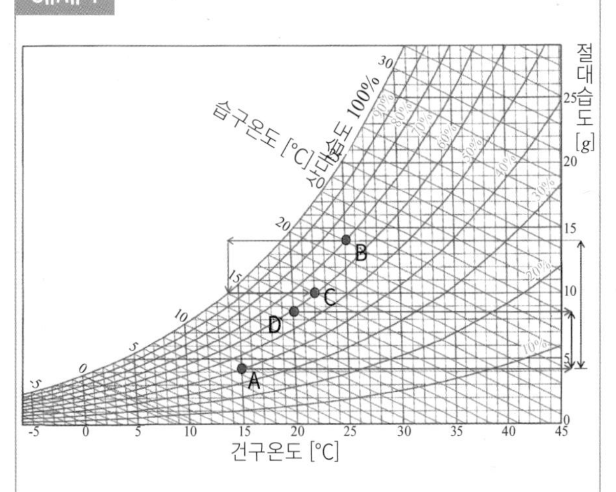

예제 그림에 나타내는 습공기 선도 중의 A점(건구온도 15℃, 상대습도 40%)의 상태에 있는 습공기 및 B점(건구온도 25℃, 상대습도 70%)의 상태에 있는 습공기이다.

① B점의 공기를 건구온도 14℃까지 냉각한 후, 건구온도 22℃(C점)까지 가열하면 상대습도는 약 60%가 된다. B점의 공기는 약 19℃에서 상대습도가 100%가 되어 결로한다.
② A점의 공기에 포함되는 수증기량은 같은 양의 '건구온도 20℃, 습구온도 15℃'의 공기(D점)에 포함되는 수증기량보다 적다. A점의 공기에 포함되는 수증기량은 약 4[g/kg(DA)]이며, D점에 포함되는 수증기량은 약 8.5[g/kg(DA)]이다.
③ B점의 공기를 A점의 공기의 상태로 하려면 냉각과 동시에 건조 공기 1kg당 약 10g의 습도를 낮추어

야 한다. 절대온도는 A점에서는 약 4[g/kg(DA)]이고, B점에서는 약 14[g/kg(DA)]이다.

④ B점의 공기가 표면온도 16℃의 유리창에 접하면 유리창의 표면에 결로가 발생한다. B점의 공기는 약 19℃에 상대습도가 100%가 되어 결로가 되기 때문에 그 이하의 온도는 결로가 발생한다.

⑤ A점의 공기와 B점의 공기를 혼합하면 건구온도 D점 20℃가 된다. 이 경우 절대습도는 8.5[g/kg(DA)], 상대습도는 60%가 된다.

3. 결로의 해(害)

결로로 인해 젖은 벽이나 바닥 등을 방치하면 표면에 곰팡이가 생긴다. 곰팡이는 다양한 병의 원인이 되어 사람에게 건강 면에서 해를 준다. 또한, 진드기의 사체나 배설물에서 곰팡이가 발생한다. 습기가 있는 한 곰팡이가 계속 증식하는 악순환이 일어난다. 알레르기를 일으키는 원인의 90% 이상이 곰팡이가 원인이라고 한다. 아이나 노인이 있는 가정에서는 결로가 천식의 원인이 되고 상태를 악화시킨다.

내부 결로는 철근콘크리트 구조의 건물에서 골조의 철근이 녹슬고 팽창하여 강도가 저하한다. 그리고 지진과 같은 수평 진동 하중을 받으면 구조상 치명적인 결과를 초래할 수 있다.

1) 표면 결로

건물의 표면온도가 공기의 노점온도보다 낮으면 표면에 결로가 발생한다. 또 실내 공기의 수증기압이 그 공기에 접하는 벽의 표면온도에 의해 포화 수증기압보다 높을 때 발생한다(그림 5.4). 표면온도가 표면 근방의 공기 노점온도 이하이면 표면결로가 발생한다고 판단할 수 있다.

① 실내의 표면온도를 상승시키면 실내 온도와의 차이가 작아지므로 습도가 높지 않으면 표면 결로는 생기기 어렵다.

② 외벽의 실내 측에 발생하는 표면 결로는 방습층을 마련해도 막을 수 없다. 보온성이 높은 건축물이어도 난방실과 비난방실이 있는 경우, 비난방실이 표면 결로가 발생하기 쉽다.

③ 방습층은 내부 결로를 막는 효과는 있지만, 표면 결로를 막는 직접적인 효과는 기대할 수 없다. 외벽의 실내 측에 발생하는 표면 결로는 방습층을 마련해도 막을 수 없다.

④ 기존의 창에 내부 창을 설치하는 경우, 내부 창의 기밀성을 높게 하면 기존 창의 실내 측 표면 결로를 방지하는 효과가 있다.

⑤ 창은 외기로 식혀진 유리 면과 실내의 따뜻해진 공기가 접하여 결로가 발생하기 쉬운 부분이다. 창 아래에 방열기를 설치해 유리 면의 표면온도를 올리는 것으로, 실온과의 차이가 작아져 표면 결로의 방지에 효과가 있다. 또한, 창의 유리 면에서 발생하는 냉기류(콜드 드래프트)도 방열기의 설치에 의해 효과가 있다.

■ 표면 결로 방지 대책

- 벽 표면온도를 실내 공기의 노점온도보다 크게 한다.
- 실내의 수증기 발생을 제어 또는 환기를 통해 발생한 습기를 배제한다.
- 적절한 투습 저항을 가지는 방습층을 벽의 안쪽에 마련한다.
- 유리를 단열 성능이 높은 것으로 한다.
- 방열기를 창 아래에 설치한다.
- 덧문을 닫는다.

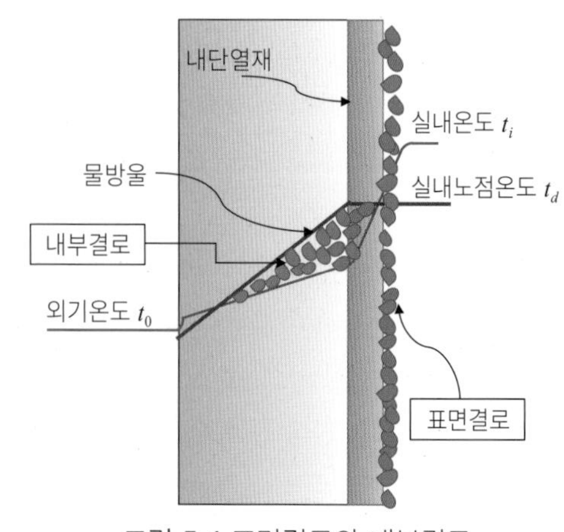

그림 5.4 표면결로와 내부결로

2) 내부 결로

실내가 외기보다 습도가 높고, 벽 안에 투습력이 있으면 수증기압 구배가 발생한다. 그때 벽 안의 어떤 부분의 온도가 그 부분의 노점온도보다 낮아지면 내부 결로가 발생한다. 또한, 벽체 내 부분 수증기압이 포화 수증기압보다 높을 때 발생한다(그림 5.4).

① 외벽에서 방습층을 단열층의 실외 측에 틈 없이 설치하는 것은 내부 결로를 방지할 수 없다. 외벽의 내부 결로를 방지하려면 방습층을 단열재의 실내 측에 마련하고, 그 단열재의 실외 쪽에 환기층을 마련하는 것이 효과적이다.

② 내단열의 경우, 외벽의 내부 결로는 단열재를 두껍게 해도 경감할 수 없다.

③ 외벽의 단열재를 두껍게 하는 것으로 열관류율을 내려, 벽 전체의 단열 성능을 높일 수 있지만, 외벽의 내부 결로를 방지하는 데 유효하다고는 할 수 없다.

■ 내부 결로 방지 대책

- 벽체 내의 온도를 그 부분의 노점온도보다 크게 한다.
- 벽체 내의 수증기압을 포화 수증기압보다 작게 한다.
- 실내 측에 방습층을 마련한다.

그리고 내단열보다 외단열 쪽이 내부 결로 방지에 유리하다.

4. 결로 제거 방지 방법

결로는 내외 온도차, 실내 노점온도, 벽체 등의 열관류율, 실내외 벽 표면 열전달율, 환기량 등이 영향을 준다. 즉 결로를 막으려면 온도차를 크게 하지 않고, 열관류율을 작게 하고, 실내 환기를 충분히 취하는 등의 조치가 필요하다.

결로 방지의 포인트는 벽체 내를 기밀하기 때문에 단열재보다 실내 측에 방습층을 마련한다. 또 벽체 내의 조습(調濕) 보온성이 높은 건축물이어도 난방실과 비난방실이 있는 경우, 비난방실에서는 결로가 발생하기 쉽기 때문에 외기에 가까운 부분에 공기(환기)층을 마련하는 것이 좋다.

■ 결로 방지 대책

① 환기: 습기 찬 공기를 제거한다. 욕실에 배기팬, 천장 안에 환기구를 마련한다.
② 난방: 건물 내의 표면온도를 올린다. 단시간의 난방보다 장시간의 난방 쪽이 유효하다.
③ 단열: 구조체에 의한 열손실을 방지하며 열관류율을 작게 할 수 있다.

1) 커튼

창 면에 커튼을 닫으면 실내의 따뜻한 공기가 차단해져, 유리 표면의 온도가 내려간다. 동시에 실내 온도가 높아지므로 온도차가 커져 결로가 생기기 쉽다.

- 유리창의 실내 측에 커튼을 마련하는 것은 겨울철의 유리 면의 결로의 방지 대책으로써 기대할 수 없다.

2) 난방기기

개방형 석유난로를 이용하고 난방을 하면 수증기가 발생하므로 결로가 발생하기 쉽고, 밀폐형 연소 난방기구는 결로가 잘 발생하지 않는다.

개방형 석유난로는 연소 시에 수증기를 발생시키므로 표면 결로가 발생하기 쉽다. 그에 비해, FF식의 난방기기[1)]는 수증기가 실내에 나오지 않는 구조이므로 표면 결로 대책으로 유효하다.

3) 이중 새시

동기에 이중 새시 사이의 결로를 방지하기 위해서는 실외 측 새시의 기밀성에 비해 실내 측 새시의 기밀성을 높게 하는 것이 유효하다.

4) 붙박이장

동기에 외벽에 접하는 붙박이장 내에 발생하는 결로를 방지하기 위해서는 붙박이장 문의 단열성을 높게 해도 효과가 없다. 오직 외단열로 하지 않으면 효과가 없다.

1) FF식 난방기기: 강제 급배기(Forced Draught Balanced Flue)로서 연소용 공기를 실외로부터 강제적으로 도입하여 배기는 급배기통을 통해 실외에 노출시키는 방식.

5. 결로 발생의 판정식

실내 측 표면온도(θ)가 실내 공기의 노점온도(t_d)보다 낮으면 결로 발생한다. ($\theta < t_d$)

$$\theta = t_i - \frac{K}{\alpha i} \times (t_i - t_0) \quad \text{(그림 5.5 참조)}$$

θ: 실내 측의 각부의 표면온도[℃]
t_i: 실온[℃]
t_0: 외기온[℃],
K: 각부의 열관류율[$W/(m^2 \cdot K)$]
α_i: 실내 측 열전달율[$W/(m^2 \cdot K)$]

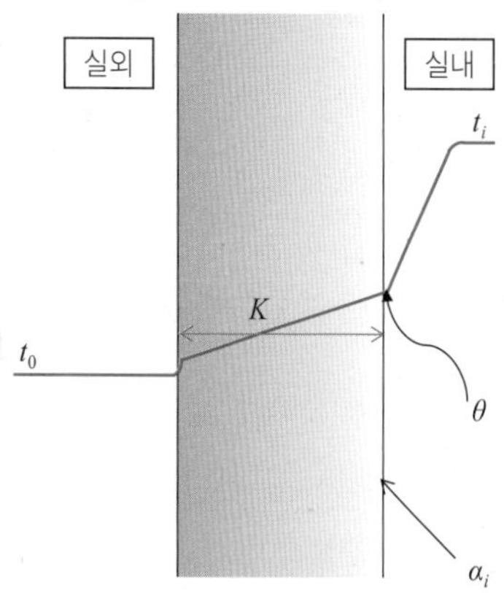

그림 5.5 표면결로와 내부결로

예제 2

겨울철에 그림과 같은 외벽에 외기온 -5℃, 실온 22℃, 상대습도 60%인 경우, 실내 측의 벽에 결로가 발생하는지 계산하시오.

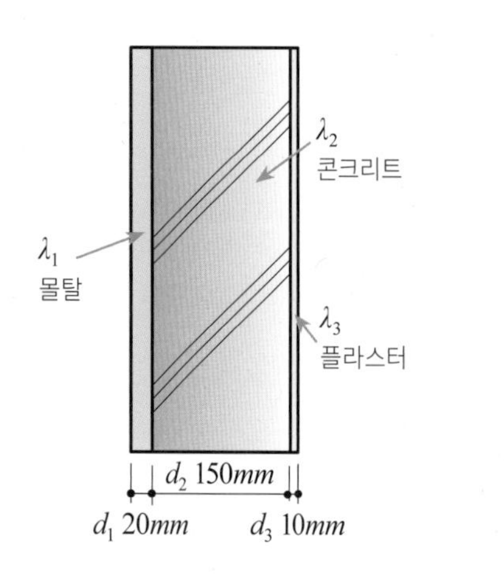

해답

$\theta = t_i - \frac{K}{\alpha i} \times (t_i - t_0)$를 이용한다.

θ: ?[℃]　　t_i: 22[℃]　　t_0: −5[℃]
K: 3.5[$W/(m^2 \cdot K)$](열관류율)
α_i: 9[$W/(m^2 \cdot K)$](실내 측의 열전달율)

$$\therefore \theta = 22 - \frac{3.5}{9} \times (22+5)$$
$$= 11.5℃$$

다음에 공기 선도(그림 5.6)를 보고, 실내기온 22℃, 상대습도 60%의 경우의 노점온도를 구하면 13.8℃가 된다. 따라서 θ 10.9℃ < t_d 13.8℃가 되어, 실내 측 벽의 표면온도가 노점온도보다 낮아지므로 결로가 발생한다.

예제 3

상기의 조건에서 제습기를 사용해 상대습도를 45%까지 내린 경우, 실내 측의 벽에 결로가 발생하는지 확인하시오.

해답

공기 선도에서 실온 22℃, 상대습도 45%의 경우의 노점온도는 9.5℃가 된다.

∴ t_d 9.5 < θ 11.5℃가 되므로 실내 측 벽의 표면온도가 노점온도보다 높아져 결로는 발생하지 않는다. 이렇게 습도 제거가 결로 방지에 중요한 것을 잘 알 수 있다.

6. 공기 선도 종합

그림 5.6이 나타내는 습공기 선도 중에서 A점의 습공기(건구온도12℃, 상대습도60%) 및 B점의 습공기(건구온도 22℃, 상대습도 60%)에 관한 내용이다.

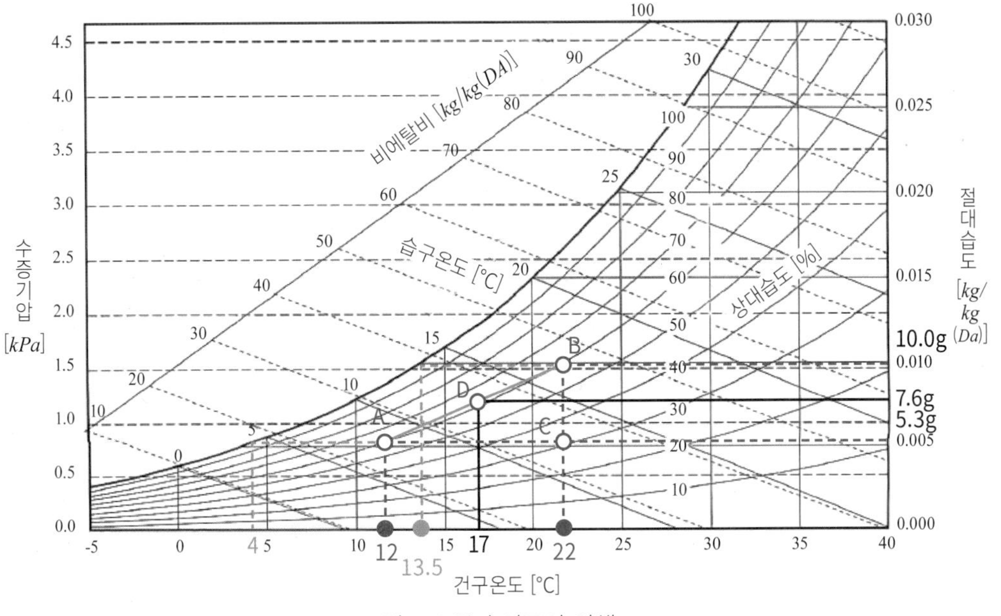

그림 5.6 공기 선도의 이해

1) 가열

A점의 공기를 22℃까지 가열하면 C점의 위치이다. 이때에 상대습도는 약32%까지 저하하지만 수증기량은 변화하지 않는다.

A점의 공기에서 세탁물을 말리는 것보다 B점의 공기에서 말리는 쪽이 빨리 건조한다. A점, B점 모두 상대습도는 60%이지만 B점 쪽이 건구온도가 높으므로 빨리 건조한다.

2) 결로

표면온도가 10℃의 창 면에 B점의 공기가 접해도 창 표면에는 결로하지 않지만, A점의 공기가 접하면 창 표면에는 결로한다. 노점온도가 10℃ 이상이면 결로하게 된다. 노점온도는 공기 선도상의 점을 왼쪽으로 평행 이동해 왼쪽의 곡선과의 교점의 온도(또는 그 교점에서 아래에 수직선을 내린 건구온도상의 온도)이다.

A점 : 약 4℃, B점 : 약 13.5℃가 되어 A점의 공기는 결로한다.

A점 : 4℃(결로 발생) < θ 10℃(표면온도) < B점 13.5℃(결로 안 생김)

3) 혼합

A점의 공기와 B점의 공기를 같은 양으로 혼합하면 혼합한 공기의 상대습도는 약 63%가 된다. 이것은 선분 AB와 A점(12℃), B점(22℃)의 건구온도의 중간 17℃로부터의 수직선과의 교점에서의 상대습도의 값을 읽은 것이다.

공기 중에 포함되는 수증기의 양은 절대온도로 나타낸다. 절대온도는 공기 선도상의 점을 오른쪽에 수평 이동시켜 우측의 세로축(절대 온도)과의 교점의 값을 읽어서 얻을 수 있다.

A점 : 약 5.3*g*/*kg*(*DA*), B점 : 약 10.0*g*/*kg*(*DA*)가 되어, A점의 공기와 B점의 공기 1:1의 혼합으로 A점과 B점을 직선으로 연결해 그 한가운데가 혼합 공기인 점(D)이 된다.

5. 결로 연습문제

1) 노점온도에 대해서 설명하시오.
2) 비엔탈비에 대해서 간단하게 설명하시오.
3) 표면 결로와 내부 결로의 해에 대해서 설명하시오.

5. 결로 / 심화문제

[1] 공기 선도에 관한 다음 기술 중 가장 부적당한 것은 어떤 것일까?

1. 동일한 상대습도에서 건구온도가 낮은 만큼 포화 수증기압은 낮다.
2. 건구온도가 같을 때 상대습도가 반이 되면 절대온도도 약 반이 된다.
3. 절대온도가 같을 때 공기를 가열하면 그 공기의 상대습도는 높아진다.
4. 노점온도란 습도가 100%가 되는 온도이고, 수증기량이 변화하지 않으면 온도가 변화해도 노점온도는 변화지 않는다.
5. 공기 선도에서 공기를 가열, 냉각 또는 가습, 제습의 때의 상황을 알면 건구온도, 습구온도, 상대습도, 절대온도, 포화 상태, 엔탈피, 노점온도도 알 수 있다.

[2] 결로에 관한 다음 기술 중 가장 부적당한 것은 어떤 것일까?

1. 난방실에서 방열기를 창 아래에 설치하는 것은 그 창의 실내 측의 표면 결로를 방지하는 효과가 있다.
2. 방습층은 내부 결로를 막는 효과는 있지만, 표면 결로를 막는 직접적인 효과는 기대할 수 없다.
3. 절대습도는 마른 공기 1kg 중에 포함된 수증기량을 말한다.
4. 표면 결로 방지 대책으로서 유리를 단열 성능이 높은 것으로 교환했다.
5. 기존 창(외창)에 내창을 설치하는 경우에 기존 창(외창)의 기밀성을 높게 하면, 기존 창(외창)의 실내 측의 표면 결로를 방지하는 효과가 있다.

[3] 결로에 관한 다음 기술 중 가장 부적당한 것은 어떤 것일까?

1. 절대온도가 같으면 공기를 냉각해도 그 공기의 수증기압(수증기량)은 변화하지 않는다.
2. 건구온도가 같으면 건구온도와 습구온도의 차이가 큰 만큼 상대습도는 낮다.
3. 건구온도가 같으면 상대습도가 반이 되면 절대온도도 약 반이 된다.
4. 건구온도가 낮을수록 포화 수증기압은 높다.
5. 습구온도는 건구온도보다 커지지 않는다.

[4] 결로에 관한 다음 기술 중 가장 부적당한 것은 어떤 것일까?

1. 방습층은 내부 결로를 막는 효과는 있지만 표면 결로를 막는 직접적인 효과는 기대할 수 없다.
2. 보온성이 높은 건축물이어도 난방실과 비난방실이 있는 경우 비난방실에서는 표면 결로가 생기기 어렵다.
3. 내부 결로는 실내 측에서 습기의 진입을 막는 방습층과 단열재의 바깥쪽에 환기층을 설치하여, 벽 내의 습기를 외기 측에 노출시키는 것이 중요하므로 단열재를 두껍게 해도 효과는 없다.
4. 결로 방지에서 난방실과 비난방실과의 온도차를 작게 한다.
5. 결로 방지에서 난방실을 기밀화하지 않고 수증기의 비난방실의 확산을 줄인다.

[5] 문제 그림에 나타내는 습기공기 선도 중에서, A점의 습기공기(건구온도 25℃, 상대습도 40%) 및 B점의 습기공기(건구온도 30℃, 상대습도 70%)에 관한 다음 기술 중 가장 부적당한 것은 어느 것인가?

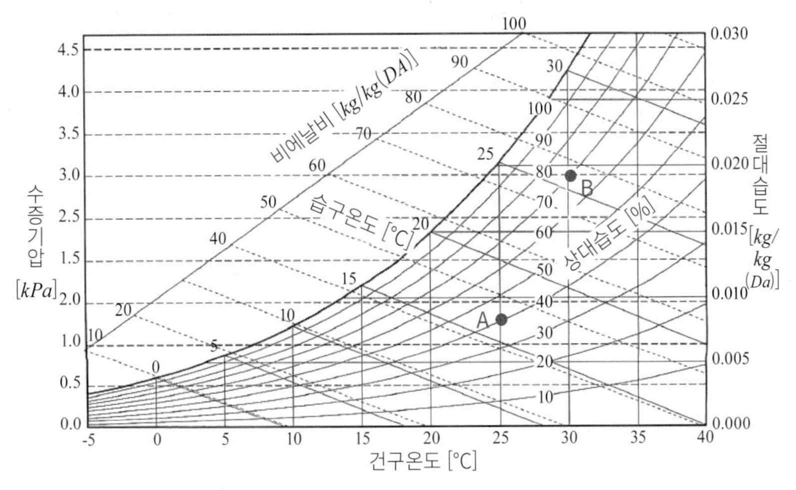

1. A점의 공기를 건구온도 30℃까지 가열하면 상대습도는 약 30%까지 저하한다.
2. B점의 공기가 20℃의 벽면에 접하면 벽의 표면에 결로가 발생한다.
3. A점의 공기에 포함되는 수증기량은 B점의 공기에 포함되는 수증기량의 약 20%이다.
4. A점의 공기를 B점의 공기와 동일한 상태로 하려면 가열과 동시에 건조 공기 1*kg*당 약 11*g*의 가습이 필요하다.
5. A점의 공기와 B점의 공기를 같은 양만 혼합하면 건구온도 약 27.5℃, 상대습도 약 60%의 공기가 된다.

[6] 공기 선도에 관한 다음 기술 중 가장 부적당한 것은 어떤 것일까?

1. 습공기의 상태치를 가시적으로 구할 수 있는 선도이다.
2. 엔탈피란 공기가 가지고 있는 총열량을 말하며, 공기가 가지는 내부 에너지와 그 일을 열량에 환산한 값이다.
3. 상대습도를 일정하게 유지한 채로 건구온도를 상승시키려면 가열만 하고, 가습은 필요없다.
4. 상대습도가 동일해도 건구온도가 다르면 공기 1m^3에 포함되는 수증기량은 다르다
5. 포화 수증기량은 건구온도가 높아질수록 커진다.

[7] 결로에 관한 다음 기술 중 가장 부적당한 것은 어떤 것일까?

1. 노점온도는 공기 선도를 이용해 기온과 상대습도로부터 수증기압을 구한다.
2. 비엔탈피란 마른 공기 1*g*에 해당하는 엔탈피(*KJ*)로 환산한 값이다.
3. 공기를 냉각해도 그 공기의 수증기압(수증기량)은 변화하지 않는다.
4. 1*cal*=4.186*Joule*(줄)≒4.19*Joule*
5. 공기를 가열·냉각해도 노점온도는 변화하지 않는다.

[8] 결로에 관한 다음 기술 중 가장 부적당한 것은 어떤 것일까?

1. 표면온도가 표면 근처의 공기 노점온도 이하이면 표면 결로가 발생한다고 판단할 수 있다.
2. 결로로는 진드기의 사체나 배설물에서 곰팡이는 발생한다. 습기가 있는 한 곰팡이가 계속 증식하는 악순환이 일어난다.
3. 결로방지대책으로 방습층을 벽의 안쪽에 설치한다.
4. 상대습도가 낮아질수록 노점온도는 낮아진다.
5. 공기를 가열하면 그 공기의 상대습도는 높아진다.

06 실내 공기오염

공기환경에서 중요한 것은 환기와 통풍이다. 환기는 실내의 오염된 공기를 배출하며, 신선한 공기를 도입하고 실내 공기를 청결하게 유지하는 것을 목적으로 한다. 한편, 통풍은 실내에 바람을 유인하여 시원함을 유지하고 체온 조절의 역할을 한다. 양자는 우리의 건강에 필수 조건이며, 건물에서 발생하는 결로의 피해를 막을 수 있다(그림 6.1~6.3).

계획 환기는 기밀성을 높이는 쪽이 유리하다.

1. 실내 공기오염

1) 일산화탄소(CO)

일산화탄소는 목탄처럼 탄소를 포함한 물질을 태웠을 때, 산소가 충분히 없으면 발생하는 기체로 유독가스이다. 산소가 충분히 있으면 이산화탄소가 나온다. 일산화탄소가 발생할 가능성이 있는 것은 의외로 일상생활에서 볼 수 있다. 예를 들면, 가스 순간온수기, 가스스토브, 난로 등이 불완전 연소하면 일산화탄소가 나온다.

일산화탄소는 혈액 안의 헤모글로빈과 결합하기 쉬워서 일산화탄소를 마시면 혈액의 산소 운반 능력이 극단적으로 저하하여 일산화탄소 중독이 된다. 실내 공기환경에서 일산화탄소는 독성이 강하고 허용 농도는 0.001%(10*ppm*[1])이다. 일산화탄소에 의한 인체 영향은 표 6.1과 같다.

표 6.1 CO 농도의 인체 영향

농도 [*ppm*]	농도 [%]	노출시간	영향
5	0.0005	20min	시신경의 반사작용 변화
30	0.003	8h 이상	시각, 정신기능장해
200	0.02	2~4h	경도의 두통
500	0.05	2~4h	격렬한 두통, 탈진감, 시력장해, 허탈감
1,000	0.1	2~3h	맥박 빨라짐, 경련을 수반하는 실신
2,000	0.2	1~2h	사망

일본건축학회 편 "건축설계자료집성 1. 환경" 마루젠, 1978. p140을 가필 수정

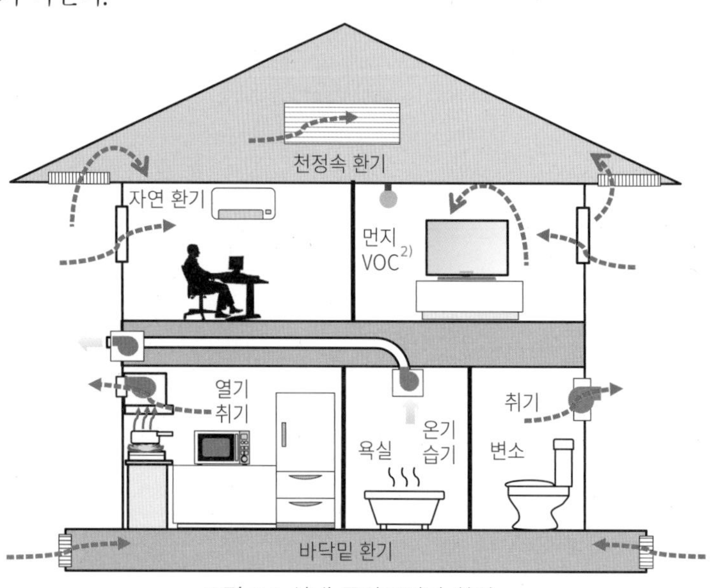

그림 6.1 실내 공기오염과 환기

그림 6.2 지붕 환기

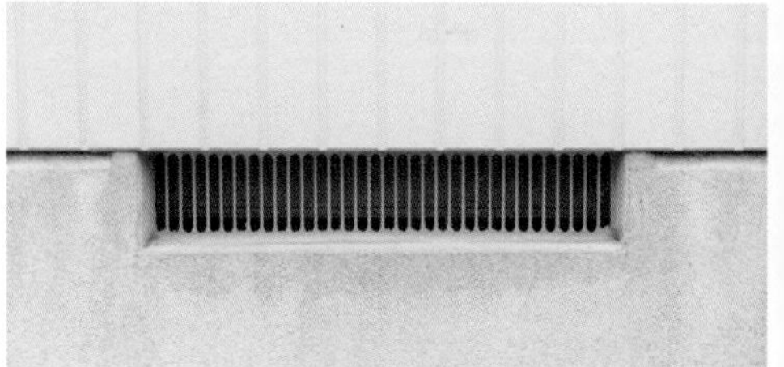

그림 6.3 바닥 환기

1) ppm: parts per million, 미량인 농도나 비율을 표현하는 백만분의 1의 단위, 1ppm=1/1,000,000=0.0001%, 1%=10,000ppm

2) VOC(volatile organic compounds)는 휘발성 유기화합물을 의미한다.

2) 이산화탄소(CO_2)

이산화탄소 농도는 공기오염의 지표로서 호흡이나 흡연 등의 생활 행위나 조리 등의 연소에 의해 발생하고, 공기 안에 악취나 먼지가 증가함에 따라 이산화탄소량(CO_2)도 증가한다. 실내에서 이산화탄소의 허용 농도는 0.1%(1,000*ppm*)이다.

이산화탄소는 소량이면 인체에 영향은 없지만, 농도가 높아지면 권태감, 두통, 이명 등의 증상을 초래한다.

양호한 실내 공기환경을 유지하기 위해서는 대체로 1인당 30m^3/h 이상의 환기량을 확보하는 것이 필요하다.

용적이 다른 2개의 거실에서 각각의 실내 이산화탄소 발생량 및 환기 횟수가 같은 경우 정상 상태에서 실내 이산화탄소 농도는 일반적으로 용적이 작은 거실 쪽이 큰 거실보다 높아진다. 이산화탄소에 의한 인체 영향은 표 6.2와 같다.

표 6.2 CO_2 농도의 인체 영향

농도 [*ppm*]	농도 [%]	영향
1,000	0.1	호흡기, 순환기, 대뇌 등의 기능에 영향을 끼친다
40,000	4	이명, 두통, 혈압상승이 나타난다
80,000~100,000	8~10	의식혼탁, 경련이 일어나고 호흡이 멈춘다.
200,000	20	중추신경에 장해를 일으키며 생명에 위험하다

일본건축학회 편 "건축설계자료집성 1. 환경" 마루젠, 1978. p140을 가필 수정

3) 라돈

라돈은 방사성이 있으며 무미, 무취, 무색의 기체이다. 라돈 온천은 방사선이 건강에 기여한다는 생각이 있어서 건강에 효능이 있다고 하는데, 주거 내의 라돈은 건강에 악영향을 끼치는 오염 물질이다.

2. 포름알데히드

1) 포름알데히드

각종 VOC에 하나인 포름알데히드는 각종 접착제를 사용하는 가구, 바닥재, 합판 등 목재에서 발생하는 휘발성 유기화학 혼합기체를 말한다. 포름알데히드가 인체에 끼치는 영향은 두통과 눈이 따갑고 알레르기같은 신체에 장애를 발생하는 원인이 된다.

2) 포름알데히드 방출량

포름알데히드는 시크하우스증후군으로서 건축에서는 중요하게 취급하며 표 6.3과 같이 포름 알데히드 환경기준이 있다. 또한 SEO 환경등급을 권장하고 있다.

표 6.3 포름알데히드 환경기준

환경등급	방출량	국내기준	국외기준
SEO	0.3$mg/m^2 \cdot h$ 이하	실내사용	실내사용
E0	0.5$mg/m^2 \cdot h$ 이하	실내사용	실내사용 일부금지
E1	1.5$mg/m^2 \cdot h$ 이하	실내사용	실내사용 일부금지
E2	5$mg/m^2 \cdot h$ 이하	실내사용 금지	실내사용 금지

건축물의 실내 공기 환경기준은 표 6.4와 같다.

표 6.4 건축물의 실내공기 환경기준

성분	실내공기 환경기준
온도	17℃ 이상·28℃ 이하
상대습도	40% 이상·70% 이하
이산화탄소	1,000*ppm*(0.1%) 이하
기류	0.5m/sec 이하
일산화탄소	10*ppm*(0.001%) 이하
부유분진	0.15mg/m^3 이하
낙하세균	병원체 오염방지 조치 강구
포름알데히드	0.1mg/m^3이하
환기	분진·CO_2·CO·기류·VOC: 공기를 정화하여 유량을 조절해 공급한다

3) 포름알데히드 방지

포름알데히드를 발산하는 재료를 사용하는 경우에는 지붕 밑에서의 오염물질을 억제하기 위해서 거실내의 압력을 지붕밑 보다 낮게하지 않는것이 유효하다.

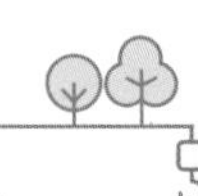

환기의 종류는 크게 나누면 자연 환기와 기계 환기가 있다.

1. 자연 환기

1) 풍력 환기

그림 7.1처럼 풍상(風上, 바람이 불어오는 쪽)에서 공기가 유입되어, 풍하(風下, 바람이 불어 가는 쪽)로 공기가 유출되는 현상을 말한다. 즉 건물의 외벽면에 바람이 접촉할 때, 풍상에서는 벽을 누르고, 풍하에서는 벽을 당기는 힘이 생긴다. 풍상에서는 정압(正壓)[1]이 작용하며, 풍하에서는 부압(負壓)[2]이 되며, 그 힘의 크기는 풍압 계수라고 하며 각각 C_1, C_2로 나타낸다.

환기력은 매우 강하지만, 풍속이나 바람이 불어오는 쪽과 바람이 불어 가는 쪽 등의 건물의 상황에 따라 크게 좌우된다. 풍력은 변동이 크기 때문에 바람이 없으면 전혀 효과가 없다. 풍력에 의한 환기량의 계산식은 다음과 같다.

$$Q = \alpha \times A \times v \times \sqrt{C_1 - C_2}\,[m^3/h]$$

Q: 환기량$[m^3/s] \times 3600 = [m^3/h]$

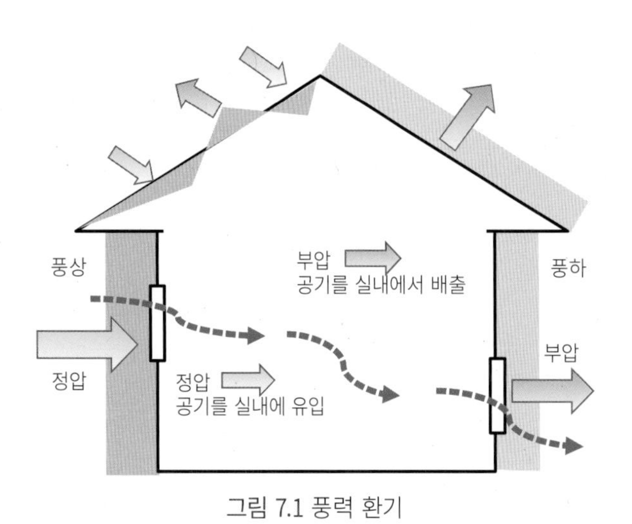

그림 7.1 풍력 환기

α: 유량계수(표 7.1 참조)

A: 합성 개구부 면적$[m^2]$

v: 풍속$[m/s]$

C_1: 풍상(바람이 불어오는 쪽) 풍압 계수

C_2: 풍하(바람이 불어 가는 쪽) 풍압 계수

* 풍력에 의한 환기량은 동일 풍향의 경우, 풍압 계수의 차이의 제곱근에 비례한다. 개구부에 풍압력이 작용했을 때의 환기량은 외부 풍향과 개구부 조건이 일정한 경우에는 외부 풍속에 비례한다.

표 7.1 유량계수

명칭	형상	유량계수 α	압력손실 계수 ζ	비고
통상 개구부		0.65 ~ 0.70	2.4 ~ 2.0	단순 창
오리 피스형		0.60	2.78	칼날형
벨마 우스형		0.97 ~ 0.99	1.06 ~ 1.02	매끈한 흡입구
루버형	β: 90°, 70°, 50°, 30°	0.70, 0.58, 0.42, 0.23		문 갤러리

일본건축학회편 "환기설계, 설계계획 팸플릿 18" 쇼코구사, 1965, 가필 수정

2) 중력 환기(온도차 환기)

어느 정도 높이가 있는 실내에서 실내 온도보다 외기온이 낮은 경우, 실내 하부에는 외기가 들어오는 힘이 발생하여 따뜻한 실내의 공기는 상부에서 유출되는 힘이 발생한다. 이러한 온도차에 의한 자연 환기를

1) 정압: 실내 기압이 주위보다 높아져 공기를 누르는 힘이 발생(+압).

2) 부압: 실내 기압이 주위보다 낮아져 공기를 당기는 힘이 발생(-압).

중력 환기라고 하며, 개구부의 높낮이 차이와 실내외의 온도차가 클수록 환기량은 늘어난다. 즉 실내 측과 실외 측에 있는 따뜻하고 가벼운 공기는 차갑고 무거운 공기와 압력 차이가 생겨서 환기구 동력이 발생하여 환기가 이루어진다. 급 배기구의 높낮이 차이가 큰 만큼 환기 능력은 높아지고, 일교차가 작은 여름보다 큰 겨울 쪽이 환기량은 늘어난다(그림 7.2).

중력(온도차) 환기량의 식은 다음과 같다.

$$Q = \alpha \times A \times \sqrt{\frac{2 \times g \times h(t_i - t_0)}{273 + t_i}}$$

Q : 환기량[m^3/s]

α : 유량계수 (표 7.1 참조)

A : 합성 개구부 면적[m^2]

g : 중력 가속도(9.8[m/s^2])

h : 유입구와 유출구와 높이[m]

273 : 절대온도[K]

t_i : 실내 온도[℃] t_o : 실외 온도[℃]

외기에 접하고 있는 상하에 같은 크기의 2개의 개구부가 있는 실에서 무풍의 조건에서 중력(온도차)환기를 실시하는 경우, 환기량은 '내외 온도차' 및 '개구부 높이의 차이'에 제곱근에 비례한다.

• 중성대(中性帶)

중성대는 그림 7.3처럼 상하에 개구부가 있는 경우에 내외의 압력 차이가 같아지는 바닥과 천장의 중간 부분을 말한다. 중성대 하부에서 외기가 유입되는 것은 실내 온도보다 외기온이 낮은 겨울철이다. 이 환기법으로는 실내외의 온도차와 급기구와 배기구의 높낮이 차이가 크면 클수록 환기량은 많아진다.

중력 환기(온도차 환기)에 있어서, 외기온이 실내 온도보다 높은 경우, 외기는 중성대보다 상부의 통로로부터 유입된다. 크기가 다른 상하의 2개의 개구부를 이용하고 무풍의 조건에서 온도차 환기를 실시하는 경우, 중성대의 위치(높이)는 유효 개구부 면적이 큰 쪽에 가까워진다.

• 공기령(空氣齡)

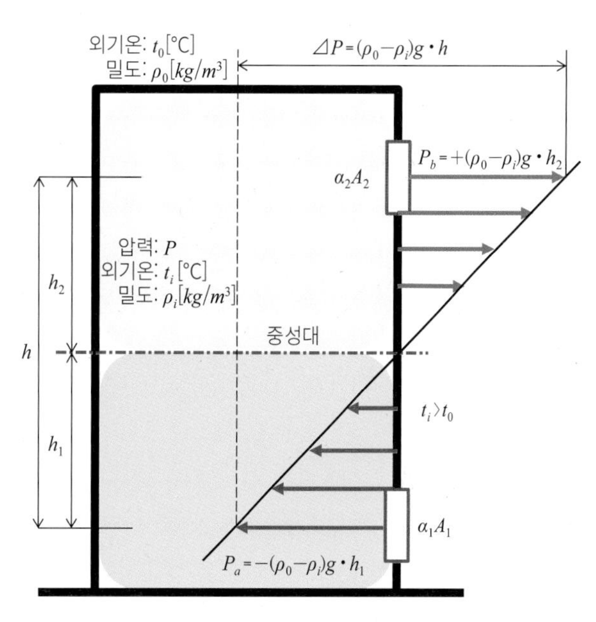

그림 7.3 중력 환기(온도차 환기)

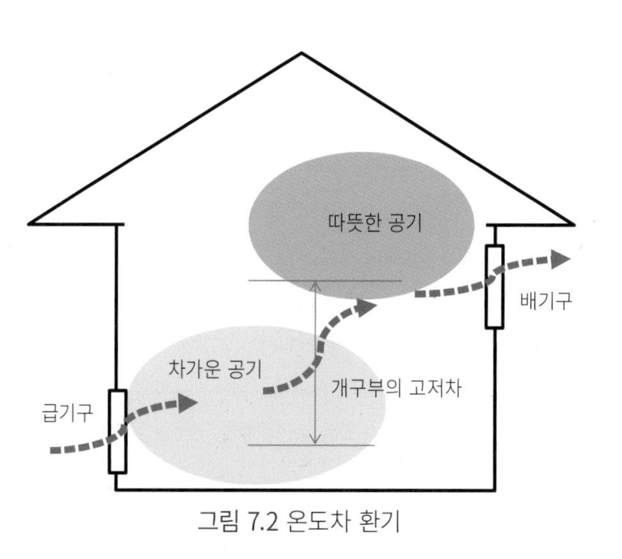

그림 7.2 온도차 환기

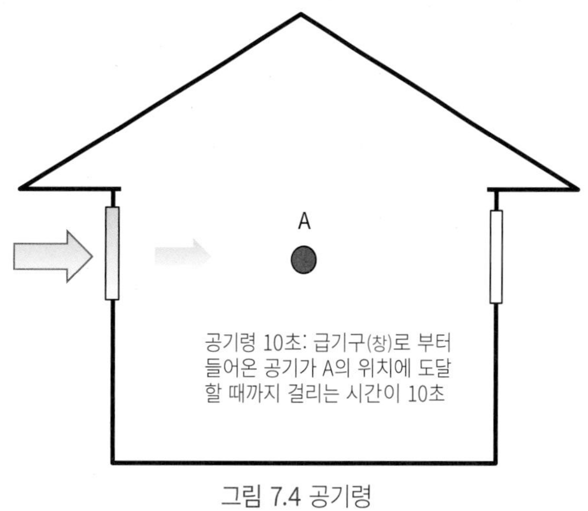

그림 7.4 공기령

공기령은 국소 환기 효율평가 개념으로서, 그림 7.4와 같이 유입구에서 실내에 들어간 소정량의 공기가 실내가 있는 어느 지점에 도달하기까지 경과하는 평균 시간이다. 공기령이 짧으면 짧은 만큼 공기는 신선하다.

주위의 공간보다 낮게 유지하도록 일반적으로 자연 급기와 기계 배기를 설치한다. 주택의 환기에서 자연 급기구는 바닥 면으로부터 높이를 1.6m 이상으로 하는 것이 바람직하다.

2. 기계 환기

1) 제1종 기계 환기

제1종 기계 환기 방식은 그림 7.5.a처럼 급배기를 기계 환기로 이용하는 것으로 실내의 기압인 정압(正壓)과 부압(負壓)을 제어할 수 있다. 이 방식은 기계에 의해 신선한 공기 유입과 오염된 공기 배출을 자유자재로 조절할 수 있다. 전기실, 보일러실, 대규모 공간이나 조리실에 이용된다.

2) 제2종 기계 환기

제2종 기계 환기 방식은 그림 7.5.b처럼 급기를 송풍기로 하고, 배기를 환기구로 하는 방식이다. 강제적으로 급기가 이루어지기 대문에 실내는 정압으로 유지할 수 있다. 정압은 대기압보다 높은 상태이기 때문에 실내에서 실외로 공기를 밀어내므로, 외부로부터 오염 공기가 흡입되지 않은 실내에 이용된다. 즉 실내에 오염 공기의 유입을 막을 수 있다. 수술실이나 클린룸처럼 오염 공기가 주위로부터 유입되어서는 안 되는 실내에서는 제2종 기계 환기 또는 실내의 기압을 주위보다 높게 한 제1종 기계 환기로 한다.

3) 제3종 기계 환기

제3종 기계 환기 방식은 그림 7.5.c처럼 실내를 부압으로 유지하여 실외로부터 오염 물질의 유출을 막을 수 있어 화장실이나 욕실, 주방 등에 이용된다. 즉 오염 공기를 기계 환기로 배기를 하는 것으로 실내가 부압이 되어 신선한 공기가 유입된다. 부압은 대기압보다 낮은 상태이기 때문에 실내의 공기를 기계 환기에 의해 배출한다. 화장실이나 욕실의 환기는 실내압을

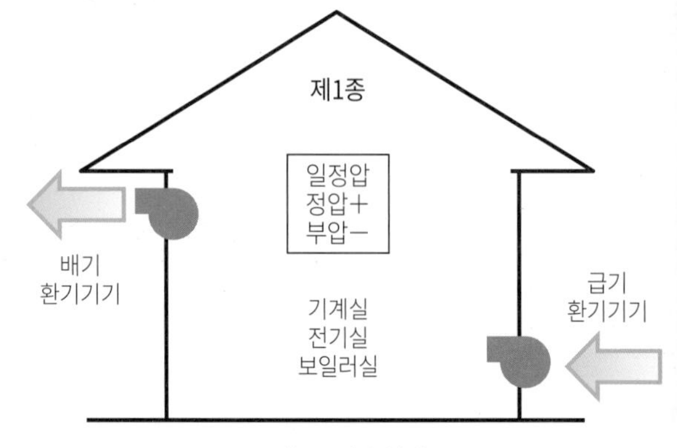

a. 제1종 기계 환기

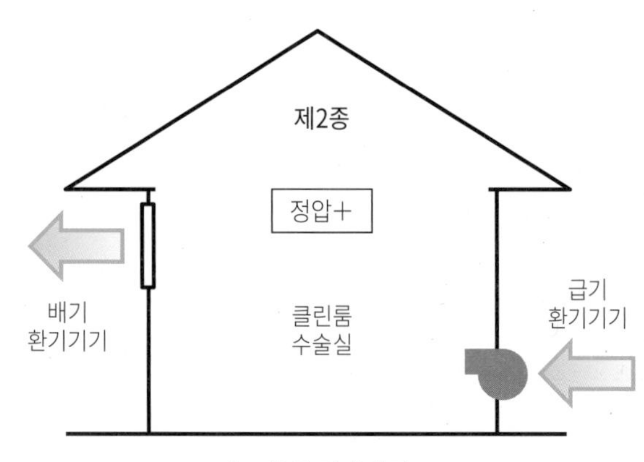

b. 제2종 기계 환기

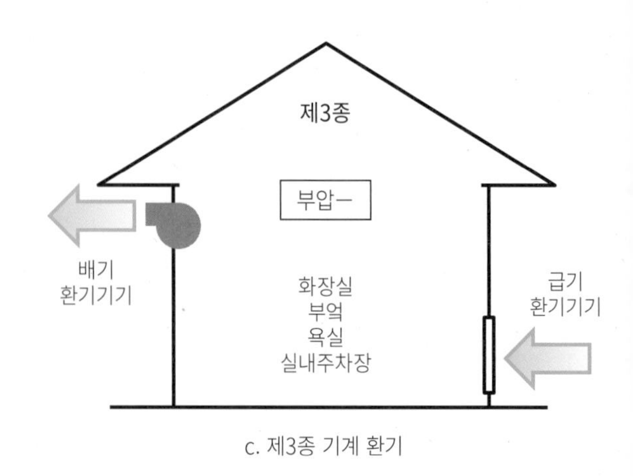

c. 제3종 기계 환기

그림 7.5 기계 환기

08. 필요 환기량

1. 환기 횟수에 의한 필요 환기량

거실의 환기 횟수는 실에서 1시간당 환기량을 실의 용적으로 나눈 값이다. 필요 환기 횟수를 이용하여 환기량을 요구하는 경우에는 실의 용적을 이용한다. 말하자면, 실의 용적은 필요 환기 횟수를 이용하여 필요 환기량을 요구하는 경우에 이용한다. 거실의 1인 필요 환기량은 표 8.1과 같다.

• 환기 횟수 : n[회/h]는 실의 공기가 1시간에 몇 회 환기를 해야 하는지를 나타낸 것이다.

$$Q = n \times V, \qquad n = \frac{V}{Q}$$

Q : 필요 환기량[m^3/h]
n : 환기 횟수[회/h]
V : 실의 용적[m^3]

필요 환기 횟수가 0.5[회/h]의 실이란, 1시간에 0.5회, 즉 2시간에 1회 환기하는 뜻이며, 적어도 그 실의 용적과 같은 양의 신선한 공기를 공급하는 의미이다.

표 8.1 거실의 필요환기량

실명	표준 재실농도 [m^2/인]	필요 환기량 [$m^3/(m^2 \cdot$인$)$]
사무실(개인실)	5.0	6.0
사무소(일반)	4.2	7.2
은행영업실	5.0	6.0
상점매장	3.3	9.1
백화점(일반매장)	1.5	20.0
백화점(식품매장)	1.0	30.0
백화점(특매장)	0.5	60.0
레스토랑(보통)	1.0	30.0
레스토랑(고급)	1.7	17.7
연회장	0.8	37.5
호텔객실	10.0	3.0
극장·영화관(보통)	0.6	50.0
극장·영화관(고급)	0.8	37.5
휴게실	2.0	15.0
오라실	3.3	9.0
소회의실	1.0	30.0
술집바	1.7	17.7
미용실·이발소	5.0	6.0
주택·아파트	3.3	9.0
식당(여업용)	1.0	30.0
식당(비영업용)	2.0	15.0

일본공기조화 · 위생공학회 환기 규격 HASS102에 의함

2. 필요 환기량 계산

오염 공기를 제거할 목적으로 하는 단위 시간당 필요 환기량은 '단위 시간당 실내의 오염 공기 발생량'을 '실내의 오염 공기 농도의 허용치와 외기의 오염 공기 농도와의 차'로 나누어서 구할 수 있다.

• 필요 환기량 : $Q = \dfrac{k}{P_i - P_0}$

Q : 필요 환기량[m^3/h]
k : 실내 이산화탄소 발생량(오염 공기 발생량)[m^3/h]
P_i : 거실의 이산화탄소의 허용 농도(실내 오염 공기 농도) : 0.1% = 1,000ppm = 0.001
P_0 : 외기의 이산화탄소 농도(외기 오염 공기 농도)

성인 1인당 이산화탄소가 0.015m^3/h 발생하지만, 필요 환기량은 외기의 이산화탄소 농도가 0.03%, 실내의 허용 농도가 0.1%일 경우 약 21m^3/h가 된다.

상기의 식에서

$$Q = \frac{0.015}{0.001 - 0.0003} = 21 m^3/h$$

를 구할 수 있다.

3. 오염 물질 발생량

정상 상태[1]로 생각할 경우 실의 용적에 따르지 않고, 그 실의 오염 물질의 발생량은 허용 농도 및 외기 중의 오염 물질의 농도에 따라 구할 수 있다.

$$k = Q \times P_i - P_0$$

위의 식에서 오염 물질이 발생하는 실의 필요 환기량(Q)은 오염 물질의 발생량(k)에 따라 변화하며, 그 실의 용적의 크기에는 변화하지 않는다.

하지만 어떤 건축물의 용적이 다른 2개의 실에서 실내의 이산화탄소 발생량(m^3/h) 및 환기 횟수(회/h)가 같은 경우, 정상 상태에서의 실내의 이산화탄소 농도(%)는 용적이 큰 실보다 작은 실 쪽이 높아진다.

이 경우에,

$$Q = n \times V = \frac{k}{P_i - P_0}$$

$$P_i - P_0 = \frac{k}{n \times V}$$

에서 V가 작아지면 P_i는 크게(높게) 된다.

4. 연소 기구

연소 기구에는 개방형, 밀폐형, 반밀폐형의 3종류가 있다(그림 8.1 참조). 연소 기구는 산소를 필요로 하고 불완전 연소는 일산화탄소를 유발하기 때문에 항상 주의하여야 한다.

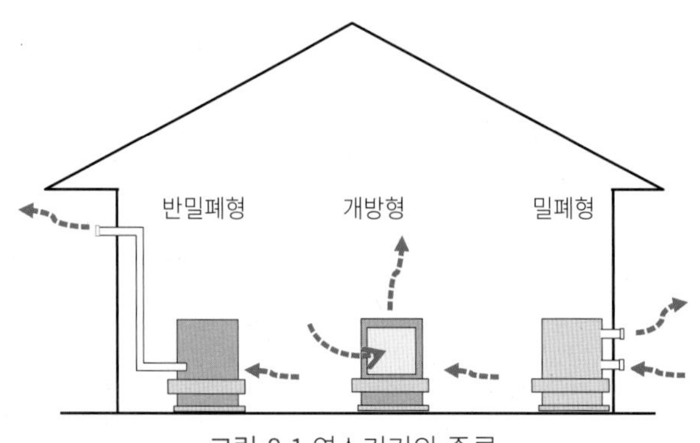

그림 8.1 연소기기의 종류

실내의 산소 농도가 18%로 내려간 경우, 인체에는 생리적으로 큰 영향을 주지 않지만, 개방형 연소 기구의 불완전 연소를 가져올 우려가 있다. 또한, 반 밀폐형 연소 기구도 실내 공기를 연소용으로 이용하기 때문에 실내의 산소 농도의 저하가 원인이 되어 불완전 연소가 발생한다.

부엌에서 가스레인지를 사용하는 경우, 환기팬의 유효 환기량 산정은 이론 폐가스량(완전 연소라고 가정했을 때의 폐가스량)과 관계가 있다.

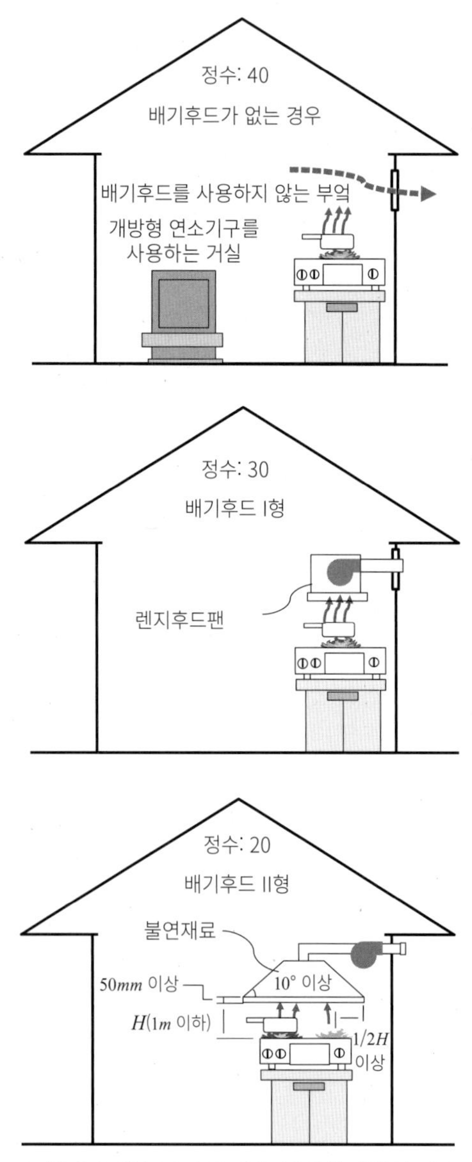

그림 8.2 연소기기에 대한 필요환기량의 정수

1) 정상 상태: 어떤 운동 상태에서 시간의 흐름에 따라 변화하지 않고 일정한 상태에 있는 것을 말하며 건축환경 설비에서는 정상 상태의 개념으로 사용되고 있다.

5. 연소 기구에 대한 필요 환기량

$Q = N \times K \times q$

Q: 필요 환기량 [m^3/h]

N: 정수(그림 8.2)

K: 이론 폐가스량 [m^3/kWh], [m^3/kg]

q: 연료 소비량 또는 발열량 [m^3/h], [kg/h], [kW/h]

정수 N은 환기팬이나 레인지 푸드의 형태에 따라서 바뀌며, 이론 폐가스량 K는 연료의 종류에 의해 바뀐다.

오염 물질이 발생하는 실의 필요 환기량은 오염 물질의 발생량에 따라 변화하지만, 오염 물질의 발생량이 같은 경우는 그 실의 용적의 대소에 의해 변화하지 않는다. 거실에서의 필요 환기량은 일반적으로 성인 한 명당 $30m^3/h$ 정도이다.

정상 상태의 공기의 질량은 외부에서 실내에 유입되는 경우와 실내에서 외부에 유출되는 경우가 동일하다. 창호 주위의 틈새에서 유입·유출되는 틈새 바람은 틈새 전후의 압력 차이의 $1/n$ 승에 비례하여, n은 1~2의 값을 취한다. 어떤 건축물에서 용적이 다른 2개의 실에서 실내의 이산화탄소 발생량(m^3/h) 및 환기 횟수(회/h)가 같은 경우, 정상 상태에서의 실내의 이산화탄소 농도(%)는 용적이 큰 실보다 작은 실 쪽이 높아진다.

6. 실내 환기

1) 전반 환기

실에서의 전반 환기란 실 전체에 대해 환기를 실시하여 그 실에서의 오염 물질의 농도를 낮추는 것을 말

그림 8.3 전통한옥의 전반환기

그림 8.5 부엌의 국소환기

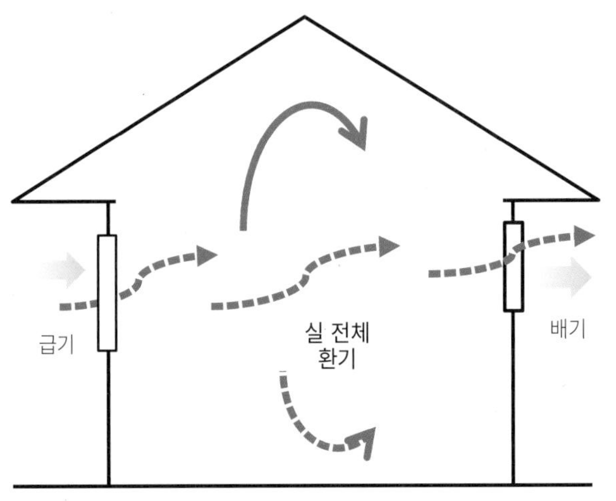

그림 8.4 전반 환기

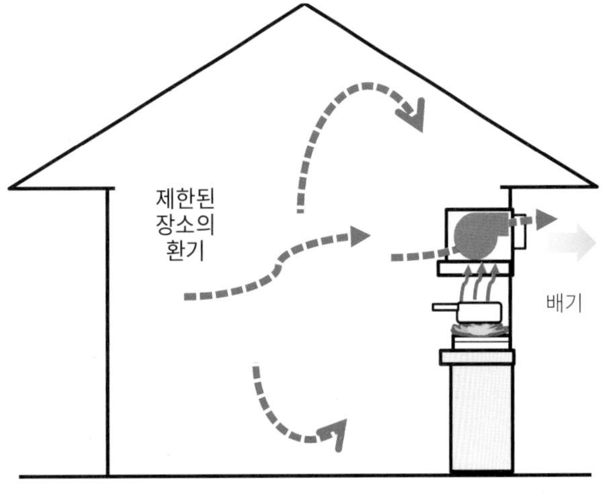

그림 8.6 국소 환기

한다. 즉 실 전체의 공기를 바꿔 넣어서 실내에서 발생하는 오염 물질의 희석, 확산 및 배출하는 환기 방식이다(그림 8.3~8.4). 전반 환기는 건축물 전체에 환기의 경로를 계획하여 외기를 항상 실내에 도입하도록 한다.

2) 국소 환기

국소 환기는 거실 전체를 환기하는 전반 환기에 반해서, 부엌이나 화장실처럼 일시적으로 일부분만 실시하는 환기를 말한다(그림 8.5~8.6).

6, 7, 8 실내 공기 연습문제

1) 풍속 $2m/s$의 경우, 개구부 면적 $0.8m^2$, 유량 계수 0.7로 했을 때의 풍력에 의한 환기량을 구하시오. 풍력 계수 풍상 +0.8, 풍하 −0.5로 한다.
2) 실온 17℃, 외기온 2℃ 바람이 없는 상태에서 유입·유출구의 개구부는 미서기창으로 그 합성 면적은 $0.8m^2$이며, 창의 높이는 $3m$이다. 유량 계수를 0.7로 했을 때의 온도에 의한 환기량을 구하시오.
3) 실의 용적이 $25m^3$의 거실에 5명이 있다. 이 방의 환기량과 환기 횟수를 구하시오.
   단, 1인의 CO_2 배출량은 $0.02m^2/h$, 외기CO_2 농도는 $300ppm$, 실내 CO_2 허용 농도는 $1{,}000ppm$이다.
4) 실내의 공기 오염 물질에서 일산화탄소와 이산화탄소의 허용치를 %와 *ppm*로 답하시오.
5) VOC와 포름알데히드에 대해서 설명하시오.
6) 풍력 환기와 중력 환기의 차이에 대해서 설명하고 각각의 환기량을 구하는 식을 답하시오.
7) 공기령에 대해서 설명하시오.
8) 기계 환기의 종류와 각각의 실내의 압력을 설명하시오.
9) 환기 횟수의 의미를 설명하시오.
10) 전반 환기와 국소 환기의 특징을 설명하시오.

6, 7, 8 실내 공기 / 심화문제

[1] 실내 공기에 관한 다음 기술 중 가장 부적당한 것은 어떤 것일까?

1. 일산화탄소의 허용농도는 0.001%이다.
2. 부엌에서 가스스토브를 사용하는 경우, 환기팬의 유효 환기량의 산정에는 이론 폐가스양이 관계한다.
3. 실내 공기 환경에서 일산화탄소는 독성이 강하므로 허용 농도는 0.001%(10*ppm*)이다.
4. 국소 환기란 거실 전체를 환기하는 전반 환기에 비해서 부엌이나 화장실처럼 일시적으로 일부분만 실시하는 환기를 말한다.
5. 주거 내의 라돈은 라돈 온천처럼 건강에 좋으므로 오염 물질이 아니다.

[2] 실내 환기에 관한 다음 기술 중 가장 부적당한 것은 어떤 것일까?

1. 거실에서의 필요 환기량은 일반적으로 성인 한 명당 $30m^3/h$ 정도로 여겨지고 있다.
2. 제2종 기계 환기 방식은 강제적으로 급기할 수 있기 때문에 실내는 부압으로 할 수 있다.
3. 온도차에 의한 자연 환기를 중력 환기라고 하며, 개구부의 높낮이 차이와 실내외의 온도차가 큰 만큼 환기량은 늘어난다.
4. 필요 환기량은 실내의 이산화탄소 농도를 기준으로 산출한다.
5. 중성대에서 하부에서 외기가 유입되는 것은 실내 온도보다 외기온이 낮은 겨울철이다.

[3] 실내 환기에 관한 다음 기술 중 가장 부적당한 것은 어떤 것일까?

1. 오염 물질이 발생하는 실의 필요 환기량은 오염 물질의 발생량에 따라 변화하지만, 오염 물질의 발생량이 같은 경우는 그 실의 용적의 크기에는 변화하지 않는다.
2. 필요 환기 횟수가 0.5회/h의 실이란, 1시간에 0.5회, 즉 2시간에 1회가 되며, 적어도 그 실의 용적과 같은 양의 신선한 공기가 공급될 필요가 있다.
3. 제3종 기계 환기 방식으로서 화장실이나 욕실, 주방 등에 이용된다.
4. 거실의 환기 횟수는 실에서 1시간당 환기량을 실의 면적으로 나눈 값이다.
5. 계획 환기는 기밀성을 높이는 쪽이 실시하기 쉽다.

[4] 외기온 0℃, 무풍의 조건하에 그림과 같은 상하에 개구부를 가지는 단면의 건축물 A·B·C가 있다. 실내 온도가 모두 20℃에 유지되어 있으며, 상하 각각의 개구 면적이 각각 0.5m^2, 0.6m^2, 0.7m^2, 개구부의 중심 간의 거리가 각각 3m, 2m, 1m일 때, 건축물 A·B·C의 환기량 $Q_A \cdot Q_B \cdot Q_C$의 대소 관계로서 올바른 것은? 단, 어느 개구부도 유량 계수는 일정하고, 중성대는 개구부의 중심 간의 중앙에 위치하는 것으로 한다. 소수점 2자리에서 반올림할 것.

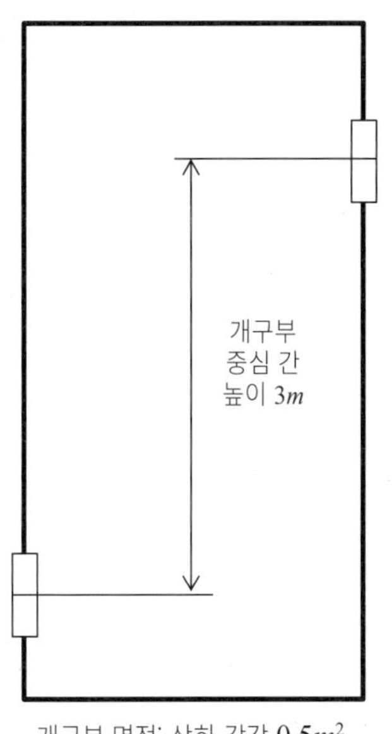

개구부 면적: 상하 각각 0.5m^2
건축물 A

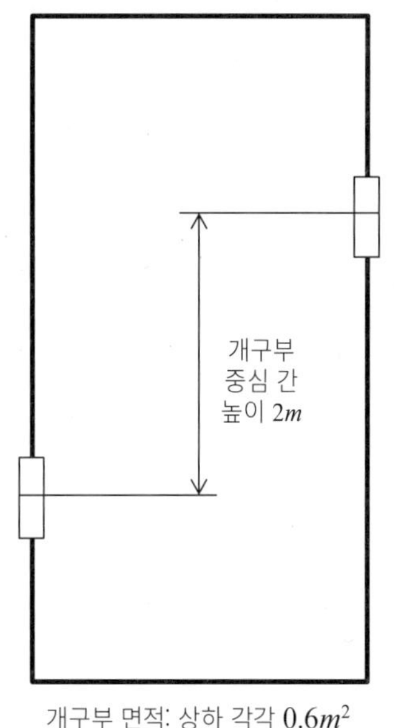

개구부 면적: 상하 각각 0.6m^2
건축물 B

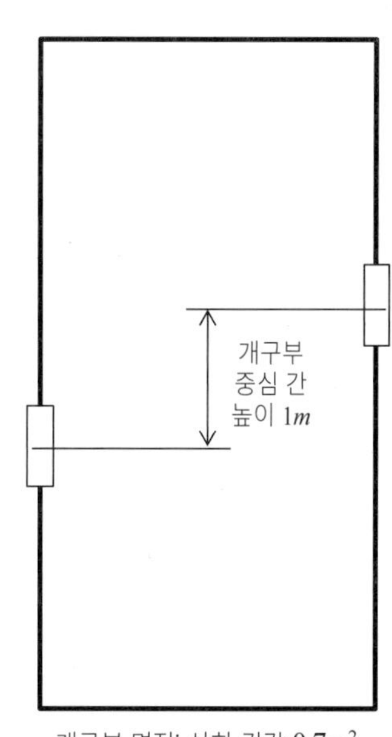

개구부 면적: 상하 각각 0.7m^2
건축물 C

1. $Q_A > Q_B > Q_C$
2. $Q_B > Q_A > Q_C$
3. $Q_B > Q_C > Q_A$
4. $Q_C > Q_B > Q_A$
5. $Q_A = Q_B = Q_C$

[5] 실내 환기에 관한 다음 기술 중 가장 부적당한 것은 어떤 것일까?.

1. 반 밀폐형 연소 기구도 실내 공기를 연소용으로 이용하기 때문에 실내의 산소 농도의 저하에 기인하는 불완전 연소가 발생한다.
2. 정상 상태의 공기의 질량은 외부에서 실내에 유입되는 때와 실내에서 외부에 유출되는 때가 동일하다.

3. 풍력에 의한 환기량은 동일 풍향의 경우, 풍압 계수의 차이의 제곱근에 반비례한다.
4. 온도차에 의한 환기에 있어서 외기온이 실내 온도보다 높은 경우 외기는 중성대보다 위쪽의 통로로부터 유입된다.
5. 용적의 다른 2개의 거실에서 각각의 실내의 이산화탄소 발생량 및 환기 횟수가 같은 경우 정상 상태에서의 실내의 이산화탄소 농도는 용적의 작은 거실 쪽이 큰 거실보다 높아진다.

[6] 실내 공기에 관한 다음 기술 중 가장 부적당한 것은 어떤 것일까?

1. 풍력에 의한 환기량은 동일 풍향의 경우, 풍압 계수의 차이의 제곱근에 비례한다.
2. 공기령은 유입구에서 실내에 들어간 소정량의 공기가 실내가 있는 어느 지점에 도달하기까지 경과하는 평균 시간이다.
3. 주택의 환기에서 자연 급기구는 바닥 면으로부터의 높이를 1.6*m* 이상으로 하는 것이 바람직하다.
4. 제3종 기계 환기 방식은 실내를 부압으로 유지하여 실외로부터 오염 물질의 유출을 막을 수 있다.
5. 이산화탄소의 허용 농도는 0.1%(1,000*ppm*)이다.

[7] 실내 환기에 관한 다음 기술 중 가장 부적당한 것은 어떤 것일까?

1. 실내의 산소 농도가 18%로 저하된 경우 인체에는 생리적으로 큰 영향을 주지 않지만, 개방형 연소 기구의 불완전 연소를 가져올 우려가 있다.
2. 부엌에서 가스풍로를 사용하는 경우, 환기팬의 유효 환기량 산정은 이론 폐가스양(완전 연소라고 가정했을 때의 폐가스양)과 관계가 있다.
3. 필요 환기량에서 정수 N은 환기팬이나 레인지 후드의 형태와는 무관하다.
4. 창호 주위의 틈새에서 유입·유출되는 틈새 바람은 틈새 전후의 압력 차이의 $1/n$ 승에 비례하여 n은 1~2의 값을 취한다.
5. 전반 환기란 실 전체에 대해 환기를 실시하여 그 실에서의 오염 물질의 농도를 낮추는 것을 말한다.

[8] 실내 환기에 관한 다음 기술 중 가장 부적당한 것은 어떤 것일까?

1. 개구부에 풍압력이 작용했을 때의 환기량은 외부 풍향과 개구부 조건이 일정한 경우에는 외부 풍속에 비례한다.
2. 공기령이 길면 길수록 공기는 신선하다.
3. 온도차 환기는 개구부의 높낮이 차이와 실내·외의 온도차가 클수록 환기량이 늘어난다.
4. 중성대 하부에서 외기가 유입될 때는 실내 온도보다 외기온이 낮은 겨울철이다.
5. 제1종 기계 환기 방식은 급배기를 기계 환기로 이용하는 것으로 실내를 정압(正壓)과 부압(負壓)으로 제어할 수 있다.

09 일조

태양의 에너지인 일조·일사는 빛과 열을 취급하는 분야이다. 일반적인 주거에서는 일조는 가능하면 많이 받는 것이 중요하고, 일사는 더울 때는 차단하고 추울 때는 실내에 받아들이는 것이 중요하다.

일조는 설비 분야에서는 조명 기구 등을 취급하며 (→15 조명설비 p.195 참조), 일사는 냉난방 설비(→08 공기조화설비 p.161 참조)와 공유하는 분야이다.

1. 태양의 효과

태양이 방출하는 에너지는 매초 3.8×1,026*Joule* 의 전자파로서 방출한다. 태양으로부터 전자파의 일부가 주로 3개의 다른 파장으로 나누어져 방사 에너지로서 지구에 도착한다(그림 9.1). 일조는 가시광선의 분야이고 일사는 적외선의 분야이다.

1) 자외선

파장이 약 20~380*nm*[1)]이며, 가시광선보다 짧고 X선보다 긴 전자파이다. 가시광선의 자색(紫色) 밖에 있어서 자외선(紫外線)이라고 부른다. 눈으로는 보이지 않고 태양광·수은등 등에 포함되어 있으며 살균작용이 있다. 자주 광화학 반응을 일으키는 등 화학작용이 강하다. 화학선, 건강선, UV 등이라고 부르며, 비타민 D의 생성작용도 있다. 일상생활에서 실내의 가구와 의류 등에 자외선에 노출되면 변색한다.

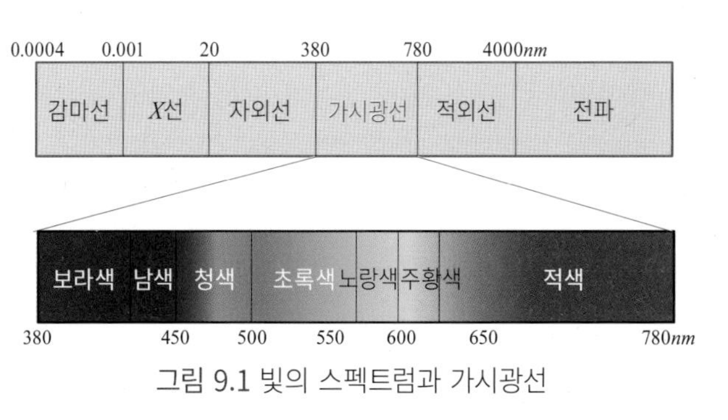

그림 9.1 빛의 스펙트럼과 가시광선

2) 가시광선

파장은 약 380~780*nm*의 범위에서 사람이 육안으로 빛으로서 볼 수 있는 전자파이다. 일조와 색채의 감지에 관계가 있다. 가시광선은 태양 외에도 조명 기구에서도 발산한다.

3) 적외선

파장의 범위는 약 780~4,000*nm*의 긴 빛으로 열선이라고도 하며, 열작용이 크고 투과력도 강하다. 가시광선의 적색(赤色) 밖에 있어서 적외선(赤外線)이라고 부른다. 의료나 적외선 사진 등에 이용한다. 적외선은 건축환경 설비, 에너지 절약 분야에서 가장 중요한 분야라고 할 수 있다.

2. 태양의 위치

태양의 위치는 계절, 시각 등에 따라서 시시각각 변화한다. 사실은 태양이 움직이거나 변하는 것이 아니다. 지구가 자전과 공전을 하면서 움직이기 때문에 지구에서 보면 태양이 움직이는 것처럼 보이는 것이다. 그래서 건축환경공학에서는 지구를 중심으로 생각하기 때문에 태양의 위치가 변한다고 표현한다. 그리고 태양의 위치나 일조·일사는 건축환경에서 필요 불가결

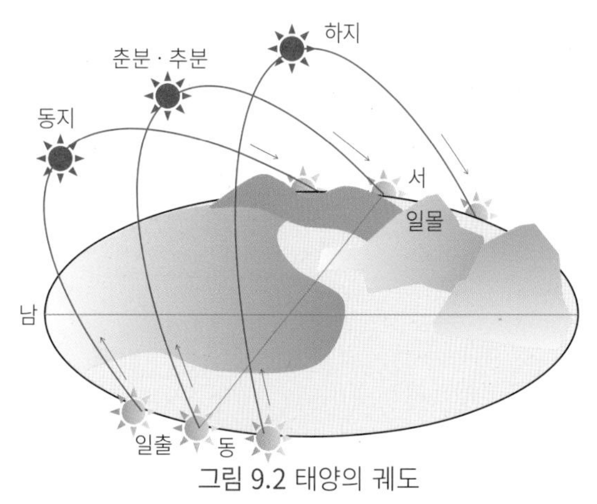

그림 9.2 태양의 궤도

1) *nm*: nano meter, 나노미터, 10억분의 1, $1nm=10^{-9}m=0.0000001cm$

한 요소이다(그림 9.2). 건축법상 동지 때 4시간 이상의 일조를 받기 위해서는 태양 고도의 계산이 중요하다.

1) 태양 고도

태양 고도란 태양과 지표면의 이루는 각도이다(그림 9.3). 태양 고도는 기본적으로 그 지역의 위도(A°)와 지축의 기울기(23°27' = 23.4°)에 의해 계산할 수 있다. 23.4°라는 값은 하지와 동지에서 지구의 공전축과 지축의 차이이다. 남중시의 태양 고도란, 태양이 정남 쪽에 왔을 때의 태양과 지평선과의 각도이다.

■ 남중시의 태양 고도

하지 … 90° - (그 지역의 위도°) + 23.4°
동지 … 90° - (그 지역의 위도°) - 23.4°
춘분 · 추분의 날 … 90° - (그 지역의 위도°)
춘분 · 추분의 날은 지구의 공전축과 지축이 일치하기 때문에 지축의 기울기는 0°이다.

경도가 다른 지점이라도 위도가 같으면 같은 날의 태양 고도는 균등하며, 동지와 하지의 남중시의 태양 고도의 차는 약 47°(23.4+23.4=46.8)이다.

예제 1

1. 북위 35° 지점에서 춘분과 추분의 남중시의 태양 고도는 약 55°이다.
   90° - 35° = 55°
2. 북위 35°의 지점에서 하지의 남중시의 태양 고도는 약 78.4°이다.
   90° - 35° + 23.4° = 78.4°
3. 북위 35°의 지점에서 동지의 남중시의 태양 고도는 약31.6°이다.
   90° - 35° - 23.4° = 31.6°

2) 태양 방위각

태양 방위각은 그림 9.4와 같이 태양의 방위와 진남과의 각도를 의미한다. 즉 태양이 남중시는 0°이 된다. 그림 9.4는 서울 부근 경도 약 127° 지역의 태양 방위각을 나타내는 평면도이다. 남북 자오선을 중심으로 동쪽은 - 이고, 서쪽은 +로 계산하는데 주의하길 바란다.

3. 태양시

1) 진태양시

진태양시는 남중(남쪽)시의 시각을 정오로 한 시각이다. 장소에 따라서 시각이 달라진다.

어떤 지역에서 남중시를 정오로 하여 태양이 남중해서 다음 남중시까지의 시간을 진태양일이라고 한다. 진태양시는 진태양일을 1일로 한 경우, 1일의 1/24을 1시간으로서 나타낸다.

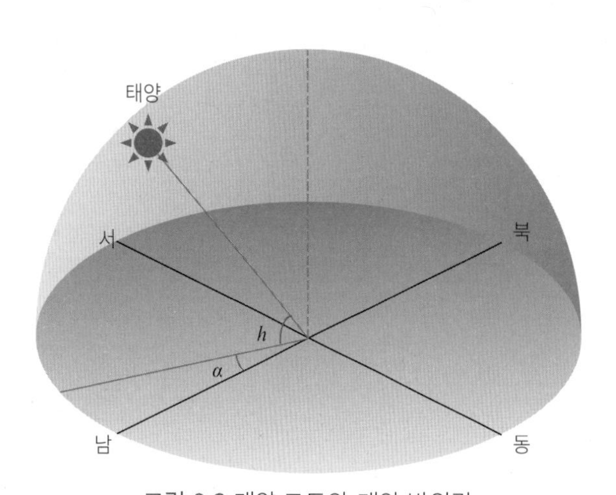

그림 9.3 태양 고도와 태양 방위각

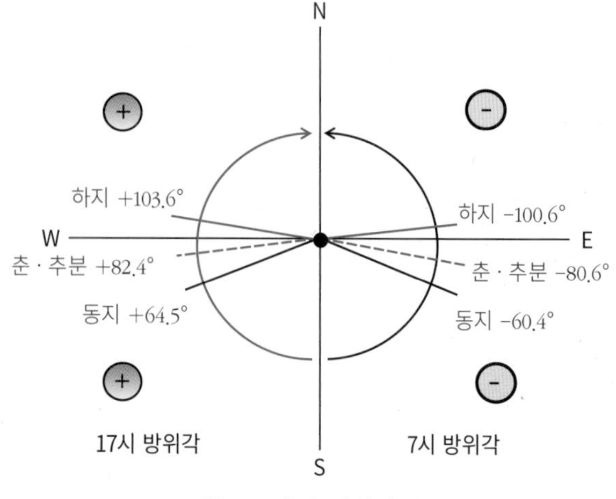

그림 9.4 태양 방위각(서울)

2) 평균태양시

진태양일의 하루의 길이는 1년을 통해 일정하지 않기 때문에 진태양일의 1년간의 평균을 평균태양일로 하여, 그것을 1/24로 한 것이 평균태양시이다.

우리나라는 경도 135°의 평균태양시를 표준시(중앙표준시)로 사용하고 있다. 그 때문에 각 지방은 진태양시로 계산하면 실제로는 시차가 발생한다.

3) 균시차

각 지역에서 진태양시와 평균태양시의 차이를 균시차라고 하며, 그림 9.5처럼 1년을 통해 변화한다. 이러한 지구의 움직임에 의해 진태양시와 평균태양시 사이에는 계절에 따라서 다소 시간의 차이가 발생한다. 그 차이는 17분 이상을 초과하지 않는다. 진태양시를 구할 때는 계절에 따라서 평균태양시로부터 일정한 차이의 시간을 가감하여 보정할 필요가 있다. 이때에 이용하는 계수가 균시차이다.

4. 일조 · 가조(可照)

1) 일조율

일조란 실제로 태양이 비치는 것을 말하며 그 시간을 일조시간이라고 한다. 가조란 일출로부터 일몰까지의 시간이고, 그 사이를 가조시간이라고 한다(그림 9.6). 즉 일조시간은 가조시간보다 짧다. 예를 들면, 흐린 날씨는 일조시간은 짧고, 일조율은 낮아진다.

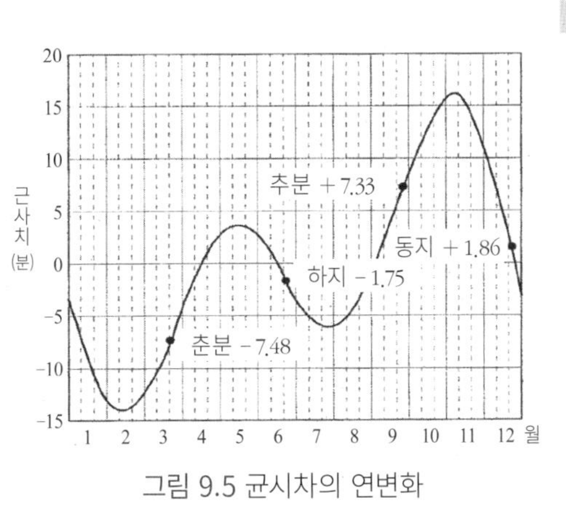

그림 9.5 균시차의 연변화

남쪽 연직 벽면의 일조시간은 춘분 및 추분 때가 가장 길다. 하지 때의 가조시간은 남쪽 연직면이 북쪽 연직면보다 짧다. 또한, 가조시간은 위도가 높을수록 여름보다 겨울이 짧다.

일조율은 가조시간에 대한 일조시간의 비율이다.

$$일조율[\%] = \frac{일조시간}{가조시간} \times 100$$

2) 일조 조정

일조는 여름은 까다로운 열이 되지만, 겨울에는 따스함을 주어서 고맙다. 쾌적한 실내 열 환경을 구하기 위해서 일조, 일사에 대해 적극적으로 건축적 궁리를 실시하는 것을 일조 조정이라고 한다.

그 예로 가동 루버는 각도 조절이 가능하여 시시각각 바뀌는 일조의 변화에 따라서 실내에 적당한 일조 조절을 할 수 있다. 태양 고도에 따라, 시각에 따라 일사의 각도가 바뀐다. 창 면에서의 일조·일사 조정에서 수평 루버는 남쪽에 설치하고, 수직 루버는 동쪽·서쪽에 설치하는 것이 유효하다(그림 9.7~9.8).

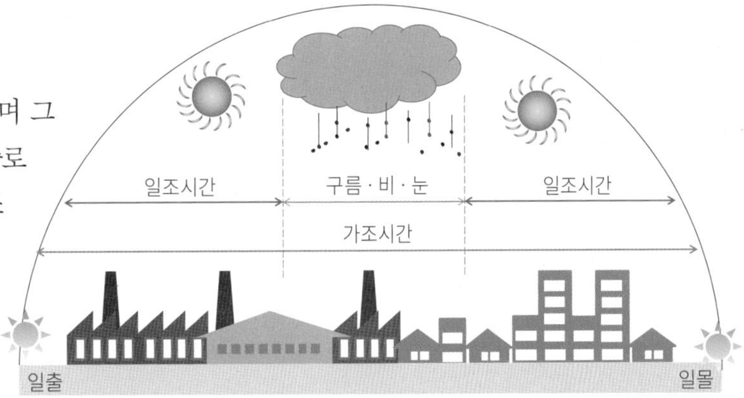

그림 9.6 일조시간과 가조시간

그림 9.7 수평루버

그림 9.8 수직루버

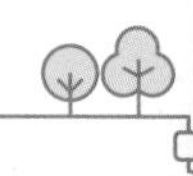

1. 일영 곡선

1) 일조 곡선과 일영 곡선

수평면 일조 곡선은 그림 10.1과 같이 일영 곡선과 점 대상의 관계이다. 일영 곡선에 있어서 동서남북을 바꿔 넣으면 수평면 일조 곡선도가 된다. 일조 곡선은 어떤 지역의 점이 주위의 건축물에 의해서 일영(그림자)이 생겨서 어떠한 일조 장애가 있는지 검토하기 위해서 이용된다.

일영 곡선은 그림 10.1과 같이 어떤 지점의 수평면상에 세운 연직 봉에 첨단의 그림자의 궤적을 나타낸 것으로, 태양 고도·방위각·일영의 길이를 나타낸 그림이다. 일영 곡선은 태양의 광선이 건물에 끼치는 영향과 근린을 포함하여 건물의 일영, 실내의 일조를 검토하며 직사광선의 차단과 도입 방법을 궁리하기 위한 중요한 요소이다. 일영 곡선에서 일영시간의 동일한 점을 맺어 이은 것을 등(n)시간 일영선이라고 한다. 사용 목적은 등시간선도에 그려진 등시간선은 해당 건물의 주위의 일조시간의 분포를 직접 표현하고 있기 때문에 해당 건물이 일영 규제에 적합한지를 확인할 수 있다. 등(n)시간 일영과 일영 제한을 참조하기 바란다.

2) 등(n)시간 일영

그림 10.2는 위도 135° 지역에서 춘추 계절일 경우 1시간마다의 일영도이다. 그림에서 2시간마다 일영의 교점을 맺는 선이 2시간 일영선이 되어, 건물의 북측에 일영 범위가 2시간 이상 일영이 되는 범위를 말한다. 이러한 n시간마다의 일영의 교점을 늘어 놓은 범위는 n시간 이상 일영 범위가 되므로 그 교점을 늘어 놓은 곡선을 n시간 일영선이라고 말하고, 이 선으로 둘러싸인 범위를 등(n)시간 일영선이라고 한다.

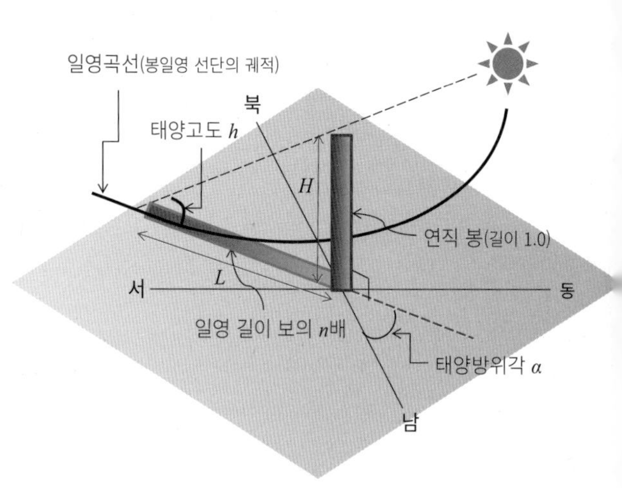

그림 10.1 수평면의 일영 곡선

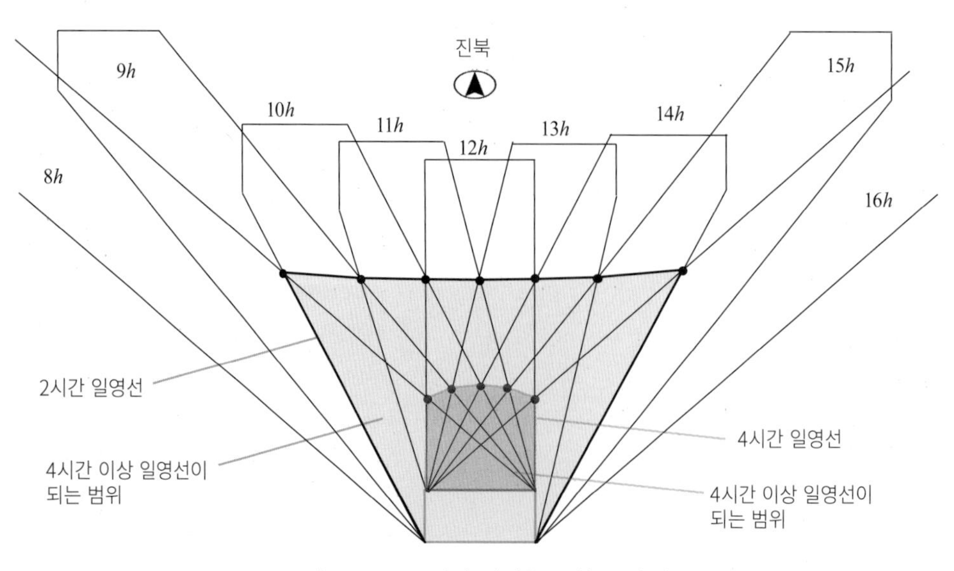

그림 10.2 등(n)시간 일영을 구하는 방법

그림 10.3의 개략도는 실의 창 면에서 춘분, 하지 및 동지 때 실내에 입사하는 직사광선이 하루 중 바닥 면에 비추는 범위를 나타낸 그림이다. 직사광선의 범위를 일영 곡선에 비유한다고 생각하면 이해하기 쉽다. 춘분·추분 날은 일영이 동서에 일직선이 되어 A이다. B는 A보다 안쪽까지 일조가 있으므로 동지이고, C는 A보다 앞에만 일조가 있어서 하지이다. D는 서쪽에 창이 있어 햇볕이 서쪽에서 남동 방향에 들어 있으므로 태양이 진서(眞西)보다 북측의 궤도를 통과하는 하지의 날이다.

3) 종일 일영

일출로부터 일몰까지 온종일 일영이 되는 장소를 종일 일영이라고 한다. 북측의 연직 벽면에는 장애물이 없는 한 6개월간은 일조가 없다. 반대로 말하면 6개월간은 일조가 있어서 북측의 일조도 무시할 수 없다.

4) 영구 일영

하지에도 일영이 되는 장소를 영구 일영 또는 항구 일영이라고 한다. 이러한 건축 계획은 극력 피하는 것이 좋다. 이 영구일영은 북측의 요철부에 생기기 쉽다.

2. 일영 규제

북측은 방위를 자석으로 판정하는 자북(磁北)과 태양의 남중으로 판단하는 진북(眞北)이 있다. 자북과 진북에는 5~10°의 차이가 있다. 일영 규제의 검토에는

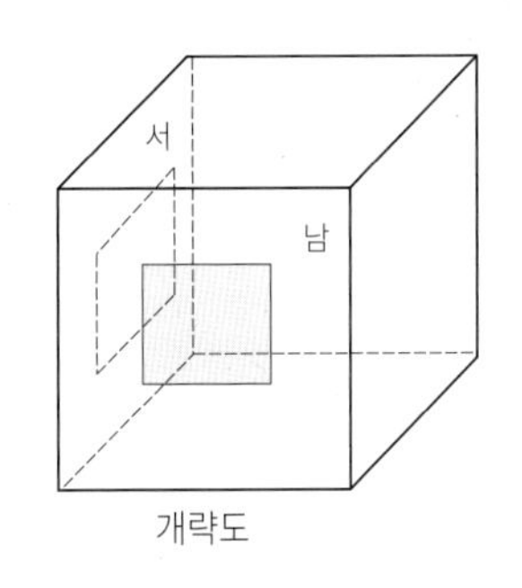

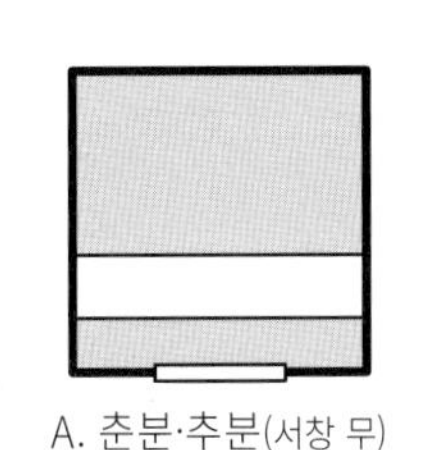

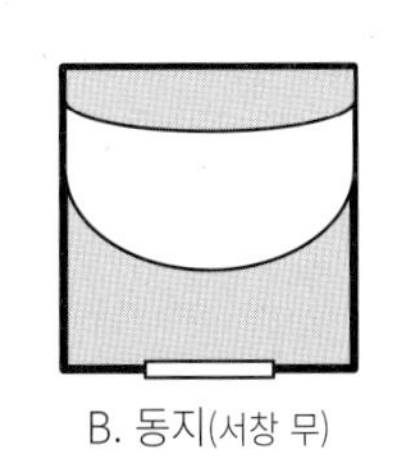

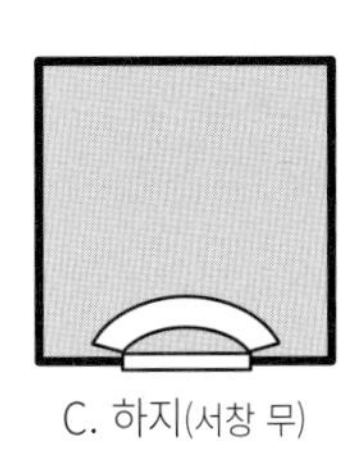

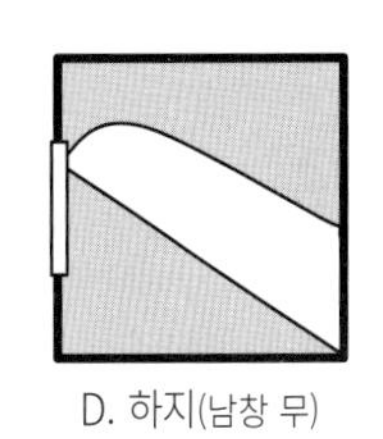

그림 10.3 계절의 일영

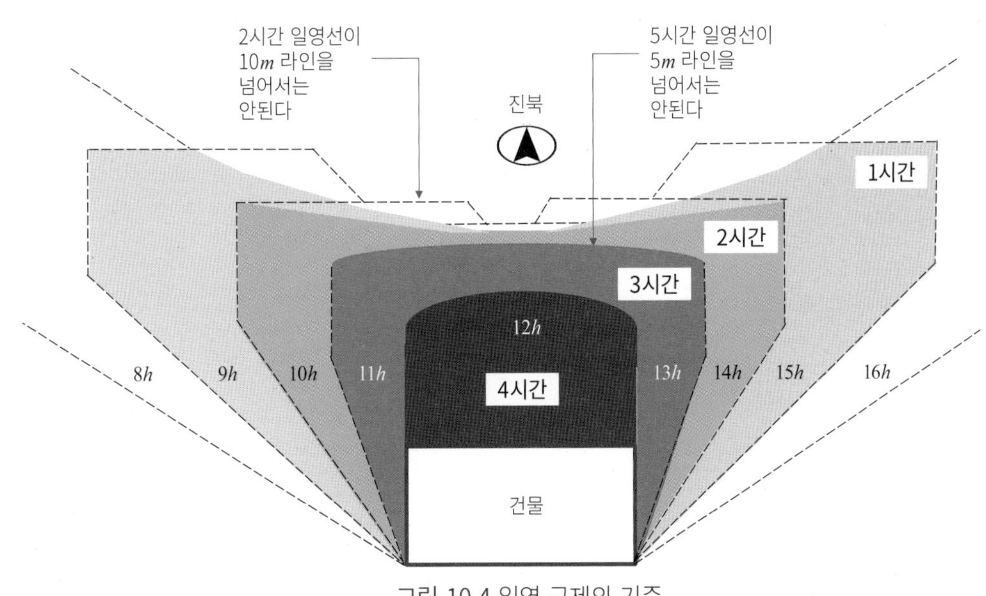

그림 10.4 일영 규제의 기준

진북을 사용해야 한다. 일영 규제는 건축물의 형태를 제한하고 일영을 일정한 시간 내에 억제하여 일조 거주 환경을 보호하기 위해 제정되었다.

1) 규제 일시와 범위

일정 규모 이상의 건축물은 동지일 오전 8시부터 오후 4시까지 일영 시간이 규제 대상이 된다(그림 10.4). 부지 경계선에서 수평거리 5m, 10m의 선을 설정하여, 각각의 선내에 규제 시간의 일영을 맞추도록 해야 한다.

2) 일영의 형상

건물의 형태는 일영에 크게 영향을 준다. 그림 10.5는 북위 35° 부근에서 건축 면적이 각각 동일한 경우, 동지 때의 4시간 이상 일영이 되는 범위를 나타낸 것이다. 단, 부지와 지붕은 수평으로 한다.

여기서 북측의 평면 형태가 특수한 정방형 45°나 원형의 경우, 시각에 따라서 그림자의 형태에 영향을 미치는 기점이 다르다. 북측의 일영은 직선이 되므로 조심해야 한다.

건축물의 형태와 일영의 관계에 있어서 4시간 이상 일영이 되는 영역의 면적은 동서 방향의 폭이 건축물의 높이보다 일영 영향이 크다.

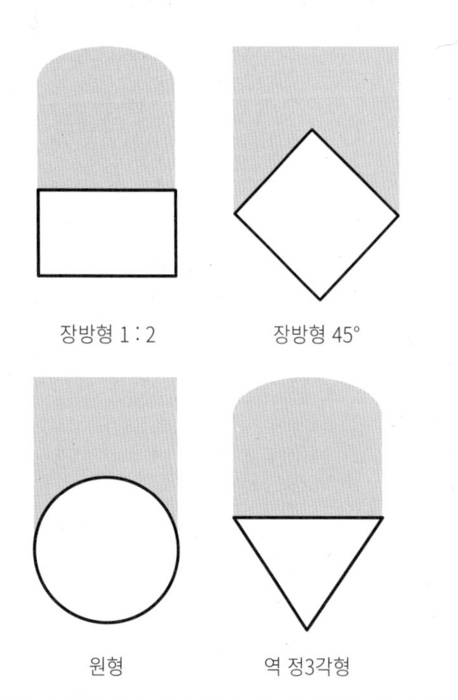

그림 10.5 건물의 형태에 의한 동지 때 4시간 이상의 일영

3. 인동간격

일영곡선에 의해 근린 건물의 일영의 영향을 알 수 있다. 따라서 남측 건물이 북측 건물에 영향을 주지 않도록 배려하고, 일정 시간 이상의 일조를 확보하지 않으면 안 된다. 일조를 확보하기 위해서 건물끼리의 간격을 정하는 것을 인동간격이라고 한다(그림 10.6).

인동간격은 동지 때 일조시간의 확보가 가능한 거리가 필요하다. 위도가 낮을수록 태양고도는 높아지고, 일조시간을 확보하기 쉬워지므로 인동간격을 작게 할 수 있다. 또한, 북반구에서는 동서 방향이 긴 형태의 집합주택이 병행에서 2동을 건축할 경우에는 위도가 낮은 지역일수록 북측의 저층에도 똑같은 일조시간을 확보하기 위해서 필요한 인동간격을 작게 할 수 있다.

인동간격은 동지에 거실에서 4시간 이상의 일조를 얻을 수 있도록 결정한다. 그림 10.7은 2, 4, 6시간 일조를 얻기 위해서 필요한 각지의 위도별 인동간격을 나타낸 것이다.

위도가 높아질수록 인동간격 계수(비) ε는 커지고, 인동간격을 크게 할 필요가 있다.

동지에 4시간의 일조를 기대하는 경우, 서울은 약 2.2, 부산은 약 2.0이다.

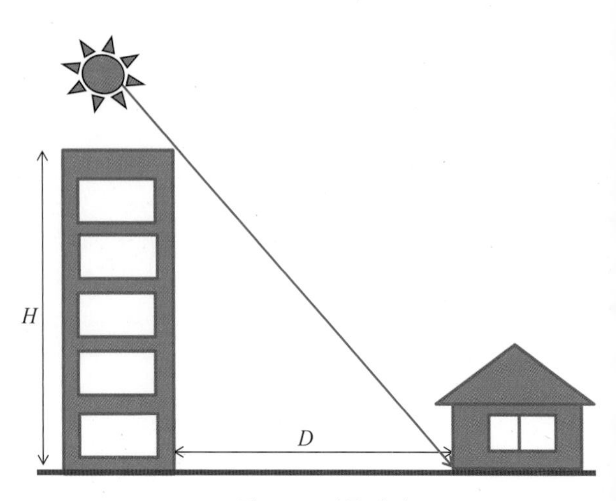

그림 10.6 인동간격

인동간격의 계산은 다음과 같다.

$$D = \varepsilon \times H \qquad \varepsilon = \frac{D}{H}$$

D: 인동간격[m]
H: 건설 예정 건물의 높이[m]
ε: 인동간격 계수(비)

예를 들면, 서울에서 북측의 건물에서 남쪽에 10m(D) 떨어진 곳에 높이 7m(H)의 건물을 세우면 인동간격 계수(비) ε는 $\frac{10}{7}=1.4$가 된다. 그 결과 북측의 건물은 동지의 날에 4시간의 일조를 얻을 수 없다.

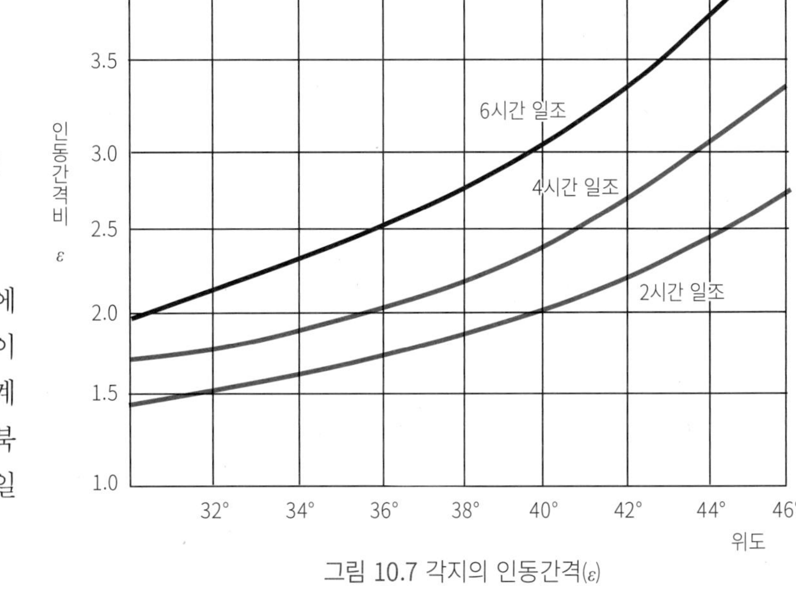

그림 10.7 각지의 인동간격(ε)

출처: 와타나베 요 "건축 계획 원론 I", 마루젠, 1962년을 토대로 작성

- 동서 방향으로 긴 같은 높이의 공동주택을 남북에 2동 건설하는 경우, 2동 모두 동지의 일조 시간을 4시간 확보하려면 공동주택 높이의 약 2배의 인동간격이 필요하다.

Column 01. 풍수사상은 고대 환경 공학

풍수사상은 중국에서 전해져왔지만 우리나라의 전통적인 지리학이자 토지관으로, 천지의 기(氣)가 잘 어울리고 그 가운데 인간과 조화가 이루어질 때 도(道)가 생기고 복(福)을 얻을 수 있다는 사상이다. 이상적인 지형은, 길지이며 사방으로 산에 둘러싸여, 각각의 산에는 신이 존재한다. 즉, 북쪽의 산에는 현무, 남쪽에는 주작, 동쪽에는 청룡, 서쪽에는 백호라는 전설의 동물에게 비유한 사신이 각각의 역할로, 명당을 지켜 준다는 것이다. 이러한 공간구성을 사신상응이라고 한다. 풍수 사상에서 이러한 4신은 최상의 배치라 할수있다. 그리고, 풍수 사상의 4신은 방위 뿐만이 아니고, 색상, 계절, 지형을 철학과 과학적으로 잘 나타낸 고대의 환경 공학이라 할수있다.

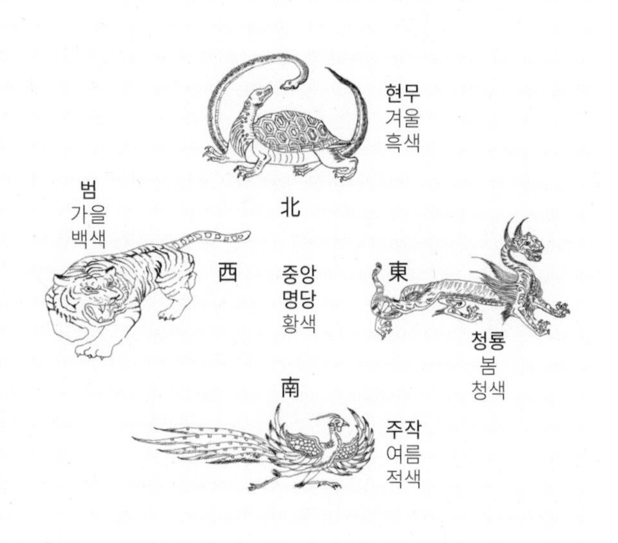

11 일사

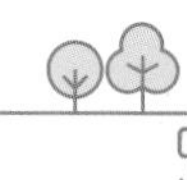

1. 태양에너지

1) 태양방사

건물이 태양에서 받는 일사는 그림 11.1처럼 태양의 방사로서 열에너지로 지상에 다양하게 영향을 미치고 있다. 태양에너지는 지표에 이를 때까지 대기권 내에서 수증기나 먼지·미립자에 의해 난반사 확산되어 도달 에너지양은 감쇠한다. 태양방사 중에 자외선은 건축물 중 외장의 퇴색 등 열화를 가져오는 원인이 된다. 대기방사는 대기 안에 방사된 에너지의 일부가 대기에 일단 흡수되어 재방사된 것이다.

2) 태양정수

태양정수는 지구 대기 표면에 수직 입사하는 태양의 단위시간당 에너지양이며 일반적으로 약 1,360W/m^2[=1,164$kcal/(h \cdot m^2)$]이다.

태양정수는 계절·시간·거리 등에 따라 주기적으로 변화하고 있지만, 그 변화량은 0.1% 정도이며, 이것을 정수(定數)로서 취급하고 있다.

2. 일사량

1시간당 어떤 면적이 받는 태양의 열량을 일사량이라고 한다. 단위는 W/m^2(=$kcal/[m^2 \cdot h]$)이다. 그림 11.2과 같이 벽체 등에 받는 열량은 입사각이 작을 만큼 커진다.

1) 계절과 방위에 따른 일사량

그림 11.3은 북위 35° 지점에서 계절마다 방위별 일사량인데 아래와 같다. 여름철에 건축물이 받는 일사량은 수평면〉동측·서측 벽면〉남동측 벽면〉남측 벽면〉북측 벽면처럼 되어, 냉방부하는 남측보다 동서측 벽면 쪽이 일사량은 많기 때문에 높아진다.

쾌청한 날에 하지의 적산 일사량은 남측 연직면보다 수평면 측이 크다. 또 쾌청한 날의 야간에서의 건축물의 표면온도는 연직면보다 수평면 쪽이 낮아지기 쉽다.

쾌청한 날에 지표면에 입사하는 일사량은 월평균 외기온이 최고가 되는 7월부터 8월까지의 기간이 최대가 아니라 6월의 하지가 많다. 그리고 쾌청한 날 하지의 적산 일사량은 남향 연직면보다 수평면 쪽이 크다. 또한, 8월 중하순 때에 남향 연직면이 받는 쾌청한 날의 적산 일조량은 서향 연직면이 받는 쾌청일의 적산 일사량과 거의 동등량이다.

북위 35도의 지점에서의 춘분·추분 때의 종일 일사량은 종일 쾌청한 날의 경우 어느 방향의 연직면보다 수평면 측이 크다.

동지의 종일 일사량은 서향 연직면이 남향 연직면보다 작다.

2) 직달일사량

직달일사는 그림 11.1처럼 일사 중에 대기에 의해 흡수와 산란되는 부분을 제외하고, 지표면에 직접 도달하는 일사이다. 북측 연직벽면은 춘분부터 추분까지의 6개월간 태양의 일출과 일몰은 동서축에서 북측이 되므로 직달일사를 받는다. 즉 북측 연직면은 약 반년간 직달일사가 있는 것이다.

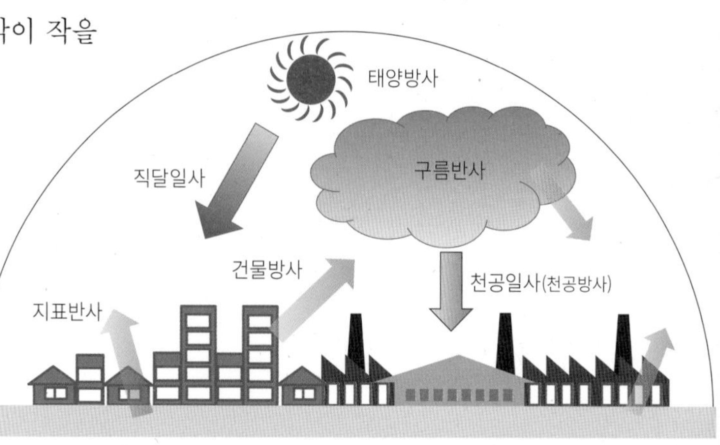

그림 11.1 지상과 건물에 받는 일사

그림 11.3과 같이 동짓날의 1일 직달일사량은 수평면보다 남향 연직면 측이 크다. 쾌청 시에는 지표에서 방출된 열은 방사냉각에 의해 상승하고, 상공의 냉기가 내려와 지표 부근의 기온은 낮아진다. 흐린 경우에는 구름에 상승 공기의 열이 흡수되어 일부는 거기에서 지표면에 방출되어서 쾌청 시 정도의 온도 저하는 일어나지 않는다.

- 수평면 직달일사량(J_H) : 지면에 대해 수직에 도달하는 일사량(그림 11.2.a).

  $J_H = J_N \times \sin 60°$

- 법선면 직달일사량(J_N) : 태양의 일사각도에 수직면의 일사량(그림 11.2.b).

$$J_N = \frac{J_H}{\sin 60°} = \frac{J_H}{\frac{\sqrt{3}}{2}} = \frac{2}{\sqrt{3}} \times J_H$$

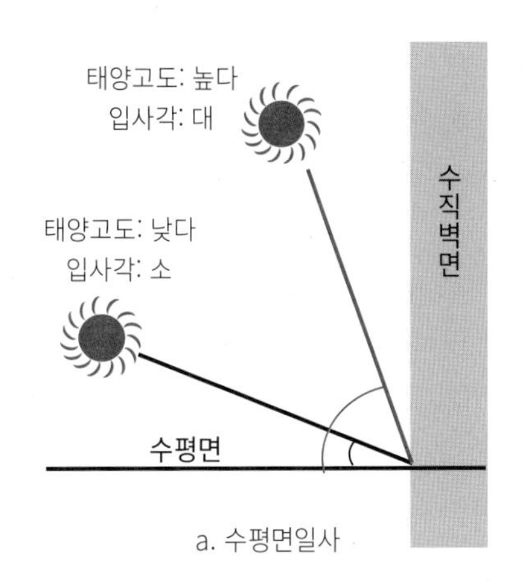

a. 수평면일사

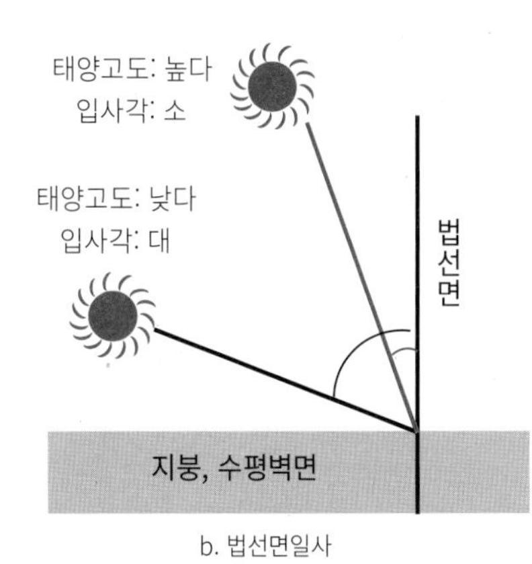

b. 법선면일사

그림 11.2 벽체, 지붕에 받는 일사

- 남향 연직면 직달일사량(JV): 지면에 대해 연직면에 수평에 도달하는 일사량.

$$J_V = J_N \times \cos 60° = J_N \times \frac{1}{2} = \frac{1}{2} \times \frac{2}{\sqrt{3}} \times J_N = \frac{1}{\sqrt{3}} \times J_H$$

3) 천공일사량(천공방사량)

천공일사량은 태양광이 공기 중의 먼지나 수증기에 의해 난반사나 확산하는 일사량이며, 대기투과율이 높아질수록 감소한다. 즉 난반사한 하늘의 밝기이며 대기투과율이 높아질수록 직달일사량은 증가하여 천공방사량은 감소한다.

태양에서 지구를 향해 방사되어 하향하는 복사열과 지구에서 방사되어 상향하는 복사열의 차이를 "실행(實行) 방사"라고 한다. 이 경우에는 하향 복사열 쪽이 크다.

야간에는 태양이 없어지기 때문에 태양에 의해 따뜻해진 지구에서 방사되는 상향 복사열 쪽이 우주나 대기에서 방사되는 하향 복사열보다 커진다. 야간에서의 실행 방사를 "야간 방사"라고 한다. 이 경우에는 상향 복사열 쪽이 크다.

"장파장 방사율"은 적외선역에서 "어떤 부재 표면으로부터 방사하는 단위 면적당 방사에너지"를 "그 부재, 표면과 동일 온도의 완전 검정체로부터 발하는 단위 면적당 방사 에너지"로 나눈 값이다.

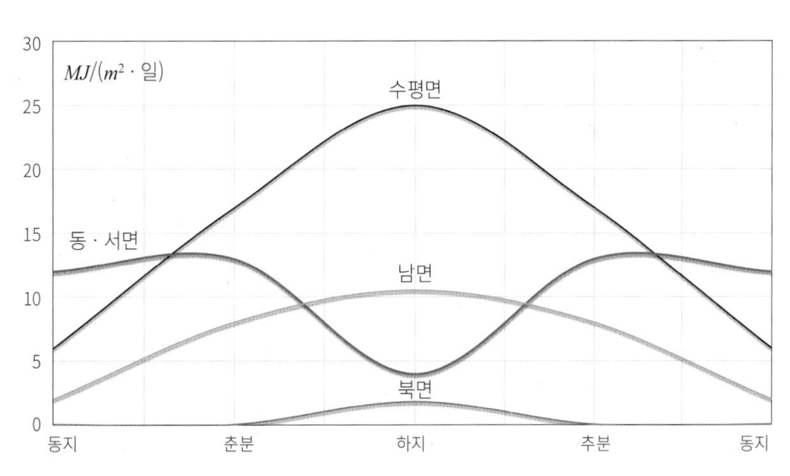

그림 11.3 계절 · 방위별 종일 일사량(북위 35°)

4) 전천일사량

전천일사량은 직달일사량과 천공일사량을 가산한 것이다.

5) 대기투과율

대기투과율은 대기의 맑고 깨끗한 정도를 나타내는 것이다. 또한, 천공방사량과 태양고도의 관계를 나타내는 값이다. 대기방사량은 대기 안에서 산란한 후, 지표에 도달하는 열의 양이다. 일반적으로 약간 흐릴 때가 쾌청할 때보다 크다. 천공일사량은 흐린 만큼 천공에 방사되는 일사량(천공일사량)이 커져서 대기투과율이 낮은 만큼 크다. 여름보다 겨울이 수증기(습도)가 적으므로 대기투과율이 높고 천공일사량은 감소한다.

그림 11.4과 같이 대기투과율이 커지면 천공일사량은 적고, 직달일사량은 크다. 대기투과율의 통상치는 대체로 0.6~0.7이다.

대기투과율 P는 다음과 같다.

$$P=\frac{I}{I_o} \fallingdotseq 0.6\text{~}0.7$$

I: 직달일사량 $[W/m^2]$

I_o: 태양정수 $[1{,}360W/m^2]$

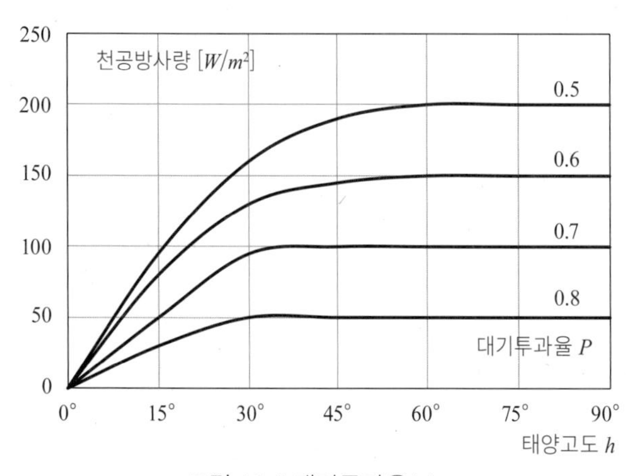

그림 11.4 대기투과율(P)

일본 건축 학회 편 "건축설계자료집성 1. 환경" 마루젠, 1978. p104에서 작성

3. 일사열

1) 벽(창)으로부터의 열부하

벽(창)으로부터의 열부하는 전도·대류에 의한 것과 일사에 의한 것이 있어, 그것들을 더한 값으로 검토한다. 전도·대류에 의한 것은 벽(창) 면적에 벽(창) 열관류율과 실내외의 온도 차를 곱해서 구한다. 한편 일사에 의한 것은 벽(창) 면적에 벽(창)을 투과하는 일사량과 차폐계수를 곱해서 구한다(표 11.1, 2).

전도·대류 $Q=A\times K\times(t_o-t_i)$

일사 $q_r=A\times I_{gr}\times\kappa$

합계 $q=q_c+q_r$

Q: 벽(창) 전도대류에 의한 부하량 $[W]$

q_c: 벽(창) 전도대류에 의한 부하량 $[W]$

q_r: 벽(창) 일사에 의한 부하량 $[W]$

A: 벽(창) 면적 $[m^2]$

K: 벽(창) 열관류율 $[W/(m^2\cdot K)]$

t_i: 실내 온도[℃]

t_o: 실외 온도[℃]

I_{gr}: 벽(창)을 투과하는 일사량 $[W/m^2]$

κ: 차폐계수(표 11.2)

겨울철 난방부하 계산 시에는 벽(창)의 전도·대류에 의한 부하량(kW)에 방위계수(δ)를 곱한다.

겨울철(난방기)의 일사부하는 난방에 유리하게 작용하기 때문에 산입하지 않는 경우가 많다.

표 11.1 유리창을 투과하는 일사량(Igr)$[W/m^2]$

방위	6시	8시	10시	12시	14시	16시	18시
N	100	38	43	43	43	38	99
E	480	591	319	43	43	36	20
S	24	46	131	180	108	36	20
W	24	38	43	50	400	609	349
수평	122	498	765	843	723	419	63

표 11.2 차폐계수(κ)

상태	차폐계수
보통 유리	1.0～0.95
열선 흡열 유리	0.8～0.65
열선 반사 유리	0.7～0.5
복층유리	0.9～0.7
차열필름	0.3
불투명 차열필름	0.2
카텐	0.5～0.4
실내 블라인드	0.75～0.65
실외 블라인드	0.25～0.15
처마·차양	0.3
엉성한 식재	0.6～0.5
무성한 식재	0.5～0.3

일본 판유리 주식회사의 자료를 토대로 작성

2) 유리창의 일사통과

유리창 면에 입사하는 일사는 일부는 반사, 흡수되어 나머지는 통과하고 실내의 일사열이 된다. 유리에 흡수된 열도 시간이 지남에 따라 실내외로 방사한다. 여름철에 유리창으로 통과하는 방위별 일사량은 그림 11.5와 같다.

보통 판유리와 비교해 실내의 열부하를 줄이는 것으로서 열선 흡수 유리, 열선 반사 유리가 있다. 이 각종 유리의 일사열 제거율과 열 취득율은 그림 11.6~11.7과 같다.

- 유리창의 일사열 취득율(일사 침입율)
  유리창에 입사한 일사열이 실내 측에 유입되는 비율을 "일사열 취득율"이라고 하며, 일사열 취득율이 클수록 일사열을 실내에 도입하면, 난방을 중시

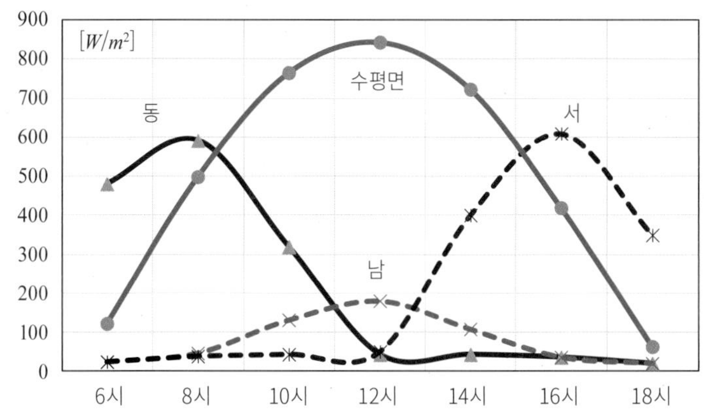

그림 11.5 유리창을 투과하는 방위별 일사량(하지)
일본건축학회 편 "건축설계자료집성 1. 환경" 마루젠, 1978. p105에서 작성

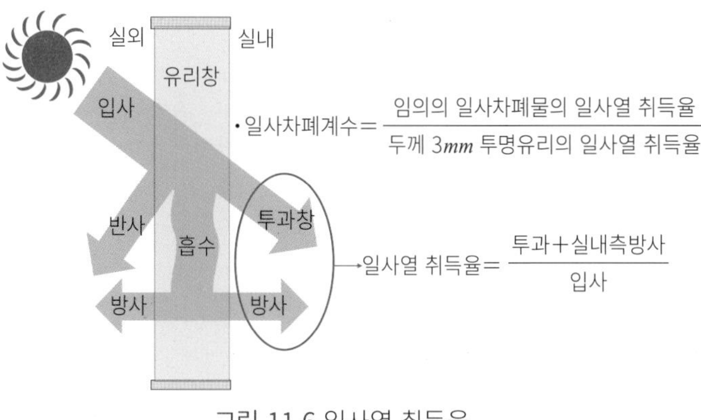

그림 11.6 일사열 취득율

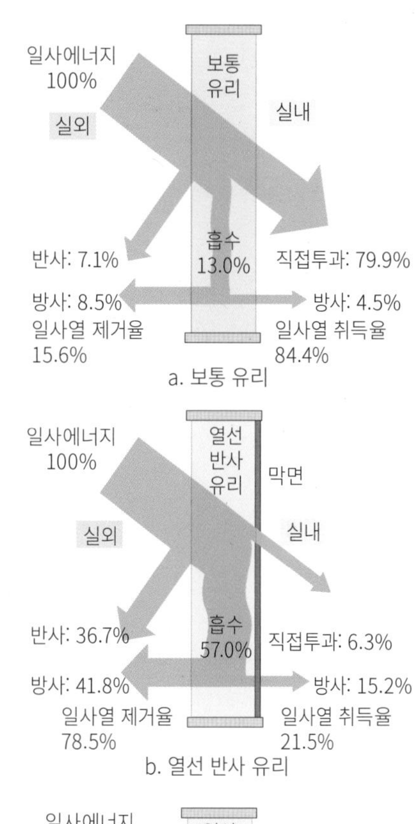

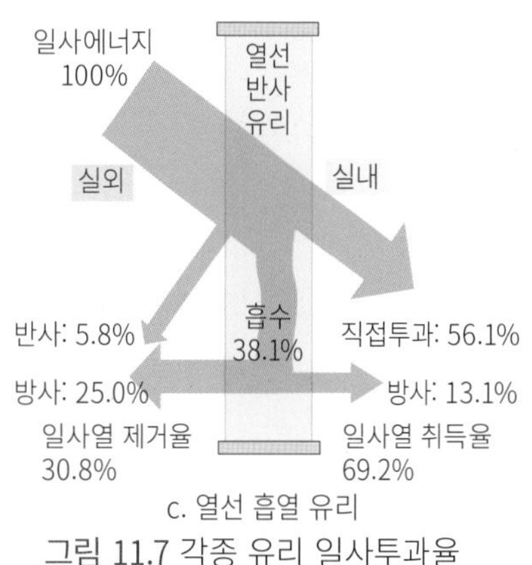

그림 11.7 각종 유리 일사투과율

하는 지역·실내에 적합하다. 반대로 일사열 취득율이 작을수록 일사열을 차폐하므로 냉방을 중시하는 지역·실내에 적합하다.

- 일사열 취득율(일사침입율) =

$$\frac{\text{투과한 일사량}+\text{흡수한 실내에 방출되는 열량}}{\text{입사한 일사량}}$$

- 일사를 받는 외벽면에 대한 상당 외기 온도[1]는 그 면에서의 일사 흡수량, 풍속 등의 영향을 받는다.

3) 다이렉트 게인 방식

다이렉트 게인 방식이란 태양광을 개구부에서 직접 도입하여 벽이나 바닥에서 축열한 다음, 거기에서 복사열로 실내를 따뜻하게 하는 방법이다. 이렇게 기계 설비를 이용하지 않고 태양광을 이용하는 방식을 패시브 태양열 방식이라고 한다. 반대로 태양광(일사)을 급탕·난방 등의 설비에 이용하는 방식을 액티브 태양열 방식이라고 한다.

다이렉트 게인 방식에 의한 패시브 태양열 주택을 계획하는 경우, 실내의 열용량을 크게 한 쪽이 동기때에 태양열의 이용 효과가 높다.

4. 일사열 차폐

1) 일사 차폐계수

창의 차폐계수는 보통 투명유리(3*mm* 두께)에 들어가는 쾌청 시의 일사에 의한 열을 완전 차광한 경우가 0이고, 차폐하지 않은 때와 커튼이나 차양 등으로 차폐했을 때의 비를 말한다. 비교적 태양광을 투과하기 쉬운 레이스 커튼의 차폐계수는 0.7이며, 창호지는 0.5, 차광용 커튼은 0.4 정도이다(그림 11.8 참조).

창의 일사 차폐계수는 그 값이 클수록 일사의 차폐 효과(통과하기 쉽다)는 낮다(작다). 즉 일사 차폐계수의 값이 작을수록 일사 차폐 성능은 높아진다. 반대로 일사 차폐계수가 큰 창일수록 그 차폐 효과는 작다.

2) 일사열 차폐 효과

일사는 실내 환경에 크게 영향을 미친다. 일사부하는 창면에 그늘을 형성하거나, 일사 차폐 효과가 있는 유리를 사용하면 완화시킬 수 있다.

하기에 개구부에서 침입하는 일사열을 블라인드에 의해 방지하는 경우, 창의 실내 측보다 창의 실외 측에 마련하는 쪽이 효과적이다. 그리고 개구부에 수평 차양을 마련하는 경우에는 일사의 차폐 효과는 남측이 서측보다 크다. 또한, 수평 차양은 태양고도가 낮은 일사에는 차폐 효과를 그다지 기대할 수 없기 때문에 여름철의 서측(동측)면보다 남측이 차폐 효과는 커진다. 하지의 거실의 냉방부하는 개구부를 서면에 계획하면 남면보다 크다.

백색 페인트를 칠한 벽의 경우는 가시광선 등의 단파장 방사의 반사율은 높지만, 적외선 등의 장파장 방사의 반사율은 낮다. 일사 차폐계수와 효과의 관계를 표 11.3에 정리하였다.

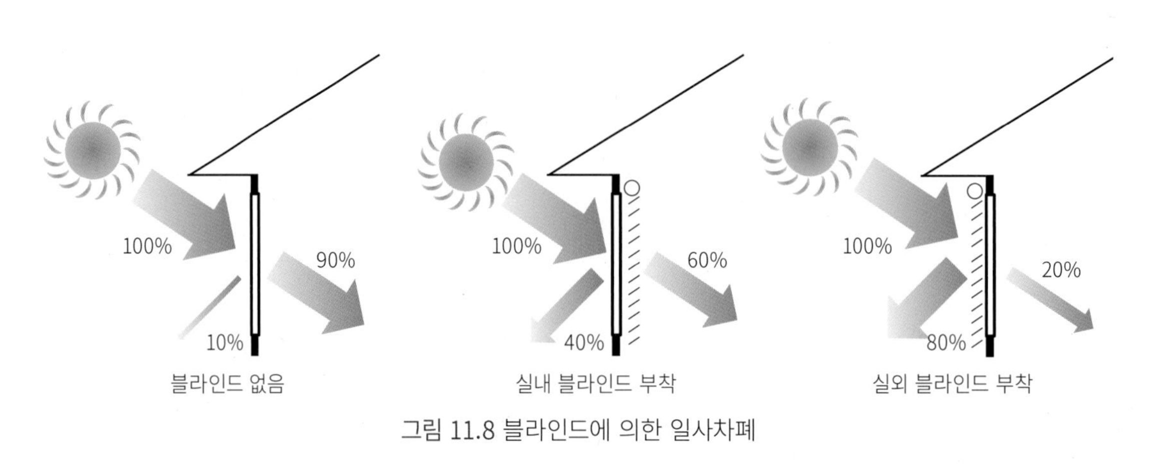

그림 11.8 블라인드에 의한 일사차폐

1) 상당 외기 온도: SAT(Sol-air temperature), 일사의 영향을 온도로 환산하고 외기 온도에 더하여 등가(等價)인 온도로 한 것.

표 11.3 일사 차폐 관계

일사열 취득	일사 차폐계수	일사 차폐효과
대	대	소
소	소	대

9, 10, 11 일조·일사 연습문제

1) 위도 35° 41'에서의 춘분·추분, 하지, 동지 때 남중시의 태양고도를 구하시오.
2) 서울의 하지 때 남중시의 법선면 직달일사량(J_N)이 30[W/m^2]이었다. 이때의 수평면 직달일사량(J_H)과 남향 연직면 직달일사량(J_V)를 구하시오.
3) 어느 지역에서 높이 25m의 집합주택을 계획하고 있다. 이때의 남북 인동간격은? 단, 인동간격 계수 ε는 1.9로 한다.
4) 외기온이 30℃, 실내 기온이 20℃, 어떤 건물의 50m^2의 벽에 일사량 300[W/m^2]의 부하가 있을 경우, 이 벽의 열부하량(열 관류량)을 계산하시오. 단, 벽의 열관류율을 2.5[$W/(m^2 \cdot K)$]로 한다.
5) 어떤 유리창에 200[W/평m^2]의 일사량이 투과하며, 30[W/m^2]의 열량이 유리에 흡수하고 실내에 방출된 이때의 유리창 일사열 취득율(일사 침입률)을 구하시오. 단, 유리창에 입사한 일사량은 300[W/m^2]로 한다.
6) 춘분·추분, 하지, 동지 때 남중시의 태양고도 계산식을 구하시오.
7) 일조율에 대해서 설명하시오.
8) 종일일영을 피하고 싶다. 그 방법은?
9) 대기투과율에 대해서 설명하시오.
10) 다이렉트 게인의 이용 방법에 대해서 2개 이상 예를 드시오.

9, 10, 11 일조·일사 / 심화문제

[1] 일조·일사에 관한 다음 기술 중 가장 부적당한 것은 어떤 것일까?

1. 지축의 기울기 23.4°는 하지와 동지에서의 지구의 공전축과 지축의 차이이다.
2. 남중시의 태양고도란 태양이 남쪽에 왔을 때의 태양과 지평선과의 각도이다.
3. 가조란 일출로부터 일몰까지의 시간이다.
4. 인동간격은 동지에서의 일조시간의 확보가 가능한 거리가 필요하다.
5. 하기에 건축물이 받는 일사량은 남쪽 벽면 〉 수평면 〉 동쪽·서쪽 벽면 〉 남쪽동쪽 벽면 〉 북측 벽면이다.

[2] 일조·일사에 관한 다음 기술 중 가장 부적당한 것은 어떤 것일까?

1. 경도가 다른 지점이라도 위도가 동일하면, 같은 날의 남중시의 태양고도는 동일하다.
2. 남향 연직벽면의 일조시간은 춘분 및 추분이 가장 길다.
3. 가조시간은 위도가 높은 만큼 또한 여름보다 겨울 쪽이 짧다.
4. 위도가 낮은 만큼 태양고도는 높아지고 일조시간을 확보하기 쉬워져, 인동간격을 크게 할 수 있다.
5. 쾌청한 날에 지표면에 방사하는 일사량은 월평균 외기온이 최고가 되는 7월부터 8월의 기간이 최대가 아니라 6월의 하지 때가 많다.

[3] 일조·일사 등에 관한 다음 기술 중, 가장 부적당한 것은 어떤 것일까?

1. 북측 연직벽면은 춘분부터 추분까지의 6개월간 태양의 일출과 일몰은 동서축보다 북측이 되므로 직달일사를 받는다.
2. 동지때 직달일사량은 수평면보다 남측 연직면 쪽이 작다.
3. 천공일사량은 태양광이 공기 안의 먼지나 수증기에 의해 난반사나 확산하는 일사량으로, 난반사한 하늘의

밝기이다.

4. 태양방사 중 자외선은 건축물 중 외장의 퇴색 등 노화를 가져오는 원인이 된다.
5. 대기방사는 대기 안에 방사된 에너지의 일부가 대기에 일단 흡수되어 재방사된다.

[4] 일조·일사 등에 관한 다음 기술 중 가장 부적당한 것은 어떤 것일까?

1. 흐린날의 경우에는 구름에 상승 공기의 열이 흡수되어 일부는 거기에서 지표면에 방출되는 것으로 쾌청 시 정도의 온도 저하는 일어나지 않는다.
2. 천공일사량은 쾌청할 때가 약간 흐릴 때보다 많다.
3. 천공일사량은 흐린 만큼 천공에 방사되는 일사량(천공일사량)이 늘어나기에 대기투과율이 낮을수록 크다.
4. 다이렉트 게인 방식에 의한 패시브 태양열 주택을 계획하는 경우 실내의 열용량을 크게 한 쪽이 겨울철에 태양열의 이용 효과가 높다.
5. 일조율은 가조시간에 대한 일조시간의 비율이다.

[5] 일조·일사 등에 관한 다음 기술 중 가장 부적당한 것은 어떤 것일까?

1. 대기투과율이 높아질수록 직달일사량은 증가하며, 천공방사량도 증가한다.
2. 창의 차폐계수란 보통 투명유리(3*mm* 두께)에 입사하는 쾌청 시의 일사에 의한 열을 1, 완전 차광한 경우 0으로 하고, 차폐하지 않은 때와 커튼과 차양 등으로 차폐했을 때의 비를 말한다.
3. 개구부에 수평인 차양을 마련하는 경우, 하기에서 일사의 차폐 효과는 남쪽이 서쪽보다 크다.
4. 일사 차폐계수 값이 작은 만큼 일사 차폐 성능은 높아진다.
5. 일사를 받는 외벽면의 상당 외기 온도는 그 면에서의 일사 흡수량, 풍속 등의 영향을 받는다.

[6] 일조·일사 등에 관한 다음 기술 중 가장 부적당한 것은 어떤 것일까?

1. "장파장 방사율"은 일사를 제외한 적외선역에서 "어떤 부재 표면으로부터 발하는 단위 면적당 방사에너지"를 "그 부재 표면과 동일 온도의 완전 흑체로부터 발하는 단위 면적당 방사에너지"로 나눈 값이다.
2. 북위 35도의 지점에서의 춘분·추분의 날의 종일 일사량은 종일 쾌청한 경우에 어느 방향의 연직면보다 수평면 쪽이 크다.
3. 동서 방향으로 길고 같은 높이의 공동주택이 남북에 2동 늘어서 있는 경우에 전주호가 동지 때 일조시간을 4시간 확보하려면, 공동주택의 높이의 약 2배의 인동간격이 필요하다.
4. 건축물의 형태와 일영의 관계에 있어서4시간 이상 일영이 되는 영역의 면적은 동서 방향의 폭이 건축물의 높이보다 받는 영향이 크다.
5. 창면에서의 일조·일사의 조정은 수직 루버는 남쪽에 설치하고, 수평 루버는 동쪽·서쪽에 설치하는 것이 유효하다.

[7] 일조·일사에 관한 다음 기술 중 가장 부적당한 것은 어떤 것일까?

1. 가시광선 파장은 약 380~780*nm*의 범위에서 사람이 육안으로 빛으로서 볼 수 있는 전자파이다.
2. 일조율은 가조시간에 대한 일조시간의 비율이다.
3. 대기 방사량은 일반적으로 쾌청시가 약간 흐릴때 보다 크다.
4. 전청일사량은 직달일사량과 천공일사량을 가산한 것이다.

5. 태양에서 지구를 향해 방사되어 하향하는 복사열과 지구에서 방사되어 상향하는 복사열의 차이를 "실행(實行) 방사"라고 한다.

[8] 일조·일사에 관한 다음 기술 중 가장 부적당한 것은 어떤 것일까?

1. 북위 35도의 지점에서 하지의 남중시의 태양고도는 약 78.5도이다
2. 하기에 일사열을 블라인드로 방지하는 경우 창의 실외측보다 실내측에 마련하는 것이 효과적이다.
3. 일영곡선에서 일영시간의 동일한 점을 맺어 이은 것을 등(n)시간 일영선이라고 한다.
4. 일사열 취득율이 클수록 일사열을 실내에 도입하면 난방을 중시하는 지역·실내에 적합하다.
5. 북측의 건물에서 남쪽에 10m 떨어진(D) 곳에 높이 7m(H)의 건물을 세우면 인동간격계수(비) ε는 1.4이다.

[9] 일조·일사 등에 관한 다음 기술 중 가장 부적당한 것은 어떤 것일까?

1. 북위 35° 지점에서 동지 때 남중시의 태양고도는 약 52°이다.
2. 남쪽 연직벽면의 일조시간은 춘분 및 추분 때가 가장 길다.
3. 일조곡선은 어떤 지역의 점이 주위의 건축물에 의해서 일영(그림자)이 생겨서 어떠한 일조 장애가 있는지 검토하기 위해서 이용된다.
4. 상당 외기 온도(SAT, Sol-air temperature)는 일사의 영향을 온도로 환산하여, 외기 온도에 더하여 등가(等價)인 온도로 한 것이다.
5. 하지때 거실의 냉방 부하는 개구부를 서면에 계획하면 남면보다 크다.

[10] 일조·일사 등에 관한 다음 기술 중 가장 부적당한 것은 어떤 것일까?

1. 인동간격은 위도가 낮을수록 태양고도는 높아지고, 일조시간을 확보하기 쉬워지므로 인동간격을 작게 할 수 있다.
2. 야간에서의 실행 방사를 "야간방사"라고 한다. 이 경우에는 상향 복사열 쪽이 크다.
3. 직달일사는 대기에 의해 흡수와 산란되는 부분을 제외하고, 지표면에 직접 도달하는 일사이다.
4. 태양광을 투과하기 쉬운 레이스 커튼의 차폐계수는 0.7이며, 창호지는 0.5, 차광용 커튼은 0.4 정도이다.
5. 백색 페인트를 칠한 벽의 경우는 가시광선 등의 단파장 방사의 반사율은 낮지만, 적외선 등의 장파장 방사의 반사율은 높다.

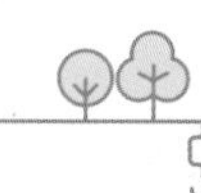

채광은 자연의 빛을 도입하는 것이며 조명은 인공광을 도입하는 것이다. 건축환경에서는 보이지 않는 빛의 자연현상을 과학적으로 논하는 분야이며, 설비에서는 전기에너지를 이용하여 빛을 만들기 위한 기계나 조명기구에 대해 취급하는 분야이다. 채광·조명은 설비 분야에서는 조명 설계나 조명기구를 취급하고(→15 조명설비 p.195 참조), 공유하는 분야이다.

1. 시각

망막은 아날로그 카메라의 필름과 같은 기능을 가지고 있다. 시각은 망막에 비치는 영상을 추상체, 간상체라는 2개의 세포가 받아서 그 비친 영상(자극)을 뇌에 전하고 그 영상을 인식한다. 이 추상체는 색을 식별하는 세포로서 망막의 중앙부에 많다. 한편, 간상체는 명암을 식별하는 세포로서 망막의 주변부에 많다(그림 12.1).

2. 순응

순응은 눈으로 입사할 때에 빛의 양에 따라 망막의 감도가 변화하는 현상의 상태를 말한다. 사람의 눈에는 밝기의 변화에 순응하는 능력이 있다.

1) 명순응

밝기에 익숙해지는 눈의 반응을 의미하며, 밝아지면 빛의 양이 증가하여 망막의 감도는 낮아진다. 밝기에 익숙해지는 소요 시간은 약 1~2분 정도 걸린다. 명순응은 비교적 단시간으로 완료되지만 암순응은 명순응과 비교하면 비교적 장시간을 필요로 한다.

2) 암순응

어두움에 익숙해지는 눈의 반응을 의미하며, 어두워질 때 빛의 양이 감소하여 망막의 감도가 높아진다. 어두움에 익숙해지는 소요 시간은 약 10~30분 걸린다. 즉 명순응보다 암순응 쪽이 시간을 필요로 한다.

3. 시감도

눈은 가시광선의 약 380*nm*에서 780*nm*까지 전자파의 범위에서 파장에 따라 다른 밝기를 느낀다. 이 파장마다 느끼는 빛의 밝기의 정도를 에너지양 1*W*당 광속으로 나타내는데 이것을 시감도(視感度)라고 한다(그림 12.2).

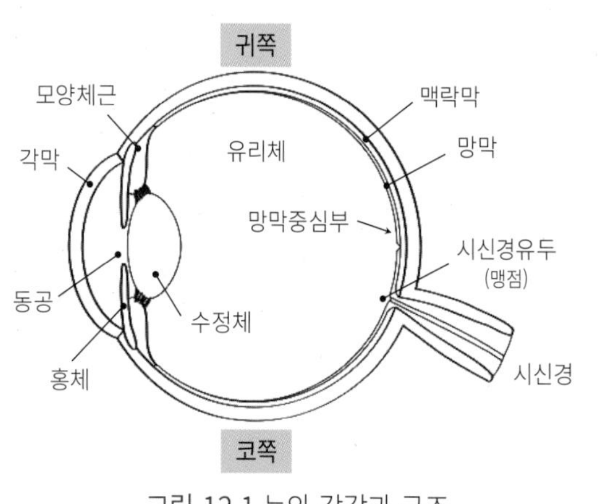

그림 12.1 눈의 감각과 구조

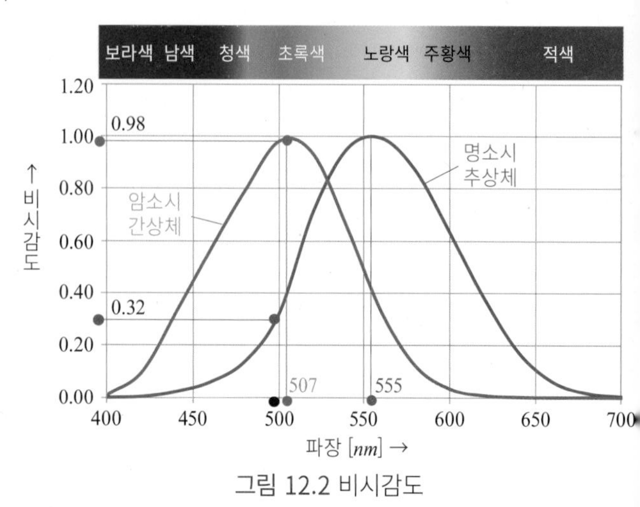

그림 12.2 비시감도

1) 명소시와 암소시

눈은 밝은 곳에서는 물건의 모양을 구별하여 색을 느낀다. 이것은 안구의 시세포의 추상체가 작용하기 때문이다. 한편, 어두운 곳에서는 간상체만이 작용한다. 이렇게 밝은 곳에서 추상체가 작용하는 상태를 명소시라고 하며, 어두운 곳에서 간상체가 작용하는 상태를 암소시라고 한다.

명소시에 있어서 같은 비시감도인 청색과 적색은 어두운 곳에 있어서는 청색이 적색보다 밝게 보인다. 어떤 면에서 방사에너지가 같은 경우에 명소시에서는 황녹색이 적색보다 강하게 느껴진다.

2) 최대 시감도, 비시감도

암소시에서는 507*nm*, 명소시에서는 555*nm*의 파장의 시감도가 가장 높고, 이것을 최대 시감도라고 한다. 최대 시감도를 비로 나타내며, 다른 파장의 밝기를 수치로 나타낸 것을 비시감도라고 한다(그림 12.2). 예를 들면, 파장이 500*nm*의 비시감도는 명소시 0.32, 암소시 0.98이라 할 수 있다.

4. 빛의 단위

빛의 용어와 단위는 다음과 같다(그림 12.3 참조).

1) 광속

광속은 어떤 면을 "단위 시간에 통과하는 빛의 방사에너지의 양"을 시감도로 보정하여 측정한 것이다. 즉 광원으로부터 방사된 빛의 양으로, 단위는 *lm*(루멘)이다.

2) 광도

광도는 단위 입체각당 광속으로 빛의 힘을 나타내는 것이다. 단위는 *cd*(칸데라)이다. 입체각이란 공간상에서 퍼진 정도를 나타내는 것으로 각을 3차원으로, 평면상에서 벌어진 정도를 나타내는 것이다.

3) 조도

조도는 빛이 입사하는 면에서의 입사광에 의한 밝기를 나타내는 측광량이다. 즉 광원에 의해 비추어진 면의 밝기를 조도라고 하며 단위는 *lx*(룩스)로 나타낸다. 이러한 조도는 조도계(그림 12.4)로 간단히 측정할 수 있다.

- 주택의 거실에서 가족의 단란을 위한 조도는 150~300*lx* 정도가 좋다.
- 주택의 침실에서 독서 시의 조도는 300~750*lx* 정도가 좋다.
- 사무실에서 세세한 시 작업을 수반하는 사무 작업의 작업면에 필요한 조도는 1,000*lx* 정도이다.

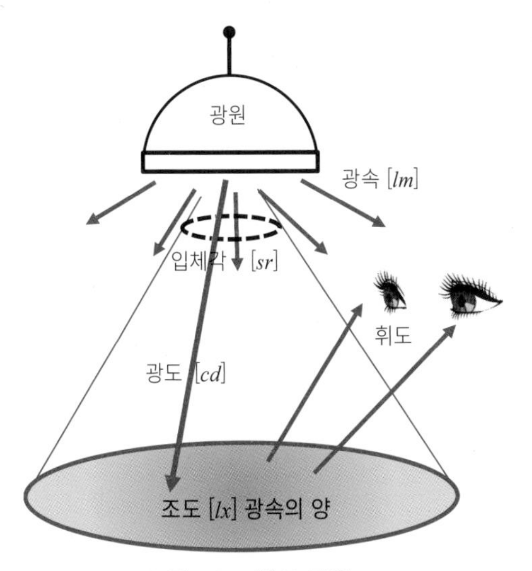

그림 12.3 빛의 단위

그림 12.4 조도계

4) 휘도

휘도는 어떤 점에서 발하는 빛의 눈부심을 의미하는데, 빛을 발산하는 면을 어떤 방향에서 보았을 때의 밝기를 나타내는 측광량이다. 단위는 cd/m^2이다.

자세히 설명하면, 휘도는 어떤 방향에서 본, 광원면(발광면, 반사면, 투과면)의 "단위 면적당 광도"이다. 즉 "단위 면적당 단위입체각에 대한 광속"이다. 휘도는 눈으로 본 밝기에 직접적인 관계가 있어 옥내 조명기구에 의한 불쾌글레어의 평가에 이용된다.

- 수조면이 균등 확산면인 경우의 휘도는 조도와 반사율의 합에 비례한다.

5) 광속발산도

광속발산도는 발광면, 반사면 또는 투과면의 어느 쪽에 대해서도 면에서 발산하는 단위면적당 광속이다.

> ■ 광막반사
>
> 광막반사는 탁상면의 광택이 있는 서류에 빛이 비출 경우에 빛의 반사에 의해 문자와 종이면과의 휘도 대비가 감소하여 보기 어렵고, 불쾌감을 느끼면서 눈의 피로의 원인이 된다. 광막반사를 줄이기 위해서는 빛이 시선 방향에 정반사하는 위치에 광원을 배치하지 않는 것이 중요하다.

5. 천공조도

1) 직사광(직접광)

태양에서 직접 지상에 이르는 빛을 말한다. 실내의 채광 성능을 평가하는 경우는 일반적으로 직사광선은 제외하고 난사광(천공광)만을 대상으로 한다.

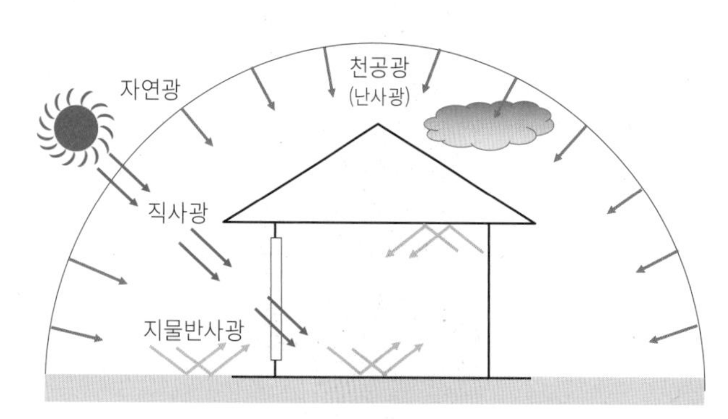

그림 12.5 직사광과 천공광(난사광)

2) 난사광(천공광)

태양에서 이르는 빛이 구름, 공기 분자 등에 의해 산란·반사하여 천공의 모든 방향에서 지상에 도달하는 빛(그림 12.5)을 말한다.

3) 전천공조도

전천공조도란 직사광에 의한 조도를 포함하지 않는 천공광의 조도이다(그림 12.6).

전천공조도는 날씨나 시간에 의해 변화한다. 설계용 전천공조도는 보통 날(표준 상태)의 경우 15,000lx 정도이다.

주광에 의해 실내의 최저 조도를 확보하기 위해서는 설계용 전천공조도에 어두운 날의 값인 5,000lx를 채용한다. 겨울철에 북쪽의 측창에 의해 얻을 수 있는 실내의 전천공조도는 일반적으로 약간 흐림 때보다

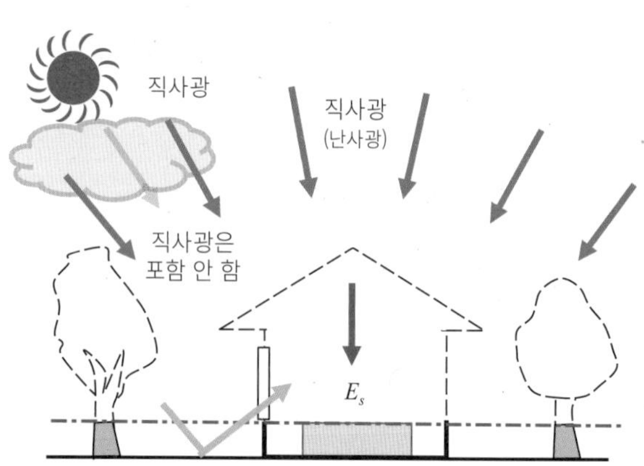

a. 전천공조도 $E_s[lx]$ (천공이 완전히 개방된 상태의 조도)

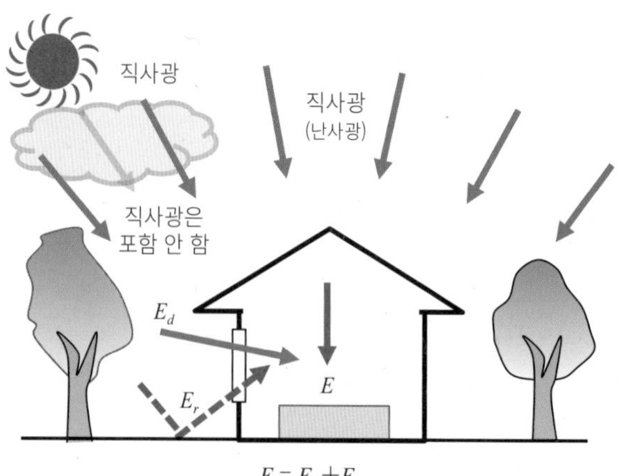

$E = E_d + E_r$
E_d: 직접 조명 E_r: 간접 조명
b. 실내 어느 지점의 조도 $E[lx]$

그림 12.6 전천공을 구하는 방법

맑은 때가 낮다. 이것은 북쪽의 측창으로부터의 채광이므로 직사광선에 의한 채광이 아니라 천공 빛에 의한 것이라고 생각하면, 약간 흐림 시의 전천공 조도는 맑을 때보다 높아진다.

6. 주광률

주광률이란 실내 밝기(실내 조도)와 실외 밝기(전천공조도)의 비율이다. 즉 전천공조도에 대한 실내에서의 어떤 점의 주광에 의한 조도의 비율이다. 주광률은 창의 크기나 위치, 실내의 벽 및 천장, 주위의 건축물, 창에 인접하는 수목 등의 영향을 받고, 실내는 창으로부터 멀어지면 조도는 낮아지므로 주광률도 낮아진다.

실내에서의 어떤 점의 주광률은 전천공조도가 변화해도 비율이기 때문에 변화하지 않는다. 예를 들면, 전천공조도가 커지면 그것에 비례하여 실내의 조도는 높아지지만 비율은 변하지 않는다.

주광률은 실내 각부의 반사율의 영향을 받는다. 천공의 휘도 분포가 같으면 전천공조도의 영향을 받지 않는다.

- 장시간의 정밀한 시 작업을 위한 기준 주광률은 3%이다. 학교의 보통 교실의 주광률은 2% 정도 있으면 된다.

  주광률

  $$D = \frac{E}{E_s} \times 100[\%]$$

  E : 실내조도[lx]

  E_s : 전천공조도[lx]

예를 들면, 실외의 조도가 10,000[lx], 실내의 어떤 점의 조도가 1,000[lx]일 때 주광률 D는 10%가 된다. 이러한 조도는 조도계로 측정할 수 있다. 기준 주광률의 예는 표 12.1과 같다.

표 12.1 기준 주광률의 예

기준 주광률 [%]	전천공 조도 [lx]	맑은 날 (30,000)	보통인 날 (15,000)	어두운 날 (5,000)	실·작업의 종별
10	주광에 의한 실내 조도 [lx]	3,000	1,500	500	주광만의 수술실
5		1,500	750	250	정밀제도·정밀작업
3		900	450	150	일반제도, 장시간의 독서
2		600	300	100	보통교실, 사무, 독서
1		300	150	50	미술관, 박물관의 전시
0.7		210	105	35	거실, 식사실, 호텔로비
0.5		150	75	25	복도, 계단
0.2		60	30	10	창고, 수납

일본건축학회 편 "설계 계획 팸플릿" 쇼코구샤, 1963, p12에 가필 수정

7. 채광 방법

건물에서의 채광창은 그림 12.7처럼 지붕과 벽에 붙이는 기법이 있다.

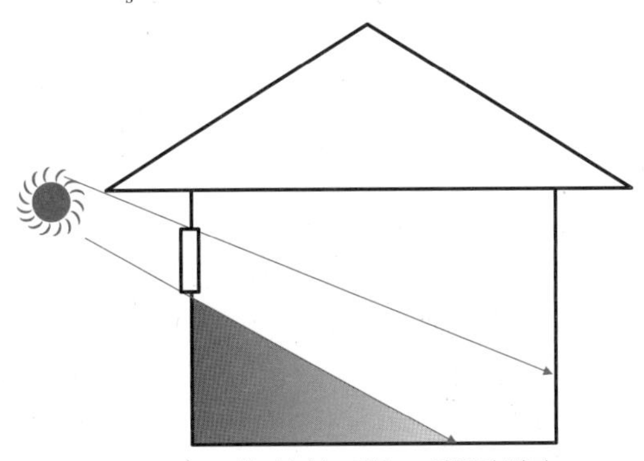
a. 고창: 창가는 어둡고, 안쪽이 밝다

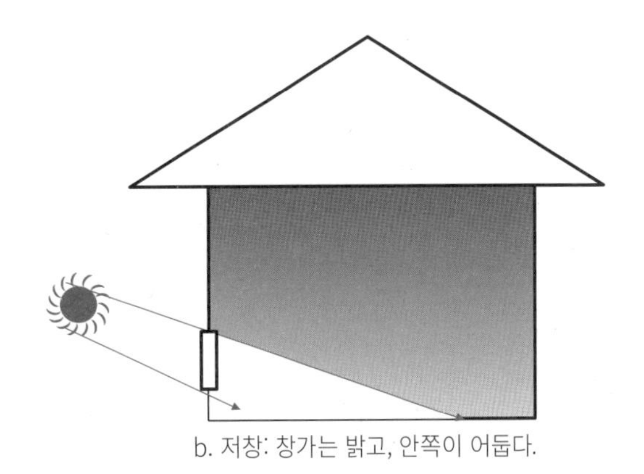
b. 저창: 창가는 밝고, 안쪽이 어둡다.

그림 12.7 채광창

1) 측창 채광

측창 채광은 외벽 측면에 설치된 창으로부터 빛을 얻는 일반적인 채광 기법이다. 같은 면적이라도 종장창(縱長窓)은 횡장창(橫長窓)보다 조도 분포가 균일한 한편, 횡장창은 종장창보다 실내 안쪽이 어둡다. 고창은 창가는 어둡지만, 실내 안쪽이 밝은 한편, 저창은 창가는 밝고, 실내 안쪽은 어둡다(그림 12.7). 또한, 큰 창 하나보다 같은 면적으로 작은 창을 분할하고 설치하는 편이 조도 분포는 균일하다.

동기에서 북측 측창에 의해 얻을 수 있는 실내 조도는 일반적으로, 약간 흐림 때보다 쾌청한 날이 낮다. 이것은 북측 창 채광은 직사광선에 의한 채광이 아니라 천공 빛에 의한 것이라서 약간 흐림 시의 전천공조도는 쾌청일 때보다 높아지기 때문이다.

2) 고창 채광

① 정측 채광

채광 효과를 얻기 위해서 건물의 높은 곳 측면에 마련한 창을 말한다. 공장과 같은 실내 안쪽까지 자연광을 많이 취하는 경우에 유효하다(그림 12.8~12.9).

② 천창 채광(top light)

톱라이트라고도 하며, 지붕에 설치하는 창을 말한다. 실내 조도는 균일하며, 측창보다 3배의 채광 효과가 있다(그림 12.10). 하지만 비가 새기 쉬워서 누수에 조심해야 한다. 또한, 측창보다 충분한 채광을 얻을 수 있지만 통풍이 어렵다.

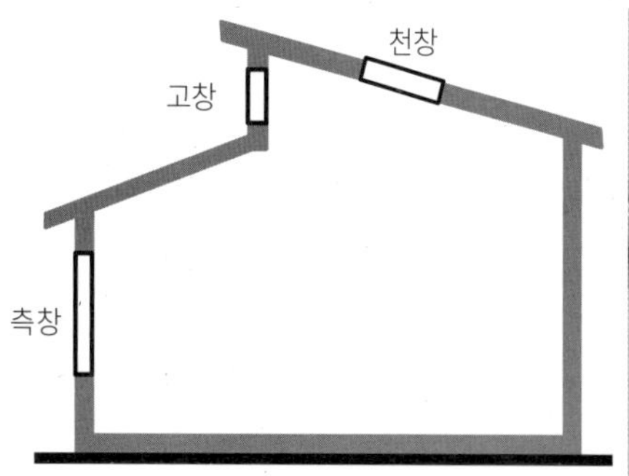

그림 12.8 측창 채광

그림 12.9 고창(안쪽이 밝다)

그림 12.10 천창(top light, 보통창보다 3배 밝다)

Column 02. 창호(窓戶)

창호(窓戶)는 창과 문의 복합어로, 말대로 창과 출입구인 문의 역할을 한다. 서민 주택의 경우, 안방과 건너방의 창호는 만(卍)자 형태, 아(亞)자형으로, 사랑방에는 용(用)자형이 일반적으로 사용되어 왔다. 안방과 마루, 마루와 건너방 사이에는 접어 올려 내리는 분합(分閤)을 설치하지 않고, 밖에서 여는 여닫이 문이 통례이다. 부엌과 헛간의 문은 판자문으로 한다.

우리나라의 경우에는 창호지를 안쪽에서 붙이므로 격자의 골격이 밖에서 그대로 나타나 있으므로 밖에서 보면 다양한 선 구성이 한옥의 매력이라 할수있다. 일본의 경우에는 창호지를 한옥과 정반대로 밖에서 붙이기때문에 격자의 골격이 밖에나타나지 않고 실내에 나타난다.

한옥의 창호

일본주택의 창호

13 조명

1. 조명 용어

1) 광속발산도

광속발산도는 사람의 눈에 느껴지는 밝기를 나타내는 정도로, 확산하는 광원의 표면상의 점에서 방출되는 단위면적($1/m^2$)의 광속밀도이다. 단위는 lm(루멘)$/m^2$, rlx(라드럭스)이다.

2) 균제도

균제도란 어떤 작업면의 최저 조도를 최고 조도(또는 평균 조도)로 나눈 값이다. 최고 조도가 높으면 균제도는 낮아진다. 균제도가 크면 클수록 밝기가 균일한 것이다. 인공조명에 의해 전반 조명을 실시하는 경우, 조도의 균제도는 1/3 정도면 된다. 한쪽만 하는 편채광의 실내에서는 아무래도 창 부근은 밝고, 실 안 깊숙이는 어두워지는데, 균제도를 1/10 이상으로 한다(표 13.1). 조도 분포가 고르지 못하면 채광의 질이 낮아지고 피로의 원인이 된다.

$$\text{균제도 } U_0 = \frac{\text{최소(최저) 조도값}}{\text{최고(평균) 조도값}}$$

표 13.1 조명과 균제도

조명 종류	균제도
인공조명	1/3이상
병용조명	1/7이상
주광조명	1/10이상
동일 작업 범위 내	2/3이상

3) 불쾌글레어·글레어

글레어는 대상 물질의 시야가 손상되는 현상으로, 시야 내의 고휘도와 극단적인 휘도 대비에 의해 발생한다. 즉 시선의 방향과 광원으로부터의 빛의 반사 각도에 의해 대상물이 잘 보이지 않는 현상이다. 불쾌글래어는 강한 빛의 영향에 의하여 반짝반짝한 눈부심이며, 불쾌하면서 잘 보이지 않는 현상을 말한다. 반사글레어는 시대상 자체나 시대상의 방향의 쇼윈도 등에 의해서 휘도가 높은 부분이 정반사해서 발생하는 글레어를 말한다.

광막반사를 줄이기 위해서는 빛이 시선 방향에 정반사하는 위치에 광원을 배치하지 않는 것이 중요하다.

4) 색온도

빛의 색온도 단위는 절대온도(켈빈 K)이다. 광색의 색도에 근사하는 색도의 빛을 발하는 흑체의 온도이다. 온도의 수치가 낮을수록 황색에서 적색 빛을 띠며, 수치가 높을수록 청색을 띤 백색이 된다. (그림 13.1, 표 13.2). 직사광선의 색온도는 일몰 전 무렵보다 정오 무렵 쪽이 높다.

표 13.2 각종 광원의 색온도

자연계		인공	
광원	색온도 K	관원	색온도 K
동녘·석양	2,500	촛불	1,800
보름달	4,100	가스등	2,160
태양	5,000	아세칠렌등	2,350
옅은 구름 하늘	6,200	100W 백열등	2,800
구름 하늘	7,000	할로겐 전등	3,000
맑은 하늘	12,000	수은등	4,100
		형광등	5,000

파나소닉 조명 설계의 자료를 인용 작성

그림 13.1 색온도

조도와 색온도의 관계에 있어서, 저조도에서는 색온도의 낮은 빛 색이 선호되고, 고조도로는 색온도가 높은 빛 색을 선호한다. 형광램프나 LED의 빛 색에 있어서, 대낮의 백색은 전구 색에 비해 상관 색온도[1]가 높다.

색온도가 낮은 광원의 조명기구를 사용하면, 따뜻한 분위기가 된다. 색온도가 높은 것은 형광등으로 약 5,000*K*로 청백색이며, 반대로 색온도가 낮은 것은 백열등으로 약 2,800*K*, 광원은 붉은빛이다. 이러한 광원이 가지는 성질을 "연색성"이라고 한다.

5) 연색성

연색성은 물체색이 보이는 광원의 성질로서 광원의 분광분포(分光分布)에 의존하며, 실제 물체가 태양광에 가장 가깝게 보이는 것을 연색성이 좋다고 한다. 인공광원의 연색성은 연색 평가수로 나타내는데 그 수치가 클수록 자연광에 가깝다. 연색 평가수는 대상의 광원하에 색이 어떻게 보이는지를 나타내는 지수로서, 기준 광원(자연광)에 의해 비추어진 색을 100(최대치)으로 하여, 값이 작아지는 만큼 기준 광원에 의해 비추어진 색과의 차이가 크게 된다. 전파장을 균등하게 반사하는 분광분포를 가지는 물체를 낮에 태양광하에 볼 때, 그 물체의 반사율이 높을수록 태양광의 색에 가까운 백색으로 보인다. 태양광과 비슷한 조명을 "연색성이 좋다(크다)"라고 말하지만, 좋은 조명이라는 평가 기준은 아니다.

6) 램프 효율

램프 효율은 램프의 소비전력(1*W*)에 대한 광속으로 단위는 *lm*(루멘)/*W*이다.

2. 조명 방법

1) 태스크·앰비언트(task ambient)

조명 방법은 시작업을 중요시한 "명시조명"이 태스크(task) 방식이며, 심리적 요소를 중시하여 전체를 밝히는 분위기 조명이 앰비언트(ambient) 방식이다(그림 13.2). 앰비언트 조명의 설계에 있어서는 공간의 밝기를 확보하면서 에너지 절약을 도모하기 위해 휘도 분포를 고려하는 것이 바람직하다.

태스크·앰비언트 조명에서 균제도는 앰비언트 조도를 태스크 조도의 1/10 이상 확보하는 것이 바람직하다. 이것은 전반조명과 국부조명을 병용하는 경우에 조도 차이가 너무 나면 눈에 부담이 가기 때문이다.

2) 프사리(PSALI, 상설 보조 인공조명)

프사리는 실내 창가나 창가 주변부는 밝으나, 실내 안쪽에는 주광조명으로는 불충분하고 쾌적하지 않을 때 명시성을 보충하기 위한 인공조명이다(그림 13.3).

낮에는 창으로부터 채광을 받으면 역광이 되어 볼 수 어려워지는 실루엣 현상이 일어난다. 그럴 때에는 낮에도 상시 점등하는 상설 보조 인공조명인 프사리의 조명 계획을 하면 실루엣 현상을 방지할 수 있으며, 창가에서 창과 평행하게 향하는 사람의 모습은 자연스럽게 보이고 바람직한 조명 환경이 된다.

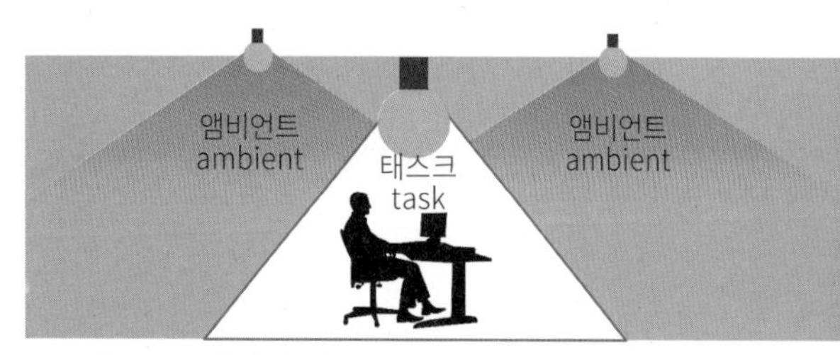

그림 13.2 작업영역과 주변영역의 조명 (태스크 · 앰비언트)

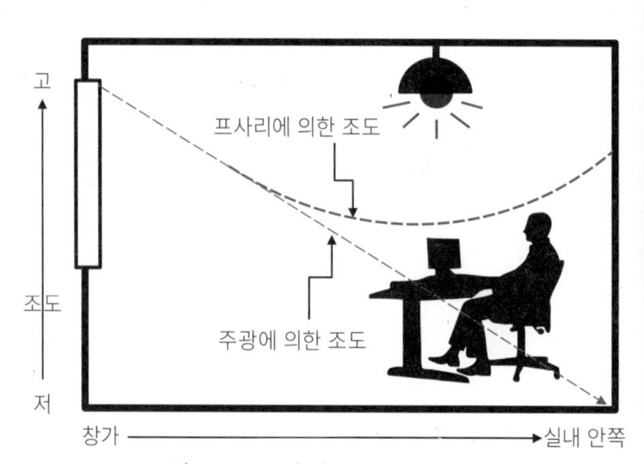

그림 13.3 프사리(PSALI 낮 인공조명)

1) 상관 색온도: 광원이 발하는 빛의 스펙트럼에 가장 가까운 흑체 방사의 색온도

3) 배광곡선

배광곡선은 광도분포를 나타내는 곡선으로, 광원이나 조명기구의 각 방향에 대한 광도(빛의 힘)의 크기를 벡터로 나타내어 그 선단의 궤적을 알아보는 것이다.

3. 조도 설계

1) 조도 기준

조도 기준은 조명 계획을 하는 데 있어서 우선 조도 규격으로 결정할 필요가 있다.

사무소 건축 등 각종 건물의 실의 조도 계획은 이하의 범위에서 결정한다.

- 조도 범위(E_m) : 추천 조도치
- 조도균제도(U_0) : $= \dfrac{\text{최소 조도치}}{\text{평균 조도치}} = 0.7$ 이상
- 불쾌글레어(UGR_L) : 글레어 제한치, 일반적으로 16~22이다.
- 연색성평가수(Ra) : 100이 최대치, 일반실에서는 80 이상이다.

조도 계산은 광속법과 축점법이 있는데 광속법은 설비에서 다루기로 한다.

2) 축점법

조명에 관계되는 조사면의 밝기, 즉 조도는 광도에 비례하며, 거리의 2제곱에 반비례한다.

- 역자승 법칙

  $E = \dfrac{I}{r^2}$

- 코사인 법칙

  $E' = \dfrac{I}{R^2} \times \cos\theta$ (그림 13.4).

  E : O점의 수평면 조도 [lx]

  E' : P점의 수평면 조도 [lx]

  I : 광원의 광도 [cd]

  r : 광원에서 O점까지의 거리 [m]

  R : 광원에서 P점까지의 거리 [m]

  $\theta°$: 수조면의 입사각

4. 조명 방식

조명의 배광에 따라 직접조명, 반직접조명, 전반확산조명, 반간접조명, 간접조명으로 분류한다. 각각의 조명 방식의 배광이나 조명 효율의 특징은 그림 13.5와 같다.

직접조명은 광원으로부터의 빛을 직접 받기 때문에 조명의 효율은 좋지만, 빛이 강하기 때문에 실내의 명암 차가 크고, 눈에 자극을 준다. 한편, 간접조명은 광원으로부터 직접 빛을 받지 않고, 반사광을 사용하기 때문에 조명의 효율은 나쁘지만, 빛은 부드럽고 명암 차도 적다. 또한, 눈에도 자극을 주지 않아 분위기 조

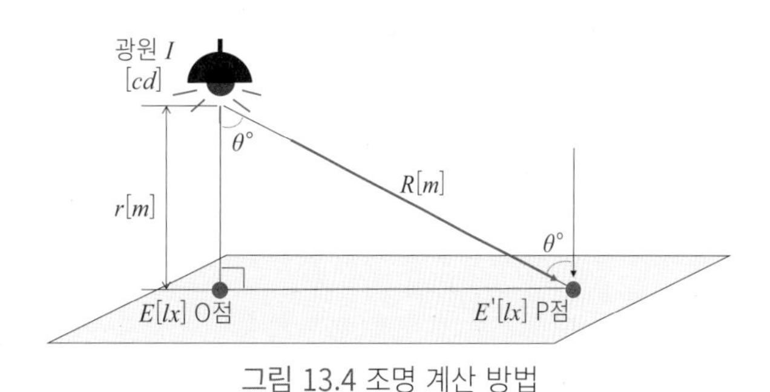

그림 13.4 조명 계산 방법

조명 방식	직접 조명	반직접 조명	전반 확산 조명	반간접 조명	간접 조명
배광					
효율	높다 ←				→ 낮다
상향 광속	0~10%	10~40%	40~60%	60~90%	90~100%
하향 광속	100~90%	90~60%	60~40%	40~10%	10~0%

그림 13.5 조명 방식의 효율

명으로서는 적절하다.

전반확산조명은 직접조명과 간접조명의 중간이다. 확산성의 반투명재로, 광원의 전면을 둘러싸고 있기 때문에 조명의 범위는 넓지만 조명의 효율은 그다지 좋지 않다.

5. 조명 계획

병원의 수술실 및 진찰실의 조명은 사무실에 사용하는 광원에 비해 연색성이 높은 광원을 사용한다. 연색은 조명에 의한 물체 색을 결정하는 광원의 성질이므로, 환자의 안색을 보고 판단하는 병원이나 진료소는 연색성이 높은 조명을 사용한다.

주택 거실의 간접조명은 열방사가 적고, 램프 교환 등의 관리 빈도가 적은 LED 램프를 사용한다.

조도센서는 밝기를 감지하는 것으로, 점등·소등 또는 감광등의 조명 제어를 실시할 수 있다. 부재 에리어의 조명 제어에는 사람의 유무를 감지하는 인체 감지센서를 이용한다. 주광을 이용하는 조명 계획을 실시하는 경우에는 일사에 의한 공기 조절 부하를 억제하기 위한 검토도 필요하다.

■ 사무실의 조명 계획

사이즈가 작고 고휘도의 LED 램프를 사용할 때는 글레어를 배려하여 광원이 직접 눈에 들어오지 않도록 한다. 블라인드의 자동 제어와 조도센서를 사용한 조명의 제어도 아울러 실시하여, 소비전력이 적어지도록 한다. 또한, 소비전력을 삭감하기 위해서는 과잉의 초기 조도를 억제하기 위해서 화장실에 인체 감지센서를 연동시킨 조명기구를 이용한다. 아울러 자연채광과 인공조명을 병용한다.

6. 건축화 조명

건축화 조명이란 광원을 건축물의 천장이나 벽, 바닥 등 건축물의 구조체에 설치하여 건축의장과 일체화시킨 조명 방식으로, 조명 계획과 건축 디자인과 밀접한 관계를 갖고 있다.

1) 실외 건축화 조명

주로 건축물의 외부에 조명장치를 하여 건축물의 의장을 돋보이게 한다(그림 13.6). 실외 건축화 조명과는 비슷하면서 다른 라이트업이 있다. 라이트업은 역사적 건조물, 모뉴먼트, 다리, 수목에 조명을 비추어 야간 경관을 연출한다.

서울 D.D.P

도쿄 신주쿠

그림 13.6 실외 건축화 조명

2) 실내 건축화 조명

① 밸런스 조명

천장과 벽면을 비추어 그 반사광으로 실내를 상하에 밝히는 조명이다(그림 13.7.a). 천장과 벽면은 직접조명하며 실내를 간접적으로 조명하기 때문에 천장은 높고 실내를 넓게 보이는 효과가 있어서 개방적인 분위기를 형성한다.

② 코니스 조명

벽면을 비추어 그 반사광으로 주로 벽면을 직접조명하며 실내를 간접적으로 조명한다(그림 13.7.b). 벽면을 넓게 조명하며 커튼과 창에도 비추어 아름답게 하는 효과가 있다.

③ 코브 조명

반사광으로 주로 천장면을 직접조명하며 실내를 간접적으로 조명한다(그림 13.7.c). 상단부에 확대 효과가 있어서 낮은 천장에도 넓게 보이는 효과가 있다.

12, 13 채광·조명 연습문제

1) 실내 어느 지점에서 주광률 4%가 요구되고 있다. 흐린 날의 전천공조도는 5,000*lx*, 맑은 날의 전천공조도가 15,000*lx* 일 때, 실내 각 지점의 조도를 구하시오.
2) 그림의 A, B, C 점의 조도를 구하시오.

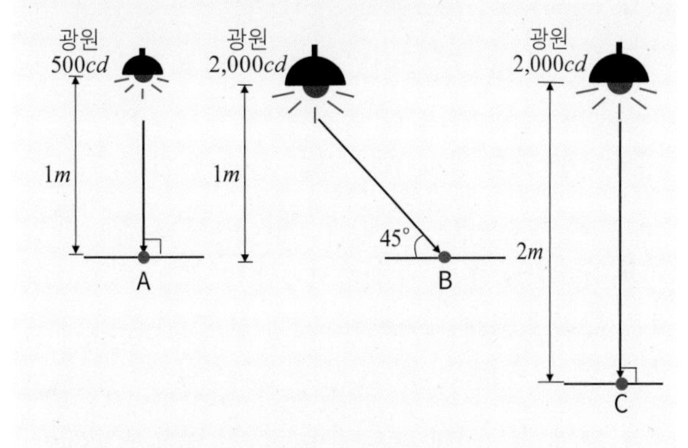

3) 명순응과 암순응에 대해서 설명하시오.
4) 주광률에 대해서 설명하시오.
5) 색온도와 연색성은 일상적으로 어떻게 사용되고 있는지 설명하시오.

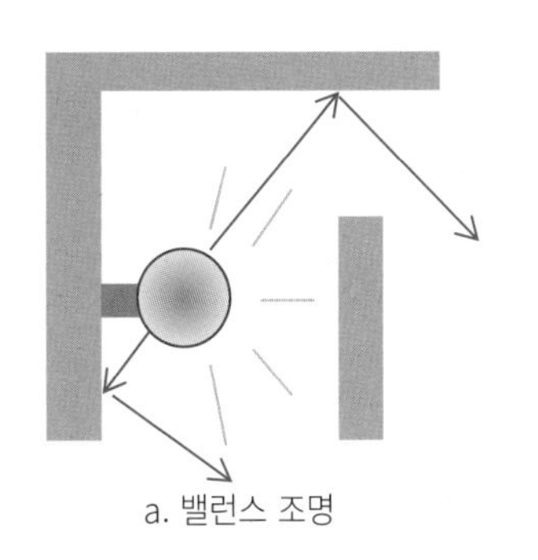

a. 밸런스 조명

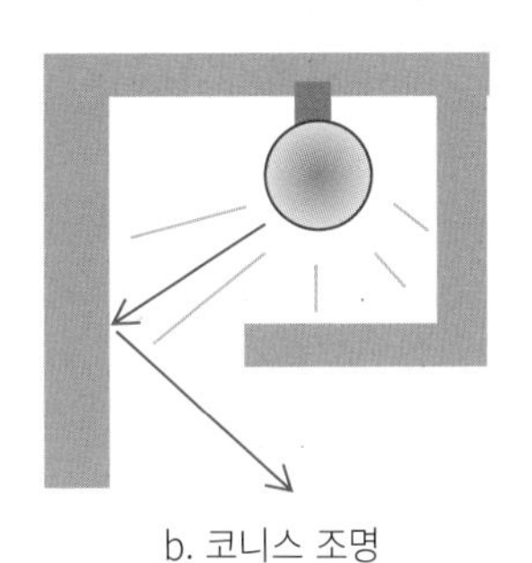

b. 코니스 조명

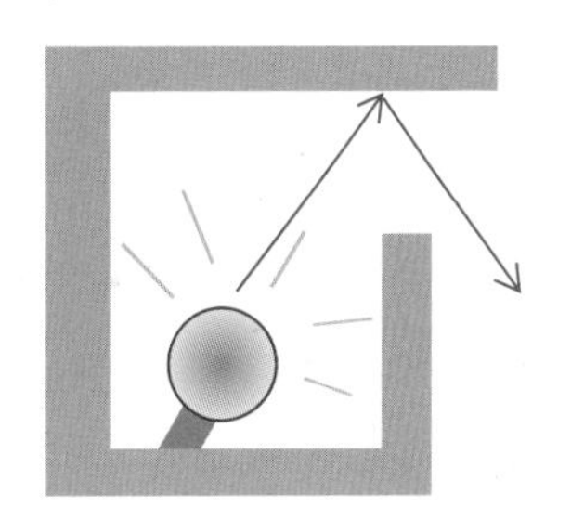

c. 코브 조명

그림 13.7 실내건축화조명

12, 13 채광·조명 / 심화문제

[1] 채광·조명에 관한 다음 기술 중 가장 부적당한 것은 어떤 것일까?

1. 명순응은 비교적 단시간으로 적응되지만, 암순응은 명순응과 비교해 비교적 장시간을 필요로 한다.
2. 소비전력을 삭감하기 위해 화장실에 인체 감지센서와 연동시킨 조명기구를 이용한다.
3. 조도는 광원에 의해 비추어진 면의 밝기를 말하며 단위는 *lx*(룩스)이다.
4. 전반 확산조명은 광원을 반투명의 유리, 한지 등으로 싼 조명 방식이다. 빛은 부드럽고 눈부심이 적지만, 조명의 효율은 좋지 않다.
5. 조도는 광도에 반비례하고 거리의 2제곱에 비례한다.

[2] 채광·조명에 관한 다음 기술 중 가장 부적당한 것은 어떤 것일까?

1. 시각에서 추상체는 색을 식별하는 세포이다.
2. 사무실에서 세세한 시 작업을 수반하는 사무 작업의 조도는 1,000*lx* 정도로 한다.
3. 직접조명은 90% 이상의 조명 효율이라서 경제적이다.
4. 암순응보다 명순응 쪽이 시간을 필요로 한다.
5. 주광률이란 실내 어느 장소에서의 밝기와 옥외 밝기의 비율이다.

[3] 채광·조명 등에 관한 다음 기술 중 가장 부적당한 것은 어떤 것일까?

1. 전천공조도란, 직사광에 의한 조도를 포함하지 않는 천공광의 조도이다.
2. 정측창의 북측 채광은 안정된 빛 환경을 얻을 수 있다.
3. 광속발산도는 발광면, 반사면 또는 투과면의 어느 쪽에 대해서도 면에서 발산하는 단위 체적당 광속이다.
4. 사람의 눈에는 밝기의 변화에 순응하는 능력이 있다.
5. 주광률은 실내 각부의 반사율의 영향을 받지만 천공의 휘도 분포가 일정하면 전천공조도의 영향을 받지 않는다.

[4] 일조·일사 등에 관한 다음 기술 중 가장 부적당한 것은 어떤 것일까?

1. 휘도는 어떤 점에서 발하는 빛의 눈부심이며 단위는 *cd* 이다.
2. 광막반사는 불쾌감을 발생할 뿐만 아니라 눈의 피로 원인이 된다.
3. 동기의 북쪽의 측창의 조도는 일반적으로 약간 흐림의 때보다 맑은 하늘 때가 낮다.
4. 옥외의 조도가 10,000[*lx*], 실내 어느 점의 조도가 1,000[*lx*]일 때의 주광률 D는 10%가 된다.
5. 일조율은 가조시간에 대한 일조시간의 비율이다.

[5] 채광·조명 등에 관한 다음 기술 중 가장 부적당한 것은 어떤 것일까?

1. 주광률은 창의 크기나 위치의 변화, 실내의 벽 및 천장, 주위의 건축물, 수목 등의 영향을 받는다.
2. 주택의 침실에서 독서 시의 조도는 300~750*lx* 정도가 좋다.
3. 균등 확산 면에서의 휘도는 조도와 반사율과의 곱에 비례한다.
4. 빛의 색온도는 절대온도 켈빈 *K* 이며, 붉은색이 색온도가 높다.
5. 균형도란 어떤 작업면의 최저 조도를 최고 조도로 나눈 값이므로 최고 조도가 높을수록 낮아진다.

[6] 채광·조명 등에 관한 다음 기술 중 가장 부적당한 것은 어떤 것일까?

1. 연색성은 물체 색이 보이는 광원의 성질로서 태양광에 가까운 것을 연색성이 좋다고 한다.
2. 앰비언트 조명은 공간의 밝기를 충분히 확보하고 있으므로 휘도 분포는 고려하지 않아도 좋다.
3. 배광곡선은 광도 분포를 나타낸 곡선으로 광원이나 조명기구의 각 방향에 대한 광도의 크기를 벡터로 나타내어 그 끝부분의 궤적을 찾는 것이다.
4. 글레어는 대상물이 보기 어려워지는 현상으로 시야 내의 고휘도의 부분이나 극단적인 휘도 대비 등에 의해 일어난다.
5. 프사리는 실내 안쪽이 주광 조명만으로는 불충분할 때 채광을 보충하기 위해서 점등되는 상설 보조 인공조명이다.

[7] 채광·조명에 관한 다음 기술 중, 가장 부적당한 것은 어떤 것일까?

1. 명소시에 있어서 같은 비시감도인 청색과 적색은 어두운 곳에 있어서는 청색이 적색보다 밝게 보인다.
2. 직사광선의 색온도는 일몰 전 무렵보다 정오 무렵이 낮다.
3. 광속은 광원으로부터 방사된 빛의 양으로 단위는 *lm*(루멘)이다.
4. 주택의 거실에서 가족 단란을 위한 조도는 150~300*lx* 정도가 좋다.
5. 세로로 긴 창은 가로로 긴 창보다 조도 분포가 균일하다.

[8] 채광·조명에 관한 다음 기술 중 가장 부적당한 것은 어떤 것일까?

1. 어떤 면에서 방사에너지가 같은 경우에 명소시에서는 황녹색이 적색보다 강하게 느껴진다.
2. 주광률은 실내에서 창으로부터 멀어지면 조도는 낮아지므로 주광률도 낮아진다.
3. 글레어는 대상 물질의 시야가 손상되는 현상으로 시야 내의 고휘도와 극단적인 휘도대비에 의해 발생한다.
4. 저조도에서는 색온도의 높은 빛색이 선호되고, 고조도는 색온도가 낮은 빛색을 선호한다.
5. 병원의 수술실 및 진찰실의 조명은 사무실에 사용하는 광원에 비해 연색성이 높은 광원을 사용한다.

[9] 채광·조명 등에 관한 다음 기술 중 가장 부적당한 것은 어떤 것일까?

1. 어두운 곳에서는 추상체만이 작용하고 밝은 곳에서는 간상체만 작용한다.
2. 수조면이 균등 확산면인 경우의 휘도는 조도와 반사율의 합에 비례한다.
3. 전파장을 균등하게 반사하는 분광분포를 가지는 물체를 낮에 태양광하에 볼 때, 그 물체의 반사율이 높을수록 태양광의 색에 가까운 백색으로 보인다.
4. 태양광과 비슷한 조명을 "연색성이 좋다(크다)"라고 말하지만 좋은 조명이라는 평가 기준은 아니다.
5. 주광을 이용하는 조명 계획을 실시하는 경우에는 일사에 의한 공기 조절 부하를 억제하기 위한 검토도 필요하다.

[10] 일조·일사 등에 관한 다음 기술 중 가장 부적당한 것은 어떤 것일까?

1. 장시간의 정밀한 시작업을 위한 기준주광률은 3%이다.
2. 균제도란 어떤 작업면의 최저 조도를 최고 조도(또는, 평균 조도)로 나눈 값이다. 최고 조도가 높으면 균제도는 낮아진다. 균제도가 크면 클수록 밝기가 균일한 것이다.
3. 광막반사를 줄이기 위해서는 빛이 시선 방향에 정반사하는 위치에 광원을 배치하지 않는 것이 중요하다.
4. 태스크·앰비언트 조명에서 균제도가 앰비언트 조도를 태스크 조도의 $\frac{1}{5}$ 이상 확보하는 것이 바람직하다.
5. 사무실의 조명 계획에서 사이즈가 작고 고휘도의 LED 램프를 사용할 때는 글레어를 배려하여 광원이 직접 눈에 들어오지 않도록 한다.

[11] 채광·조명 등에 관한 다음 기술 중 가장 부적당한 것은 어떤 것일까?

1. 설계용 전천공조도는 보통 날(표준 상태)의 경우 5,000*lx* 정도이다.
2. 편채광의 실내에서는 균제도를 $\frac{1}{10}$ 이상으로 한다.
3. 균등 확산면에서의 휘도는 조도와 반사율과의 곱에 비례한다.
4. 인공광원의 연색성은 연색평가수로 나타내는데 그 수치가 클수록 자연광에 가깝다.
5. 인공조명에 의해 전반조명을 실시하는 경우 조도의 균제도는 $\frac{1}{3}$ 정도면 된다.

14 색채

색은 태양의 파장 380~780nm의 범위의 가시광선이며, 사람의 생활 속에서 불가결한 중요한 요소이다(그림 14.1). 색체는 건축에서 심리적으로 영향이 크고, 안전성이나 일의 작업성 등에 크게 관계되고 있다. 이러한 가시광선은 무지개의 자연현상에서 잘 이해할 수 있다(그림 14.2).

무지개의 안쪽 파장은 가장 짧은 보라색이며, 파장이 가장 긴 바깥쪽 색은 적색이다.

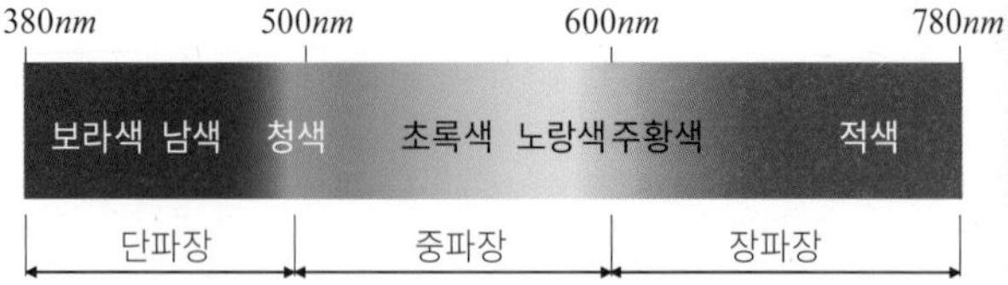

380*nm* 500*nm* 600*nm* 780*nm*

보라색 남색 청색 초록색 노랑색 주황색 적색

단파장 중파장 장파장

그림 14.1 가시광선의 빛의 색과 파장역의 관계

그림 14.2 가시광선에 의한 무지개의 자연현상(경주)

1. 색의 혼합

1) 삼원색

삼원색은 색의 기본이 되는 원색이며 색을 혼합하면 다양한 색을 만들어 낼 수 있다. 삼원색은 빛과 색료 2개로 나누어지는데 빛의 색을 혼합하면 색료의 색이 되고 색료의 색을 혼합하면 빛의 색이 된다.

2) 가법 혼합(색광 혼합)

빛의 삼원색은 빨강(Red), 초록(Green), 파랑(Blue)인데, 이 빛의 삼원색을 혼합하면 백색이 된다(그림 14.3.a).

3) 감법 혼합(색료 혼합)

색료의 삼원색은 청록색(Cyan), 진홍색(Mazenta). 황색(Yellow)인데, 혼합하면 검정이 된다(그림 14.3.b).

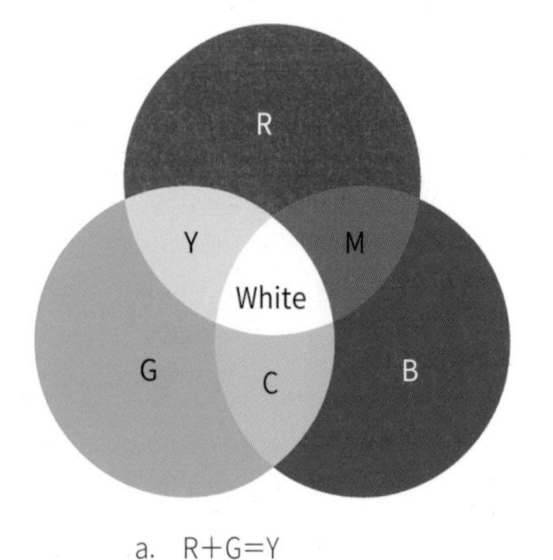

a. R+G=Y
R+B=M
G+B=C
R+G+B=White

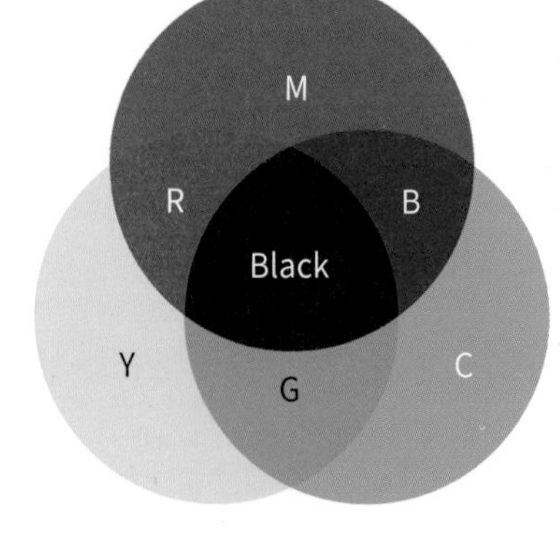

b. C+M=B
C+Y=G
M+Y=R
C+M+Y=Black

무사시노 미술대학 제공

그림 14.3 색의 혼합

2. 색의 3속성

색의 3속성은 색상, 명도, 채도의 3개의 요소를 말한다. 색상(Hue)은 H, 명도(Value)는 V, 채도(Chroma)는 C로 나타낸다. 이 3속성마다 색을 분류하고 입체적으로 나타낸 것을 색 입체라고 한다(그림 14.4).

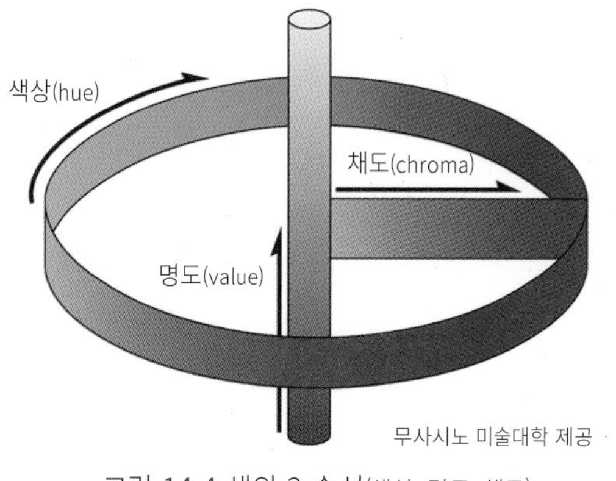

무사시노 미술대학 제공

그림 14.4 색의 3 속성(색상, 명도, 채도)

1) 색상(Hue)

물건을 보았을 때 느끼는 적색, 황색, 청색과 같은 시감각에 대응하는 색깔을 의미한다. 색의 주 파장이 긴 것으로부터 차례대로 우회전하면서 환상에 색을 늘어놓은 것을 색상환이라고 한다. 색광의 유목성(시선을 모으는 정도)은 일반적으로 적색이 가장 높고, 다음이 청색이고, 녹색이 가장 낮다.

2) 명도(Value)

명도는 밝기를 나타내는 것으로 색의 반사율을 말한다. 반사율이 0%의 완전한 검정을 명도 0, 반사율이 100%의 완전한 흰색을 명도 10으로써 11단계로 표현한다. 명도를 올리면 흰색에 가깝고 밝아진다. 그리고 명도를 내리면 흑색에 가까워지고 어두워진다. 중간적인 명도 4.5인 회색은 N4.5로 표기한다. 무채색은 색상과 채도가 없고 명도만을 가지는 색이다.

시인성은 주시하고 있는 대상이 뚜렷하게 보이는 것을 말하는데, 시대상과 배경색 사이의 명도 차이의 영향을 크게 받는다.

3) 채도(Chroma)

채도는 색의 선명함이나 그 색의 강도를 말한다. 채도가 높은 적색은 보다 붉고, 채도가 낮은 적색은 회색에 가까워진다. 색의 선명함의 정도에 따라 치수는 커진다. 단 채도는 색상과 명도에 따라 최대치가 다르고, 반드시 10이 아니다. 가장 큰 5R에서는 14, 낮은 5BG에서는 10이 된다. 색의 3속성의 표기는, 예를 들면 색상이 7PB에서 명도가 4, 채도가 10이면 7PB4/10으로 표현한다. 그래서 5G7/8색보다 5G8/6색이 명도는 높다.

최대의 채도는 색상이나 명도에 따라 다르지만 각 색상 중에서 가장 채도가 높은 색을 순색이라고 한다.

3. 색의 관계

1) 순색

순색은 어떤 색상 중에서 가장 채도가 높은 색이다. 순색의 채도는 색상이나 명도에 따라 다르다. 순색은 색상에 의해 8~14단계와 차이가 있다. 예를 들면, 적색은 높고, 청색은 낮다.

무채색(흰색·회색·흑색)을 순도 0으로 하고, 무채색 성분에 대해 유채색 성분의 비율을 늘리면 순도도 높아진다. 또한, 순색에 흑색 또는 흰색을 혼합한 색을 청색(淸色, 맑은색)이라고 하며, 이것은 색 입체의 표면 부분에 나타나는 색이다. 순색에 회색을 혼합한 색은 탁색이라 하며, 이것은 색 입체의 안쪽에 나타나는 색에 해당된다.

2) 보색

보색은 색상환에 있어서, 그림 14.5처럼 색끼리의 상보(相補)적인 관계를 말한다. 보색의 관계에 있는 2색은 혼합하면 회색(무채색)이 된다.

보색끼리의 색의 조합은 서로의 색이 상승 효과가 있어서, 이것을 "보색조화"라고 한다. 예를 들면 병원의 외과 수술실에서는 벽이나 바닥과 수술복을 녹색으

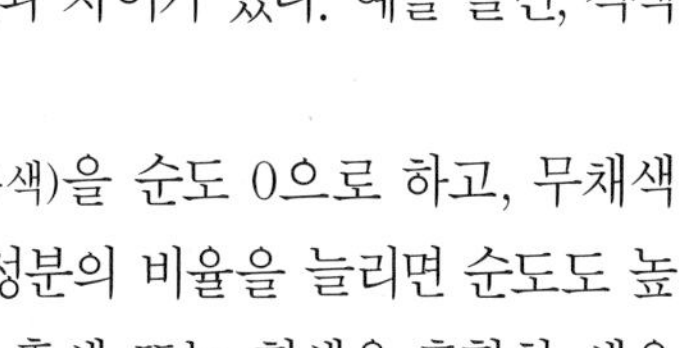

보색
보색
무사시노 미술대학 제공

그림 14.5 보색 관계

로 하는데 이러한 것은 녹색과 적색(혈액의 색)의 보색 관계로 적색이 선명하게 보이기 때문이다.

3) 표면색

표면색은 물체를 보고 있을 때의 색이고, 개구색(開口色)은 빛 그 자체를 보고 있을 때의 색인데, 공간적인 정위(正位, 어떤 사물의 위치를 일정하게 취하는 것)나 감촉을 느껴지지 않는 색의 표현이다. 물체의 표면색은 보는 방향에 따라서 다르게 보일 수 있다.

4) 기억색

기억색은 기억상의 색채물의 색으로서 백색광하에 본색을 기억하고 있다. 기억에 기초한 색이라서 "기억색"이라고 한다. 실제의 색채에 비해 채도·명도가 높은 경향이 있다.

5) 계통색명

계통색명이란 기본 색명에 수식어를 조합한 색의 표기 방법이다. 이것은 "수식어+기본색명" 법칙으로서, 예를 들면 주홍색 6R5.5/14은 선명한 "노랑색(수식어) 기미가 있는"(수식어) "적색"(기본색의 이름) 계통색의 이름이 된다. 물체 색에서 유채색의 계통색명은 기본색의 이름에 "유채색의 명도 및 채도에 관한 수식어", "무채색의 명도에 관한 수식어" 및 "색상에 관한 수식어"의 3종류의 말을 부기하고 색을 표시한다.

4. 표색계

1) 먼셀 표색계

먼셀 표색계 색은 색의 "색상", 밝기의 "명도", 선명함의 "채도"의 3속성에 의해 나타난다.

먼셀 표색계에 있어서 명도 5색의 시감 반사율은 약 20%이다.

먼셀은 기본색을 5개(R·Y·G·B·P)로 나누어, 그 중간에 YR·GY·BG·PB·RP의 5개를 구별했다.

그 10색상은 다음과 같다. R(적색), YR(황적색), Y(황색), GY(황녹색), G(녹색), BG(청녹색), B(청색), PB(청보라색), P(보라색), RP(적보라색). 먼셀은 한층 더 10색상을 10으로 분할하여 100색상으로 나타냈다.

색 3속성을 포함하여 그림 14.6으로 나타낸 것을 먼셀의 색입체라고 한다. 색입체의 중심축을 중심으로 한 환 주위는 색상이다. 색입체의 중심의 축을 상하 방향이 명도이며, 축밑이 검정, 위가 흰색이다.

축으로부터 외주까지의 거리가 채도이며, 축에서 외주까지 떨어지면 채도는 높아진다. 명도의 색상, 명도에 의해 채도의 범위는 다르기 때문에 색입체는 완전 원통형이 아니고, 일그러진 구체가 된다. 먼셀 표색계에 있어서, 유채색을 5R4/14처럼 표현하는데, 이것은 5R은 색상, 4명도, 14채도를 의미한다.

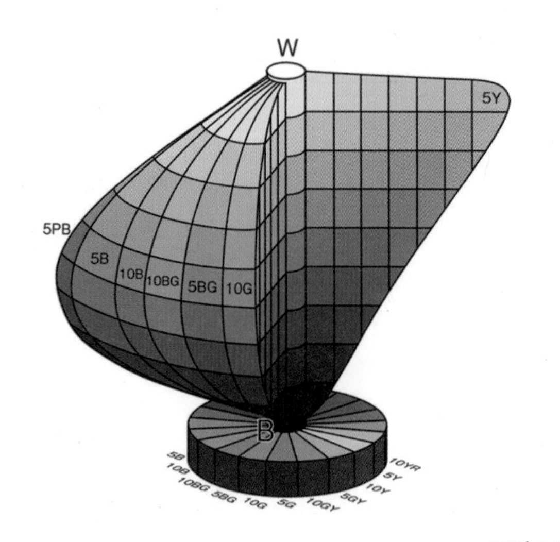

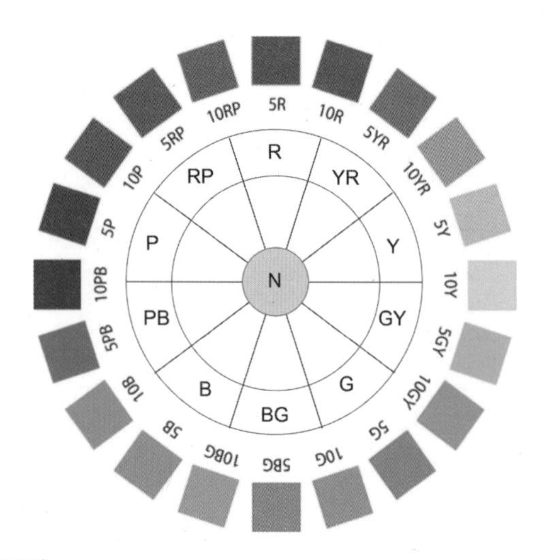

그림 14.6 먼셀 표색

2) XYZ 표색계

국제조명위원회(CIE)에 의해 1931년 국제적으로 정해진 색의 표시법으로 적색(R), 녹색(G), 청색(B), 빛의 3원색을 가법 혼합에 의해 적절한 비율로 혼합하면 다양한 색이 생길 수 있다는 발상이다. 그 기본 원리는 혼합했을 때의 삼원색의 혼합량으로 색을 표시한다.

그림 14.7은 색광의 3원색 X(적색), Y(녹색), Z(청색)에 의한 색상과 채도의 관계도인데, X축의 값이 커지면 붉은빛이 강해진다. 또한, Y축의 값이 커지면 녹색이 강해지고, 0점(원점)에 가까워지면 청색이 강해진다. 외측으로 갈수록 채도가 높아지고 선명해진다. 백색은 X=0.33, Y=0.33 부근이다. XYZ 표색계에서 Y는 측광적(빛의 여러 성질을 측정)인 밝기를 나타내고 있다.

3) 색채 조화론

저드(D. B. Judd)가 정리한 색채 조화의 원리에 따르면 색상환에서의 등간격 배색은 조화를 이룬다. 이것은 색채 체계상, 일정한 법칙을 기초로 하여 질서적, 기하학적으로 관계 있는 배색은 조화를 이룬다는 의미이다.

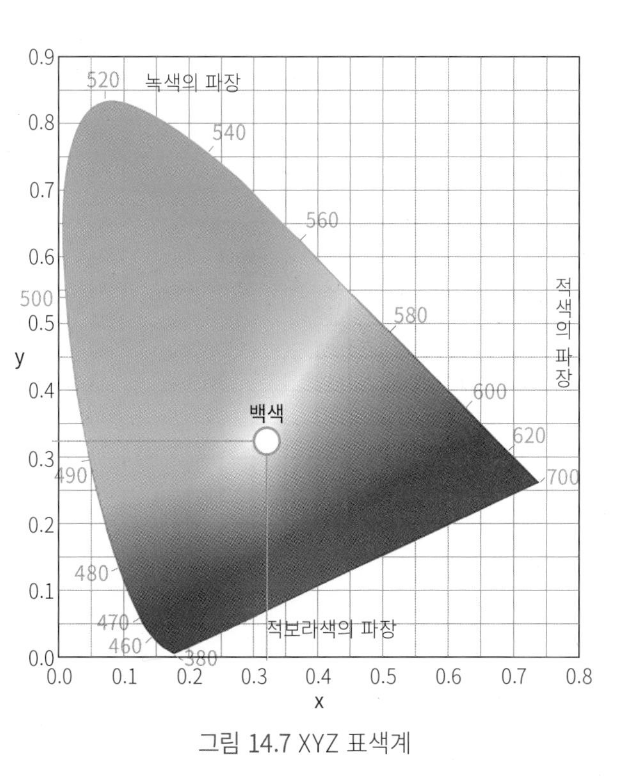

그림 14.7 XYZ 표색계

5. 색채대비

색의 3속성인 색상, 명도, 채도가 다른 2색 이상의 색을 동시에 보았을 때 일어나는 공간적으로 접하는 색의 대비 현상을 동시대비라고 한다.

1) 색상대비

색상대비란 같은 색이라도 색상이 다른 색을 배경으로 비교하는 경우에는 근접 색의 영향을 받아 조금 다른 색으로 보이는 현상을 말한다. 그림 14.8.a는 색상대비의 예이다. 중앙의 오렌지색은 같은 색이지만 오른쪽의 적색 속에 있는 오렌지가 황색같이 보이면서 선명하게 보인다. 이와 같이 색상이 다르게 보이는 현상을 색상대비라고 한다.

2) 명도대비

근접하고 있는 색에 명도의 다른 색을 배색했을 때, 해당의 색이 밝게 보이거나 어둡게 보이는 것을 명도대비라고 한다. 주위의 명도에 의해 색의 밝기가 다르게 보이는 대비를 말하는데, 그림 14.8.b처럼 어두운

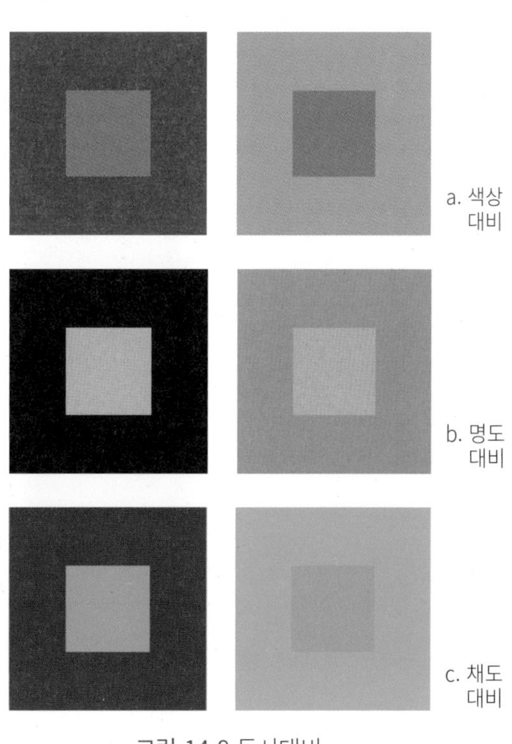

그림 14.8 동시대비

색에 접한 색(왼쪽)이 밝게 보이는 현상이다.

같은 색이라도 명도가 낮은 색을 배경으로 하는 경우에는 실제의 색보다 명도가 높게 보이고, 명도가 높은 색을 배경으로 한 경우에는 실제의 색보다 명도가 낮게(어두워) 보인다.

3) 채도대비

주위의 채도에 의해 색의 채도가 다르게 보이는 현상이다. 그림 14.8.c처럼 채도가 높은 색에 둘러싸인 색(왼쪽)은 채도가 저하해 보인다. 같은 색이라도 배경색이 선명하면 저채도로 보이고, 반대로 배경색이 칙칙해 보이면 선명하고 고채도로 보이는 현상을 말한다.

건축 공간에서 작은 면적의 고채도 색을 큰 면적의 저채도 색에 대비시키면 악센트 효과를 얻을 수 있다.

4) 보색대비

보색의 관계에 있는 색이 접하면 서로의 채도를 강하게 하는 현상을 보색대비라고 한다. 그림 14.9에서 왼쪽의 적색과 오른쪽의 녹색은 보색관계이다. 보색대비의 채도가 높게 보이는 현상은 채도대비와 같은 효과를 준다. 보색을 늘어놓으면 서로 채도를 서로 높이고 선명함을 더한다. 이러한 보색대비를 이용하여 디자인한 간판 등은 우리의 친밀한 곳에서 흔히 보인다.

그림 14.9 보색대비

5) 동화현상

동화현상이란 둘러싸인 색이나 그 사이에 낀 색이 주위의 색과 가까워져 비슷하게 보이는 것을 말한다. 조명의 빛이 조금 변화한 경우에도 그 빛이 한결같이 물체에 비추면, 색의 항상성(상태가 일정하게 유지되는 성질)에 의해 물체의 색은 같은 색으로 인식할 수 있다(그림 14.10).

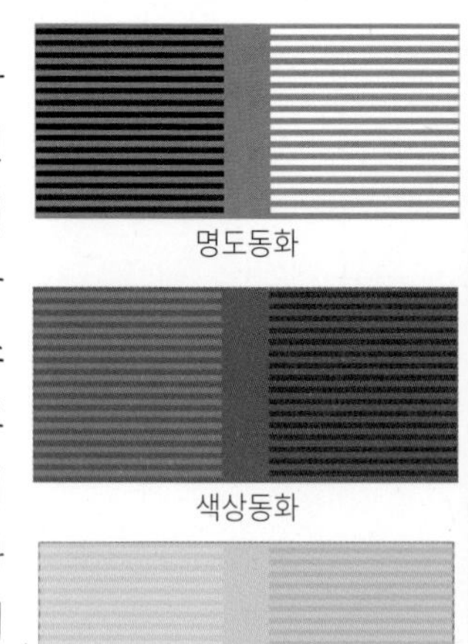

채도동화

그림 14.10 색의 동화현상

6. 색채의 심리적·생리적 효과

우리의 생활에서 매우 중요한 역할을 하는 색채는 여러 가지로 느끼며, 심리적·생리적 효과가 있다.

1) 색의 효과

①면적효과

면적의 대소에 의해 색이 달라 보이는 현상. 면적이 커지면 보다 선명하고 밝게 느껴진다. 큰 면적의 색은 명도, 채도 모두 높게 느끼고, 작은 면적의 색은 어둡고 칙칙하게 보인다(그림 14.11.a).

② 팽창·수축

주위 색의 영향으로 크기가 다르게 보이는 현상이다. 밝은색, 난색계(적색)가 팽창하여 크게 느껴진다.

a. 면적효과

b. 확장 · 진출

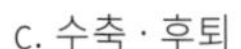

c. 수축 · 후퇴

d. 가벼움 · 부드러움

무거움 · 딱딱함

그림 14.11 색채의 효과

명도, 채도가 높으면 팽창해 보이는데 명도의 영향이 크다. 그리고 한색계(청색)는 수축해 보이고 작게 느껴진다(그림 14.11.b, 14.11.c).

③ 진출·후퇴

색이 진출해 보이고, 후퇴해 보이는 현상이다. 난색계(적색)는 진출에 보이고 앞에 보인다. 그리고 한색계(청색)는 후퇴해 보이고 뒤로 보인다(그림 14.11.b, 14.11.c).

④ 중량감·경도

명도가 높으면 가볍게 느껴지고, 낮으면 무겁게 느껴진다. 말하자면 어두운색은 무겁고, 밝은색은 가볍게 느껴진다. 그리고 명도가 낮은 색은 딱딱하고, 명도가 높은 색은 부드럽게 느껴진다(그림 14.11.d).

■ **명시**

명시란 물체가 확실하게 보이는 것을 의미하며, 그 조건은 물체가 작은 것보다 큰 것, 밝은 것, 색의 콘트라스트(대비)가 뚜렷한 것, 물체의 움직임이 적은 것의 4개가 있다. 즉 명시의 4개의 조건은 크기, 밝기, 대비, 움직임(시간)이다.

2) 퍼킨제(Purkinje, 푸르키네) 현상

퍼킨제(푸르키네) 현상은 암소시에서 비시감도가 최대가 되는 파장이 짧은 파장으로 이동하는 현상이다. 즉 시감도의 차이에 의해, 명소시에 비해 암소시에 있어서 청색이 밝게 보이고, 적색이 어둡게 보이는 현상이다. 이것은 간체라고 불리는 시세포의 기능에 의하여, 사람의 눈은 어두워질수록 청색에 민감해진다. 말하자면 퍼킨제(푸르키네) 현상은 명소시에서 암소시로 서서히 이행하는 현상을 의미한다(그림 14.12).

a. 푸르키네 현상, 명소시로부터 암소시에 나타나는 현상

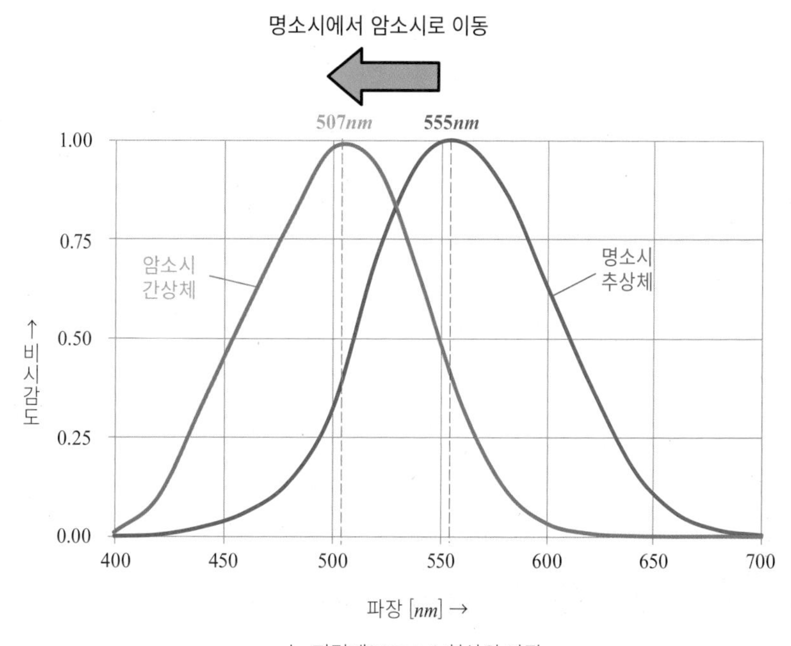

b. 퍼킨제(푸르키네) 현상의 파장

그림 14.12 푸르키네현상

3) 안전색

우리의 주변에는 여러 종류의 표식 색이 사용되고 있다. 예를 들면, 신호에는 적색, 황색, 청색이 사용되고 있다. 도로 표식은 적색, 청색, 황색이 사용되고, 고속도로에서는 초록색이 사용되고 있다. 원래 안전색은 ISO(국제표준화기구)에 의해 정해져 있다.

안전색에는 안전색 6색(적색, 황적색, 황색, 녹색, 청색, 적보라색), 대비색 2색(백색, 흑색)이 있다(그림 14.13.a).

대비색은 횡단보도, 차도의 안전지대 등에 사용되고 있다. 또한, 신호나 자동차 테일램프 등의 빛에 관한 광원색(램프)로서는 안전 4색(적색, 황색, 녹색, 청색), 대비색(백색)이 있어 각각의 색에 의미가 있다(그림 14.13). "녹색"은 "안전 상태" 및 "진행"을 나타내고 있다.

14 색채 연습문제

1) 색의 가법 혼합과 감법 혼합의 차이에 대해서 설명하시오.
2) 색의 3속성에 대해서 간단하게 설명하시오.
3) 일상적으로 사용되고 있는 보색의 예를 3개 들고 말하시오.
4) 기억색에 대해서 말하시오.
5) 표색계와 색채 조화론의 차이점에 대해서 설명하시오.
6) 색채가 건축 공간에 끼치는 심리적·생리적으로 어떠한 설계가 필요한지 생각하시오.
7) 퍼킨제(푸르키네) 현상에 대해서 설명하시오. 그리고, 관찰해 보시오.
8) 가까운 곳에 있는 안전색에 대해서 관찰해 보시오.

a. 신호의 안전색

b. 자동차 램프의 안전색

c. 횡단보도의 안전색, 보행자 우선 횡단 보도

그림 14.13 안전색

14 색채 / 심화문제

[1] 색채에 관한 다음 기술 중 가장 부적당한 것은 어떤 것일까?

1. 빛의 삼원색은 빨강(R), 초록(G), 파랑(B)이다.
2. "빨강"은 '안전 상태'나 '진행'을 나타내고 있다.
3. 명도가 높으면 가볍고 부드럽게 느껴지고, 명도가 낮으면 무겁고 딱딱하게 느껴진다.
4. 물체 색의 이름에서의 유채색의 계통색의 이름은 "유채색의 명도 및 채도에 관한 수식어", "무채색의 명도에 관한 수식어", "색상에 관한 수식어"이다.
5. 명시란 물체가 선명하게 보이는 것이며 크고, 밝고, 색의 콘트라스트(대비)가 뚜렷하고, 움직임이 적은 것으로서 4개의 조건이 있다.

[2] 색채에 관한 다음 기술 중 가장 부적당한 것은 어떤 것일까?

1. 퍼킨제(푸르키네) 현상은 시감도의 차이에 의해 명소시에 비해 암소시에서 빨강이 밝고, 파랑이 어둡게 보이는 현상이다.
2. 물체 표면의 색(감법 혼합색)의 삼원색은 시안, 마젠타 및 옐로이다.
3. 색광의 유목성은 일반적으로 색상으로는 빨강이 가장 높고, 다음이 파랑, 이어서 초록이 가장 낮다.
4. 먼셀 표색계에서 명도5의 색의 시감 반사율은 약 20%이다.
5. 무채색은 명도만을 가지는 색이다.

[3] 채광·조명 등에 관한 다음 기술 중 가장 부적당한 것은 어떤 것일까?

1. 면적 효과(대비)에 의해 면적이 큰 만큼 명도·채도도 함께 높게 보인다.
2. 동화현상이란 둘러싸인 색이나 틈에 낀 색이 그 주위의 색에 가깝게 보이는 것을 말한다.
3. 옆에 있는 명도가 다른 색을 배색했을 때 해당의 색이 밝게 보이거나 어둡게 보이는 것을 명도대비라고 한다.
4. XYZ 표색계에서 X, Y, Z 중의 Y는 광원색의 경우, 측광적(빛의 여러 성질을 측정)인 밝기를 나타내고 있다.
5. 빛의 삼원색을 혼합하면 흰색이 된다

[4] 색채에 관한 다음 기술 중 가장 부적당한 것은 어떤 것일까?

1. 반사율이 0%인 완전한 검정은 명도 0, 반사율이 100%인 완전한 흰색은 명도 10으로서 11단계로 구분한다.
2. 채도는 색상과 명도에 따라 최대치가 다르고 반드시 10이 아니다.
3. 물체의 표면색은 보는 방향에는 영향이 없다.
4. 각 색상 중에서 가장 채도가 높은 색을 순색이라고 한다.
5. 먼셀 표색계에서의 채도는 무채색을 0으로 하고 색이 선명해질수록 수치가 커진다.

[5] 색채에 관한 다음 기술 중 가장 부적당한 것은 어떤 것일까?

1. 시인성은 주시하고 있는 대상이 보이는 정도의 속성이며 시대상과 배경색과의 사이의 명도 차이에 영향을 크게 받는다.

2. 저드(D. B. Judd)의 색채 조화는 색채 체계상 일정한 법칙에 기초하여 질서적, 기하학적으로 관계있는 배색은 조화를 이룬다.
3. 순색의 채도는 색상이나 명도에 따라 다르며, 어떤 색상 중에서 가장 채도가 높은 색이다
4. 기억색은 실제의 색채에 비해 채도·명도와 함께 낮아지는 경향이 있다.
5. "5G7/8의 색"보다 "5G8/6의 색"이 명도가 높다.

[6] 색채에 관한 다음 기술 중 가장 부적당한 것은 어떤 것일까?

1. 먼셀 표색계에 있어서 명도 5의 색의 시감 반사율은 약 20%이다.
2. 명도가 높으면 가볍고 부드럽게 느껴지고, 명도가 낮으면 무겁고 딱딱하게 느껴진다.
3. 먼셀 표색계에서의 명도는 면의 색의 밝기를 나타내는 지표이며, 반사율의 높낮이에 따라 변화한다.
4. 안전 표지에서 안전색의 "대비색"으로서 "흰색"과 "검정"의 2가지 색이 규정되고 있다.
5. 명도, 채도가 낮으면 팽창해 보인다.

[7] 색채에 관한 다음 기술 중 가장 부적당한 것은 어떤 것일까?

1. 색료의 삼원색은 청록색(Cyan), 진홍색(Magenta), 황색(Yellow)인데 혼합하면 검정이 된다
2. 무채색은 색상과 채도가 없고 명도만을 가지는 색이다.
3. 명시의 4개의 조건은 크기, 밝기, 대비, 움직임(시간)이다.
4. "녹색"은 "안전 상태" 및 "진행"을 나타낸다.
5. 퍼킨제 현상은 암소시에서 비시감도가 최대가 되는 파장이 긴 파장으로 이동하는 현상이다.

[8] 색채에 관한 다음 기술 중 가장 부적당한 것은 어떤 것일까?

1. 표면색이나 개구색은 공간적인 정위나 감촉을 느껴지지 않는 색의 표현이다.
2. 근접하고 있는 색에 명도의 다른 색을 배색했을 때, 해당의 색이 밝게 보이거나 어둡게 보이는 것을 명도대비라고 한다.
3. 건축 공간에서 작은 면적의 고채도 색을 큰 면적의 저채도 색에 대비시켜도 액센트 효과를 얻을 수 없다.
4. 계통색명이란 기본 색명에 수식어를 조합한 색의 표기 방법이다.
5. 조명의 빛이 조금 변화한 경우에도 그 빛이 한결같이 물체에 비추면, 색의 항상성에 의해 물체의 색은 같은 색으로서 인식할 수 있다.

15 음 환경

1. 음의 전파

1) 음의 발생과 인식

음은 공기(기체) 또는 물(액체), 고체 안에서 발생한 진동파에 의해 귀에 전해진다. 매개체의 밀도의 변화에 따라 소밀파(疏密波)의 상태로 반복해서 전해진다. 음원에서 발생한 진동파는 구면파로서 구면적으로 퍼진다. 또한, 음원보다 어느 정도 멀어지면 평면파가 되어 평면적으로 확대하는데 기체, 액체 중에서의 음파는 종파이지만, 고체 중에서는 횡파이다(그림 15.1).

고체전반음(고체음)은 건축물의 골조 안에서 전해지는 진동에 의해 벽이나 천장 등의 표면으로부터 공간에 방사되는 소리이다.

2) 음의 구조

① 음파

음으로 전해지는 파장을 음파라고 하며, 이 음파는 파형으로 나타낸다(그림 15.2). 파장의 정점에서 정점까지를 1파장이라고 하며, 정점의 높이를 진폭이라고 한다.

② 주파수

음이 전파하면 파동이 발생한다. 이때 1초간 왕복하는 진동 횟수를 주파수 또는 진동수라고 하며, 단위는 헤르츠(*Hz* 회/*s*)이다.

20세 전후의 정상인 청력을 가진 사람의 지각 가능한 음의 주파수의 범위는 20~20,000*Hz*이며, 파장의 범위는 수십*m*~수십*mm*이다. 음 크기의 감각량은 음압레벨이 일정한 경우 저음역은 작고, 3,000~4,000*Hz*에서 최대가 되는데 이 범위의 소리가 가장 잘 들린다. 사람의 가청 주파수에서 고령자는 고음이 잘 안 들린다.

건축 재료와 실내 음향을 나타내는 표준음은 500*Hz*이다. 파장은 주파수와 음속을 알면 길이를 알 수 있다.

음의 파장 λ, 주파수 f, 음속 v의 관계는 다음과 같다.

$$\lambda = \frac{v}{f} [m]$$

2. 음의 3요소

청각상 음의 3요소는 음높이, 음 크기, 음색이다(그림 15.3).

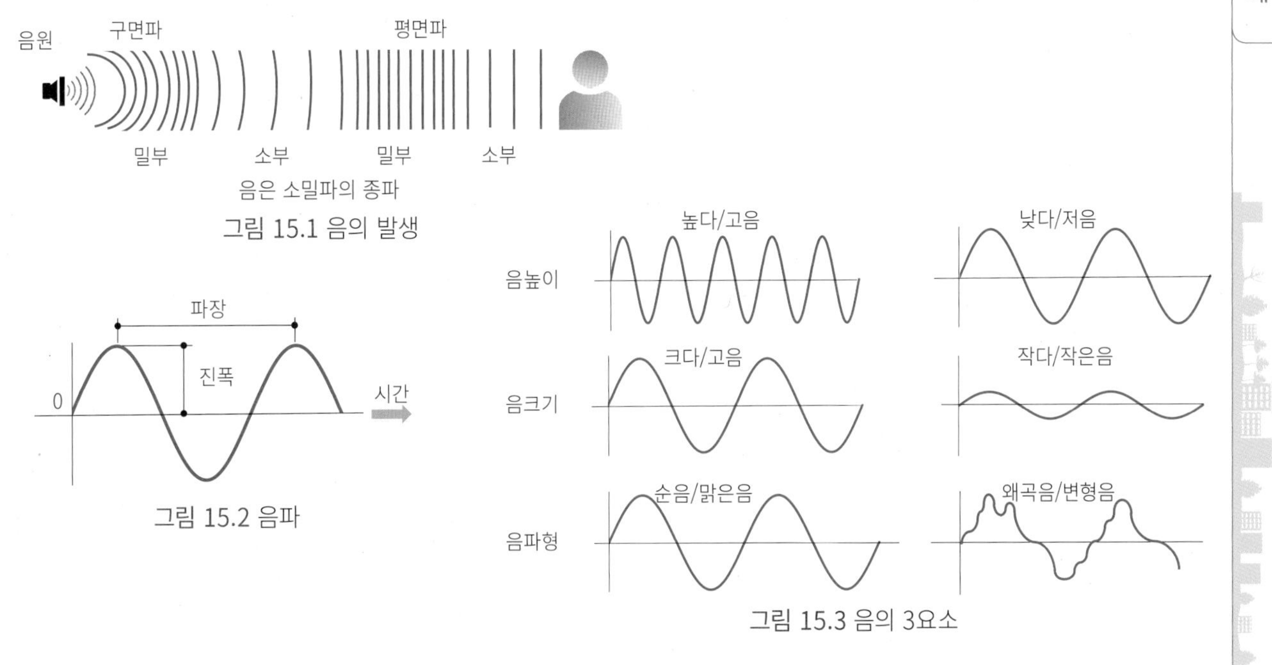

그림 15.1 음의 발생

그림 15.2 음파

그림 15.3 음의 3요소

1) 음높이(주파수 pitch)

음높이는 음파의 높이가 아니라 1초간의 음파의 수이다. 음높이의 단위는 헤르츠(*Hz*)이고, 음높이가 크고 주파수가 크면 고음이며, 음높이가 낮고 주파수가 작으면 저음이다(그림 5.4). 예를 들면, 고음은 여성 음이며, 저음은 남성 음이다.

2) 음 크기(강약)

음 크기는 음파의 고저 차로서 음의 강약을 의미한다. 즉 음파가 높은음은 강한 소리이고, 음파가 낮은 음은 약한 소리이다. 말하자면 음파가 높은음은 공기의 압력 변화가 커져 강한 소리가 된다. 음파가 낮은 음은 공기의 압력 변화가 작아져 약한 소리가 된다. 이 압력 변화의 양을 "음압"이라고 하며, 소리의 크기는 음압에 의해 결정된다.

음을 듣는 경우, 큰 음이 그대로 크게 들린다고는 할 수 없다. 음높이(주파수)에 따라 음 크기가 다르게 느껴진다.

3) 음색(파형)

음색이란 음의 파형에 의한 소리의 질이다. 음높이(주파수)나 크기(강약)가 같아도 음색이 다르면 다른 음으로 들린다. 예를 들면, 음악회의 연주 중에서 같은 크기로 같은 높이의 음을 내도 악기의 종류가 다르면 다르게 들려온다. 이것이 음색의 차이이다.

3. 음의 진행 방식

1) 음의 속도

$$v[m/s]=331.5\times\sqrt{\frac{273+t}{273}}=331.5+0.6\times t$$

t: 기온, t=15℃의 경우 v=340m/s, 일상적으로 사용되고 있다.

이 식에서 기온이 높아질수록, 음속은 빨라진다는 것을 알 수 있다.

기온이 1℃ 높아짐에 따라 0.6m/s 빨라진다.

2) 음의 회절(diffraction)

음의 회절은 음의 진행 방향에 물체가 있어도 그 장애물의 뒤에 음이 회절하여 전해지는 현상이다(그림 15.4). 장애물이 있으면 음의 파동은 직진할 수가 없어, 그 뒤로 돌아가는 현상으로 장애물의 뒤에서 음이 들린다. 장애물의 크기보다 음의 파장이 크면 회절하기 쉽고, 파장이 긴 저주파수(저음)는 회절 현상이 일어나기 쉽다.

어떤 공간에서 사람의 모습은 보이지 않지만, 그 사람의 음이 잘 들리는 때가 있다. 또한, 집 앞에 건물이 있음에도 불구하고 자동차의 주행음이 들리는데 이것이 음의 회절 현상이다.

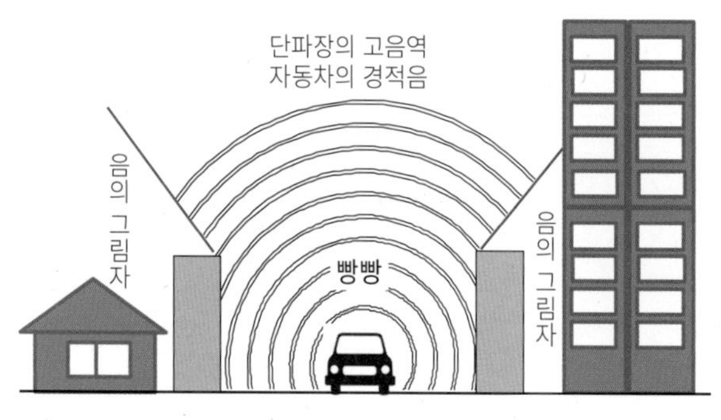

a. 고음의 회절: 음의 그림자를 만든다. (자동차의 경적음차 램프의 안전색)

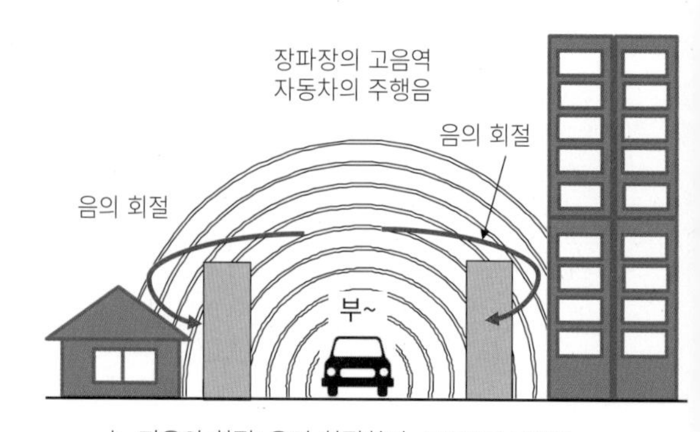

b. 저음의 회절: 음이 회절한다. (자동차의 주행음)

그림 15.4 음의 회절

3) 음의 굴절(refraction)

음속은 기온에 따라 변화하기 때문에 지상의 다른 공기층에서는 음의 진행 방향이 굴절하는 현상이다.

밤에는 먼 곳에서 음이 잘 들리지만, 낮에는 그다지 들리지 않는다. 낮에는 따뜻해진 지면과 차가운 상공의 온도 차이로 음이 굴절하고 있기 때문이다.

음은 온도가 높은 만큼 빨리 나아가기 때문에 지표 부근의 발음체로부터 발생한 음은 상공을 향해서 아래에 부푼 공의 면처럼 퍼져나간다(그림 15.5).

4. 음의 단위

1) 음압(*P*)

음파에 의해 공기에 발생하는 압력의 변동으로 단위 면적에 작용하는 음의 힘이다(표 15.1).

단위는 $[N/m^2]$, [*Pa* 파스칼]

최소 가청 음압 : $2\times10^{-5}[N/m^2]$

최대 가청 음압 : $20[N/m^2]$

- 음향 파워 : 음압과 거의 같은 의미로 사용되고 있다. 음은 실내의 크기, 벽, 바닥, 천장 등에서 음반사 또는 흡수에 의한(음압 레벨) 실내의 특성에 관계하지만, 음향 파워는 실내의 영향에 의존하지 않는 음원만의 에너지이다.
- 음원의 음향 파워를 4배로 하면 받는 점의 음압 레벨은 약 6*dB* 증가한다.
- 음원의 음향 파워를 50%로 줄이면, 받는 점의 음압 레벨은 약 3*dB* 감쇠한다.

2) 데시벨[*dB*]과 음의 관계

데시벨은 소음의 단위로서도 사용된다. 예를 들면, 도서관의 음의 크기가 40*dB*, 일반적인 대화가 60*dB*, 지하철 안이 80*dB*이다.

데시벨(*dB*)은 자릿수를 억제하여 배율을 표시하는 방법(상대치)이므로 무게(*g*)와 길이(*m*)와 같은 절대치로 나타낼 수 없다.

어떤 기준이 되는 음의 크기를 0*dB*(1배)로 하면, 그것보다 몇 배에 따라서 다양한 크기의 음을 *dB*로 나타낼 수 있다.

사람이 들을 수 있는 음의 가청 범위는 $10^{-12}(=1/10^{12})$ $W/m^2\sim1W/m^2$이다. 즉 인간에게 들리는 최소 음과 최대 음의 에너지(힘) 차이는 10^{12}이다. 인간의 귀의 감각

표 15.1 음의 강도, 음의 강도 레벨, 음압

음의 세기 $[W/m^2]$	10^{-12}	10^{-11}	10^{-10}	10^{-9}	10^{-8}	10^{-7}	10^{-6}	10^{-5}	10^{-4}	10^{-3}	10^{-2}	10^{-1}	1
음의 세기 레벨[*dB*]	0	10	20	30	40	50	60	70	80	90	100	110	120
음압 $[N/m^2]$	2×10^{-5}		2×10^{-4}		2×10^{-3}		2×10^{-2}		2×10^{-1}		2		2×10

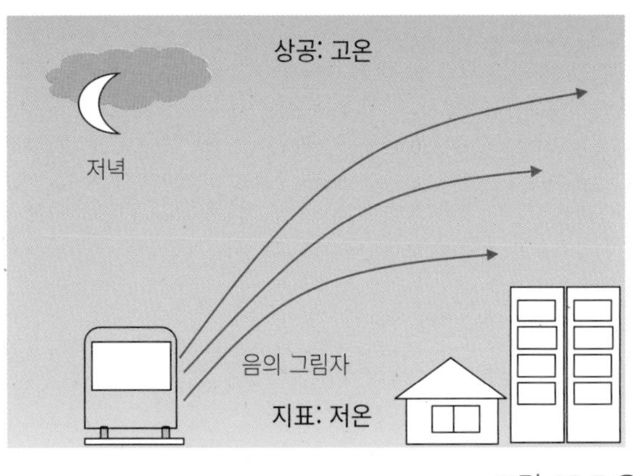

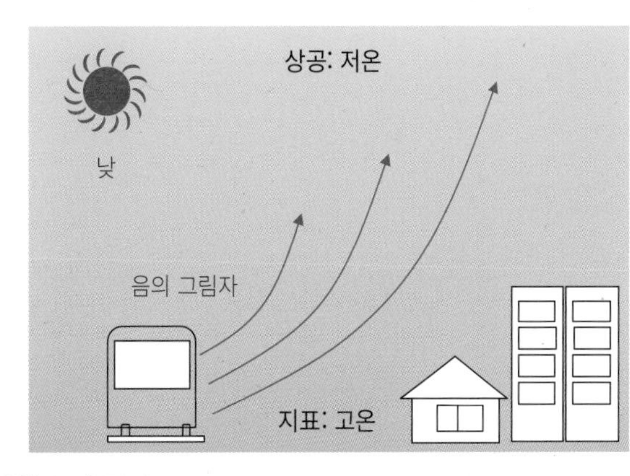

그림 15.5 온도에 의한 음의 굴절

은 음의 대수에 비례한다. 음의 계산은 음의 에너지양 수치가 크기 때문에 log를 이용하는 대수로 표현한다. 즉 음의 세기가 100배는 2배가 되고, 1,000배가 되어도 3배밖에 느끼지 않는다. 음의 세기의 양을 나타내는 것보다 대수를 사용한 음의 세기 레벨의 표현이 알기 쉽기 때문이다. 음의 세기와 감각은 표 15.2와 같다.

5. 음의 레벨 합성

2개의 음원이 동시에 발생하는 것을 음의 레벨의 합성이라고 하며, 2개의 음원의 차이로 구하는 음의 레벨은 그림 15.6과 같다. 큰 레벨 L_1, 작은 레벨 L_2로 한다.

- L_1과 L_2의 차이가 $15dB$ 이상이 되면 L_1의 소리의 레벨과 거의 같다.
- L_1과 L_2가 동일한 경우 $3dB$ 상승한다.
- 같은 레벨인 $50dB$의 음원이 4개 있는 경우는 2개씩의 조합으로 $3dB$ 상승하므로 $56dB$이 된다.
- 어떤 음의 세기가 $I[W/m^2]$일 때, 이 음이 n개 존재할 때는 $10log_{10}n[dB]$만 레벨이 상승한다.

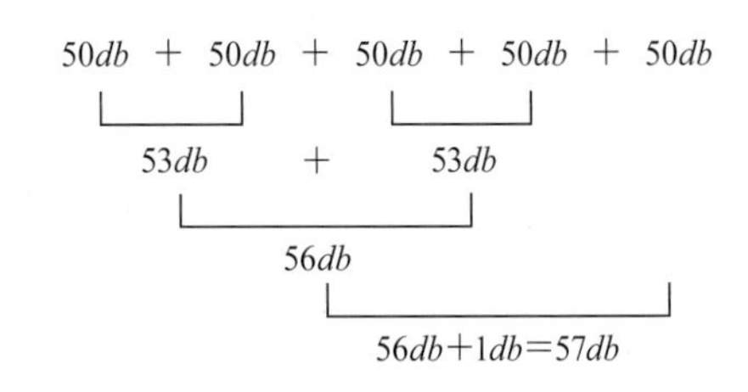

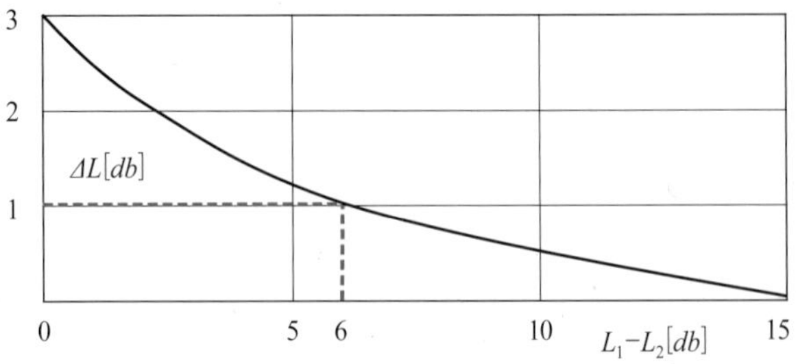

일본건축학회 편 "건축설계자료집성 1. 환경" 마루젠, 1978. p2를 참고하여 작성

그림 15.6 음의 레벨 합성

$$IL=10log_{10}\frac{I}{I_0}\times n=10log_{10}\frac{I}{I_0}+10log_{10}n$$

$n=2$, $10log_{10}2 ≒ 3dB$ 상승

$n=3$, $10log_{10}3 ≒ 5dB$ 상승

- $log_{10}2=0.3010$
- $log_{10}4=0.6020$
- $log_{10}3=0.4771$
- $log_{10}5=0.6989$

표 15.2 음의 강도와 감각

감각	$dB(A)$	밖의 음	사람의 소리	자연·동물의 음	음악
청력 기능에 장해	140			바로 앞 번개	
	130	이륙의 제트기			
	120	비행기의 엔진		가까운 번개	트럼펫(10m)
지극히 시끄럽다	110	제트기(600m)	큰 소리로 외치는 목소리 (30cm)	바로앞 개짖음	오케스트라(스테이지) 피아노
	100	가드레일 밑 전차	프로의 성악	마당앞 개짖음	오케스트라
시끄럽다	90	지하철의 차내	분노의 목소리		가라오케, 대음량의 스테레오
	80	통행량이 많은 도로		옆집 개짖음	현악기, 관악기, 보통 음량의 스테레오
보통	70	고속전차 안	큰 목소리	개구리의 합창 소리	대음량의 TV, 라디오
	60	에어컨의 실외기	소리 큰 코골기, 보통의 목소리		중음량의 TV, 라디오
조용함	50	사무실, 낮의 주택지	작은 목소리	작은 새의 지저귐	
지극히 조용함	40	야간의 주택지		부슬 비	
	30	심야의 주택지	속삭임	나뭇잎의 살랑거리는 소리	
	20			잔잔한 비	

$n=4,\ 10log_{10}4=10log_{10}2^2=20log_{10}2$

$\fallingdotseq 6dB$ 상승

$n=5,\ 10log_{10}5=10log_{10}\dfrac{10}{2}=10^{-10}log_{10}2$

$\fallingdotseq 7dB$ 상승

같은 음압 레벨일 경우에는 일반적으로 1,000*Hz*의 순음보다 125*Hz*의 순음이 작게 들린다.

음의 세기 레벨을 20*dB* 내리기 위해서는 소리의 세기를 1/100로 하고, 30*dB* 내리기 위해서는 1/1,000로 한다. 확산성이 높은 실에 음향 파워가 일정한 음원이 있는 경우, 실의 평균 흡음률이 2배가 되면 실내 평균 음압 레벨은 약 3*dB* 감소한다.

실외에서 먼 곳의 음원으로부터 전파하는 음의 세기는 공기의 음향 흡수에 의해서 저음역이 아니라 고음역에서 감쇠한다.

- 등가 소음 레벨은 청각 보정된 음압 레벨의 에너지 평균치이며 변동하는 소음의 평가에 이용된다.
- 음향 에너지 밀도 레벨은 음의 단위 체적당 역학적 에너지양을 데시벨로 표시한 것이다.

6. 등감도 곡선(라우드니스 곡선)

등감도(라우드니스) 곡선은 동일한 음의 크기에 대해 느끼는 주파수와 음압의 관계를 곡선으로 연결한 것

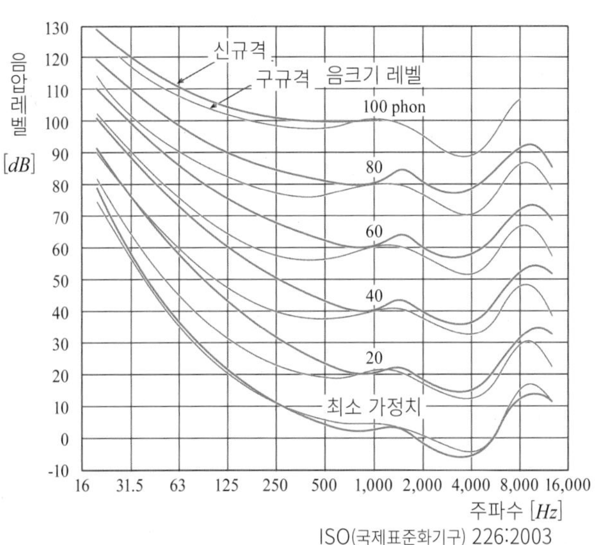

그림 15.7 순음에 대한 등감도 곡선(라우드네스 곡선)

이다(그림 15.7). 사람의 청각은 음압이 같아도 주파수에 따라 음의 크기가 다른 것을, 등감도(라우드니스) 곡선을 보면 알 수 있다. 등가 소음 레벨은 청감 보정된 음압 레벨의 에너지 평균치이며, 변동하는 소음의 평가에 이용된다.

■ 폰(phon)

인간의 청각을 기준으로 한 음의 크기의 레벨의 단위이다. 주파수 1*kHz*의 순음의 음압 레벨과 같은 크기에 들리는 음을 *dB*(데시벨)와 같은 수치로 나타낸다.
저주파 수역에서는 귀의 감도가 매우 나빠진다. 예로서, 소리의 크기의 레벨이 20phon의 곡선에서 1,000*Hz*의 순음은 20*dB*이지만, 125*Hz*에서는 43*dB*, 63*Hz*에서 56*dB*가 강한 음이 아니면 같은 크기의 음으로 들리지 않는다.
주파수 4*kHz* 부근에서 귀의 감도는 가장 예민해진다. 4*kHz* 이상이 되면 귀의 감도는 주파수의 증가에 따라 상승하지만, 8*kHz* 근방에서 서서히 감도가 나빠진다.
같은 음압 레벨의 경우에는 1,000*Hz*의 순음보다 125*Hz*의 순음 쪽이 작게 들린다.
또한, 옥외에서 먼 곳의 음원에서 전하는 음의 힘은 공기의 음향 흡수에 의해서 저음역보다 고음역에서 감쇠한다.

7. 음의 감쇠

음원으로부터 방사된 음은 확산하기 때문에 음의 세기는 음원으로부터 멀어지면서 점차 작아진다. 이러한 거리 감쇠는 점음원과 선음원에 따라 다르다.

1) 점음원

점음원은 지향성이 없고, 파장에 비해 음원의 크기가 작은 음원을 점음원이라고 한다. 음원으로부터는 모든 방향(구면상)에 균등하게 방사된다. 음이 구면상에 퍼지는 점음원의 경우, 음원으로부터의 거리가 2배가 되면 음압 레벨은 약 6*dB* 감쇠한다(그림 15.8.a). 즉 음의 세기는 음원으로부터의 거리의 2제곱에 반비례한다. 자유음장에서 전지향성의 점음원로부터의 거리가 1*m*인 점과 2*m*인 점의 음압 레벨의 차이는 6*dB*가 된다.

예를 들면, 음원으로부터 2*m*의 지점의 소음 레벨이 70*dB*라고 하면, 4*m*의 지점에서는 64*dB*이 된다. 8*m*에서는 58*dB*이 된다.

음원으로부터의 거리가 2배가 되면 음의 세기(I)는 1/4이 되고, 음원으로부터의 거리가 1/2이 되면 음압 레벨은 약 $6dB$ 상승한다.

- 음원으로부터의 거리가 $\frac{1}{2}$이 되는 경우에는, 거리 감쇠는 $20\times log_{10}\frac{1}{2}=20\times log_{10}0.5=20(log_{10}5-log_{10}10)=20(0.7-1.0)=-6dB$가 되어 약 $6dB$ 감쇠한다.
- 음원으로부터 A점의 거리는 $r(m)$이고, 음원에서 B점까지의 거리를 $2r(m)$일 경우, B점에서의 음압 레벨의 저하는 $20\times log_{10}\frac{2r}{r}=20\times log_{10}2=20\times 0.301≒6dB$ 감쇠한다.
- 자유음장(무반사음)에서 무지향성점음원(점음원)으로부터 $25m$ 떨어진 위치에서의 음압 레벨의 값이 약 $70dB$의 경우, $100m$ 떨어진 위치에서의 음압 레벨은 약 $58dB$가 된다.
- 점음원으로부터의 거리가 2배가 되면, 음압 레벨은 약 $6dB$ 감쇠, 거리가 4배가 되면 약 $12dB$ 감쇠한다.

2) 선음원

음원의 폭이 높이에 비해 충분히 긴 선상의 음원을 선음원이라고 한다. 선음원은 교통량이 많은 도로 등에서는 음이 원통 형상으로 방사된다.

거리 감쇠는 음원으로부터도 거리가 2배가 될 때마다, 음의 세기 레벨(실내 평균 음압)은 $3dB$씩 감쇠한다(그림 15.8.b). 즉 음의 세기는 음원으로부터의 거리에 반비례한다. 예를 들면, 음원으로부터 $2m$의 지점의 소음 레벨이 $70dB$라고 하면, $4m$지점에서는 $67dB$이 되고, $8m$에서는 $64dB$이 된다.

실내 평균 음압 $L_p=L_w-10log_{10}A+6$

L_w : 음원의 음향 파워 레벨,

A : 실내의 흡음력(실내 표면적×실내 평균 흡음률)

실내 흡음률이 2배가 되면, $2A$가 되어

$2L_p=L_w-10log_{10}2A+6$

$2L_p=L_w-(10log_{10}A+10log_{10}2)+6$

$2L_p=L_w-(10log_{10}A+3)+6$

$2L_p=L_w-10log_{10}A-3+6$

$L_w-10log_{10}A+6=L_p$

$2L_p=-3$에 의해 $3dB$ 감소가 된다.

3) 면음원

음원이 충분한 넓은 면의 음원으로 어떤 면에 점음원이 무수히 모여 면음원이 된다. 고층 아파트에서는 최상층일수록 건물 주변의 음이 면음원으로 전해진다. 즉 거리에 의한 감쇠가 없으므로 시끄럽게 느껴진다. 말하자면 무한대의 면음원의 경우, 음압 레벨은 거리에 따라 감쇠하지 않는다(그림 15.8.c). 한편, 저층에서는 점음원과 선음원이기 때문에 담이나 수목이 있으면 방음이 된다.

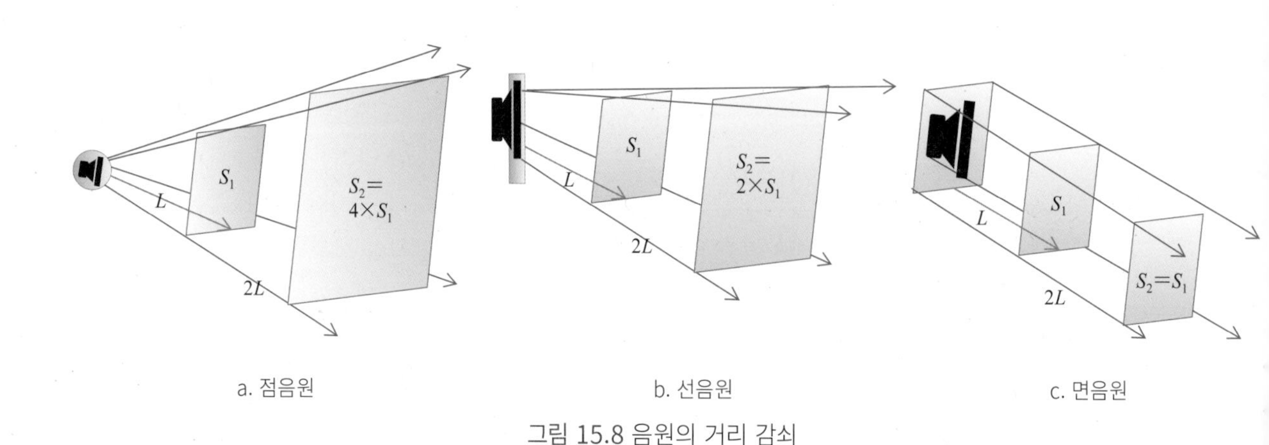

a. 점음원 b. 선음원 c. 면음원

그림 15.8 음원의 거리 감쇠

16 음향

1. 잔향

잔향이란 음원에서의 음파가 벽 등에 다양한 방향으로 반사하면서 감쇠하여 늦게 도달하는 반사음이다. 즉 음원이 정지한 후에 실내에 음이 남는 현상이다(그림 16.1).

잔향실 흡음률은 잔향 실내에 시료를 설치한 경우와 설치하지 않는 경우의 잔향 시간을 측정하고, 그 값을 토대로 산출하는 시료의 흡음률이다.

음향 에너지 밀도 레벨은 음이 가지는 단위 체적당 역학적 에너지양을 데시벨로 표시한 것이다.

2. 잔향 시간

잔향 시간은 음원으로부터 발생한 음이 정지하고 나서, 실내의 평균 음압 레벨이 60*dB* 저하하기까지의 시간을 말한다(그림 16.2).

잔향 시간을 계산하는 경우에 실온은 고려하지 않는다. 잔향 시간은 실의 용적에 비례하고, 실내의 흡음력에 반비례하는데, 실의 용적이 큰 만큼 길어지고, 입실 인원수가 많은 경우나 흡음률이 낮을수록 잔향 시간은 길어진다.

내장재의 입방체의 실내에서 흡음률은 그 천장의 높이를 1/2 낮게 해도, 잔향 시간은 1/2이 되지 않는다. 실의 용적이 같은 경우라도, 서양 음악을 위한 콘서트홀과 오페라하우스는 최적 잔향 시간이 다르다.

- 잔향 시간이 길어지는 만큼 평균 흡음률은 짧아진다.
  보통 교실: 잔향 시간 0.6초, 평균 흡음률 0.2,
  음악 연습실: 잔향 시간 0.9초, 평균 흡음률 0.15

3. 잔향 시간의 계산식

잔향 시간의 계산식에는 세이빈(Sabine), 아이링(Eyring), 크누센(Knudsen)의 식이 있다. 이 3개의 계산식의 특징은 표 16.1과 같다.

표 16.1 잔향시간 계산식의 특징

잔향식	특징
세이빈 Sabine	흡음력이 매우 적은 실에 적합. 완전 흡음인 $\bar{\alpha}=1$이라도 $T=0$이 되지 않음.
아이링 Eyring	흡음력이 큰 실에 적합. 세빈식의 모순을 해결. $\bar{\alpha}$가 큰 경우에는 실제와 정확히 일치.
크누센 Knudsen	실용적이 큰 실에 적합. 공기의 점성저항에 의한 음의 감쇠를 고려.공기에 의한 흡음을 무시할 수 없는 경우.

세이빈식은 흡음률이 1이 되어도 잔향 시간은 0이 되지 않는다. 이것을 개량한 것이 아이링식이다. 또한, 여기에 공기 흡수를 도입한 것이 크누센식이다. 홀 등의 대공간이나 모형 실험 같은 100*kHz* 정도의 초고음

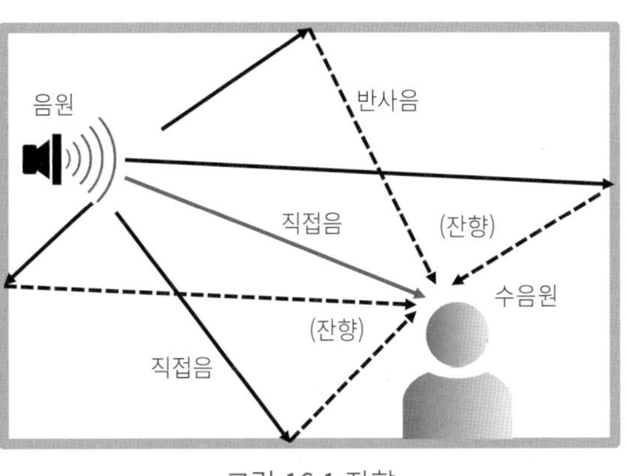

그림 16.1 잔향

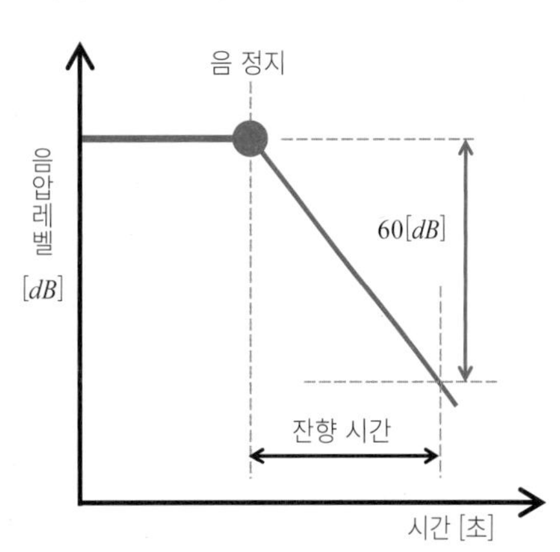

그림 16.2 잔향 시간 구하는 방법

역에서는 공기 흡수를 고려하지 않으면 안 되고, 실용적 200m^3 정도의 공간에서는 아이링식을 사용한다.

1) 세이빈식

$$T = 0.161 \times \frac{V}{\bar{\alpha} \times S} = 0.16 \times \frac{V}{A}$$

T: 잔향 시간[s]
V: 실용적[m^3]
$\bar{\alpha}$: 평균 흡음률
S: 실내 표면적[m^2]
A: 실의 등가 흡음 면적[m^2]
(흡음력: 각 부위의 표면적+그 부위의 흡음률)

예제

세이빈의 잔향식에서 잔향 시간은?
a. 용적이 1,000m^3에서 실의 등가 흡음 면적 200m^2의 실
b. 용적이 500m^3에서 실의 등가 흡음 면적 120m^2의 실에서 어느 쪽이 짧은가?

해답

a. $0.161 \times \frac{1,000}{200} = 0.8$초
b. $0.161 \times \frac{500}{120} = 0.67$초, b가 짧다.

2) 아이링식

$$T = 0.161 \times \frac{V}{-S \times log_e(1 - \bar{\alpha})}$$

3) 크누센식

$$T = 0.161 \times \times \frac{V}{-S \times log_e(1 - \bar{\alpha}) + 4m \times V}$$

T : 잔향 시간[s]
V : 실용적[m^3]
S : 실내 표면적[m^2]
log_e : 자연대수
$\bar{\alpha}$: 평균 흡음률
m : 길이(1m)
흡음에 의한 소리의 감쇠계수(m^{-1})
$log_e(1 - \bar{\alpha}) \fallingdotseq 2.3log_{10}(1 - \bar{\alpha})$

실의 용도와 잔향 시간은 그림 16.3과 같다.

실내의 평균 흡음률이 큰 경우, 세이빈(Sabine)의 잔향식에 의해 요구한 잔향 시간은 아이링(Eyring)의 잔향식에 의해 구한 것과 비교하면 길어진다. 세이빈 잔향식에 따르면, 잔향 시간은 용적이 1,000m^3에서 등가 흡음 면적이 200m^2의 실보다 용적이 500m^3에서 등가 흡음 면적이 120m^2의 실이 짧다.

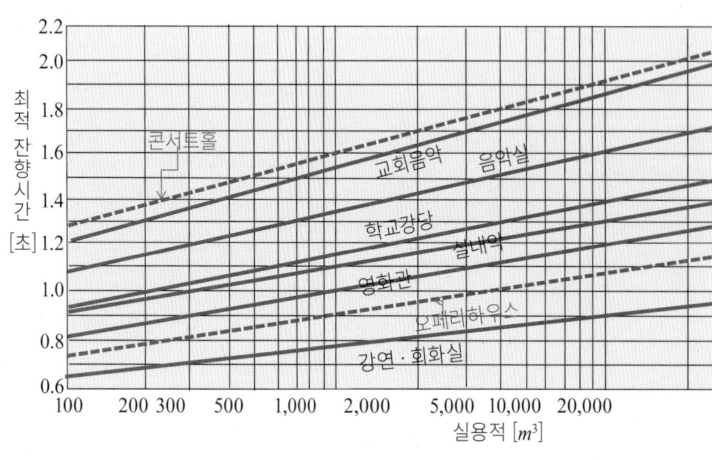

그림 16.3 실의 용도와 잔향 시간

4. 반향(에코)

직접음과 반사음이 사람의 귀에 이르는 시간의 차이가 1/20s를 넘으면, 음원으로부터 발생한 하나의 음은 처음에는 직접 소리가 들리고, 다음에 반사음이 들리는 2개의 음이 된다. 이 현상을 반향(에코)이라고

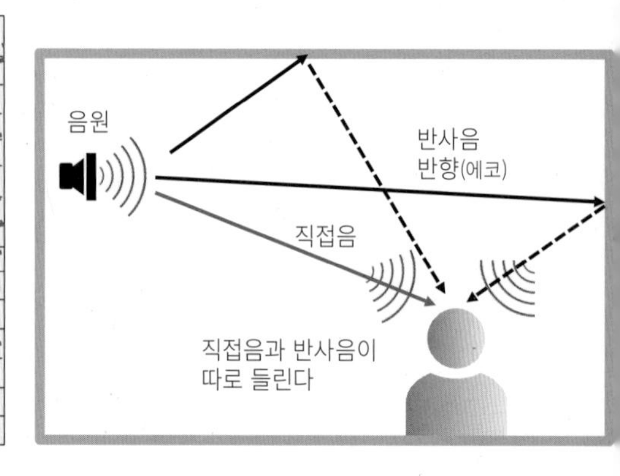

그림 16.4 반향

한다(그림 16.4).

시간 차이를 거리로 계산하여 직접음과 반사음의 행로 차이가 17*m* 이상이 되면, 에코(반향)가 발생할 가능성이 있다. 반향이 발생하면 음의 명료도가 저하하고 나쁜 음향 환경이 된다.

반향과 잔향의 차이에 대해서는 실내에서 발생한 음은 벽이나 천장에 부딪히고 반사음이 발생한다. 이것이 반향 혹은 잔향의 원인이 된다. 어느 쪽도 실내에서 음이 반사하는 것으로 발생하는 현상이라는 의미로는 같지만 음이 들리는 방식의 차이로 구분하여 사용한다.

반향은 반사음과 직접음을 구별하고 들을 수 있어 소리의 반복을 셀 수 있다. 소위 말하자면 메아리이다. 한편, 잔향은 직접음과 반사음이 구별되지 않고 반복을 셀 수 없다.

반향을 방지하기 위해서는 $17m \geqq (L_1+L_2+L_3) - L$으로 한다(그림 16.5 참조)

15, 16 음·음환경 연습문제

1) 한여름의 기온이 35℃일 때의 음속을 구하시오. 또한, 한겨울의 영하 10℃의 음속을 구하고 비교하시오.
2) 음의 힘이 $10^{-5}[W/m^2]$의 경우 음의 힘의 레벨을 구하시오.
3) 같은 음의 레벨을 합성하면 몇 *dB* 상승하는가?
4) 60*dB*의 음이 4개 있으면 몇 *dB*가 되는가?
5) 점음원, 선음원, 면음원에 대해서 설명하시오
6) 잔향 시간은 몇 *dB* 저하할 때까지를 말하는지 답하시오.
7) 바닥면적 $400/m^2$, 천장고10*m*인 학교의 강당에서의 최적 잔향 시간을 구하시오.

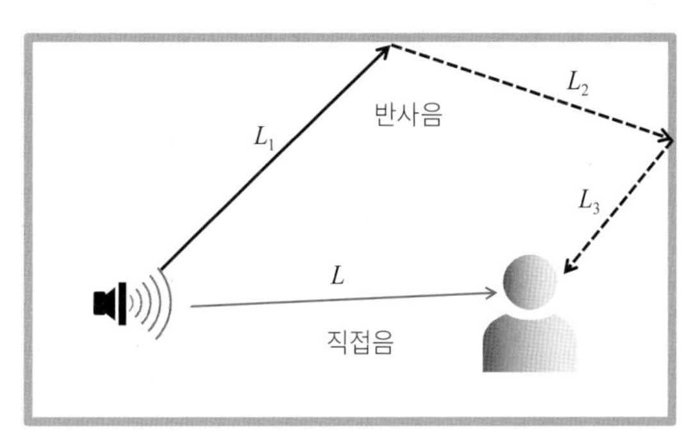

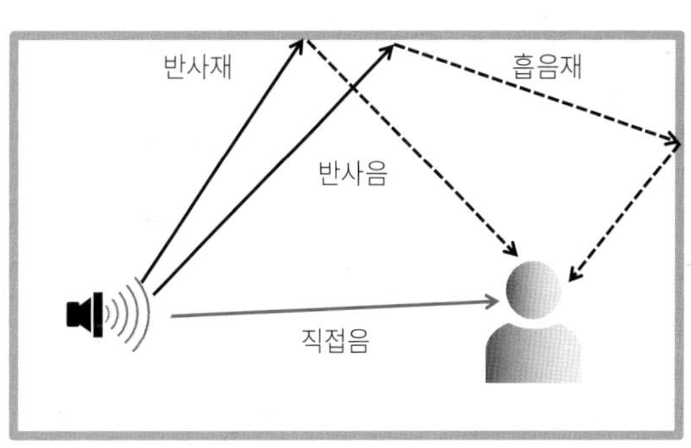

그림 16.5 반향의 방지

15, 16 음·음환경 / 심화문제

[1] 음·음향에 관한 다음 기술 중 가장 부적당한 것은 어떤 것일까?

1. 음파는 파장의 방향과 매질 입자의 진동 방향이 동일한 종파이다.
2. 음원의 음향 파워를 4배로 하면 들리는 음압 레벨은 약 6*dB* 커진다.
3. 세이빈(Sabine)의 잔향 시간은 아이링(Eyring)의 잔향 시간보다 짧다.
4. 직접음과 반사음의 차이가 17*m* 이상이면 에코(반향)가 발생할 가능성이 있다.
5. 서양음악을 위한 콘서트홀과 오페라하우스는 최적 잔향 시간이 다르다.

[2] 음·음향에 관한 다음 기술 중 가장 부적당한 것은 어떤 것일까?

1. 20세 전후의 정상인 청력인 사람이 지각 가능한 소리의 주파수의 범위는 20~20,000*Hz* 정도이다.
2. 음원에서 발생한 진동파는 구면파이다.

3. 세이빈(Sabine)의 잔향 시간은 용적이 1,000m^3에서 등가 흡음 면적 200m^2의 실보다 용적이 500m^3에서 등가 흡음 면적 120m^2의 실 쪽이 짧다.
4. 음향 에너지 밀도 레벨은 음의 단위 체적당 역학적 에너지양을 *dB*로 표시한 것이다.
5. 자유 음장에서 전 지향성(全指向性)의 점음원로부터의 거리가 1*m*의 점과 2*m*의 점과의 음압 레벨의 차이는 3*dB*이다.

[3] 음·음향 등에 관한 다음 기술 중 가장 부적당한 것은 어떤 것일까?

1. 고령자는 주파수의 낮은 음이 듣기 어려워진다.
2. 음의 감쇠는 음의 주파수, 기온, 습도, 기압의 4개의 요소로서, 주파수가 높으면 감쇠는 커진다.
3. 음의 높이는 음의 저음과 고음을 의미한다.
4. 등가 소음 레벨은 음압 레벨의 에너지 평균치이며, 변동하는 소음의 평가에 이용된다.
5. 같은 음압 레벨의 경우 1,000*Hz*의 순음보다 125*Hz*의 순음 쪽이 작게 들린다.

[4] 음·음향에 관한 다음 기술 중 가장 부적당한 것은 어떤 것일까?

1. 고체 전반음은 건축물의 골조 안에서 전해지는 진동에 의해 벽이나 천장 등의 표면에서 공간으로 방사되는 음이다.
2. 음은 3~4*kHz* 부근에서 최대가 되며, 이 범위의 소리가 가장 잘 들린다.
3. 공기 안의 음속은 기온이 바뀌어도 음속은 변하지 않는다.
4. 잔향 시간이 길어지면 평균 흡음률은 짧아진다.
5. 보통 교실의 잔향 시간은 0.6초이다.

[5] 음·음향에 관한 다음 기술 중 가장 부적당한 것은 어떤 것일까?

1. 음의 회절은 장애물의 크기보다 음의 파장이 클수록 회절하기 쉽다.
2. 등감도(라우드네스) 곡선은 동일한 소리의 크기에 대해 느끼는 주파수와 소리압의 관계를 곡선으로 나타낸 것이다.
3. 확산성이 높은 실에서 음향 파워가 일정한 음원이 있는 경우, 실의 평균 흡음률이 2배가 되면 실내 평균 음압 레벨은 약 3*dB* 감소한다.
4. 음원으로부터의 거리가 1/2이 되는 경우, 거리감쇠는 −6*dB* 이 된다.
5. 콘서트홀의 잔향 시간 t는 실면적의 증대에 의해 커진다.

[6] 음·음향 등에 관한 다음 기술 중 가장 부적당한 것은 어떤 것일까?

1. 음의 3요소는 음의 높이, 음의 크기, 음색이다
2. 점음원으로부터의 거리가 2배가 되면, 음압 레벨은 약 6*db*의 감쇠가 된다.
3. 음의 세기 레벨을 20d*B* 작게 하기 위해서는 음의 세기를 1/100으로 하고, 30*dB* 작게 위해서는 1/1,000으로 한다.
4. 확산성이 높은 실에서 음향 파워가 일정한 음원이 있는 경우, 실의 평균 흡음률이 2배가 되면 실내 평균 음압 레벨은 약 6*dB* 감소한다.
5. 음의 파장은 20*Hz*에서 20*kHz*이며 대응하는 파장의 범위는 수십 *m*에서 수십 *mm*이다.

[7] 음·음향에 관한 다음 기술 중 가장 부적당한 것은 어떤 것일까?

1. 음파장의 범위는 수십 m에서 수십 mm이다.
2. 음원의 음향 파워를 50% 줄이면, 받는 점의 음압 레벨은 약 $3dB$ 감쇠한다.
3. 실외에서 먼 곳의 음원으로부터 전파하는 음의 세기는 공기의 음향 흡수에 의해서 저음역이 아니라 고음역에서 감쇠한다.
4. 잔향 시간은 실의 용적에 반비례하며, 실내의 흡음력에 비례한다.
5. 음은 매개체의 밀도의 변화에 따라 소밀파(疎密波)의 상태로 반복해서 전해진다.

[8] 음·음향에 관한 다음 기술 중 가장 부적당한 것은 어떤 것일까?

1. 음 크기의 감각량은 음압 레벨이 일정한 경우 저음역은 작고, 이 범위의 소리는 잘 안 들린다.
2. 자유음장에서 전 지향성의 점음원로부터의 거리가 $1m$의 점과 $2m$의 점과의 음압 레벨의 차이는 $6dB$가 된다.
3. 잔향 시간은 음원으로부터 발생한 소리가 정지한 후, 실내의 평균 음압 레벨이 $60dB$로 저하하기까지의 시간을 말한다.
4. 내장재의 입방체의 실내에서 흡음률은 그 천장의 높이를 1/2 낮게 해도 잔향 시간은 1/2이 되지 않는다.
5. 음파는 기체, 액체 중에서는 횡파이지만 고체 중에서는 종파이다.

[9] 음·음향 등에 관한 다음 기술 중 가장 부적당한 것은 어떤 것일까?

1. 점음원으로부터의 거리가 4배가 되면 약 $12dB$의 감쇠가 된다.
2. 기온이 1℃ 높아짐에 따라 $0.6m/s$ 빨라진다.
3. 음높이(주파수)나 크기(강약)가 같아도 음색이 다르면 같은 소리로 들린다.
4. 잔향은 직접음과 반사음이 구별되지 않고, 반복을 셀 수 없다.
5. 잔향 시간은 실의 용적이 클수록 길어지고, 입실 인원수가 많은 경우나 흡음률이 낮을수록 길어진다.

[10] 음·음향에 관한 다음 기술 중 가장 부적당한 것은 어떤 것일까?

1. 무한대의 면음원의 경우, 음압 레벨은 거리에 따라 감쇠하지 않는다
2. 반향은 반사음과 직접음을 구별하고 들을 수 없어 소리의 반복을 셀 수 없다.
3. 사람이 들을 수 있는 소리의 가청 범위는 $10^{-12}(=1/10^{12})W/m^2 \sim 1W/m^2$이다.
4. 직접음과 반사음의 행로 차이가 $17m$ 이상이 되면 에코(반향)가 발생할 가능성이 있다.
5. 잔향 시간을 계산하는 경우에 실온은 고려하지 않는다.

[11] 음·음향에 관한 다음 기술 중 가장 부적당한 것은 어떤 것일까?

1. 점음원로부터 $25m$ 떨어진 위치에서의 음압 레벨의 값이 약 $70dB$인 경우, $100m$ 떨어진 위치에서의 음압 레벨은 약 $58dB$이 된다.
2. 직접음와 반사음이 사람의 귀에 이르는 시간의 차이가 1/20초를 넘으면 반향(에코)이 발생한다.
3. 세이빈식은 흡음률이 1이 되어도 잔향 시간은 0이 되지 않는다.
4. 실의 용적이 같은 경우라도, 서양음악을 위한 콘서트홀과 오페라하우스는 최적 잔향 시간이 다르다.
5. 잔향실 흡음률은 잔향실 내에 시료를 설치한 경우와 설치하지 않는 경우의 잔향 시간을 측정하고, 그 값을 토대로 산출하는 시료의 흡음률이다.

17 흡음·차음

1. 흡음

1) 흡음률과 흡음력

흡음을 수치로 나타낸 것이 흡음률이며, 실내 공간의 음을 조절하기 위해서 사용된다. 그림 17.1처럼 벽에 에너지(E_i)의 음이 입사할 때, 일부는 벽에서 반사되고(E_r), 일부는 벽 내부에 열에너지로서 흡수되어(E_a) 나머지 에너지는 벽의 반대쪽에 투과(E_t)한다. 입사 에너지(E_i)에서 반사되지 않은 에너지 (E_a)+(E_t)의 비율을 "흡음률"이라고 한다. 말하자면, 흡음률은 벽에 입사하는 음에 대하여 벽에 반사되지 않은 음의 비율이다.

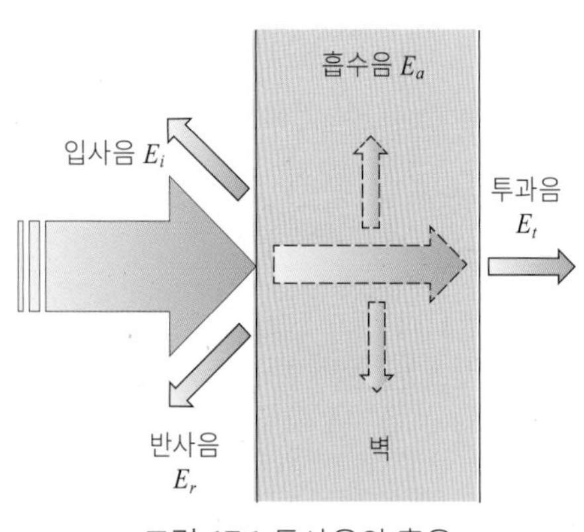

그림 17.1 투사음의 흡음

흡음률($\bar{\alpha}$)은 0~1이다(표 17.1). 예를 들면, 철근콘크리트와 같은 흡음이 없는 단단한 벽에 음이 입사한 경우, 음은 완전히 흡수도 투과하지 않고(E_a=0, E_t=0) 모두 반사한다. 이때는 E_i=E_r, 흡음률 $\bar{\alpha}$=0이 되어, 흡음성은 나쁘고, 흡음재가 될 수 없다.

또한, 벽이 없는 공간에 음이 입사한 경우에는 음은 모두 통과하며, 반사는 0이 되어 E_r=0이 된다. 즉 E_i=E_a+E_t에서 흡음률 $\bar{\alpha}$=1이 되어 흡음률은 최고치이다. 흡음의 특성은 그림 17.2와 같다.

공기 중을 전파하는 음의 에너지 일부는 공기의 점성과 분자운동 등에 의해 흡수되어, 그 흡수율은 주파수가 높아질수록 커진다.

다공질 재료를 단단한 벽에 설치하는 경우, 다공질 재료와 단단한 벽면 사이의 공기층을 두껍게 하면, 저음역의 흡음률은 높아진다. 그리고 표면을 통기성이

표 17.1 건축재료·흡음재의 흡음률

분류	건축재료·흡음 재료 등	두께 [mm]	공기층 [mm]	주파수[Hz]					
				125	250	500	1,000	2,000	4,000
일반 건축재료	콘크리트 타설·몰탈 마감	–	–	0.01	0.01	0.02	0.02	0.02	0.03
	콘크리트 슬라브+카페트 깔기	150^{+10}	–	0.09	0.08	0.21	0.26	0.27	0.37
	두꺼운 커텐(약300g/m^2) 공기층	–	100	0.06	0.27	0.44	0.50	0.40	0.36
	유리창	6	–	0.35	0.25	0.18	0.12	0.07	0.04
다공질 재료	유리섬유(글라스울)(20kg/m^2)	50	–	0.27	0.64	0.95	0.83	0.75	0.95
	유리섬유(글라스울)(20kg/m^2)	50	100	0.30	0.95	0.99	0.80	0.78	0.77
	폴리우레탄 폼(27kg/m^2)	25	–	0.08	0.28	0.59	0.79	0.71	0.66
	목면 시멘트판	25	55	0.10	0.28	0.66	0.52	0.63	0.79
판재료	석고보드(5.6kg/m^2)	6	45	0.26	0.14	0.08	0.06	0.05	0.05
	합판	3	45	0.46	0.16	0.10	0.08	0.10	0.08
공명기형 흡음재료	석고보드(Φ6.22mm)	9	45	0.03	0.09	0.46	0.31	0.18	0.15
	석고보드 + 암면 25mm 내부	9	45	0.09	0.50	0.94	0.44	0.22	0.21
의자	극장용(공석)·흡음력 : m^2/개	–	–	0.09	0.24	0.30	0.32	0.33	0.31
	극장용(착석)·흡음력 : m^2/개	–	–	0.25	0.40	0.47	0.47	0.45	0.48

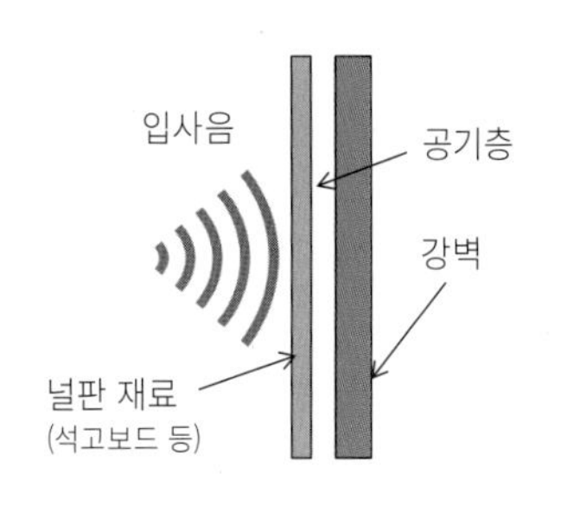

입사음
공기층
강벽
다공질 재료
(암면판 등)

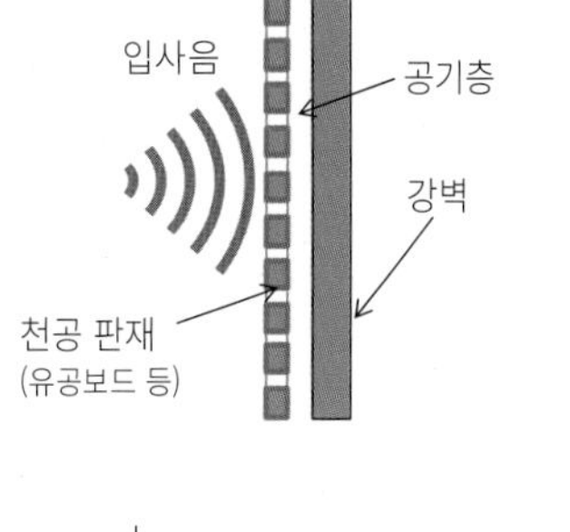

a. 벽의 단면구성

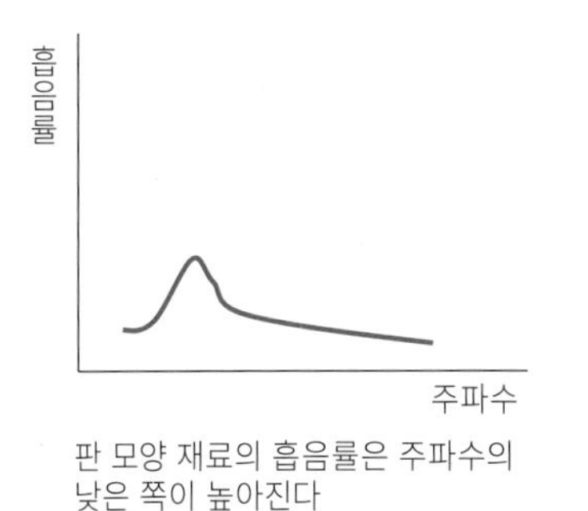

판 모양 재료의 흡음률은 주파수의 낮은 쪽이 높아진다

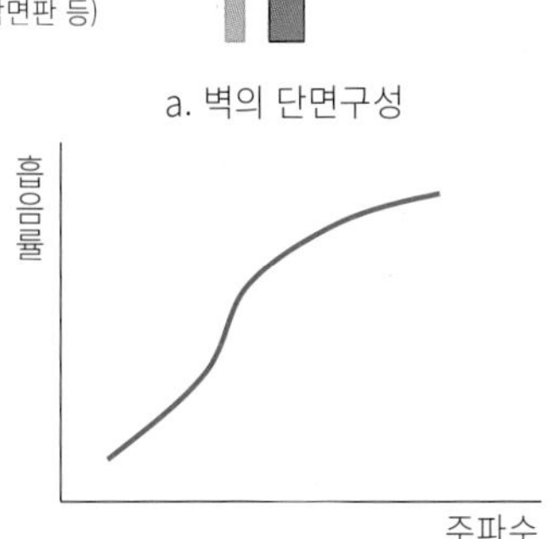

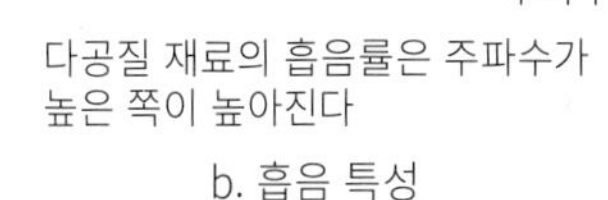
다공질 재료의 흡음률은 주파수가 높은 쪽이 높아진다

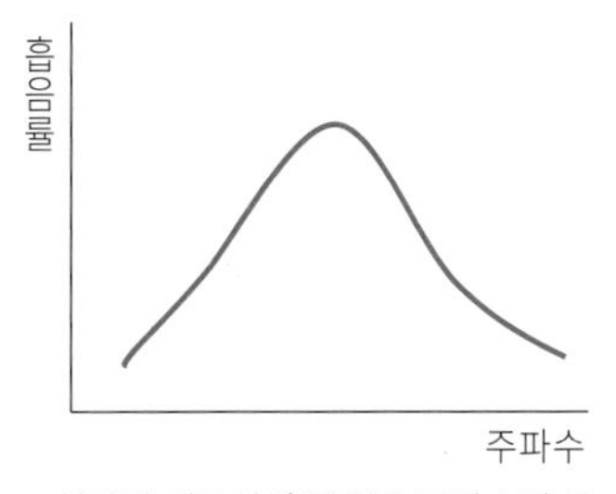

천공판 재료의 흡음률은 주파수의 중음역이 높아진다

b. 흡음 특성

그림 17.2 입사음이 있는 벽의 단면 구성과 흡음 특성

낮은 재료는 고주파에서 흡음률이 낮아진다. 다공질 판과 강벽 사이에 공기층을 설치한 흡음 구조의 공명 주파수는 구멍의 개구율을 작게 하면 낮아진다.

석고보드를 강벽에 다는 경우, 석고보드의 배후에 공기층을 마련하면 저음역에서는 흡음률이 커진다.

유리섬유나 목면시멘트판 등 다공질 재료의 흡음률은 일반적으로 저음역보다 고음역이 크다. 반대로 합판이나 슬레이트판 등의 판 진동형의 재료의 경우에는 저음역이 커진다.

질량 측정을 하여 예측한 단벽의 음향 투과손실의 값은 실측치와 비교해 커지는 경향이 있다.

2) 흡음재와 흡음 구조

판 모양 재료와 단단한 벽 사이에 공기층을 마련한 흡음 구조는 음이 판 재료에 부딪혀 공기층이 스프링의 기능을 하는 공진운동에 의해 흡음을 하는 구조이다. 즉 판 모양 재료와 단단한 벽 사이에 공기층을 가진 흡음 구조는 "중고(中高) 음역의 흡음"보다 "저음역의 흡음"에 효과가 있다. 일반적인 구조로는 공진하는 주파수는 저음역의 100~200*Hz*에서 발생하는 것이 많으므로 저음역의 흡음에 효과가 있다.

배후 공기층을 가지는 판 진동형 흡음 구조에서 공기층 부분에 유리섬유를 삽입한 경우, 고주파 영역에서의 흡음 효과는 기대할 수 없다. 역, 공항, 쇼핑몰 등의 공공시설에서는 방송 음성의 들리기 쉬움을 확보하기 위해 소리가 외부의 소음 문제가 되기 때문에 시설 내는 흡음 설비가 필요하다.

음의 반사성이 높은 면으로 구성된 실에 흡음재를 설치하면, 벽을 사이에 둔 옆 실에서 음을 방사했을 때 실과 실 사이의 음압 레벨 차이(2실 간의 방음 성능)는 커진다.

공기조화용 덕트 내의 소음은 음의 감쇠가 작기 때문에 덕트 내에 흡음재를 붙이는 방음 대책을 한다.

2. 차음

음을 다른 공간에 투과시키지 않는 것을 차음이라고 하는데, 외부에서 음을 차단하는 것이다. 음의 투과율은 투과음의 에너지와 입사음의 에너지의 비로 정의되지만, 차음은 이 음의 투과율에 따라 평가된다. 차음하려면 재료를 진동시키지 않는 벽을 사용하면 유효하다. 방음벽은 음의 회절에 의한 감쇠를 이용하는 것이며, 저음역보다 고음역의 차단에 유효하다.

1) 투과손실

투과손실은 투과율의 역수를 "*dB*"로 표시한 값이다.

입사한 음과 재료를 투과한 음과 음압 레벨의 차이를 투과손실이라고 하며, 이 값이 클수록 차음 성능이 뛰어나다. 각종 재료에서의 투과손실은 표 17.2와 같다.

일반적으로 단위 면적당 질량이 큰 벽의 투과손실은 커진다. 즉 투과손실이란 벽체 등을 통과할 때 소리가 감쇠하는 것이다. 예를 들면, 단벽의 재료가 목재와 콘크리트의 경우, 단위 면적당 질량은 콘크리트 쪽이 크면(무거우면) 투과손실도 커진다.

투과손실($TL\,[dB]$) = $20 \times log$(주파수×질량 kg/m^2) − 42.5

벽의 음향 투과손실을 10*dB* 증가시키기 위해서는 벽의 음향 투과율을 현상의 1/10로 할 필요가 있다.

$$TL = 10 log_{10} \frac{1}{T} \qquad T = \frac{E_t}{E_i}$$

TL : 투과손실 [dB] E_t : 입사음 [W/m^2]

T : 투과율 E_i : 투과음 [W/m^2]

투과손실의 특징은 다음과 같다.

- 투과손실은 같은 벽면이라도 입사하는 소리의 주파수에 따라 변화한다.
- 투과손실은 입사음과 투과한 음과의 음압 레벨의 차이로, 그 차이(값)가 큰 만큼 음을 차단하게 되어 차음 성능이 뛰어나다.
- 음의 반사성이 높은 면으로 구성된 실에 흡음 재료를 설치하면, 벽을 사이에 둔 옆 실에서 음을 방사했을 때는 실과 실 사이의 음압 레벨 차이(2실 간의 차음 성능)는 커진다.

공조용 덕트 내의 음의 전파는 음의 세기 감쇠가 작기 때문에 덕트 내에 흡음재를 붙이는 등의 차음 대책을 한다.

2) 질량칙

질량칙이란 "균질인 단일벽의 음향 투과손실 TL은 벽의 면밀도가 큰 만큼, 또한 주파수가 큰 만큼 커지는 경향이 있다"라는 법칙이고, 단일벽의 두께가 2배가 되면 투과손실의 값은 약 6*dB* 증가한다.

3) 일치 효과[코인시던스(coincidence) 효과]

일치(코인시던스) 효과란 벽의 판이나 창의 유리에 어

표 17.2 각종 재료의 투과 손실[*dB*]

구조	용어 / 재료	두께 [mm]	밀도 [kg/m^2]	주파수(Hz) 125	250	500	1K	2K	4K
단벽	합판	6	3.0	11	13	16	21	25	23
	석고보드	9	8.1	12	14	21	28	35	39
	플렉시블 보드	6	11.0	19	25	25	31	34	28
	발포 콘크리트	100	70.0	29	37	38	42	51	55
	발포 콘크리트+양면 칠벽마무리	20+100+20	—	34	34	41	49	58	61
복합벽	합판+공기층+합판	6+100+6	—	11	20	29	38	45	42
	석고보드+공기층+석고보드	9+100+9	—	12	29	35	47	55	54
	플렉시블 보드+유리 섬유+플렉시블 보드	4+40+6	—	24	26	35	38	43	42
창호	보급형 알루미늄 샷시(미서기)	5	—	15	19	19	18	19	24
	기밀형 알루미늄 샷시(미서기)	5	—	22	25	28	31	30	32
	보급형 알루미늄 샷시의 이중(중공층 : 100*mm*)	5+5	—	17	21	26	26	22	31
	기밀형 알루미늄 샷시의 이중(중공층 : 150*mm*)	5+5	—	26	34	40	40	37	42

일본건축학회 편 "건축설계자료집성 1. 환경" 마루젠, 1978.p22~23에 가필 수정

떤 음파가 입사하면 그 재료의 입사 음파의 진동과 굴곡 진동이 일치하여 공진하는 현상이다.

이때에 투과손실이 저하한다(작아진다)(그림 17.3).

무거운 재료일수록 방음 효과가 크지만 주파수에 따라 일치 효과에 의해 투과손실이 작아지고 방음재에 있어서는 좋지 않은 현상이다.

단일벽의 차음에 있어서 동일한 재료로 벽의 두께를 얇게 하면, 일치 효과에 의한 방음 성능 저하의 영향 범위는 보다 높은 주파수역으로 확대한다. 코인시던스 한계 주파수는 벽의 두께에 반비례하여 벽의 두께를 얇게 하면, 그 주파수는 높아진다. 따라서 일치 효과에 의한 차음 성능 저하의 영향 범위는 보다 높은 주파수역으로 옮겨 가게 된다. 일치 효과를 줄이기 위해서는 다른 고유 진동수를 가진 재료를 복수 사용하는 방법이 있다.

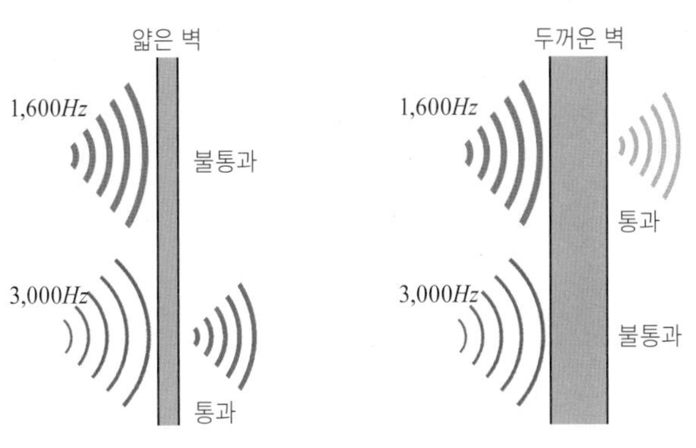

그림 17.3 벽의 두께와 주파수의 차음관계

4) 중공벽의 투과손실

목조의 공기층이 있는 중공벽의 벽면은 같은 밀도를 가지는 벽을 2장으로 한 경우보다 투과손실이 크다(그림 17.4, 17.5 참조). 즉 차음 효과가 커진다.

그러나 중공벽이라도 벽 안에 샛기둥이 있으면, 이 샛기둥이 음파를 전파하기 때문에 벽과 공기 사이에 공명투과 현상이 발생하여 차음 효과가 저하한다. 방지 대책으로서 벽과 샛기둥 사이에 흡음재를 넣으면 차음 효과를 높일 수 있다.

다공질판과 강벽 사이에 공기층을 마련한 흡음 구조의 고유주파수는 공기층의 두께를 크게하면 저주파수역으로 이동한다.

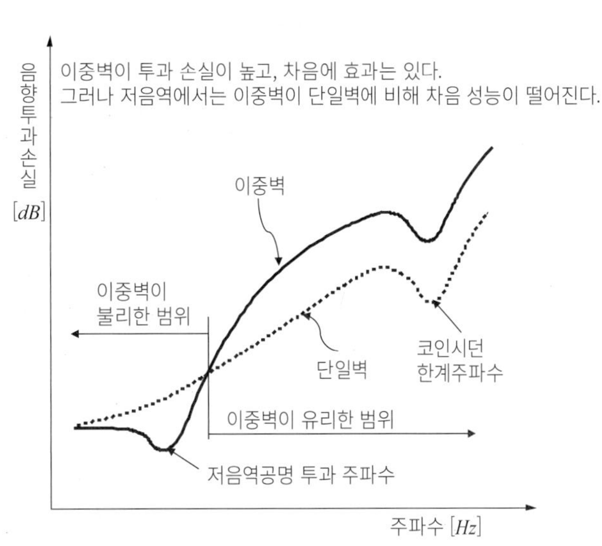

일본건축학회 편 "건축설계자료집성 1. 환경" 마루젠, 1978.
p21을 참고하여 작성

그림 17.4 중공벽의 투과손실의 일반적 경향

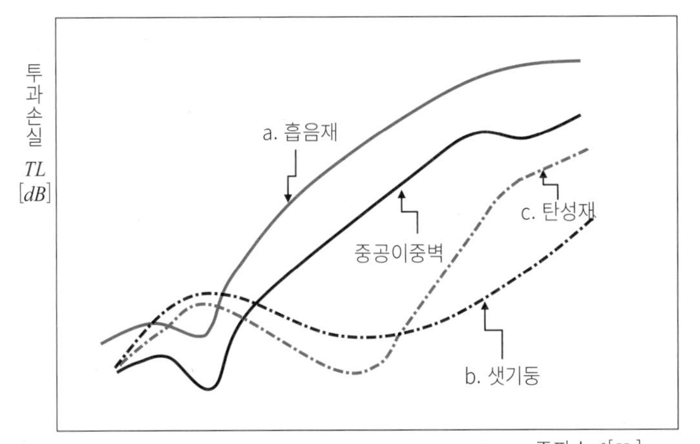

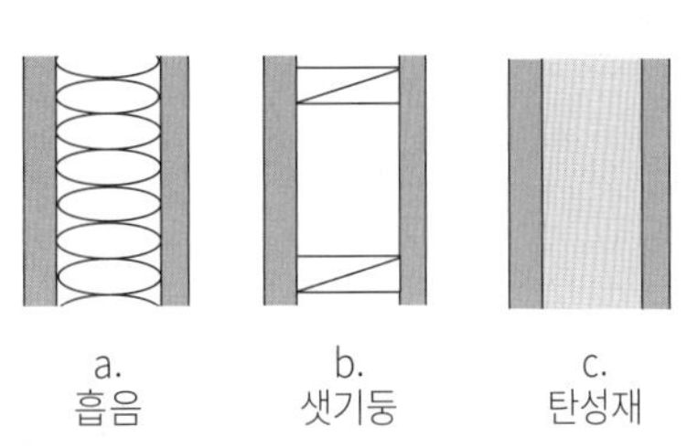

일본건축학회 편 "건축설계자료집성 1. 환경" 마루젠, 1978.
p22 가필 수정

그림 17.5 각종 이중벽의 투과손실 특성

건식 이중 바닥을 채용하는 경우는 바닥판과 슬래브 사이의 공기층에는 공진이 발생할 수 있어, 바닥 충격음은 저주파수역에서는 차단 성능이 저하할 수 있다.

단일벽의 음향 투과손실은 수직 입사보다 확산 입사가 작다. 벽면에 수직으로 입사하면 음은 반사하기 쉬워지므로 투과손실은 커진다. 확산 입사는 수직 입사보다 각도가 커서 투과성이 커지고 투과손실은 작아진다.

* 투과손실 크다 : 투과손실이 상승한다. 차음 효과가 크다.
* 투과손실 작다 : 투과손실이 저하한다. 차음 효과가 작다.

5) 각종 이중벽의 투과손실의 특성

① 흡음재 삽입

중공층에 흡음재를 넣으면 투과손실은 커진다(그림 17.5.a).

② 샛기둥 삽입

중공층에 샛기둥이 있는 경우는 중음역에서 일치 효과가 발생하기 쉽다. 이중벽과 샛기둥을 구조적으로 절연하면 전 주파수에 걸쳐서 투과손실이 상승한다(그림 17.5.b).

특히 중고(中高) 음역의 개선이 현저하다.

③ 탄성재 삽입

중공층에 탄성재를 넣으면 심재의 탄성이 커지기 때문에 중고음역에 공명 투과 현상이 발생하기 쉽다(그림 17.5.c).

3. 음의 효과

1) 공명(resonance)

발음체의 진동에서 다른 물체에 전해져 소리가 나는 현상을 공명이라고 한다. 즉 고유 진동수가 동일한 2개의 음원에서 한쪽의 음원이 공기를 통해 또 하나의 음원에 전해지는 것이다. 건축물이나 일상생활에서도 자주 일어나는 현상이다(그림 17.6).

중공 이중벽의 공명투과에서 벽면의 공기층을 두껍게 하면 공진주파수는 낮아진다.

또한, 2개 벽의 벽의 밀도가 커지면 벽의 진동 횟수가 적어져 공진주파수는 낮아진다.

2) 칵테일파티 효과

주위가 소란스러운 환경이라도 듣고 싶은 소리를 선택적으로 알아들을 수 있는 청각상의 성질이다.

3) 컬러레이션

"직접음"과 "짧은 지연 시간의 반사음"의 간섭에 의해 음색의 변화를 느끼는 현상을 말한다.

4) 음의 간섭

2개 이상의 음파가 동시에 전파하는 경우 음파의 중복 상태에 의해 진폭이 변화하는 현상이다.

4. 특이한 음의 현상

1) 플러터 에코(flutter echo)

다중 반향 현상을 플러터에코라고 한다. 천장과 바닥, 평행한 측벽 등이 서로 단단한 재료이면, 이 평행면 사이에서 음이 몇 번이나 서로 반사해 특수한 음이 들린다. 이러한 반복이 많은 반향을 플러터 에코라고 한다(그림 17.7).

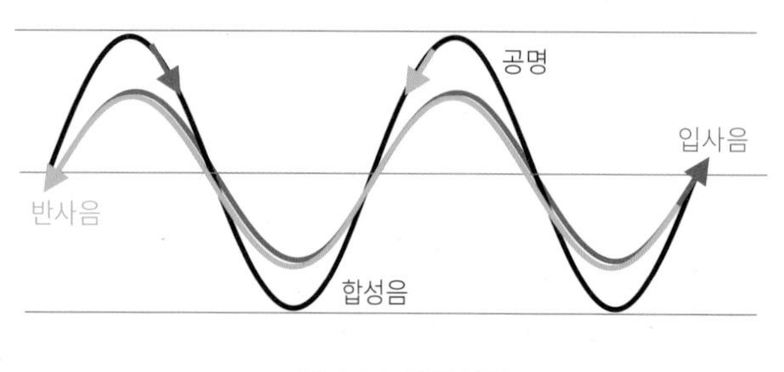

그림 17.6 공명현상

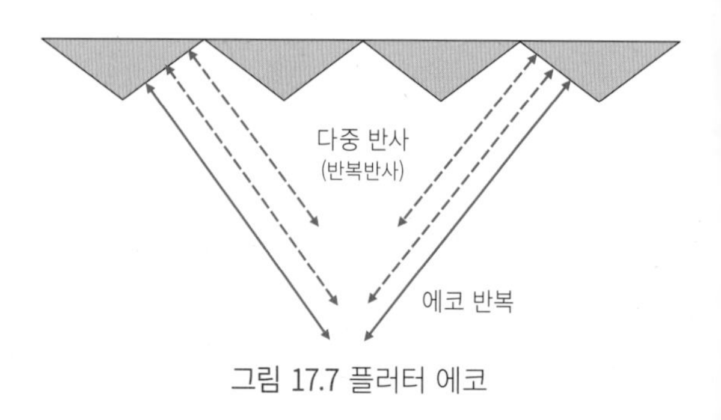

그림 17.7 플러터 에코

2) 속삭임의 회랑

반사면이 크게 움푹 들어간 부분 곡면을 이루고 있을 때 곡면 근처에서 음을 발하면, 그 곡면을 따라 몇 번이나 반사하면서 음이 매우 먼 곳까지 전해지는 현상을 속삭임의 회랑이라고 말한다. 유럽의 대성당은 이 현상을 잘 이용한 하나의 예이다(그림 17.8).

3) 음의 초점

실내에 움푹 들어간 곡면 부분이 있으면 그 곡면의 초점이 되는 중심(곡율 반경의 중심)에 반사음이 집중하며, 그 결과 그 외의 장소에서는 음압이 불충분하고 소리가 잘 안 들리는것을 음의 초점이라 한다(그림 17.9).

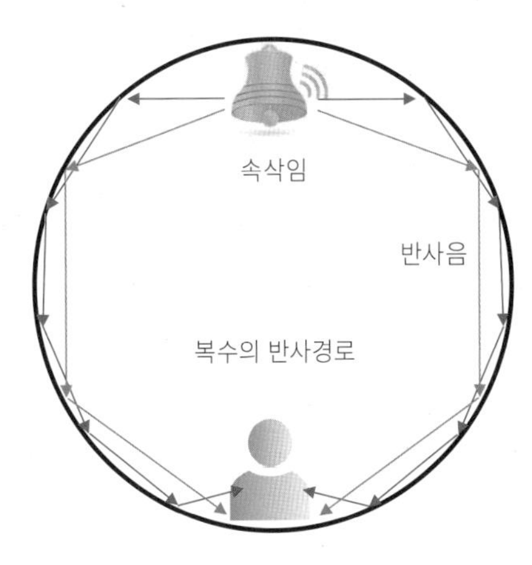

그림 17.8 속삭임의 회랑

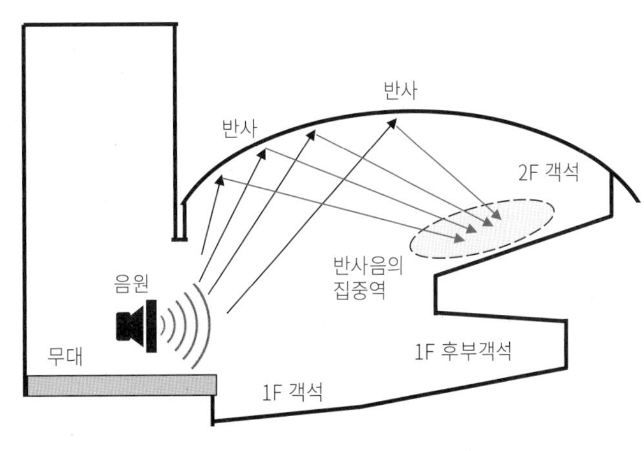

그림 17.9 음의 초점

동경문화회관 대홀

동경예술극장 콘서트홀

18 소음

1. 소음이란

명곡이라도 흥미가 없는 사람에게 있어서는 소음이며, 오토바이 등의 굉음을 좋아하는 사람은 소음이 아니다. 말하자면 듣는 사람에게 있어서 싫은 소리는 모두 소음이다.

소음은 소란스럽고 불쾌하다고 느끼는 소리로 사람의 건강이나 심리 생활환경에 막대한 악영향을 준다. 이러한 소음 대책으로서 구역과 시간대의 소음 규제가 있다(표 18.1).

소음의 크기는 보통 소음계의 A 특성으로 측정한다(그림 18.1). 이 값(소음 레벨)은 일반적으로 *dB*(A)로 표현한다.

그밖에 실내 소음을 평가하는 지표의 하나로서 NC치라는 것이 있어, 이 값이 작아지는 만큼 허용되는 소음 레벨은 낮아진다. 예를 들면, 실내 소음의 허용치는 주택의 침실보다 음악홀 쪽이 작다.

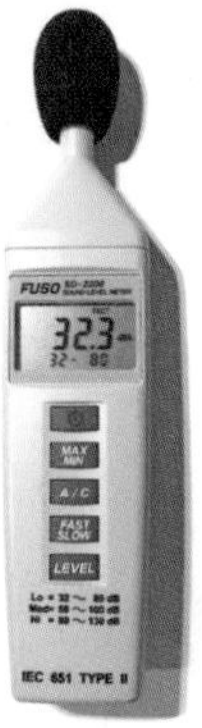

그림 18.1
소음 측정기

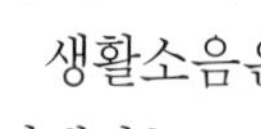

1) 생활소음

생활소음은 냉장고, 청소기 등 가정용 기기로부터 발생하는 소리 외에 설비, 구조면에서는 급배수의 소리, 도어의 개폐음 등이 있다. 또한, 피아노, 스테레오, TV 등 음향 기기로부터 발생하는 소리가 있다. 그밖에는 생활 행동에 따른 이야기 소리, 발소리, 자동차, 애완동물의 울음소리 등이 있다(그림 18.2 참조).

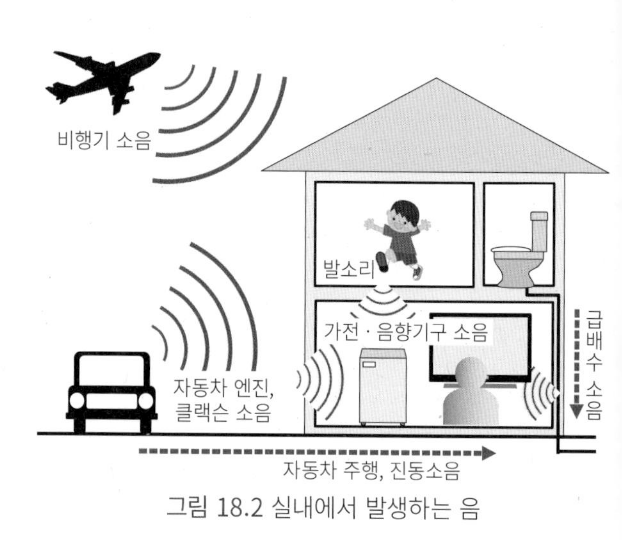

그림 18.2 실내에서 발생하는 음

표 18.1 구역별 시간대의 소음 규제

시간 구분	구역 구분			
	제1종 구역	제2종 구역	제3종 구역	제4종 구역
점심	45*dB*~50*dB*	50*dB*~60*dB*	60*dB*~65*dB*	65*dB*~70*dB*
아침	40*dB*~45*dB*	45*dB*~50*dB*	55*dB*~65*dB*	60*dB*~70*dB*
저녁	40*dB*~45*dB*	45*dB*~50*dB*	55*dB*~65*dB*	60*dB*~70*dB*
심야	40*dB*~45*dB*	40*dB*~50*dB*	50*dB*~55*dB*	55*dB*~65*dB*
구역 구분	제1종 구역	양호한 주거의 환경을 보전하기 위해, 특히 평온의 유지를 필요로 하는 구역(제1종 및 제2종 저층 주거 전용지역, 제1종 및 제2종 중고층 주거 전용지역)		
	제2종 구역	주거용으로 제공 위해, 평온의 유지를 필요로 하는 구역(제1종 및 제2종 주거지역, 준주거지역, 시가화조정구역)		
	제3종 구역	주거용과 아울러 상업, 공업용 등으로 제공되고 있는 구역에서, 그 구역 내의 주민의 생활 환경을 유지하기 위해, 소음의 발생을 방지할 필요가 있는 구역(근린상업지역, 상업지역, 준공업지역)		
	제4종 구역	주로 공업용으로 제공되고 있는 구역에서, 그 구역 내의 주민의 생활 환경을 악화시키지 않기 위하여, 현저한 소음의 발생을 방지할 필요가 있는 구역(공업지역)		

- 낮 : 오전 7 ~8시부터 오후 6~8시까지
- 아침 : 오전5 ~6시부터 오전 7 ~ 8시까지
- 저녁 : 오후 6시~8시부터 오후 9 ~ 11시까지
- 심야 : 오후 9시~11시부터 다음날 오전 5 ~ 6시까지

2) 마루·벽의 소음

음이 전해지는 경로는 크게 나누어 공기와 벽이나 바닥인 구조체가 있다.

공동주택에서 바닥으로부터의 층간 소음은 사회문제이다. 벽과 바닥은 음이 전해지는 매개체이기 때문에 방음 대책을 실시해야 한다. 방음 대책은 밖으로부터의 소음을 차단할 뿐만 아니라 자신의 생활음을 전하지 않는 것이 중요하다.

3) 소음이 인체에 주는 영향

소음에 의해 심리적 불쾌감, 초조, 스트레스, 두통, 수면 방해, 난청, 집중력 저하, 인지력 저하 등 외에 체력의 소모, 감각의 쇠퇴, 정신장애, 중증의 뇌장애, 가려움 또는 아토피의 악화, 시력 저하, 기억력 저하 등이 있다.

2. NC치

1) NC란

NC치(NoiseCriteria)는 실내 소음을 평가하는 지표의 하나이다. 즉 실의 고요함을 나타내는 지표로써 값이 작은 만큼 조용하다.

실내 소음의 허용치를 NC치로 나타내는 경우, NC치가 커지면 허용되는 소음 레벨은 높아진다. 즉 그 수치가 작아지면 허용되는 실내 소음 레벨은 낮아진다.

NC20~30은 매우 조용하고 극장이나 병실 등의 실내 성능에 요구되며, NC40~50은 전화 대화가 하기 어려워지는 레벨이다(표 18.2).

실내 소음의 허용치는 도서관의 열람실은 45*dB*(A)이며, 주택 침실은 40*dB*(A)이며, 음악홀은 35*dB*(A)이므로 음악홀 쪽이 가장 작다. 아나운서 스튜디오의 실내 소음의 NC 추천치는 NC-15이다.

2) NC치의 측정 방법

측정점에서 소음계로 63*Hz*~8,000*Hz*까지의 각 주파수역의 값을 읽어서, NC 곡선(그림 18.3)에 적용시켜, 표 18.2의 실내 소음의 허용치를 사용해 평가한다.

표 18.2 실내 소음의 허용치

dB(*A*)	NC	음의 크기	대화의 영향
20	10	무 음실	무음역
25	15	음악 홀	대단히 조용함
30	20	중규모 극장	5m 떨어져 작은 소리가 들린다
35	25	병실, 무대극장	신경 쓰이지 않는 음
40	30	교실, 미술관	10*m* 떨어져 대화가 가능
45	35	도서관, 소회의실	소음을 느낌
50	40	사무실, 레스토랑	3*m* 떨어져 보통의 회화, 전화가 가능
55	45	실내 스포츠 시설	무시할 수 없는 소음
60	50	일반적 대화	3*m* 떨어져 큰 대화, 전화가 곤란
80	70	전차내, 자명종	0.3*m* 이내 큰소리로 대화 가능
90	80	고가 전철 밑	계속적이면 난청이 됨
100	90	자동차의 클랙슨	신경질적으로 됨
120	110	비행기의 폭음	청각의 한계

예를 들면, 사무실이나 레스토랑에서는 참을 수 있는 소음의 크기의 한도는 NC-40 정도로 여겨지고 있다. 고저음 모두의 주파수(X축) 소리가 NC-40의 곡선을 밑돌면 NC-40 이하의 소음을 억제할 수 있다.

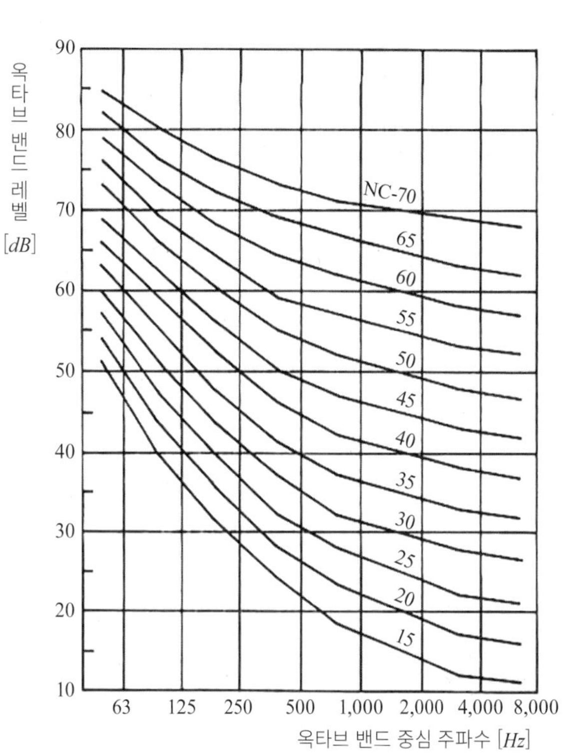

일본건축학회 편 "건축설계자료집성 1. 환경" 마루젠, 1978. p13

그림 18.3 NC 곡선

3. 바닥 소음 측정

1) 바닥 경량 충격음(L_L): 태핑머신

경량 충격음은 바닥 충격음 레벨의 측정에 이용하는데, 가볍고 딱딱한 충격원에서 발생하는 음원을 상정(想定)한다. 주로 중·고음역의 차단 성능에 관한 바닥의 표면마감재 검사에 사용한다. 직경 3*cm*, 500*g*의 강철 제품 해머를 4*cm*의 높이에서 낙하시켜서 측정하며, 바닥 표면 마무리재의 완충 효과를 판정하는 데 적합하다(그림 18.4).

2) 바닥 중량 충격음(L_H): 뱅머신

바닥 충격음 레벨의 측정 시에 이용하는데, 무겁고 부드러운 충격에서 발생하는 음원을 측정한다. 아이가 뛰어놀 때 발생하는 음원을 상정한다. 주로 중·저음역의 차단 성능에 관한 바닥 구조 및 음향 성능 검사에 사용한다.

경자동차의 타이어를 약 80*cm*(80*cm*±10*cm*)의 높이에서 낙하시키고 측정해, 건물을 포함한 바닥 구조를 검토하는 데 적합하다(그림 18.4).

3) 바닥 충격음의 차음 등급(L_r치)

하층의 음압 레벨 차이를 측정하여 L_r치로 표시하며 소음을 나타낸다.

바닥 충격음의 차음 성능 등급 L_r은 그 수치가 작을수록 바닥 충격음의 차음 성능이 높아진다.

4. 벽 소음 측정

1) 벽 충격음

음원실에서 스피커로부터 음을 방사하여 피음원실에서 소음 측정기로 음을 측정한다(그림 18.5).

2) 실 사이 벽의 방음 등급(D_r치)

2실 간의 음압 레벨 차이를 측정하여 D_r치로 나타내어 소음을 평가한다.

D_r치가 작을수록 차음 성능이 작고, 클수록 차음성이 높다.

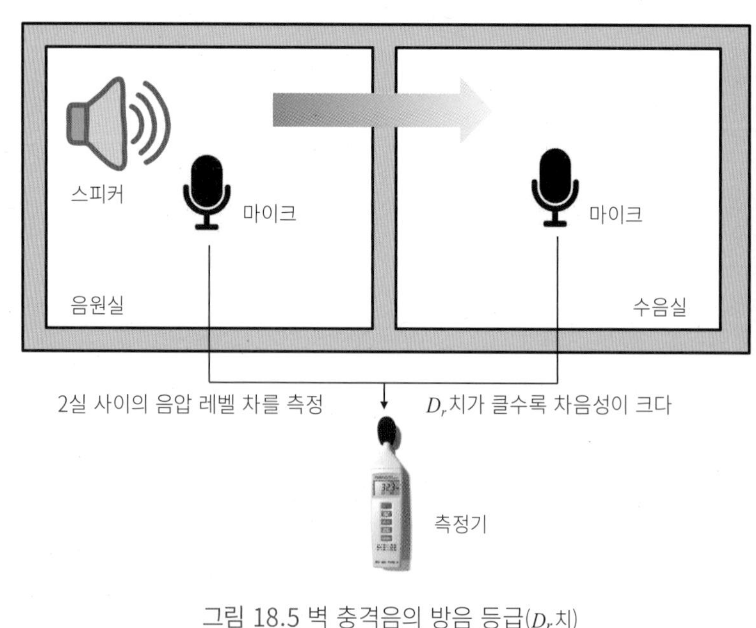

그림 18.5 벽 충격음의 방음 등급(D_r치)

그림 18.4 바닥 충격음의 방음 등급(L_r치), 바닥 충격음 레벨 측정

5. 소음 방지

소음 방지 대책은 실내의 흡음력과 창의 기밀성을 높이고, 벽체의 투과손실을 크게 하여 차음하는 것이 기본이다. 건축으로 할 수 있는 구체적인 소음 방지 대책은 다음과 같다(표 18.3 참조). 소음에 관련된 환경 기준법에서 특별 지역 이외의 지역에서의 심야 기준치는 낮 기준치에 비해 10*dB* 낮은 값으로 하고 있다.

표 18.3 소음 방지 방법

방법	개요
거리 감쇄 이용	음의 세기는, 음원으로부터 거리를 2배로 하면 소음 레벨은 약 6*dB* 감쇠한다. 도로의 소음원에서 건물을 간격을 두고 배치한다.
벽을 이용한 차음	비중이 크고 무거운 재료는 소리의 투과손실이 크므로, 외벽을 무겁고 두껍게 하고 기밀인 구조로 한다.
흡음 재료 이용	실내나 송풍 덕트에서 발생하는 소음은 흡음하는 것이 효과적이다. 학교의 보통 교실에서는 평균흡음률이 0.2 정도가 되도록하여 흡음 대책을 한다.
바닥 충격음 방지	발소리 등의 경량 충격음의 방지에는 카펫이나 다다미 등의 부드러운 바닥 마무리재가 효과가 있다. 그러나 아이들의 뛰는 등의 중량 충격음에 대한 효과는 기대할 수 없다. 이 경우에는 마루 슬래브 위에 유리 섬유 등의 완충재를 깔아, 그 위에 콘크리트로 이중 바닥으로 한다.

1) 거리에 의한 소음 방지

음의 세기는 음원으로부터의 거리의 2제곱에 반비례하여, 거리를 2배로 하면 소음 레벨은 약 6*dB* 감쇠한다. 이러한 거리와 소음 관계를 잘 이해하고, 도로의 소음원에서 거리를 두어 건물을 배치하면 좋다.

2) 차음에 의한 소음 방지

비중이 크고 무거운 재료는 음의 투과손실이 크고 차음 효과가 있으므로, 외벽을 무겁고 두껍게 하고 기밀 구조로 하면 외벽의 방음 성능을 높이는 데 효과적이다.

3) 흡음에 의한 소음 방지

실내나 송풍 덕트로부터의 소음은 소음이 퍼지기 전에 흡음하는 것이 효과적이다. 실내는 흡음력을 크게 하여, 덕트 내에는 흡음재를 부착하여 음압을 감쇠시킨다.

학교의 보통 교실에서는 평균 흡음률이 0.2 정도가 되도록 하여 흡음 대책을 세우는 것이 바람직하다.

4) 바닥 충격음 방지

발소리, 뛰는 소리, 기물의 낙하 등에 의한 소음은 충격에 의한 가진력으로 바닥이 진동하고 아래층에 발생한다. 이러한 소음을 바닥 충격음이라고 한다.

발소리 등의 경량 충격음의 방지에는 카펫이나 부드러운 바닥 마무리재가 효과가 있다. 그러나 아이들이 뛰어다니는 소리와 중량 충격음에 대한 효과는 기대할 수 없다. 이 경우에는 바닥 슬래브 위에 유리섬유 등의 완충재를 깔고서 그 위에 바닥을 형성하는 이중 바닥으로 하면 효과적이다.

6. 소음 재료

1) 다공질 재료

강벽에 흡음재로써 유리섬유 등의 다공질 재료를 두껍게 설치하는 경우에는 저주파수역에서는 흡음력이 커진다. 암면보드 등의 다공질 흡음재의 표면을 도장하면 구멍이 묻어 버려 고음역의 흡음률이 저하한다. 석고보드를 강벽에 다는 경우, 석고보드의 배후에 공기층을 마련하면 저음역에서는 흡음률이 커진다. 벽에 다공질 재료를 사용하는 데 있어서, 표면을 리브 등으로 보호하는 경우에는 공극률이 작으면 공명기형의 흡음 특성이 발생할 수 있다.

2) 유리

유리 2장으로 구성된 두께 합계가 6*mm*의 강화유리의 차음 성능은 일치 효과가 발생하는 주파수역 이외의 주파수역에서는 두께 6*mm*의 단판유리의 차음 성능과 거의 같다.

두께 6*mm*의 단판유리는 두께 3*mm*의 단판유리에 비해 전주파수역에 대해서 차음 성능이 높다고는 할 수 없다. 창에 복층유리를 사용하면 공명주파수에 의해서 동일면 밀도의 단판유리보다 차음 성능이 뒤떨어질 수도 있다. 방음 재료로써 유리 대신에 투명 아크릴로 사용할 수 있다(그림 18.6).

그림 18.6 일반 도로의 방음벽

7. 마스킹 효과

마스크란 씌우다, 덮다라는 의미로, 음이 음을 덮어버리는 것을 말한다. 동시에 2개의 음이 존재할 경우, 한쪽의 음이 다른 한쪽의 음을 덮어서 다른 한쪽의 음이 잘 들리지 않게 되는 현상이다.

청각의 마스킹은 목적음(마스크 되는 음)의 주파수에 대해서 방해음(마스크 하는 음)의 주파수가 낮은 경우에 발생하기 쉽다. 마스킹은 마스커(마스크 하는 소리)의 주파수에 가까운 소리일수록 마스크 되기 쉬워, 마스커의 주파수는 고음이 저음보다 마스크되기 쉽다.

말하자면 동시 마스킹에서 저음은 고음을 방해하기 쉽고, 반대로 고음은 저음을 방해하기 어렵다. 또한, 약한 음파는 강한 음파에 마스크 되어 버려 들리지 않게 된다.

예를 들어, 도심에서는 폭포나 분수 등의 물소리(마스커)를 이용하여 마스킹 효과로써 소음 대책을 하고 있다(그림 18.7 ~18.9 참조).

그림 18.7 분수 이용 마스킹 효과(도쿄 우에노공원)

그림 18.8 폭포 이용 마스킹 효과(서울 청계천)

그림 18.9 계단 물줄기 이용 마스킹 효과(도쿄 신주쿠)

17, 18 흡음 방음 연습문제

1) 흡음률에 대해서 설명하시오.
2) 음의 투과손실과 질량이 큰 재료와의 관계를 설명하시오.
3) 일상생활에서의 공명을 발견하시오.
4) 속삭임의 회랑 현상에 대해서 설명하시오.
5) 일상생활에서의 소음에 대해서 설명하시오.
6) NC와 dB의 관계에 대해서 설명하시오.
7) 도시에서 사용되는 마스킹 효과에 대해 예를 드시오.

17, 18 흡음·방음 / 심화문제

[1] 흡음·방음에 관한 다음 기술 중 가장 부적당한 것은 어떤 것일까?

1. 방사에너지(E_i)에서 반사되지 않은 에너지 (E_a)+(E_t)의 비율을 “흡음률”이라고 한다.
2. 판 재료와 강벽의 사이에 공기층이 있는 흡음 구조는 “저음역의 흡음”보다 “중고음역의 흡음”에 효과가 있다.
3. 단층 벽의 음향 투과손실 값은 실측치보다 예측치 쪽이 커지는 경향이 있다.
4. 벽 두께를 얇게 하면 코인시던스 효과의 영향으로 방음 성능의 저하 범위는 보다 높은 주파수역으로 확대한다.

5. 건식 이중 바닥의 경우는 공진계가 형성되므로 저주파수역에서 바닥 충격음의 차단 성능이 저하되는 경우가 있다.

[2] 흡음·방음에 관한 다음 기술 중 가장 부적당한 것은 어떤 것일까?

1. 유리섬유나 목모시멘트판 등 다공질 재료의 흡음률은 고음역보다 저음역 쪽이 크다.
2. 벽의 음향 투과손실을 10*dB* 증가시키기 위해서는 벽의 음향 투과율을 현상의 1/10로 할 필요가 있다.
3. 칵테일파티 효과는 주위가 시끄러운 환경이어도 듣고 싶은 소리를 선택하여 알아들을 수 있는 청각상의 성질이다.
4. NC치(NoiseCriteria)는 실내 소음을 평가하는 지표의 하나이다.
5. 좁은 길에 면하는 지역 이외의 야간의 기준치는 낮의 기준치에 비해 10*dB* 낮은 값으로 한다.

[3] 흡음·차음 등에 관한 다음 기술 중 가장 부적당한 것은 어떤 것일까?

1. 음의 흡수율은 주파수가 높을수록 커진다.
2. 음향 투과손실 *TL*은 벽의 면밀도가 큰 만큼 주파수가 높은 만큼 커지는 경향이 있다.
3. 음의 간섭은 2개 이상의 음파가 겹쳐서 진폭이 변화하는 현상이다.
4. 실내 소음의 허용치는 "음악홀"보다 "주택의 침실" 쪽이 작다.
5. 일치(코인시던스) 효과에 의한 방음 성능 저하의 영향은 높은 주파수역으로 옮겨 가게 된다.

[4] 흡음·방음 등에 관한 다음 기술 중 가장 부적당한 것은 어떤 것일까?

1. 다공질판은 구멍과 배후 공기층이 공명기로서 역할을 하여 흡음한다.
2. 음의 반사성이 높은 면으로 구성된 실에 흡음 재료를 설치하면, 2실 간의 방음 성능은 커진다.
3. 비중이 크고 무거울수록 방음 효과가 크다.
4. 흡음률은 입사하는 음의 에너지에 대하여 반사되지 않은 음의 에너지의 비율이다.
5. 마스킹 효과는 저음이 고음보다 마스크 되기 쉽다.

[5] 흡음·방음 등에 관한 다음 기술 중 가장 부적당한 것은 어떤 것일까?

1. 판 재료와 강벽 사이에서 공기층의 흡음 구조는 고음역보다 저음역이 흡음 효과가 있다.
2. 공조용 덕트 내의 음의 전파는 덕트 내에 흡음재를 붙이며 방음 대책을 한다.
3. 중공 이중벽의 공명투과에 대해서 벽면의 공기층을 두껍게 하면 공진 주파수는 낮아진다.
4. 바닥 충격음 차단 성능 등급 L_r에서 그 수치가 작을수록 차단 성능이 높다.
5. NC40~50은 매우 조용하고 극장이나 병실 등의 실내 성능에 요구된다.

[6] 흡음·방음 등에 관한 다음 기술 중 가장 부적당한 것은 어떤 것일까?

1. 공진하는 주파수는 저음역의 100~200*Hz*에서 발생하는 것이 많으므로, 저음역의 흡음에 효과가 있다.
2. NC치가 커지면 허용되는 소음 레벨은 낮아진다.
3. 중공 이중벽을 구성하는 2개의 벽면 밀도를 같이 2배로 하면 공진 주파수는 낮아진다.
4. 다공질판과 강벽 사이에 공기층을 설치한 흡음 구조의 공명 주파수는 다공질판의 개구율을 작게 하면 낮아진다.

5. 벽의 면 밀도가 커지면 벽의 진동 횟수가 적어져 공진 주파수는 낮아진다.

[7] 흡음·방음에 관한 다음 기술 중 가장 부적당한 것은 어떤 것일까?

1. 다공질 재료와 단단한 벽면 사이의 공기층을 두껍게 하면 고음역의 흡음률은 높아진다.
2. 중공층에 흡음재를 넣으면 음의 투과손실은 커진다.
3. 아나운서 스튜디오의 실내 소음의 NC 추천 치는 NC-15이다.
4. 학교의 보통 교실에서는 평균 흡음률이 0.2 정도가 되도록 하여 흡음 대책을 세우는 것이 바람직하다.
5. 벽에 다공질 재료를 사용하는 데 있어, 표면을 리브 등으로 보호하는 경우에는 공극률이 작으면 공명기형의 흡음 특성이 발생할 수 있다.

[8] 흡음·방음에 관한 다음 기술 중 가장 부적당한 것은 어떤 것일까?

1. 흡음률은 벽에 입사하는 음에 대하여 벽에 반사되지 않은 음의 비율이다.
2. 합판이나 슬레이트판 등의 판 진동형 재료의 경우에는 고음역이 커진다.
3. 다공질판과 강벽 사이에 공기층을 마련한 흡음 구조의 고유주파수는 공기층의 두께를 크게 하면 저주파수역으로 이동한다.
4. 소음에 관련된 환경기준법에서 특별지역 이외의 지역에서의 야간 기준치는 낮 기준치에 비해 10*dB* 낮은 값으로 하고 있다.
5. 암면보드 등의 다공질 흡음재의 표면을 도장하면, 구멍이 묻어 버려 고음역의 흡음률이 저하한다.

[9] 흡음·차음 등에 관한 다음 기술 중 가장 부적당한 것은 어떤 것일까?

1. 통기성이 낮은 재료는 고주파에서 흡음률이 낮아진다.
2. 투과손실 크다는 투과손실이 상승한다. 즉 차음 효과가 크다란 뜻이다.
3. 건식 이중 바닥을 채용하는 경우는 바닥판과 슬래브 사이의 공기층에는 공진이 발생할 수 있어 바닥 충격음은 저주파수역에서는 차단 성능이 저하할 수 있다.
4. 석고보드를 강벽에 다는 경우, 석고보드의 배후에 공기층을 마련하면 저음역에서는 흡음률이 커진다.
5. 마스킹은 목적음(마스크 되는 음)의 주파수에 대해서 방해음(마스크 하는 음)의 주파수가 높은 경우에 발생하기 쉽다.

[10] 흡음·방음 등에 관한 다음 기술 중 가장 부적당한 것은 어떤 것일까?

1. 공기 중을 전파하는 음의 에너지의 일부는 공기의 점성과 분자운동 등에 의해 흡수되어, 그 흡수율은 주파수가 높아질수록 커진다.
2. NC20~30은 전화 회화가 하기 어려워지는 레벨이다.
3. 벽에 다공질 재료를 사용하는 데 있어, 표면을 리브 등으로 보호하는 경우에는 공극률이 작으면 공명기형의 흡음 특성이 발생할 수 있다.
4. 복층유리를 사용하면 공명 주파수에 의해 동일면 밀도의 단판유리보다 차음 성능이 뒤떨어질 수도 있다.
5. 마스킹은 마스커(마스크 하는 소리)의 주파수에 가까운 소리일수록 마스크되기 쉽다.

19 지구환경

1. 지구온난화(Global warming)

지구온난화는 오랜 세월 사이에 걸쳐서 지구의 평균기온이 상승하는 현상을 말한다. 지구온난화가 가져오는 기후 변동은 지구환경의 문제이다. 지구온난화는 20세기 중반 이후에 빠른 속도와 대규모로 진행 중이다. 온난화의 주된 원인은 화석연료의 연소로 인한 가스가 주된 발생원이다(그림 19.1).

온실효과 가스에는 이산화탄소, 프론가스, 메탄가스, 수증기 등이 있고, 수증기를 제외한 가스의 인위적인 요인에 의한 증가가 문제이다.

■ 이산화탄소

이산화탄소는 무색, 무취로 공기보다 무겁다. 이산화탄소 농도는 대기 중의 적외선을 흡수해 재방출하므로 상승은 온실효과에 의한 온난화의 원인의 하나가 된다.
이산화탄소의 요인으로는 온실효과에 의한 온난화가 생각되지만, 지구 규모이므로 히트 아일랜드 현상의 일어나기 쉬운 도시 지역에 한정된 것은 아니다.

2. 화석연료의 절감

지구온난화에 대처하기 위한 완화 노력에는 저탄소 에너지 기술의 개발과 전개, 화석연료의 배출량을 절감하는 정책, 삼림 재생, 삼림 보전, 잠재적인 기후공학 기술의 개발이 포함된다.

또한, 사회나 정부는 해안선의 보호와 개선, 보다 좋은 재해 관리, 더욱더 내성이 있는 작물의 개발 등 현재와 장래의 지구온난화의 영향에 적응하기 위해 실시하고 있다.

세계 각국은 1994년에 발효한 유엔기후변동범위조약(UNFCCC)을 바탕으로 기후변동 대책에 협력하고 있다. 이 조약의 최종 목표는 "기후 시스템에 위험한 인위적 간섭을 막는다"라는 것이다. UNFCCC의 체결국은 화석연료 배출량의 대폭적인 삭감이 필요하며, 2016년의 파리협정에서는 지구온난화를 2℃(3.6°F) 이하로 억제하는 것에 합의하고 있지만, 지구의 평균 지표 온도는 이미 약 반까지 상승하고 있다.

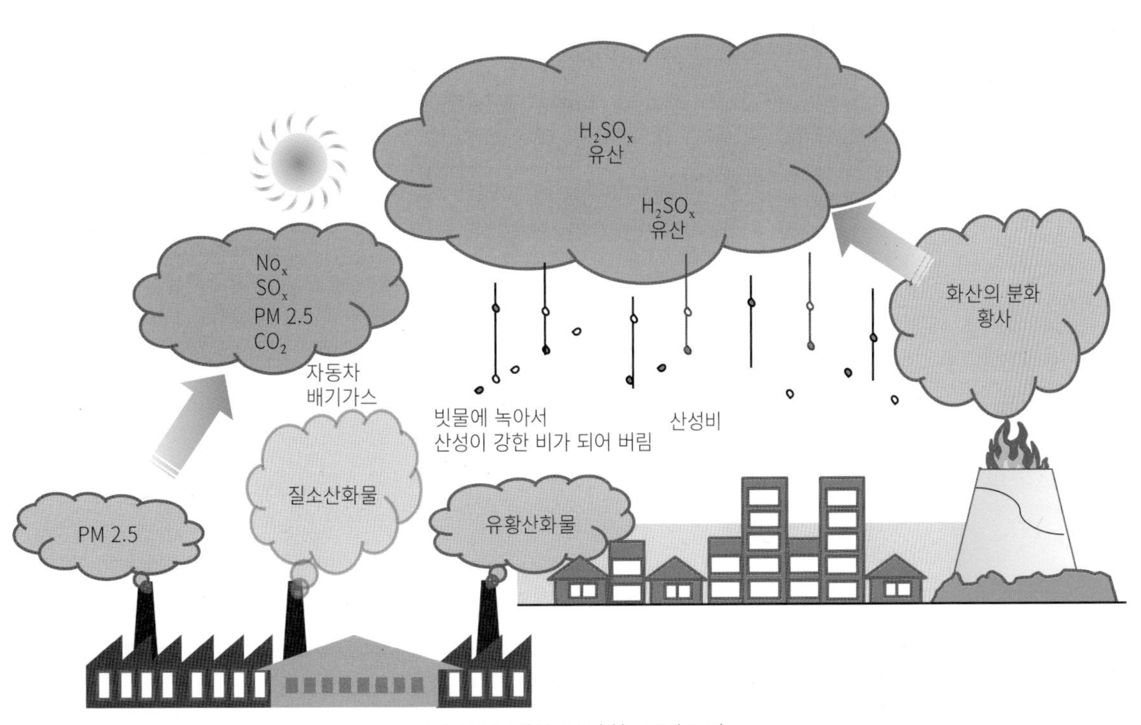

그림 19.1 지구 온난화, 공기오염

현재의 정책이나 공약으로는 지금 세기말까지의 지구온난화는 기후가 화석연료의 배출에 대해 얼마나 민감한지에 따르지만, 2℃에서 4℃에 이를 것으로 예상하고 있다. 불가역적인 영향을 회피하기 위해서 지구온난화를 산업혁명 이전의 레벨과 비교해 1.5℃ 이하로 억제할 필요가 있다고 강조하고 있다.

3. 산성비(Acid Rain)

산성비는 화석연료 등의 연소로 발생하는 황산화물이나 질소산화물 등이 대기 안에서 반응하여 발생하는 황산이나 초산 등이 융해되어 비, 안개. 눈, 에어로졸의 형태로 부착되어 버린다.

중성의 물은 pH7이지만, 산성비는 대기 중의 이산화탄소가 탄산 이온으로 빗물에 포화상태가 되었을 때 pH5.6이다. 산성비의 악영향은 대기오염 물질이 원인이 되며, 하천이나 호수와 늪, 토양을 산성화시켜 생태계에 악영향을 주며 콘크리트를 녹이고 철근에 녹을 발생시킨다(표 19.1).

표 19.1 산성비의 영향

영향	내용
호수와 늪	생식 생물의 감소, 사멸. 생태계의 붕괴
산림	삼림이 시들어 토양의 오염으로 사막화. 생식 생물도 감소, 사멸. 통칭 「검은 숲」이라고 하며 말라 죽은상태
토양	토양이 산성화. 토양 중의 영양분이 산과 반응하여 식물의 성장에 피해를 주어 수확물의 감소 및 피해
지하수	지하 음료수의 오염. 음용으로 인한 여러 가지 병의 원인
적조	대량의 유해 플랑크톤이 발생. 해양생물의 감소, 사멸. 식용의 어패류가 오염되어 식용으로 인해 여러 가지 병의 원인
수생 식물	수생생물은 생식 곤란한 상태가 되어 산란 불능 상태가 된다. 그 밖에 비정상인 유전자 구성으로 인한 기형 개체 등의 이상 생물이 증가
건축물	콘크리트나 대리석의 구조체, 역사 건조물, 옥외 조각, 동상, 금속 지붕 등에 피해
인체	머리카락의 색 변색. 목, 눈, 코, 피부에의 자극. 인체에 축적되어 각종 병의 원인

4. 지구 공기오염

지구 공기오염은 다음과 같은 물질이 있다.

1) 에어로졸(Aerosol)

고체 또는 액체의 미립자가 기체 안에 비교적 안정되고 부유하면서 존재하고 있는 상태를 에어로졸이라고 한다. 대기 중의 에어로졸에는 해수의 물보라로 구성된 바닷소금 입자나 토양 입자와 같은 자연현상과 석탄연소로 발생하는 플라이애시(Fly-Ash) 등의 인위적인 1차 입자가 있다. 또한, SO_2가 황산이 되어 물과 결합하여 유산과 초산이 암모니아와 반응한 것이 있고, 탄화수소가 대기 중으로 산화되어 산이 된 것(광화학 에어로졸)이 대기 중에서 생성되는 것을 2차 입자라고 한다.

에어로졸은 시야의 장애뿐만 아니라, 특히 미립자는 가스 상태의 대기오염 물질과 공존하여 건강에 악영향을 미치고, 오존층의 파괴와 산성비의 원인 물질이 되며, 지구 표층의 환경에도 악영향을 미친다. 또한, 대량의 에어로졸은 태양광을 반사하여 지표면에 도달하는 광량이 줄어서 기후 변동에도 큰 영향을 준다.

2) PM2.5(Particulate matter)

대기오염의 원인 물질의 하나인 초미세먼지를 말하며, 대기 안에 부유하고 있는 직경 2.5μm 이하의 초미립자(1μm: 1mm의 1/1, 000)이다.

PM2.5의 발생 원인은 연소에 의해 직접 배출되는 유해 물질이며, 주된 발생원에는 보일러, 소각하여 연기를 발생하는 시설, 코크스로 광물의 퇴적장 등의 분진을 발생하는 시설, 자동차, 선박, 항공기 등이 있다. 이들로부터 발생하는 황산화물(SO_x)이나 질소산화물(NO_x), 휘발성 유기화합물(VOC) 등은 가스의 상태로 대기오염 물질이 되어서, 대기 중에서의 화학반응에 의해 입자가 된다. 이러한 인위적 발생뿐만 아니라, 토양이나 해양, 화산 등의 자연 발생도 있다.

PM2.5는 입자가 작은 만큼 사람의 기관을 통과하기 쉬워서 폐나 기도 안쪽에 부착하기 때문에 인체의 호흡기나 순환기에 악영향을 끼친다.

3) 광화학 스모그(Photochemical Smog)

공장, 자동차 등에서 배출되는 질소산화물이나 탄화수소가 일정 레벨 이상의 오염하에 자외선에 의한 광화학 반응으로 발생한 "광화학 옥시던트"가 입자상 물질(에어로졸)을 생성하는 현상이다. 이러한 현상을 스모그 상태라고 한다(그림 19.2~그림 19.3). 다른 유해 대기오염물질은 표 19.2와 같다.

5. 오존층 파괴와 다이옥신의 환경 문제

오존층 파괴는 인공적으로 만들어진 물질인 프론이 원인이다. 오존층은 태양으로부터의 유해한 많은 자외선을 흡수하여 지상의 생태계를 보호하는 역할을 완수하고 있지만, 오존층 파괴가 진행하면 지상의 생태계는 흐트러질 우려가 있다. 프론은 지상 부근에서는 분해되기 어려워, 대기의 흐름에 의해 고도 40*km* 부근의 성층권(오존층)까지 도달하여 프론은 강한 태양 자외선을 받고 분해되어 염소를 발생하면서 오존을 차례차례로 파괴한다.

과거에는 에어컨, 냉장고, 스프레이 등에 많이 사용되어, 대기 안에 대량으로 방출되고 있었다. 현재는 프론이 많이 사용되고 있지 않지만, 오존층을 파괴하는 물질에는 소화제에 사용하는 할론 등의 물질이 있다.

다이옥신은 폐기물의 처리 과정에서 생성되어 버리는 물질이다. 주된 발생원은 쓰레기의 소각에 의한 연

평일의 백그라운드 오염과 휴일의 청공

그림 19.2 도심의 공기오염(서울 한강 주변)
사진 제공: 박영기 씨

평일의 백그라운드 오염과 휴일의 청공

그림 19.3 도심의 공기오염(도쿄)

표 19.2 주된 대기오염 물질의 개요

주된 대기오염 물질	기호	내용	환경 문제	주된 발생원
이산화질소	NO_2	대기 오염 원인이 되는 대표적인 오염물질	산성비의 원인	보일러나 자동차 등 연소 시에 일산화질소로서 배출, 공기중에서 이산화질소로 산화한다
부유 입자 물질	SPM	공기중 부유물질	호흡기에 유해	공장의 매연이나 자동차의 배기가스의 인위적인 원인, 화산이나 삼림 화재의 자연 발생
광화학 물질	O_x	태양 자외선에 의해 화학 변화로 발생. 광화학 스모그의 원인	인체에 악영향. 눈이나 목 등에 작용	자동차나 공장에서 배출된 질소산화물
이산화유황	SO_2	연료에 함유된 유황 성분	코를 자극하는 냄새	석탄이나 석유 등이 연소해 발생하는 대기오염 물질. 천식의 원인
일산화탄소	CO	무미·무취·무색·무자극인 오염물질	500*ppm* 발증, 1,500*ppm* 치사	연료의 연소 시는 이산화탄소(CO_2)가 발생하지만 불완전 연소 때에 발생

소이지만, 그 외에 제강용 전기로, 담배 연기, 자동차 배출가스 등 다양한 발생원이 있다. 또한, 삼림 화재, 화산 활동에서도 발생한다. 대기 중의 입자 등에 부착한 다이옥신은 지상으로 떨어져 내리고 토양이나 물을 오염하며, 다양한 경로에서 긴 세월 사이에 축적되면, 생태계에 악영향을 준다. 다이옥신과 PM2.5의 환경기준은 표 19.3과 같다.

표 19.3 다이옥신과 PM2.5에 관련된 환경기준

오염물질	환경조건	내용
다이옥신	1년 평균 0.6pg-TEQ/m^3 이하	다이옥신류는 염소를 포함한 물질의 불완전 연소나 약품류와 합성할 때에 부합성물로서 생성하는 독성이다.
미세입자 PM2.5	1년 평균 15$\mu g/m^3$ 이하 1일 평균 35$\mu g/m^3$ 이하	미세 입자 물질이란, 대기 안에 부유하는 물질이 2.5μm의 입자를 50%의 비율로 분리하여 이보다 큰 입자를 제거한 후에 채취되는 입자를 말한다.

6. 기후의 변화

1) 엘니뇨 현상

남미 에콰도르에서 페루 바다, 남태평양의 적도 부근에서 남미에 걸쳐서 해수 온도가 평상보다 높아지는 것을 말한다(그림 19.4.b).

엘니뇨 현상이 발생하면 우리나라의 영향은 여름에 기온이 낮아지는 현상이 일어난다.

2) 라니냐 현상

엘니뇨 현상과 반대로 남태평양의 적도 부근에서 남미에 걸친 해면 온도가 평상보다 낮아지는 기후 현상이다(그림 19.4.c). 라니냐 현상이 일어나면 동쪽의 바람이 강해져, 서쪽에 따뜻한 해수가 된다.

우리나라의 영향은 여름에는 무덥고, 겨울에는 한파가 발생한다. 이렇게 엘니뇨, 라니냐 현상은 지구의 곳곳에 가뭄이나 홍수 등의 피해에 영향을 미친다.

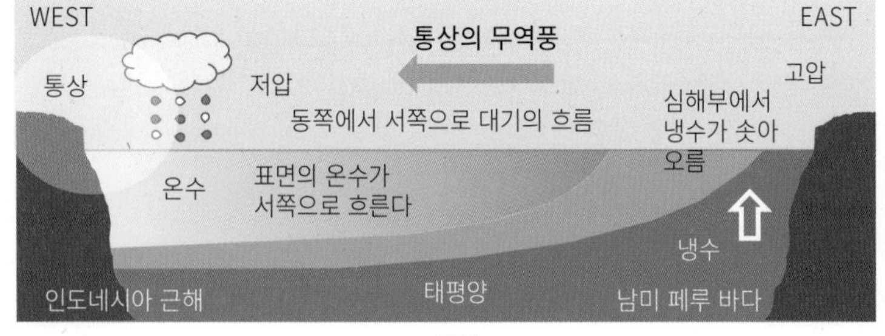

a. 통상

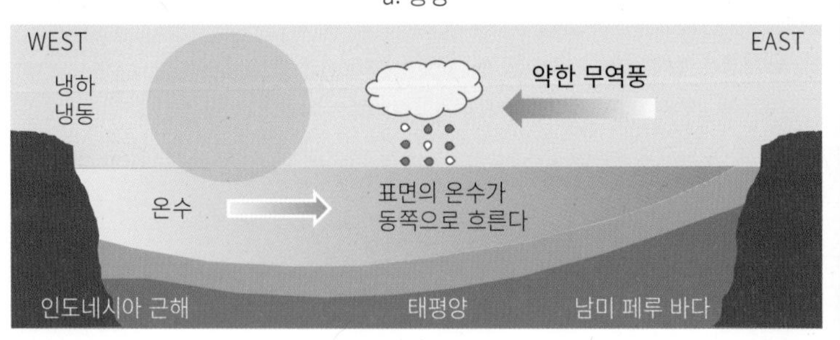

b. 엘니뇨 현상

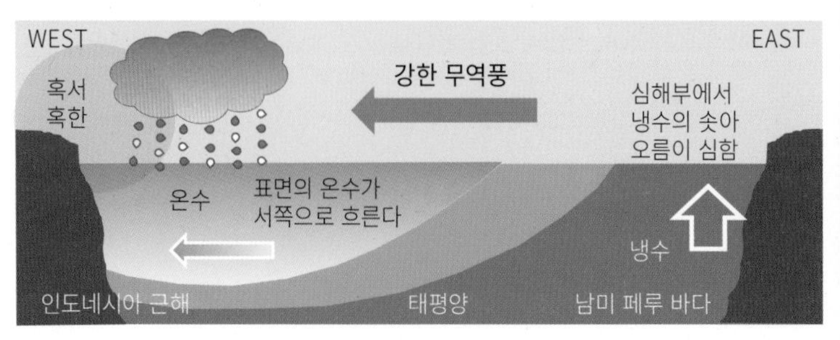

c. 라니야 현상

그림 19.4 기후의 변화

20 도시환경

1. 도시환경

1) 히트 아일랜드(Heat Island, 열섬)

히트 아일랜드 현상은 도시에서 인간 활동에 의한 대량의 열의 방출과 녹지나 수면의 감소에 의해서 도심의 기온이 교외의 기온보다 높아지는 현상이다(그림 20.1). 인공위성으로부터 본 온도 분포도로부터 작성한 기온의 등고선이 도시 지역이 섬 형상으로 형성되는 것으로, 서울과 같은 대도시는 붉게 섬처럼 보인다.

그러나 히트 아일랜드 현상의 주된 원인은 도시 지역에서의 도로나 건축물로부터의 복사열과 자동차나 건축물로부터의 배열, 녹지가 적어서 야간 방사 냉각의 감소이다.

2) 히트 아일랜드 현상의 원인

- 콘크리트 구조의 구축물이나 아스팔트 도로 등이 열을 축적.
- 공조기와 자동차로부터의 배열의 증가.
- 도시의 고밀도화에 의한 야간 방사 냉각의 저하, 통풍의 악화.
- 자연의 흙과 식물이 적음, 흙과 식물은 증발이나 증산을 통해 열을 방출하는데, 도시는 이러한 현상이 적어진다.
- 대기 중의 이산화탄소 농도의 상승은 지구 규모의 기온 상승을 일으키지만, 히트 아일랜드 현상의 주 원인이 되지 않는다.

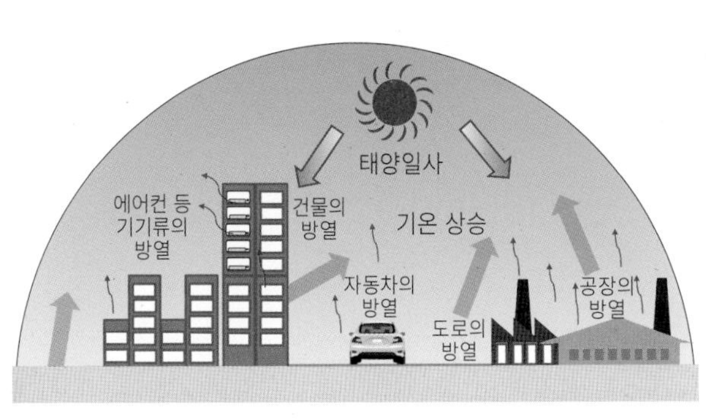

그림 20.1 히트 아일랜드(열섬) 현상의 원인

2. 건축과 환경

거대화하는 건물과 기계의 발달로 에너지의 소비량은 늘어나고 있는 것이 현실이다. 에너지를 삭감하기 위해서는 건축물에서 환경의 배려가 필요하다. 건축가가 완수하는 일은 건축이나 도시 등을 창조하는 것에 멈추지 않고, 가능한 한 화석 에너지를 사용하지 않고, 그 지역의 풍토에 걸맞은 계절에 대응하면서 자연에너지를 사용하고, 환경오염을 시키지 않는 건물을 만드는 것이다.

지구 환경오염에 대한 인류의 문제를 해결하기 위해서는 자연환경에 순응하면서 자연의 은혜를 최대한으로 이용하는 건축계획이 필요하다. 이러한 환경 문제는 건축환경 분야가 가장 중요하다는 것을 인식해야 한다.

3. 빌딩풍

1) 풍속 증가율

빌딩풍은 대도시에서 고층 건축물의 건설에 의해 주위의 풍환경이 변화하고 강풍이 발생하는 등 공기의 혼란이 고층 빌딩 가까이에서 발생하는 현상을 말한다. 이러한 고층 건축물에 의한 빌딩풍은 풍해라고 할 수 있다.

이러한 고층 건축물의 건설에 의해 지상 풍속이 건설하기 전에 비교해 얼마나 증가하는지를 나타낸 것을 풍속 증가율(W_i)이라고 한다. 말하자면 건축물을 건설하는 전후에서의 풍속의 비율(건설 후의 풍속/건설 전의 풍속)로서, 풍속이 바뀌지 않으면 그 값은 1.0이 된다.

풍속 증가율은 빌딩풍의 영향을 받는다.

- 풍속 증가율 $W_i = \dfrac{\text{건설 후의 지상 풍속}(m/s)}{\text{건설 전의 지상 풍속}(m/s)}$

건물의 바람이 닿는 면의 방위나 주위 환경에 의해 풍속의 영역은 변동한다. 고층 건축물을 세울 때 주위에 건축물이 없는 경우에는 풍속 증가율은 작아진다. 주위에 낮은 건축물이 있는 경우에는 원래 풍환경이 약하기 때문에 커지는 경향이 있다. 풍해를 방지하기 위해서는 그림 20.2처럼 면적을 작게 하여 억제한다. 잦은 풍향에 대해서는 바람이 닿는 면을 작게 계획하는 것이 유리하다.

2동 간의 거리가 좁은 경우는 풍해의 범위는 좁아지지만, 풍속 증가율은 커진다. 반대로 넓은 경우는 풍해 영향 영역은 커지지만, 풍속 증가율은 작다(그림 20.3).

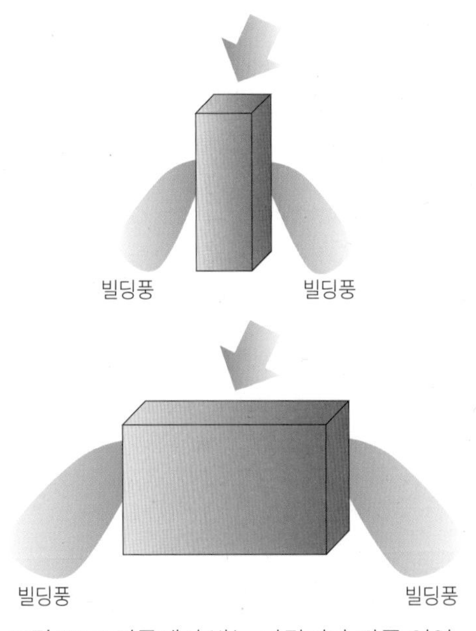

그림 20.2 건물에서 받는 바람면과 강풍 영역

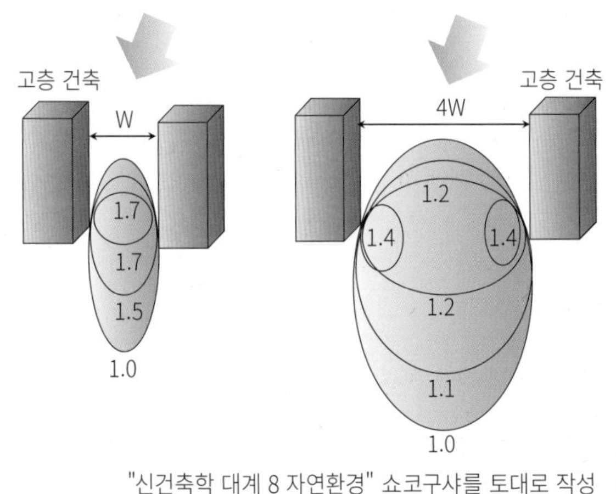

"신건축학 대계 8 자연환경" 쇼코구샤를 토대로 작성
그림 20.3 건물의 배치 간격과 풍속 증가율

2) 빌딩풍의 분기점

고층 빌딩에 바람이 불면 공기가 상하, 좌우로 갈라지고, 집중적으로 바람이 맞닿는 곳을 분기점이라 하고, 건물 높이의 60~70%의 부분을 말한다. 이 분기점은 건물에서 가장 크게 풍압의 부하를 받는 면이다. 특히 좌우로 갈라진 바람이 빌딩의 측면을 돌아서 불 때에는 건물의 측면 위쪽에서 하부를 향해서 비스듬히 향하는 빠른 흐름을 만들어 지상 부근에 국부적으로 강풍을 발생시킨다(그림 20.4).

3) 빌딩풍의 종류

① 박리류

박리류는 건축물의 벽면에 따라서 바람이 건축물 구석 각부에서 부는 현상을 말한다. 바람은 건물에 맞닿으면 벽면을 따라 흘러가지만, 건물의 구석 각부에 오면 그 이상 벽면을 따라 흐를 수 없게 되어 건물에서 벗어나 흘러나간다. 이 건물 구석 각부로부터 벗어난 바람은 그 주위의 바람보다 빠른 유속을 가진다(그림 20.5.a).

② 재넘이

바람은 분기점에서 상하, 좌우로 갈라진다. 좌우로 갈라진 바람은 건물의 배후에 발생한 낮은 압력 영역에 빨려 들어가기 때문에 건물의 측면을 위쪽에서 아래쪽으로 비스듬히 향하는 빠른 바람이 된다.

이것을 재넘이라고 하는데, 이 현상은 건물이 고층일수록 현저하고, 상공의 바람을 빠르게 지상으로 끌어내리게 된다. 고층 건물의 지상 부근에서 재넘이와 박리류가 동시에 일어날 경우 매우 빠른 바람이 불게 된다(그림 20.5.b).

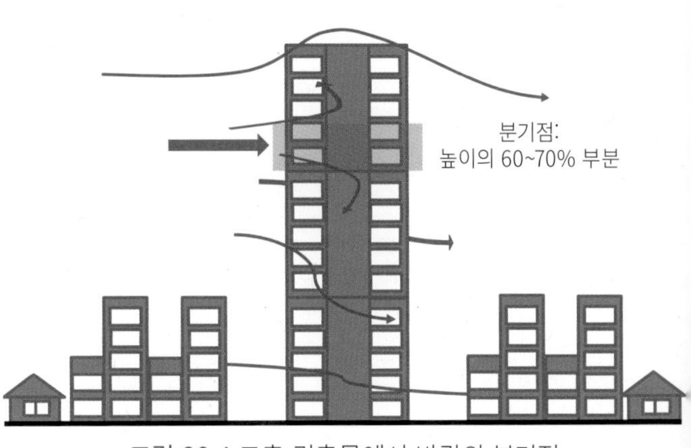

그림 20.4 고층 건축물에서 바람의 분기점

③ 역류

분기점에서 하부로 향하는 바람은 벽면을 따라 하강하여 지면에 도달하면 일부분은 작은 소용돌이를 만들면서 좌우로 흘러가지만, 일부분은 지면을 따라 상공의 바람과는 반대의 방향을 향한다. 이 흐름을 역류라고 한다. 특히 고층 건물 전면에 저층 건물이 있는 경우에는 더욱더 빠른 흐름이 된다(그림 20.5.c).

④ 골짜기풍

고층 건물에 인접해 있거나 건물이 2동 이상인 경우, 빠른 바람이 건물 사이에 생기는 현상이다. 이것은 각각의 건물로부터 박리류와 재넘이가 거듭하면서 합쳐 생기는 현상으로 골짜기풍이라고도 한다

⑤ 개구부풍

개구부풍은 필로티풍이라고도 하며, 건물의 하층 부분에 필로티와 같은 개구부가 있으면 건물 바람이 불어오는 측과 바람이 불어 가는 측이 하나로 연결된다. 이 때문에 이 부분은 바람이 예측 불가능한 바람이 발생하기 쉽다.

⑥ 가로풍

가로풍은 도로풍이라고도 하며, 시가지에서 바람은 가로나 골목을 따라 불어온다. 집이나 건물이 정연하게 배치되어 있을수록, 또한 도로가 넓으면 넓을수록 바람은 발생하기 쉽다. 이 때문에 고층 건물이 있는 거리에서 박리류나 재넘이가 발생하여 가로풍이 발생한다.

⑦ 소용돌이풍

건물의 배후는 풍속이 약하고, 풍향이 확실치 않은 부분이 된다. 이 부분은 크고 작은 다양한 소용돌이가 발생하며, 이 영역을 소용돌이 영역(웨이크)라고도 부른다.

⑧ 상승풍

상승풍은 바람이 상승하는 기류 현상에 의해 발생하는 것인데 건물의 바람이 불어 건물 구석 각부 부근에서 휴지 등이 빙글빙글 돌면서 상공으로 비산해 가는 현상이다.

19. 20 지구 도시환경 연습문제

1) 지구온난화의 원인에 대해서 말하시오.
2) 이산화탄소와 히트 아일랜드의 관계에 대해서 설명하시오.
3) 지구 오염물질에는 어떤 물질이 있는지 밝히시오.
4) 엘니뇨 현상과 라니뇨 현상에 대해서 설명하시오.
5) 빌딩풍에서 풍속 증가율 1.0 의미에 대해서 설명하시오.

그림 20.6 풍해를 배려한 건물(동경 롯폰기힐즈에서 바라봄)

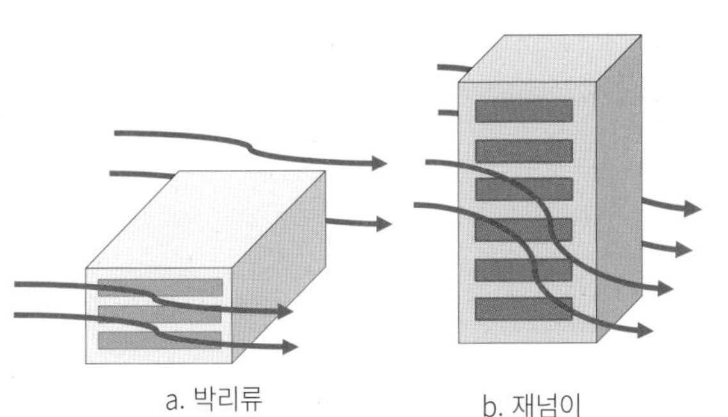

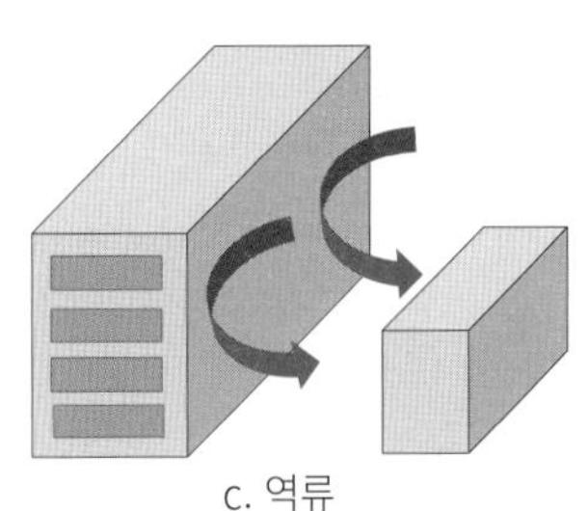

그림 20.5 빌딩풍 현상의 예

19, 20 지구 도시환경 / 심화문제

[1] 지구온난화에 관한 다음 기술 중 가장 부적당한 것은 어떤 것일까?

1. 이산화탄소의 요인은 히트 아일랜드 현상이 일어나기 쉬운 도시 지역에 한정한 것이다.
2. 이산화탄소는 무색, 무취로 공기보다 무겁다.
3. 풍해인 역류는 고층 건물 전면에 저층 건물이 있는 경우에는 더욱더 빠른 흐름이 된다
4. 온실효과 가스에는 이산화탄소, 프론, 메탄, 수증기 등이 있다.
5. 온실효과의 원인이 되는 대표적인 물질은 이산화탄소이다.

[2] 지구·도시환경에 관한 다음 기술 중 가장 부적당한 것은 어떤 것일까?

1. 히트 아일랜드 현상의 주된 원인은 도시 지역에서의 도로나 건축물로부터의 복사열, 자동차나 건축물로부터의 배열이다.
2. 에어로졸은 미립자의 가스 상태의 대기오염 물질과 공존하며 건강에 악영향을 미친다.
3. 풍속 증가율 W_i는 건축물을 건설하는 전후에서의 풍속의 비율(건설 후의 풍속/건설 전의 풍속)이다.
4. 엘니뇨 현상은 우리나라에서 여름철에 무더위가 되는 현상으로, 그 원인은 남미에서 해수 온도가 평상시보다 높기 때문이다.
5. 산성비란 화석연료 등의 연소로 발생하는 황산화물이나 질소산화물 등이 대기 안에서 반응하여 생기는 황산이나 초산 등의 오염물이다.

[3] 지구·도시 환경에 관한 다음 기술 중 가장 부적당한 것은 어떤 것일까?

1. PM2.5는 대기오염 물질이며, 대기 안에 부유하고 있는 직경 $2.5\mu m$ 이하의 초미립자이다.
2. 히트 아일랜드 현상은 도심의 기온이 교외의 기온보다 높아지는 현상이다.
3. 재넘이는 건축물의 벽면에 따른 바람의 흐름이 건축물의 구석 각부로부터 떨어지는 현상을 말한다.
4. 라니냐 현상이 우리나라에 끼치는 영향은 무더위와 혹한 현상으로, 그 원인은 남미에서 해면 온도가 평상시보다 낮기 때문이다.
5. 기체 안에 고체 또는 액체의 미립자가 비교적 안정되고 부유한 상태를 에어로졸이라고 한다.

[4] 지구·도시에 관한 다음 기술 중 가장 부적당한 것은 어떤 것일까?

1. 히트 아일랜드 현상의 원인은 콘크리트 구조의 구축물이나 아스팔트를 사용한 도로 등이 열을 축적하기 때문이다.
2. 집중적으로 바람이 닿는 곳을 분기점이라고 하며, 건물 높이의 40~50%의 부분을 말한다.
3. 2동 간의 거리가 좁은 경우는 풍해의 범위는 좁아지지만 풍속 증가율은 커진다.
4. 광화학 스모그는 공장, 자동차 등에서 배출되는 오염물이 자외선에 의하여 광화학 반응에 의해 발생한다.
5. 이산화탄소 농도는 대기 중의 적외선을 흡수하여 전방출(재방출)하므로 농도가 높아지면 온실 효과에 의한 온난화의 원인이 된다.

[5] 지구·도시에 관한 다음 기술 중 가장 부적당한 것은 어떤 것일까?

1. 냉각 증기는 이산화탄소의 증가에 따른 온난화에 의해 해수 등이 증발하고 증가하는 것이다.
2. 온실효과 가스에는 수증기를 제외한 가스의 인위적인 요인에 의한 증가가 문제이다.
3. 히트 아일랜드 현상의 원인은 녹지가 적어서 야간 방사 냉각의 감소이다.
4. 에어로졸은 기후 변동, 오존층의 파괴, 산성비의 원인 물질이 되는 등 지구 표층의 환경에도 영향을 미친다.
5. 풍속 증가율 W_i는 풍속이 바뀌지 않으면 그 값은 2.0이 된다.

제2편

건축설비

에스컬레이터 설비와 2층 바닥의 공조설비. 인천국제공항

건축물은 외부로부터 다양한 영향을 받으며, 이를 해결하기 위해 건축설비가 필요합니다. 공기조화 시스템, 냉난방 시스템, 전기 및 조명 시스템, 소방 시스템 등을 포함하며, 이러한 시스템은 건물의 설계와 함께 고려되어야 합니다. 건축설비는 건물의 건강성, 안전성, 경제성, 생산성 등에 큰 영향을 미치므로 중요한 역할을 합니다.

01 건축설비 개요

1. 건축설비

건축설비는 거주자의 보건성, 쾌적성, 편리성, 안전성 등을 확보하고, 공장이나 사무실에서는 생산성과 업무의 성과를 올려서 어떤 목적 달성을 위해 필요한 것을 설치하는 것을 말한다. 이러한 건축설비의 건축물에 있어서는 에너지 소비가 따르기 마련이다. "건축설비"는 1. 급배수 위생설비, 2. 공기조화설비, 3. 전기설비, 4. 방재설비로 크게 분류한다.

건축설비는 그림 1.1과 같이 기계가 많이 사용되고 있으므로 수명이 짧고 항상 개량되는 경향이 있으므로 이러한 것에 대응할 필요가 있다. 그림 1.2는 실내 천장에 노출시킨 설비 배관이다.

욕조곡선은 그래프의 세로축을 고장률, 가로축을 시간으로 하여 설비의 신뢰성과 보전성의 개념을 나타내는 것이다. 그래프의 형태가 욕조와 비슷해서 욕조곡선이라고 한다(그림 1.3).

그림 1.1 옥상의 설비 시설(동경호세이대학)

그림 1.2 실내 설비 시설(한양대학)

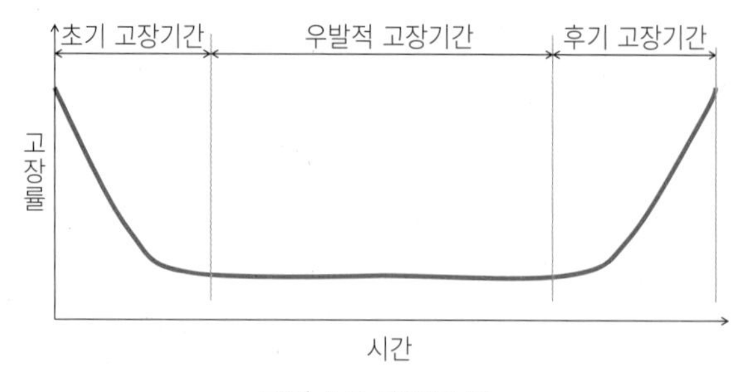

그림 1.3 욕조곡선

2. 설비의 역사

1) 급배수설비

"물"은 인간 생활에 있어서 밀접한 관계를 맺으면서 지금까지 계속되고 있다. 과거에는 물을 얻기 위해서 큰 노력을 해왔다. 그러한 생각은 지금의 "급배수 위생설비"의 원점으로서 계승되고 있다. 과거에는 자연의 "수원(水源)"을 신으로 여겨서 제사를 지내고, 직접 생활용수로 사용하고 있었다. 과거에는 소비된 물은 수로에 흘려보내서 하천이나 해역 등의 수역에 방류하는 수밖에 없었다. 한편, 오수(분뇨)는 퇴비화하여 비료로 사용되었다. 현재는 공공하수로를 통해 처리시설을 경유하여 방류하는 방법과 정화조를 이용하게 되었다.

2) 공기조화설비

공기조화설비의 역사의 시초는 수혈주거에서 중앙부에 있는 환기라 할 수 있다. 그리고 전통 한옥에서는 "자연환기"를 이용한 분합이 있다. 우리나라의 전통 난방 방식은 온돌이라 할 수 있고, 냉방은 마루라고 할 수 있다. 또한, 외국에서는 유럽의 페치카와 난로, 중국의 칸, 일본의 이로리가 있다. 전통 온돌 난방 방식은 실내 전체를 따뜻하게 하는데, 중국의 칸은 침대 부분만, 일본의 이로리는 점열원의 직접 난방이다(그림 1.4). 이것은 실내 전체를 따뜻하게 하는 것이 아니라 일부분만 따뜻하게 하는 난방 방식이다. 냉방의 역사는 증발과 통풍 효과에 의한 것이다. 기기·장치로써 냉방설비의 역사는 미국의 방적공장의 생산관리로부터 시작하여 비약적으로 발달하였다.

3) 전기설비

과거의 조명은 불, 동력은 인력·축력·풍력·수력, 열은 연료에 의한 화력, 통신에는 음향, 빛, 연기에 의한 전달이었다. 과거의 조명설비는 창호지 문에 비유할 수 있다. 창호지 문은 실내의 프라이버시 보호와 함께 빛의 부드러운 확산과 직사광의 차폐에 효과가 있다. 전기는 토머스 에디슨과 니콜라 테슬라와 같은 과학자에 의해 19세기 후반에 실용화되었다. 그 후 급속한 전기 테크놀로지의 발전에 의해 산업과 사회가 크게 변화하고 있다.

4) 방재설비

고려 시대에는 제도상으로 금화 제도가 있었을 뿐 소방서와 비슷한 전문 기관은 존재하지 않았다. 조선 시대에는 국방을 담당하는 병조 아래 금화도감이라는 기관이 있었다. 과거에는 전망대에서 마을의 화재를 감시하고 매일 밤 화재 당번이 마을을 직접 돌아다니면서 감시하였다. 지금은 화재경보기가 그 전망대의 역할을 하고 있다.

급수 우물, 1970년 초 평택시 신왕리 현덕면(寺門征男 씨 제공)

일본의 난방과 취사 겸용 난방 이로리

급배수 역할을 한 서울 청계천

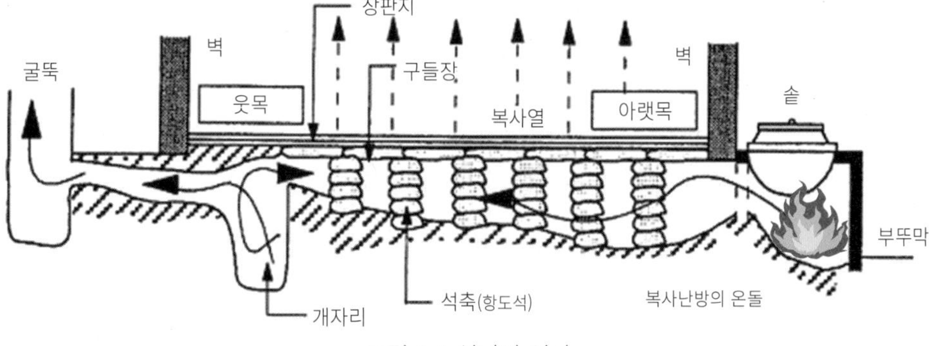

그림 1.4 설비의 역사

02 급수설비

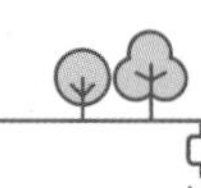

급배수설비는 물을 공급하는 설비와 물을 사용하는 위생기기, 사용한 물을 배출하는 설비로써 일상생활에서 이루어지는 것이다. 그 개략 계통은 그림 2.1과 같다. 주로 급수설비, 급탕설비, 배수·통기설비로 나누어진다.

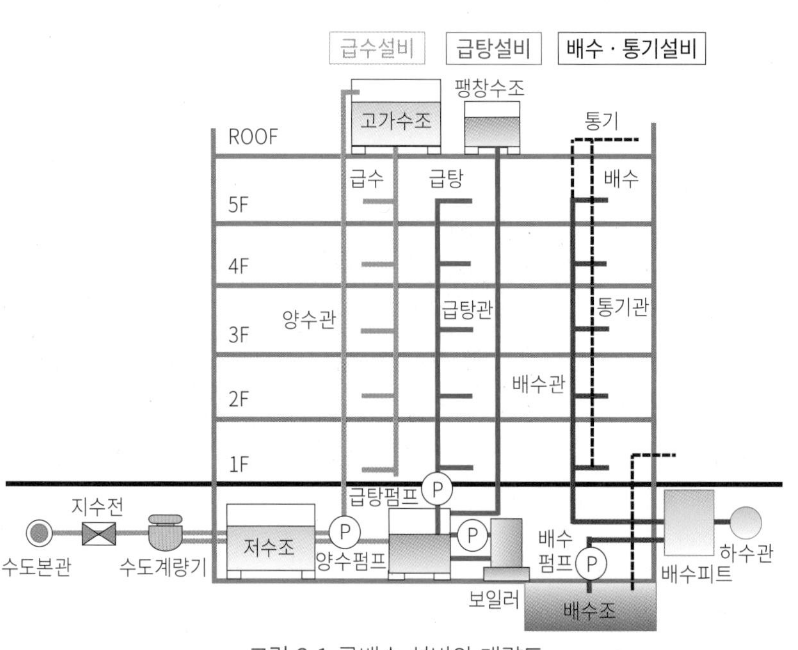

그림 2.1 급배수 설비의 개략도

1. 물의 사용

1) 물의 용도

거주 생활에서 소비되는 물의 용도는 음료수와 잡용수로 크게 나누어진다. 상수도의 음료수에는 소정 이상의 잔류염소가 포함되어 있어야 한다. 수원에서 급수시설까지의 경로는 그림 2.2와 같다.

- 음료수 : 식수용, 주방용, 세면 목욕용, 세탁용
- 잡용수 : 변기 세정용, 청소용, 살수, 공조기 냉각수

2) 물의 소비율

일반 주택에서의 물 소비는 거주자 1인 1일당 200 ~ 350ℓ로 많이 사용되고 있지만, 음료용으로는 소량이며 거의 샤워, 세탁, 화장실에 많이 소비되고 있다.

주방시설이 없는 중소 규모의 사무소 빌딩의 사용 수량의 비율

그림 2.2 수원에서 급수 시설까지의 경로

은 음료수 30~40%, 잡용수 60~70%로 계획한다. 사무소 빌딩의 설계용 급수량은 근무자 1인 1일당 60~100ℓ 정도이다(표 2.1 참조). 집합주택에서는 거주자 1인당 1일 250ℓ 정도로 하고, 호텔은 침대 1대당 500ℓ 정도로 한다. 그리고 종합병원은 침대 1대당 1,500~3,500ℓ 정도로 한다.

표 2.1 급수 사용량

건물종류	급수량(1일)	사용시간 [h/d]
개인주택	200~400ℓ/인	10
집합주택	200~350ℓ/인	15
관공소·사무소	60~100ℓ/인	9
호텔(전체) 호텔(객실)	500~6000ℓ/실 350~450ℓ/실	12 12
종합병원	1500~3500ℓ/침상 30~60ℓ/m^2	16
대형점포	15~30ℓ/m^2	10
음식점	55~130ℓ/객 110~530ℓ/점포m^2	10
초·중·고등학교 대학 강의동	70~100ℓ/인 2~4ℓ/m^2	9 9
극장·영화관	25~40ℓ/m^2 0.2~0.3ℓ/인	14
도서관	25ℓ/인	6

2. 급수 방식

건물에서 급수 방식의 선정은 건물의 높이에 의한 수압이 결정적이다. 욕실 샤워의 최저 필요 압력은 70kPa이다.

1) 수도직결 직압 방식

수도직결 직압 방식은 수도 본관의 압력을 그대로 이용하여 건축물 내의 필요 부분에 급수하는 방식이다. 일반적으로 2~3층 건물 이하의 소규모 건물에 적절하다. 단수 때 상수급수 배관과 우물물 배관과의 접속은 금지이다(그림 2.3.a). 수도직결 직압 방식은 저수조의 설치 스페이스가 불필요하므로 유지 관리가 쉽다. 주로 저층과 중층·중규모 건축물과 3층 이상의 소규모의 건축물에 적합하다.

2) 수도직결 증압 방식

수도직결 증압 방식은 수도 본관의 압력을 가해서 증압펌프에 의해 건축물 내의 필요 부분에 급수하는 방식이다(그림 2.3.b). 수조 설치 스페이스가 불필요하므로 도시 지역의 3층 이상의 급수 방식에 적합하다. 수도의 급수 인입관에 증압 급수설비를 직결하여, 수도 본관의 수압을 이용할 수 있기 때문에 에너지 절

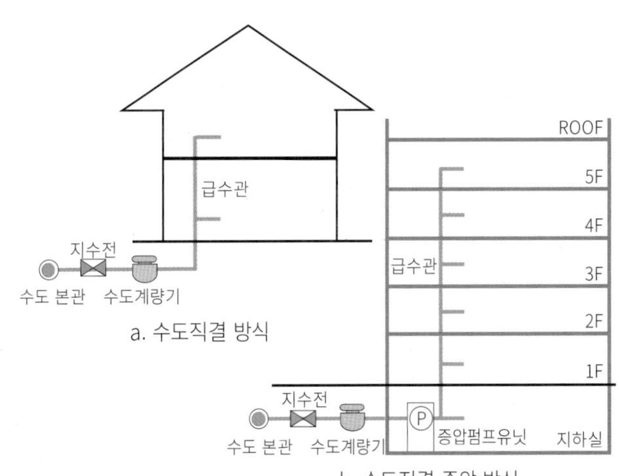

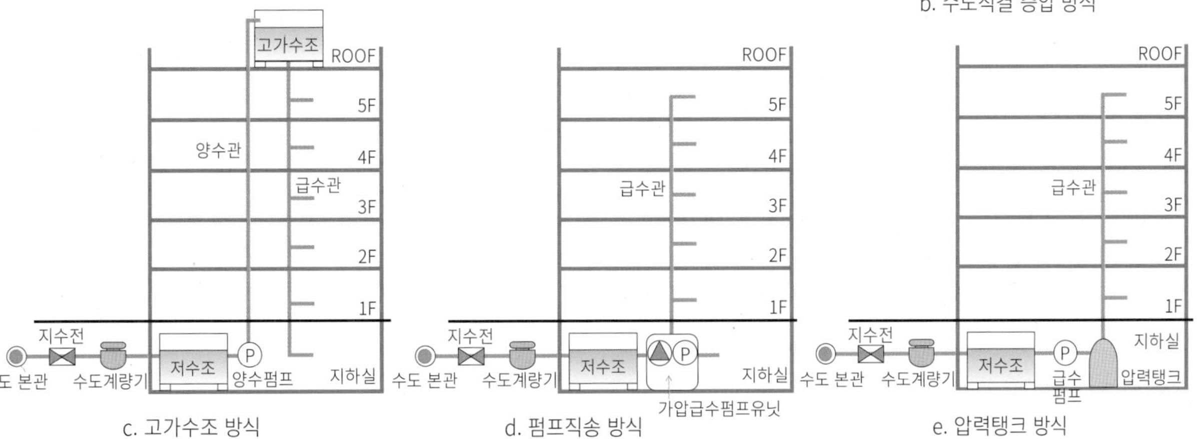

그림 2.3 급수 방식

약 효과를 기대할 수 있다. 그러나 수도 본관의 역류에 대해서 고려할 필요가 있다. 수도 본관의 역류를 방지하기 위해서는 일반적으로 증압펌프의 흡입 측에 역류 방지기를 설치한다.

3) 고가수조 방식

고가수조 방식은 수도 본관으로부터의 물을 받아 수조에 저수한 후, 그림 2.3.c처럼 옥상에 설치한 고가수조에 양수하고, 거기에서 중력에 의한 자연 급수로 건축물 내의 필요 부분에 급수하는 방식으로서 대규모 건축물에도 적합하다.

고가수조는 건축물 내에서 가장 높은 위치에 있는 수전, 기구 등의 필요 수압을 확보할 수 있는 높이에 설치한다(그림 2.4). 양수관의 횡 배관이 길어지는 경우는 워터 해머를 방지하기 위해서 저층에서 횡 배관을 하면 좋다.

급수 인입관은 수조에 물을 모으는 것이 목적이라서 수도직결 증압 방식의 경우에는 급수 인입관이 최대 수요량을 조달해야 한다. 따라서 고가수조의 급수 인입관 관경은 수도직결 증압 방식보다 작아진다. 고가수조 방식에서는 70kPa의 최저 압력을 확보하기 위해서 고가수조 저수 위에서 가장 높은 위치의 샤워기 헤드까지의 높이를 설정한다.

4) 펌프직송 방식

펌프직송 방식은 수도 본관으로부터의 물을 받아 수조에 저수한 후, 급수펌프에 의해 건축물 내의 필요 부분에 급수하는 방식이다(그림 2.3.d). 주로 중층의 건축물에 이용되는 급수 방식으로 건축물이 정전일 때에는 급수할 수 없다.

5) 압력탱크(수조) 방식

압력탱크 방식은 기체를 봉입한 역지밸브를 부착한 압력탱크에 압력을 높여서 펌프로 물을 공급한다. 정전 시에도 압력탱크 내의 압력이 저하할 때까지 일정 시간의 급수가 가능하다. 압력 변동이 크고, 압력탱크 내의 기체 봉입 벨로우즈(접속 배관)의 보수가 번잡하다(그림 2.3.e).

3. 급수 방법

1) 상향·하향배관 방식

급수관의 상향배관 방식은 최하층에서 급수 주관을 전개하여, 펌프에 의해 각 지관을 상향배관하여 급수한다. 상향배관 방식은 최하층의 천장에 주관을 배관하여 이것보다 위쪽의 기구에 상향으로 급수한다. 하향배관 방식은 최상층까지 물을 퍼올려서 저수한 다음에 급수 주관을 전개하여, 각 지관을 하향으로 배관해 하부층에 급수한다(그림 2.5).

2) 고층 건축물의 급수 방식

고층 건축물에서 급수를 1계통으로 실시하면, 하층계에 있어서 급수 압력이 과대해져 워터해머가 발생하

그림 2.4 고가수조

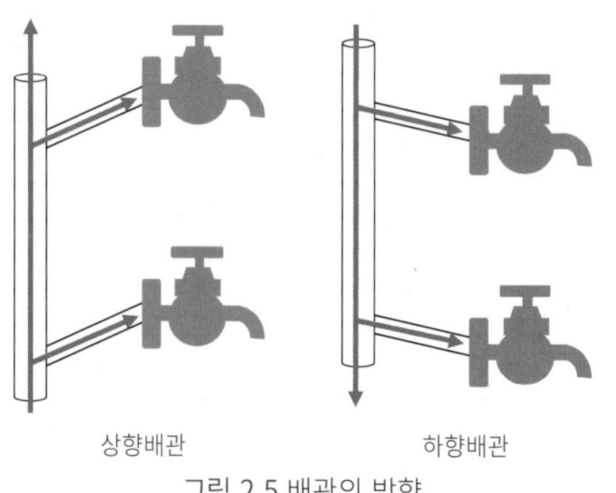

그림 2.5 배관의 방향

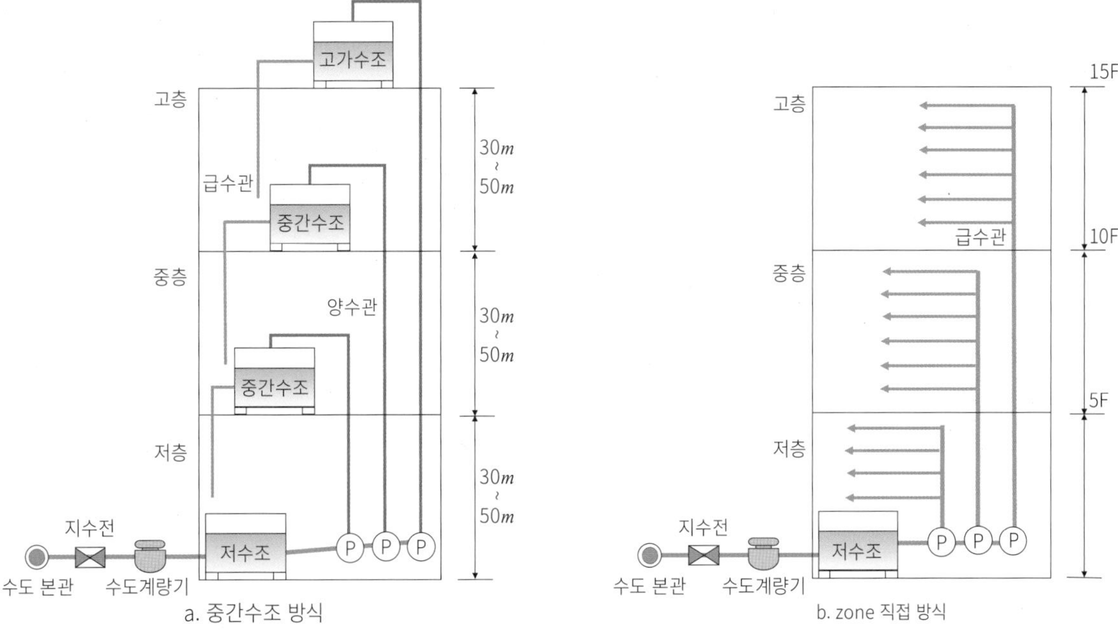

그림 2.6 고층빌딩 급수

며 기구 배관류의 고장의 원인이 된다. 그 때문에 중간 수조나 감압밸브를 설치하여 수압을 낮추기 위해서 조닝 계획을 한다. 일반적으로 호텔과 주택에서는 0.3*MPa*, 사무소·공장에서는 0.5*MPa*를 상한 수압으로 한다. 그 수압은 그림 2.6과 같이 수압에 맞추어 30*m*, 50*m* 이내마다 조닝 계획을 한다.

그림 2.7 스텐레스 저수조

4. 저수조

1) 용량

저수조의 수량은 기본적으로 하루 평균 급수량의 1일분이지만, 저장 시간의 장기화를 고려하여 양질인 물을 유지하기 위해서 1일분의 반 정도(4/10~6/10)를 받아서 저수조의 실용량으로 한다. 물을 너무 많이 모으면 오염되기 쉬워지기 때문에 비위생적이다. 일반적인 사무소 빌딩에서 재해 응급대책으로서 음료용 수조의 용량을 1일 예상 급수량의 2배 정도로 설정하는 경우는 "수도법의 규정에 의한 잔류염소의 농도를 확보하기 위해" 염소 주입 등 소독을 한다.

2) 재질

저수조의 재질은 부식의 우려가 있지만 나무를 사용할수 있다. 단, 압력 수조에는 사용할 수 없다. FRP제 수조는 내부에서 해초류가 증식하는 것을 막기 위해 수조 내에 빛의 투과율을 낮추어야 한다. 그외에 강판, 스테인리스 강판 등이 있으며 사용 목적이나 사용 방법에 따라 선정한다(그림 2.7).

3) 설치

저수조는 건물 내에서 물의 위생적인 공급의 중심이므로 절대 오염이 있어서는 안 된다. 점검 스페이스는 저수조의 6면을 점검할 수 있도록 하며, 표준 치수로서 벽면과 바닥은 600*mm* 이상, 천장면은 1,000*mm*

이상으로 한다(그림 2.8).

슬로싱(sloshing)이란, 저수조의 물이 지진 등에 의해 진동하는 현상으로 저수조에 손상을 주는 것을 의미한다. 재해 응급대책 활동에 필요한 의료시설에는 지진 재해 시에 사용할 수 있는 물을 확보하기 위해 저수조에 지진 감지에 의해 작동하는 긴급 급수 차단 밸브를 마련한다.

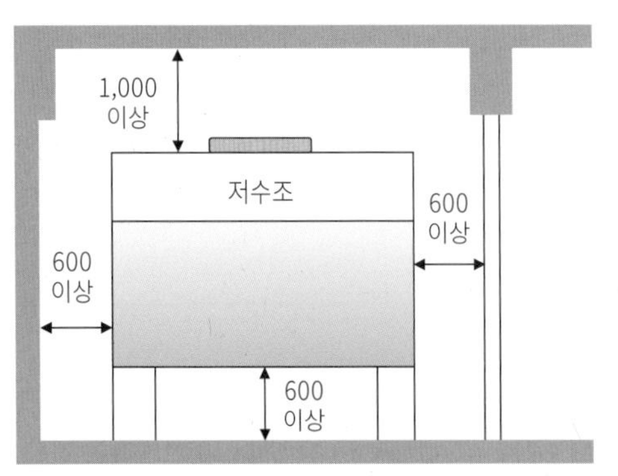

그림 2.8 저수조의 설치(*mm*)

a. 재래식 펌프(용적식 펌프)

b. 기계식 펌프(비용적식 펌프)

그림 2.9 펌프

4) 구조체 이용

상수용 수수조(受水槽)와는 별도로 마련하는 소화용 수수조는 건축물의 구조체를 이용할 수 있다. 즉 상수 계통과 잡용수 계통을 다른 계통으로 하여, 잡용수 계통의 수수조는 철근콘크리트 구조의 바닥 밑 피트를 이용할 수 있다.

5. 펌프

펌프는 물을 낮은 장소에서 높은 장소로 이송하는 기계이다. 펌프에 물을 흡입하여 토출하여 목적 장소까지 이송하는 2개의 중요한 능력을 가지고 있다. 펌프는 크게 비용적 펌프와 용적 펌프로 분류한다. 비용적 펌프는 날개 형태의 회전자(임펠러)를 사용해 원심, 사류, 축류의 동작 방법에 의해 분류한다. 원심펌프는 수도·하수도의 송배수용으로 사용하고, 사류펌프는 비교적 고양정(高揚程)에 적합하다. 그리고 축류펌프는 저양정(低揚程)의 대용량에 적합하다(그림 2.9).

■ 캐비테이션(cavitation, 공동 현상)

캐비테이션은 펌프 헤드 내에 부압에 의해 기포가 발생하여 토출량이 감소하는 것과 동시에 이상음과 진동이 일어나는 현상을 말한다. 작동하고 있는 펌프 내의 캐비테이션은 수온이 일정한 경우, 펌프 흡입구의 관내 압력이 낮을 때 발생하기 쉽다.

6. 중수

"중수"는 재생한 물을 말하며 음용에는 부적절하다. 변소의 세정, 냉각탑 보충수, 옥외 청소용수, 소방용수 등으로 사용된다. 오음(誤飮)의 방지 때문에 배관 접속의 미스를 막기 위해서 배관에 "상수", "중수"의 표시를 한다(그림 2.10 참조).

배수 재이용수의 원수(原水)로서는 세면기나 급탕실로부터의 배수 외에 주방의 배수도 이용할 수 있다. 배수 재이용수는 사람의 건강과 관련되어 있어 피해 방지를 위해 대장균이 검출되지 않는 경우라도 음료수로써 사용할 수 없다.

또한, 오수를 원수로 한 잡용수는 수질 기준에 적합하도록 처리한 중수라도 식수의 살수나 분수의 보급수로 사용할 수는 없다. 그 이유는 물보라의 확산이나 어린이들이 오음의 가능성이 있어 건강상의 피해나 위생상으로 염려되기 때문이다.

7. 워터해머(water hammer, 수격)

워터해머(수격)는 수전을 급격하게 잠그면 유체가 배관의 벽면에 충돌하고 충격음이 발생하는 현상이다(그림 2.11). 급수 압력이 너무 높으면 급수관 내의 유속이 빨라져 워터해머 등의 장애가 발생하기 쉽다. 배관이나 이음새가 파손되어 누수가 생기고 소음도 발생하는데, 워터해머 저감기를 설치하면 방지할 수 있다(그림 2.12).

8. 급수관

급수관을 경질 염화비닐 라이닝 강관으로 하고, 부식 방지 이음새를 사용하면, 적수(녹물) 발생을 방지할 수 있다. 음료수의 급수·급탕 계통과 그 외 계통이 배관·장치 등에 의해 직접 접속되는 크로스 커넥션은 절대로 있어서는 안 된다. 각 주호용 가로(횡) 관은 슬래브 표면과 바닥 마무리면 사이에 배관한다.

그림 2.10 중수 이용 유닛

급수관의 관경은 배관 계통과 배관 부위의 순간 최대유량을 부하유량으로 하여 결정한다. 옥내 급수관의 결로 방지를 위해 보온 재료를 이용하고 방로 피복을 실시한다.

절수 급수전은 절수 급수전의 밑부분을 보통 급수전보다 크게 하여 토수량을 줄여서 절수를 도모하는 수도꼭지이다(그림 2.13).

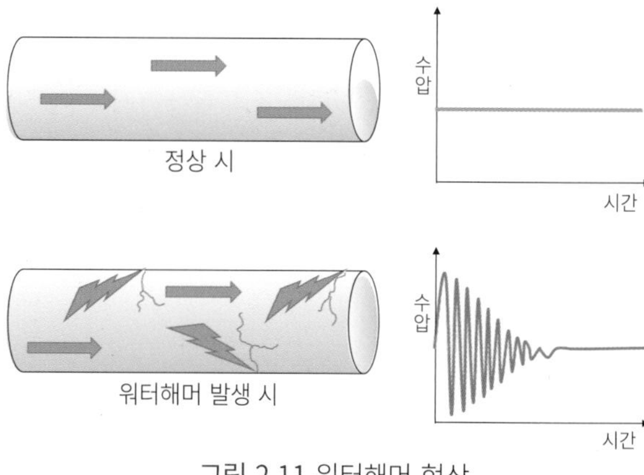

그림 2.11 워터해머 현상

그림 2.12 워터해머 방지기

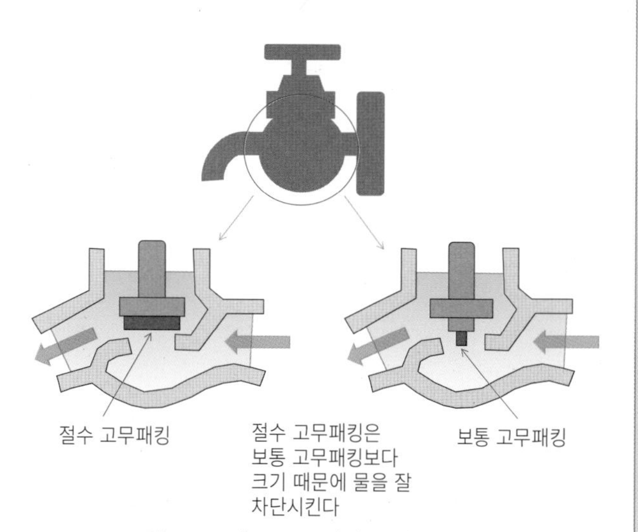

그림 2.13 절수 고무패킹을 넣은 급수전

03 급탕설비

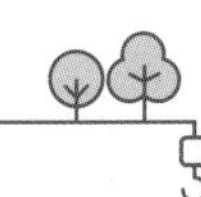

1. 급탕의 성질·특징

급탕설비는 건축물 내의 욕실, 세면실, 부엌 등에 온수를 공급하는 설비이다. 1개소에 온수보일러를 설치하여 필요 부분에 배관을 통해서 급탕하는 중앙 급탕 방식과 순간온수기로 급탕하는 개별 급탕 방식이 있다. 가정용으로는 가스를 연료로 한 순간온수기가 많이 이용되고 있지만, 최근에는 온수난방용 온수보일러가 급탕용으로 배관에 의한 급탕이 점차 보급되고 있다. 온수보일러의 열원에는 가스, 등유, 전기 등이 이용된다.

2. 물의 팽창과 관의 신축

1) 물의 팽창

물은 4℃ 이하가 되면 체적은 팽창하고, 그 이상으로 가열해도 팽창한다. 온수의 팽창은 급수관의 팽창·수축에 영향을 주어, 관과 이음새의 누수나 급탕 장치의 팽창과 파손 등 급탕계에 다양한 문제를 일으킬 우려가 있다.

그림 3.1 팽창수조(탱크)

2) 팽창관·팽창수조(탱크)

가열 장치와 팽창탱크를 연결하는 배관을 팽창관이라고 하며, 신축을 흡수하는 장치를 설치한다. 온수를 대량으로 사용하는 주택의 중앙난방이나 빌딩용 공기조절 시스템, 대규모 급탕 시스템에서 발생하는 팽창수를 흡수시키기 위해서는 그림 3.1과 같은 팽창 수조(탱크)가 필요하다. 팽창탱크에는 밀폐식과 개방식이 있다. 급탕설비에서는 가열에 의해 팽창한 물을 팽창탱크로 보내는 역할을 하므로 가열 장치와 팽창탱크를 연결하는 팽창관에는 지수밸브를 마련하지 않는다.

3) 급탕관의 신축

급탕관의 신축은 관의 파열, 건축 구조물의 파손을 일으키며, 수해에 의한 손실 사고의 원인이 된다. 이러한 손해를 막기 위해서는 급탕관에는 약 15~20*m*마다 신축을 흡수하는 장치를 설치할 필요가 있다. 통상 그림 3.2처럼 벨로우즈식 신축 이음새가 이용된다. 또한, 소규모나 관 구경이 작은 경우에는 스위블 조인트, 엘보를 이용한다.

3. 급탕 온도·사용 온도

레스토랑이나 병원, 학교 등에서는 90℃ 이상의 온수로 헹굼을 하고, 식기 소독 보관고에 넣고 건조한다. 가정에서는 식기세척기를 60℃의 온수로 헹굼을 하고,

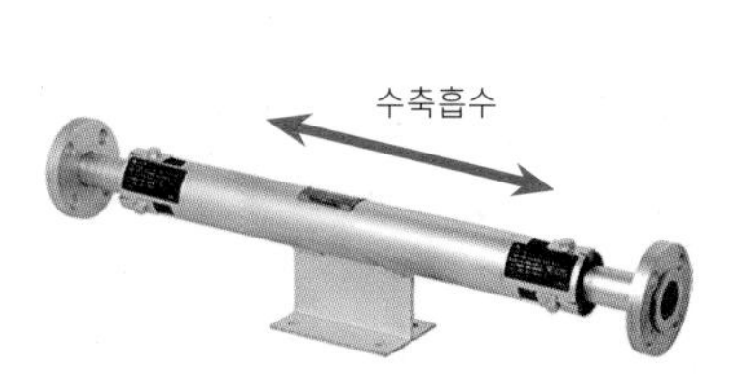

벨로우즈식 조인트

스위블 조인트

엘보

조인트

그림 3.2 신축 이음새(조인트)

행주로는 닦지 않고 자연 건조하는 것이 위생적이다. 샤워나 부엌의 수도꼭지는 60℃의 온수와 15℃의 냉수가 섞였을 때 약 40℃의 적당한 수온이 된다. 순환식 중앙급탕의 급탕 온도는 레지오넬라 속균 대책으로 저탕 수조 내에는 60℃ 이상으로 유지할 필요가 있다.

4. 급탕 방식

4.1 배관 방식

1) 단관식

급탕관으로만 공급하는 방식이다. 급탕 온도가 안정될 때까지 시간이 필요하지만, 배관 길이가 짧으므로 열손실이 적고 비용이 적게 든다. 소규모의 급탕설비에 유효하다.

2) 복관식

급탕관과 반탕관의 2계통의 배관으로 공급하는 방식이다. 온수를 강제 순환시키고 배관 내에 냉수가 저류하지 않도록 하므로 급탕 온도가 안정적이다. 그러나 배관 길이가 길어져서 열손실이 크고 비용이 많이 든다. 대규모의 급탕설비에 유효하다.

4.2 공급 급탕 방식

사용하는 부분의 수압을 일정하게 유지하기 위한 방식이다.

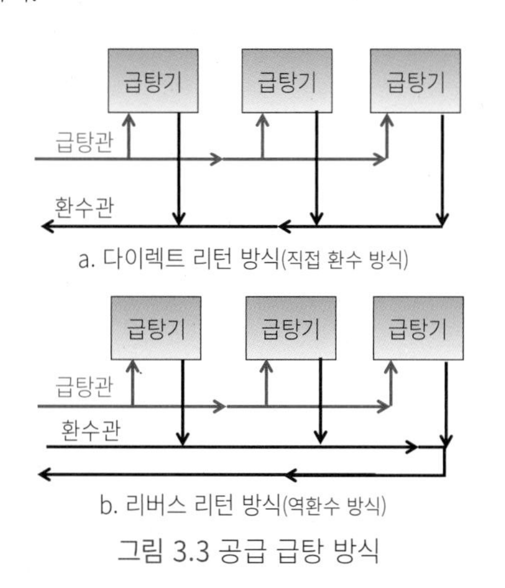

그림 3.3 공급 급탕 방식

1) 다이렉트 리턴 방식(직접 환수 방식)

급탕관은 펌프에서 가까운 각 기기에 차례대로 접속하며, 반탕관은 펌프에서 먼 기기로부터 차례대로 배관하는 방식(그림 3.3.a)이다. 말단 분기의 물이 잘 흐르지 않고 분기마다 압력 차이가 생긴다.

2) 리버스 리턴 방식(역환수 방식)

급탕관은 펌프에서 가까운 각 기기에 차례대로 접속하며, 반탕관은 펌프에서 가까운 기기로부터 차례대로 먼 기기에 배관하는 방식(그림 3.3.b)이다. 모든 분기의 물이 잘 흐르고 분기마다 압력 차이도 일정하다. 그러나 급탕관과 반탕관의 유량이 동일한 순환 배관계에는 적합하지만, 급탕관과 반탕관으로 유량이 크게 다른 경우에는 적합하지 않다.

4.3 계통에 의한 급탕 방식

건물의 급탕 분류에서 방식별로는 중앙식과 개별식이 있으며, 형식상으로는 순간식과 저탕식으로 나누어진다.

1) 중앙식 급탕

중앙식은 주로 규모가 큰 건물에 적합한 급탕 방식이다(그림 3.4). 열원은 급탕 전용 열원기에 의하고 다른 열원으로부터는 열교환기에 의해 온수를 제조하는 경우가 있다.

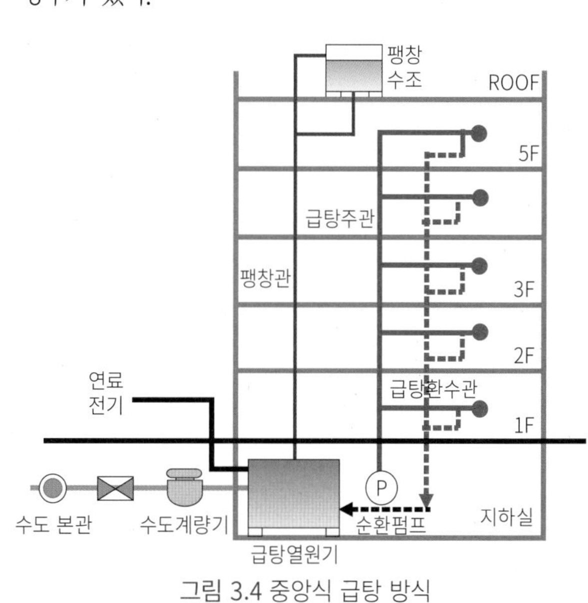

그림 3.4 중앙식 급탕 방식

2) 개별식 급탕

개별식은 주로 규모가 작은 건물, 주택의 급탕 방식으로서 가스식과 전기식이 있다. 가스식에는 순간식과 저탕식이 있는데, 주택에서는 순간식이 많이 채용되고 있다. 최근에는 자연 냉매 히트 펌프 급탕기(에코큐트)가 사용된다(그림 3.5).

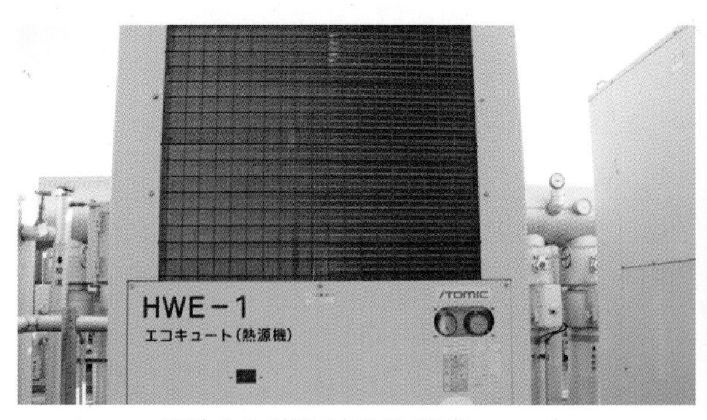

그림 3.5 히트 펌프 급탕기(에코큐트)

3) 순간식 급탕

잠열회수형 가스 급탕기는 연소 배기가스에 포함되는 배열을 회수하여 유효 에너지로 이용하는 것이 가능하다. 급탕기의 열교환기는 급탕기의 배기가스에서 나오는 잠열을 재이용하므로 효율적으로 온수를 만들 수 있으며, 이산화탄소 배출량도 삭감할 수 있다. 그러므로 급탕설비에 잠열회수형 급탕기를 사용하면 에너지 절약이 된다.

종래의 가스 급탕기는 열효율 급탕이 80%이고 20%는 배기로 소비되었다. 이것에 비해서 잠열회수형 가스 급탕기는 배기가스에 포함되는 수증기가 물로 돌아올 때 방출되는 응축열(잠열)을 회수·재이용함으로써 열효율을 95%까지 높인 고효율 가스 급탕기이다. 가스의 사용량도 13% 삭감할 수 있다(그림 3.6).

가스 순간식 급탕기(그림 3.7)의 급탕 능력은 1ℓ 물의 온도를 1분간에 25℃ 상승시키는 능력을 1호로써 표시한다. 예를 들면, "24호"는 수온 +25℃의 따뜻한 물을 1분간에 24ℓ를 만들 수 있는 급탕 능력이며, 4인 가족에 적당하다.

4) 저탕식 급탕

만수 시의 질량이 15kg를 넘는 급탕기는 전도, 이동 등에 의한 피해를 방지하기 위하여 앵커 볼트로 고정하여 전도 방지의 조치를 강구한다. 급탕용 보일러는 항상 관수가 신선한 보급수로 교체하기 때문에 공기조화 설비용 온수보일러보다 비교적 부식하기 쉽다.

5. 급탕 수전

1) 싱글 레버식 수전

레버 핸들로 물의 혼합 및 토수·지수한다. 레버 핸들로 상하 조작하여 토수·지수를 좌우 조작으로 물을 혼합할 수 있으므로 손쉽게 조작이 가능하여 편리하다(그림 3.8.a).

a. 종래 가스 급탕기

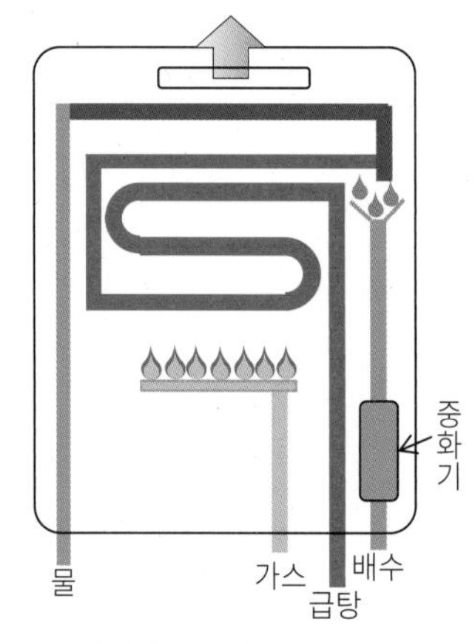

b. 잠열 회수형 가스 급탕기

그림 3.6 가스 급탕기의 종류

그림 3.7 잠열 회수형 가스 급탕기

2) 2 핸들 수전

2개의 핸들로 물의 혼합 및 토수·지수한다(그림 3.8.b). 단시간에 급탕이 필요한 호텔 등의 경우에는 단관식의 급탕 방식을 사용하지 않는다.

3) 서모스탯식 수전

온도 조절 핸들로 온도를 설정하면 서모스탯 카트리지의 기능으로 물의 혼합량을 자동 조절하여 따뜻한 물이 뜨거워지거나 차가워지는 일 없이 안정된 온도의 물을 얻을 수 있다. 토수·지수는 전환 핸들로 실시한다(그림 3.8.c). 핸들 수전에 비하여 온수 조절 중에 불필요한 물의 삭감이 가능하여 절수에 유효하다.

4) 자폐식 수전

버튼을 1회 누르면 1회에 약 3l에서 자동적으로 멈춘다. 특히 온천, 호텔이나 사우나, 골프장 등 공공적인 욕실에서 무단 사용을 방지할 수 있어서 물의 낭비를 줄일 수 있다(그림 3.8.d).

3 급수·급탕 연습문제

1) 급수 방식에 대해서 설명하시오.
2) 저수조(貯水槽)의 용량과 수질, 설치에 대해서 설명하시오.
3) 중수의 사용 시 주의사항에 대해서 말하시오?
4) 워터 해머(수격)의 발생 원인과 방지에 대해서 설명하시오.
5) 급수관에 대해 설명하시오.
6) 급탕설비의 팽창 장치에 대해 설명하시오.
7) 중앙식 급탕 방식과 개별식 급탕 방식에 대해 설명하시오.

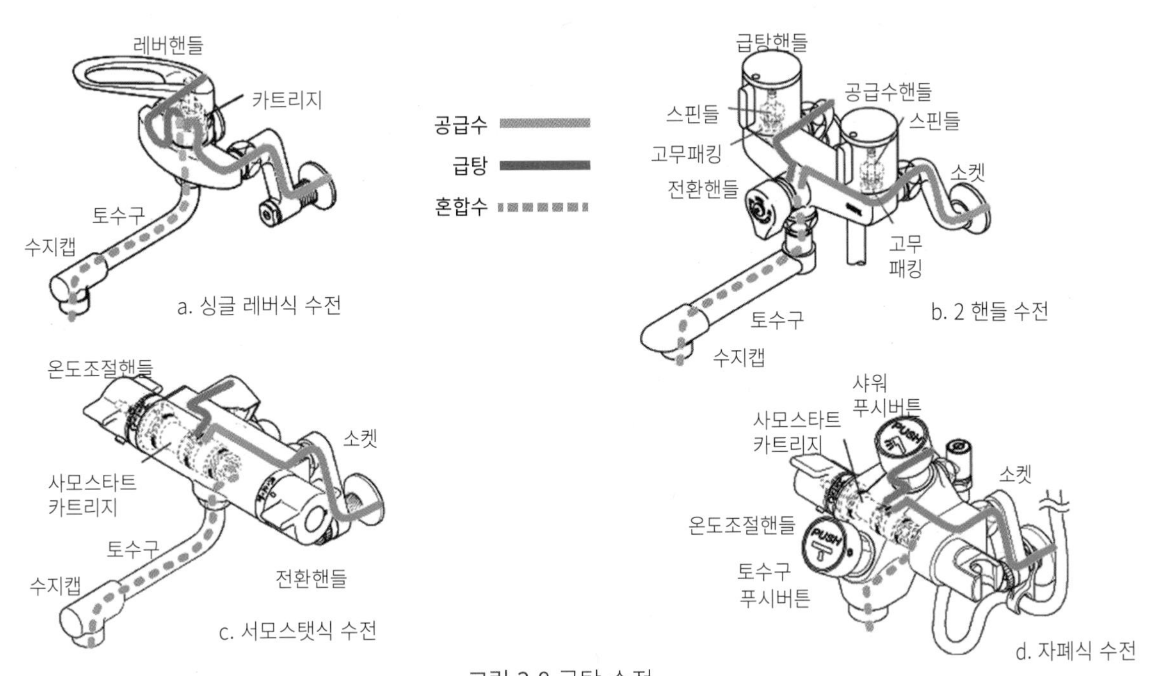

그림 3.8 급탕 수전

3 급수·급탕 / 심화문제

[1] 급수·급탕에 관한 다음 기술 중 가장 부적당한 것은 어떤 것일까?

1. 단시간에 온수를 필요로 하는 호텔 등의 급탕 방식에는 단관식을 사용하지 않는다.
2. 상수도의 음료수에는 소정의 값 이상의 잔류염소가 포함되어 있어야 한다.
3. 공동주택에서 거주자 한 명당 250ℓ/일로 했다.
4. 오수를 원수로써 잡용수의 수질 기준에 적합하도록 처리한 중수라도 재배의 살수나 분수의 보급수에 사용

할 수는 없다.
5. 급탕용 보일러는 공조 설비용 온수보일러와 비교해 부식하지 않는다.

[2] 급수·급탕에 관한 다음 기술 중 가장 부적당한 것은 어떤 것일까?

1. 음식시설을 설치하지 않는 중소 규모의 사무소 빌딩의 사용 수량의 비율은 음료수 30~40%, 잡용수 60~70%로 계획한다.
2. 서모스탯식 수전은 핸들 수전보다 절수가 되지 않는다.
3. 종합병원에서 침대 1대당 1,500 ~ 3,500ℓ/바닥·일이다.
4. 배수 재이용수는 세면대나 급탕실의 배수 외에 주방의 배수도 이용할 수 있다.
5. 리버스 리턴 방식은 급탕관과 반탕관으로 유량이 크게 다른 경우에는 적합하지 않다.

[3] 급수·급탕에 관한 다음 기술 중 가장 부적당한 것은 어떤 것일까?

1. 수도직결 직압 방식은 수도 본관의 압력을 그대로 이용해 급수하는 방식이다.
2. 욕실의 샤워 최저 필요 압력은 70*kPa*이다.
3. 순간식 급탕기의 20호는 1분간에 20ℓ의 물을 20℃ 상승시키는 능력이다.
4. 고가수조는 정전 시에 일정의 수조의 물을 사용할 수 있다.
5. 펌프 내의 캐비테이션은 펌프 흡입구의 관내 압력이 낮은 때 발생하기 쉽다.
6. 공기 조절 시스템, 대규모 급탕 시스템으로는 팽창탱크가 필요해진다.

[4] 급수·급탕에 관한 다음 기술 중 가장 부적당한 것은 어떤 것일까?

1. 고가수조 양수펌프의 양정은 실양정, 관내 마찰 손실 및 수두와의 합계로 결정한다.
2. 수도직결 증압 방식은 저수조가 필요하다.
3. 수도직결 직압 방식은 수도직결 증압 방식과 비교해 유지 관리가 쉽다.
4. 사무소 빌딩에서의 음료 수조의 유효 용량은 1일 사용 수량의 반 정도(4/10~6/10)를 표준으로 한다.
5. 급수 압력이 너무 높으면, 급수관 내의 유속이 빨라져 워터 해머 등의 장애가 발생하기 쉽다.

[5] 급수·급탕 등에 관한 다음 기술 중 가장 부적당한 것은 어떤 것일까?

1. 펌프직송 방식은 수도 본관으로부터의 물을 받아 수조에 저수한 후, 급수 펌프에 의해 급수하는 방식이다.
2. 급수관의 상관배관 방식은 최하층의 천장에 주관을 배관해, 이것보다 위쪽의 기구에 급수한다.
3. 가열 장치와 팽창탱크를 연결하는 배관을 팽창관이라 한다.
4. 급수설비에서의 펌프직송 방식은 물의 사용 상황에 따라 급수 펌프의 운전 대수나 회전수의 제어를 실시하고 급수한다.
5. 상수 수조와는 별도로 마련하는 소화용 수조는 건축물의 지하 피트 등의 골조를 이용할 수 없다.

[6] 급수·급탕에 관한 다음 기술 중 가장 부적당한 것은 어떤 것일까?

1. 고층의 공동주택에서 하층에는 급수관에 감압밸브를 설치하고 급수압을 조정한다.
2. 팽창탱크에는 밀폐식과 개방식이 있다.
3. 절수 고무 패킹의 급수전은 절수를 도모하는 수도꼭지이다.

4. 고가수조는 건축물 내에서 가장 높은 위치에 있는 수전, 기구 등의 필요 수압을 확보할 수 있는 높이에 설치한다.
5. 욕실의 샤워의 최저 필요 압력은 30kPa이다.

[7] 급수·급탕에 관한 다음 기술 중 가장 부적당한 것은 어떤 것일까?

1. 단수 때에는 상수급수 배관과 우물물 배관과의 접속은 금지이다.
2. 고층 건축물의 급수 방식은 수압에 맞추어 10m, 20m 이내마다 조닝 계획을 한다.
3. 각 주호용 가로(횡) 관은 슬래브 표면과 바닥 마무리면 사이에 배관한다.
4. 급탕기의 열교환기는 급탕기의 잠열을 효율적으로 사용하며 이산화탄소 배출량도 삭감할 수 있다.
5. 급수관의 관경은 배관 계통과 배관 부위의 순간 최대유량을 부하유량으로 하여 결정한다.

[8] 급수·급탕에 관한 다음 기술 중 가장 부적당한 것은 어떤 것일까?

1. 고가수조 방식은 대규모 건축물에도 적합하다.
2. 저수조의 표준 치수로서 벽면과 바닥은 600mm 이상, 천장면은 1,000mm 이상으로 한다.
3. 음료수의 급수·급탕 계통과 그 외의 계통, 배관·장치 등에 의해 직접 접속되는 크로스 커넥션은 절대로 있어서는 안 된다.
4. 순환식의 중앙 급탕의 급탕 온도는 레지오넬라 속균 대책으로써 저탕 수조 내에는 40℃ 이상으로 유지할 필요가 있다.
5. 급탕설비에서는 가열 장치와 팽창탱크를 연결하는 팽창관에는 지수밸브를 마련하지 않는다.

[9] 급수·급탕에 관한 다음 기술 중 가장 부적당한 것은 어떤 것일까?

1. 수도직결 증압 방식은 수도 본관의 역류를 방지하기 위해서는 일반적으로 증압펌프의 흡입 측에 역류 방지기를 설치한다.
2. 고가수조 방식은 대규모 건축물에는 적합하지 않다.
3. 상향배관 방식은 최하층의 천장에 주관을 배관하여 이것보다 위쪽의 기구에 상향으로 급수한다.
4. 중수는 대장균이 검출되지 않는 경우라도 음료수로 사용할 수 없다.
5. 옥내의 급수관의 결로 방지를 위해 보온 재료를 이용하고 방로 피복을 실시한다.

[10] 급수·급탕 등에 관한 다음 기술 중 가장 부적당한 것은 어떤 것일까?

1. 펌프직송 방식은 주로 중층의 건물에 이용되는 급수 방식으로 건축물이 정전일 때에는 급수할 수 없다.
2. 저수조의 수량은 많으면 충분히 사용할 수 있어 효율적이므로 100%를 유지한다.
3. 슬로싱(sloshing)이란, 수수조의 물이 지진 등에 의해 진동하는 현상으로 저수조에 손상을 주는 것을 의미한다.
4. 작동하고 있는 펌프 내의 캐비테이션은 수온이 일정한 경우, 펌프 흡입구의 관내 압력이 낮을 때 발생하기 쉽다.
5. 잠열회수형 가스 급탕기는 연소 배기가스에 포함되는 배열을 회수하고, 유효 에너지로서 이용하는 것이 가능하다.

04 배수설비

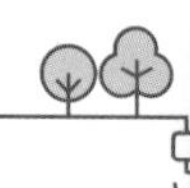

1. 배수의 종류

배수설비는 오수, 잡배수, 주방배수, 특수배수, 드레인, 용수, 빗물로 분류된다. 배수의 분류는 표 4.1과 같다.

표 4.1 배수의 종류

배수호칭	배수 종류
잡배수	목욕, 샤워, 세면, 세탁등 오수이외의 생활배수
오수	화장실 배수
특수배수	공장, 병원등에서의 유해물질을 포함한 배수
드레인	공조 응축기의 배수
우수	천수(우수·눈·우박등)의 배수
용수	지하에 침투한 우수, 지중수위면의 배수

2. 배수 계통

건물에서 배출되는 배수는 그림 4.1과 같은 경로로 방류된다. 도시의 경우에는 직접 종말처리장이 있어서 하수도를 통해서 방류할 수 있다. 그러나 교외 같은 그 수용력이 없는 경우에는 각 건물에 대해 오수처리 장치의 배수설비가 필요하다.

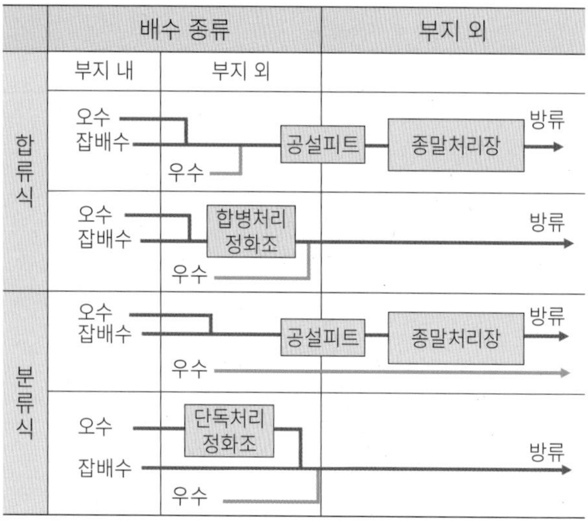

배수 종류
부지 외
부지 내
부지 외
합류식
오수
잡배수
우수
공설피트
종말처리장
방류
오수
잡배수
합병처리
정화조
우수
방류
분류식
오수
잡배수
공설피트
종말처리장
방류
우수
오수
단독처리
정화조
잡배수
방류
우수

그림 4.1 배수계통도

1) 합류식

합류식 하수도는 오수와 우수를 같은 관(합류관)으로 배수하여, 모인 하수는 정화센터에서 처리한다. 합류식은 매설하는 관이 1개로 해결되므로 공사가 용이하고 경제적이다.

공공 하수도가 합류식의 지역에서 우수 배수관과 부지 배수관을 접속하는 경우에는 트랩 피트를 설치하고 접속한다(그림 4.2.a). 건축물 내에서는 우수 배수관과 오수 배수관을 다른 계통으로 배관하고, 옥외의 배수 피트에 접속한다. 즉 우수 배수와 오수 배수를 옥외의 배수 피트에서 동일 계통으로 한다.

우수
피트
피트
오수 · 잡배수
공설
피트
공설
피트
오수
맨홀
a. 합류식
오수관
우수
피트
피트
오수 · 잡배수
공설
피트
공설
피트
오수
맨홀
우수
맨홀
b. 분류식
우수관
오수관

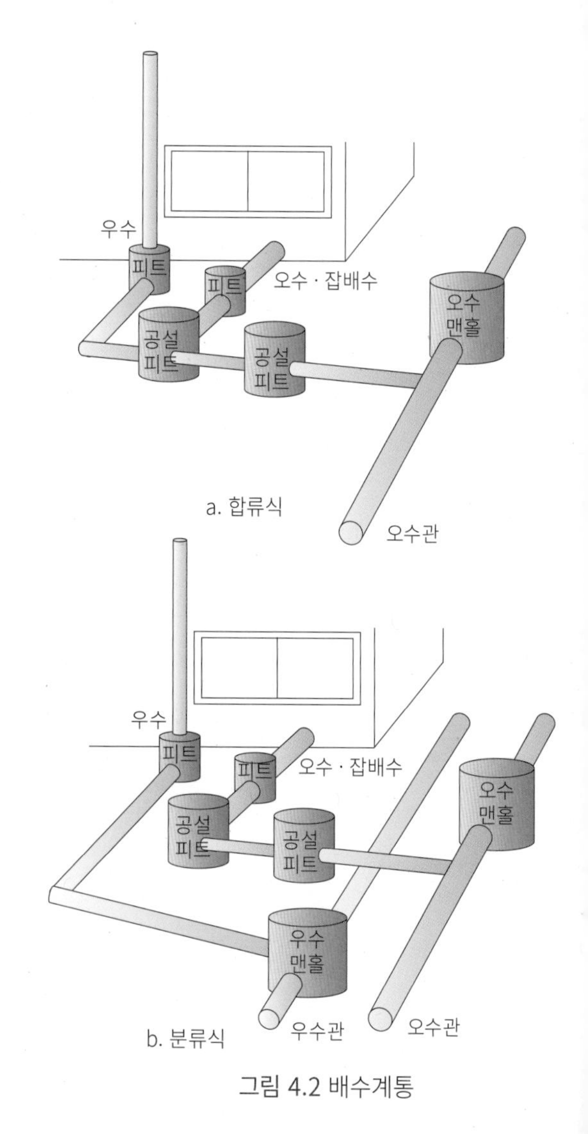

그림 4.2 배수계통

2) 분류식

분류식 하수도는 오수와 우수를 다른 관(오수관과 빗물관)으로 배수하여, 오수는 정화센터에서 처리하고, 우수는 직접 하천으로 배수한다. 말하자면, 건축물 내의 배수설비에 있어서는 "오수"와 "잡배수"를 다른 계통으로 하고, 공공 하수도에 있어서도 "오수 및 잡배수"와 "우수"를 다른 계통으로 하는 것을 말한다(그림 4.2.b, 그림 4.3 참조). 우수관의 부지 경계 부분에는 우수 트랩을 마련하지만, 하수도 본관으로부터의 해충 등의 침입 방지를 하기 위해서이다.

그림 4.3 분류식 맨홀(좌측이 빗물, 우측이 오수)

3. 배수 트랩

1) 배수 트랩의 목적

배수 트랩은 그림 4.4처럼 배수관을 굴곡시켜서 봉수를 이용하여 "물의 벽"을 형성함으로써 하수도의 악취나 가스를 차단하고 옥내에 침입하는 것을 막는 설비이다. 또한, 위생 해충이나 쥐(작은 동물) 등이 실내 진입을 방지하는 역할을 한다. 배수 트랩의 봉수심은 일반적으로 5~10*cm*를 확보한다. 한편, 조집기는 배수의 유출을 방해하는 협잡물이나 유지를 제거하여 배수 계통을 방호하는 기능이 있다. 영업용 주방의 배수설비에 있어, 그리스 조집기의 유입관에는 일반적으로 트랩을 마련하지 않는다.

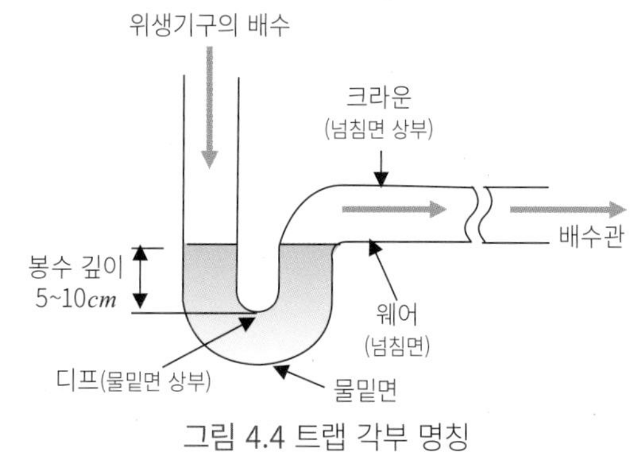

그림 4.4 트랩 각부 명칭

2) 배수 트랩의 종류

트랩의 종류는 건물의 배수 장소, 위치, 배수 방향, 사용 목적에 따라 그림 4.5와 같은 종류가 있는데, 상황에 따라 선택하여 설치한다.

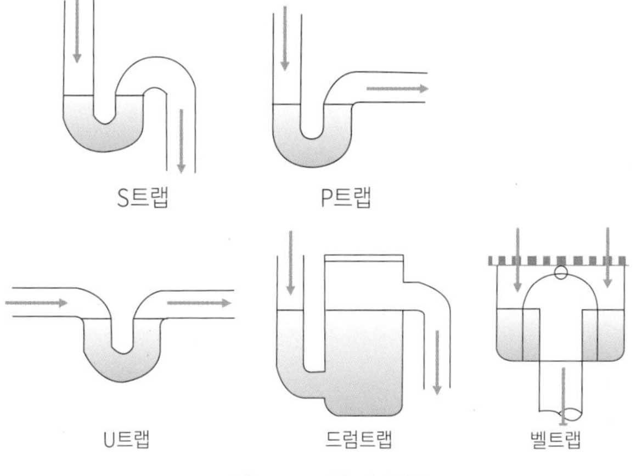

그림 4.5 트랩의 종류

① S 트랩

S 트랩은 수직(바닥 방향)에 배수되기 때문에 P 트랩보다 유속이 빨라지므로 봉수 파괴(파봉)가 되기 쉽다. 또한, 청소 개수대 등에 이용하면 자기 사이펀 작용에 의한 봉수 파괴를 일으킬 우려가 있다(그림 4.6). 자기 사이펀 작용이란 세면기에 모은 물을 단번에 흘리면, 물의 기세로 역류가 되어서 봉파하는 현상이다.

그림 4.6 S트랩

② P 트랩

S 트랩과 P 트랩은 세면기의 하부에 설치하는데 S 트랩은 바닥에, P 트랩은 벽에 배관을 한다.

③ U 트랩

가로(횡) 주관에 사용한다.

④ 드럼 트랩

주방용 개수대에 사용한다.

⑤ 벨 트랩

바닥 배수, 실험용 개수대에 사용한다.

3) 이중 트랩

이중 트랩은 그림 4.7과 같이 배수 트랩을 직렬로 2개 늘어놓고 배관하는 것이다. 트랩 사이의 공기가 밀폐되어 배수 흐름이 나빠지므로 금지되어 있다. 그리스 조집기에 접속하는 배수관에는 기구 트랩을 마련하면 이중 트랩이 되기 때문에 설치해서는 안 된다. 이용 빈도가 낮은 위생기구에는 기구를 포함한 트랩의 하류의 배관 도중에 U 트랩을 마련하면 이중 트랩이 된다.

4. 봉수의 파괴(봉파)

배수 트랩 안에서 봉수가 파괴되는 것을 봉파라고 하며, 트랩 내의 봉수가 손실되는 것이다.

봉수의 요인은 그림 4.8과 같고, 배수관 내는 관내 압력 변동이나 실내 환경 조건 및 그 외 여러 현상에 의해 봉수가 파괴된다.

5. 배수의 종류

1) 간접 배수

간접 배수의 목적은 일반 배수 계통에서 역류를 방지하여 악취와 오염수의 침입을 막는 것이다. 음료용 수수조의 오버플로우관의 배수는 일반 배수 계통의

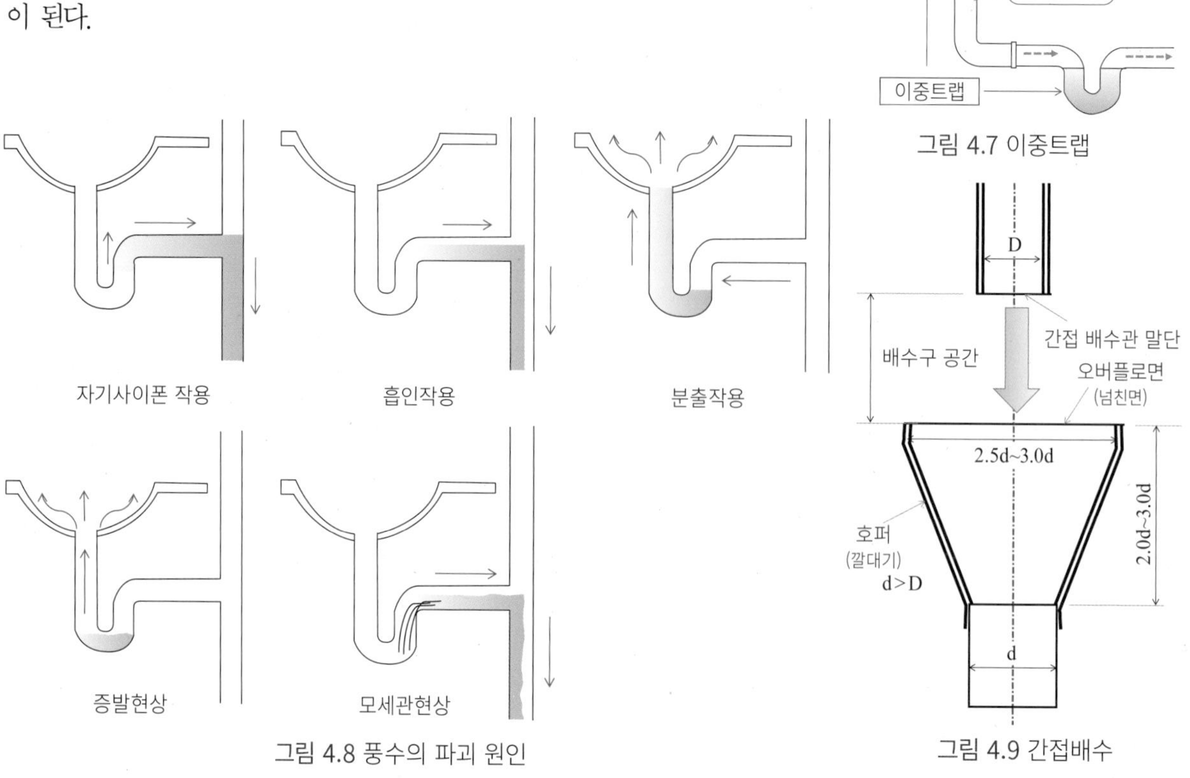

그림 4.7 이중트랩

그림 4.8 풍수의 파괴 원인

그림 4.9 간접배수

배관에 간접 배수로 한다. 상수 계통의 수수조의 물빼기관과 오버플로우관은 모두 충분한 배수구 공간을 만들어 간접 배수로 한다(그림 4.9).

2) 빗물 배수

빗물 배수 피트는 빗물 안에 혼재하는 진흙을 피트 안에 침전시켜 원활히 배수할 수 있도록 우수 피트 바닥에 진흙이 쌓이도록 마련한다.

3) 자연 배수

자연 배수설비는 중력식이라고도 하며, 건축물 내의 배수관이 공공 하수도의 위치보다 높은 곳에서 중력에 의해 자연스럽게 배수한다. 자연 배수 세로(종) 관의 관경은 어느 층에서도 최하부의 가장 큰 배수 부하를 부담하는 부분의 관경과 동일하게 할 필요가 있다. 즉 최하층의 관경과 동일 관 지름으로 하여, 접속하는 배수 가로(횡) 지관의 관경 이상으로 한다. 공공 하수도보다 낮은 경우에는 배수펌프를 기계식으로 한다.

배수관 안이 항상 대기압의 상태인 것이 중요하기 때문에 관경의 변화에 의한 압력 변화에 대응하는 관경을 계획한다.

중력식의 배수 가로(횡) 주관이나 배수 가로(횡) 지관 등의 배수 가로관은 관경에 따라 50~200의 구배가 필요하다. 관경에 따른 구배는 표 4.2와 같다.

표 4.2 관경에 의한 배수 최소구배

관경	최소구배
65*mm* 이하	1/50
75, 100*mm*	1/100
125*mm*	1/150
150*mm* 이상	최소 1/200

4) 배수조

배수조는 자연 배수에는 배제할 수 없는 건물 내 부지 내의 배수를 모아, 펌프 등에 의해 배제하기 위해서 마련하는 수조를 말한다. 배수조에 마련하는 맨홀은 유효 내경을 60*cm* 이상으로 한다. 오수나 잡배수를 저류하는 배수조의 밑부분에는 흡입 피트를 마련하여, 그 수조의 밑부분은 피트를 향해 하향 구배로 한다.

배수조는 배수 및 진흙탕의 배출을 용이하게 하기 위해 배수조의 밑부분의 구배는 흡입 피트 방향으로 1/15 이상 1/10 이하의 하향 구배로 한다.

6. 배수 피트

배수 피트란 배수관이 막히는 것을 방지하기 위해 고형물(쓰레기)이 폐수와 함께 흘러들지 않도록 배수관의 합류부에 설치하는 배수설비이다(그림 4.10).

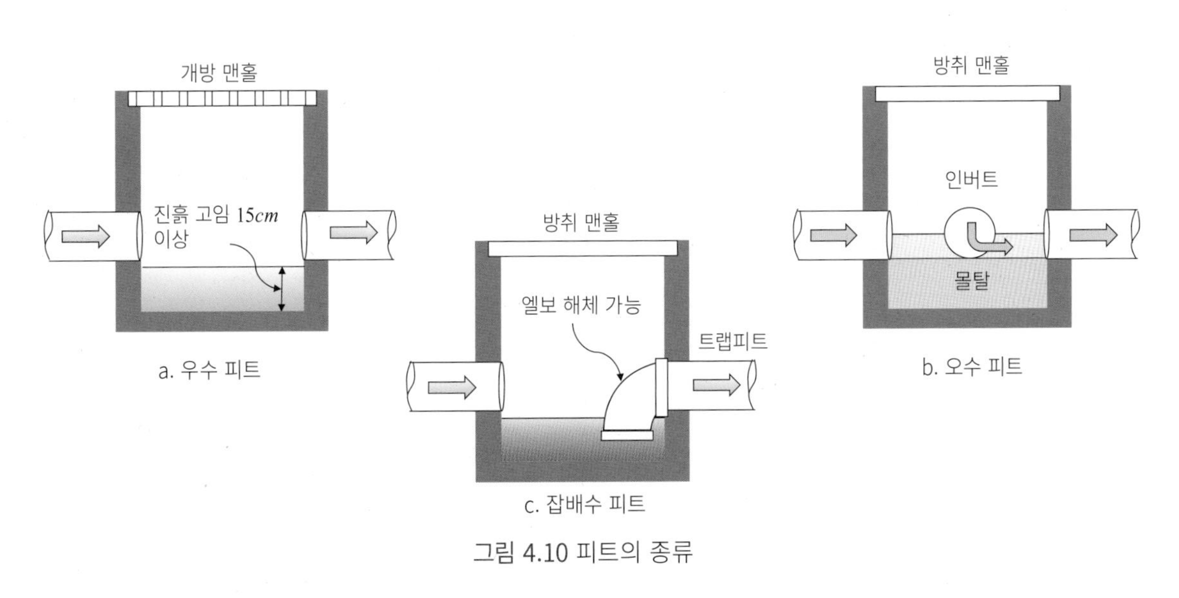

그림 4.10 피트의 종류

1) 우수 피트

우수를 집결시키는 피트에서 나뭇잎 등의 이물질을 침전시키는 역할을 하며, 침투식과 비침투식이 있다(그림 4.10.a, 4.11). 우수 배수관의 관경 산정은 벽면에 내뿜는 빗물도 포함시키는데, 이 벽면 면적의 50%를 지붕 면적(수평투영 면적)에 가산한다. 분류식 공공 하수도의 우수 전용관에 부지 내의 우수 배수관을 접속할 때는 일반적으로 트랩 피트는 설치하지 않는다.

2) 오수 피트

인버트 피트라고도 하며 오수에 사용된다. 피트의 저면에 배관과 같은 형태의 도랑이 있어, 물 이외의 진흙탕이나 이물이 침전하기 쉽게 한다(그림 4.10.b). 인버트는 오수 피트 바닥에 마련하여 이물이나 진흙을 피트 안에서 체류시키는 일 없이 배수하기 위한 것이다.

3) 잡배수 피트

잡배수용 피트는 세탁이나 세면, 부엌의 배수에 사용된다(그림 4.10.c). 피트에는 진흙탕이나 혼합물을 침전시키고 액체만 흘리는 역할을 하며, 트랩 구조를 갖춘 피트(트랩 피트)가 주로 사용되고 있다.

4) 맨홀

맨홀의 뚜껑은 바람으로 날아가거나, 도난, 관계자 이외에 안에 들어가는 것을 막기 위하여 그리고 도로의 중량물에 견디기 위해서 무거운 철로 만들어져 있다. 형태는 거의 원형인데, 뚜껑이 구멍 안에 떨어지지 않도록 하기 위해서이다. 오수 맨홀은 각 지역마다 고유의 디자인이 있고 "오수"라고 쓰여져 있다(그림 4.12).

7. 크로스 커넥션

크로스 커넥션은 음료수의 급수·급탕 계통과 그 외의 계통이 배관·장치에 의해 직접 접속되는 것을 말한다. 혼합 배관이라고도 하며, 상수배관의 고장이나 배관 미스에 의해 급수관 안에 오염수가 혼입하는 현상을 말한다. 상수가 오염되는 일이 있으므로 절대해서는 안 되고, 배관 미스를 하지 않도록 주의한다.

8. 역사이펀 작용

역사이펀 작용은 수주 용기 안에 토출이 급수관 내에 발생한 부압에 의한 흡인 작용에 의해서 급수관 내에 역류하는 것을 말한다. 토출 또는 사용한 물이 역사이펀 작용에 의해 급수관에 역류하는 것을 방지하기 위해서 그림 4.13과 같은 버큠 브레이커를 마련한다.

버큠 브레이커(진공 방지기)는 대기압식과 압력식이 있으며 대변기의 세정밸브 등에 설치한다.

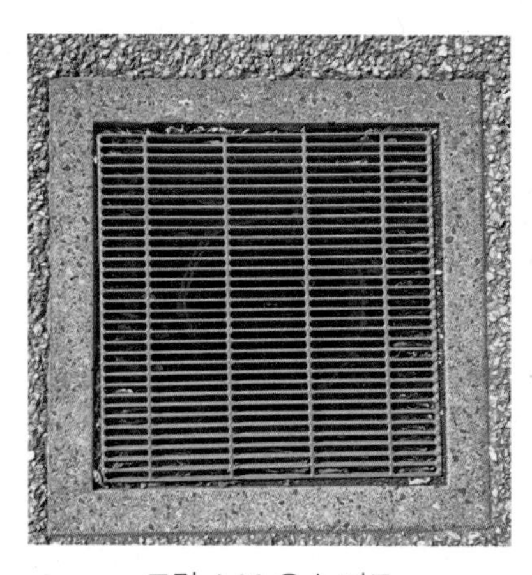

그림 4.11 우수 피트

그림 4.12 오수 피트의 맨홀

그림 4.13 버큠브레이커

9. 디스포저

디스포저(Food Waste Disposer)란 배수설비에 설치하는 생활 쓰레기 분쇄기이다. 가정용 디스포저는 부엌의 싱크(설거지대) 아래에 설치하여 물과 함께 생활 쓰레기를 분쇄해서 하수도에 배수하는 구조이다. 그 장치는 모터와 분쇄기로 구성되어 있다(그림 4.14). 배수관에는 설치하지 않도록 주의한다.

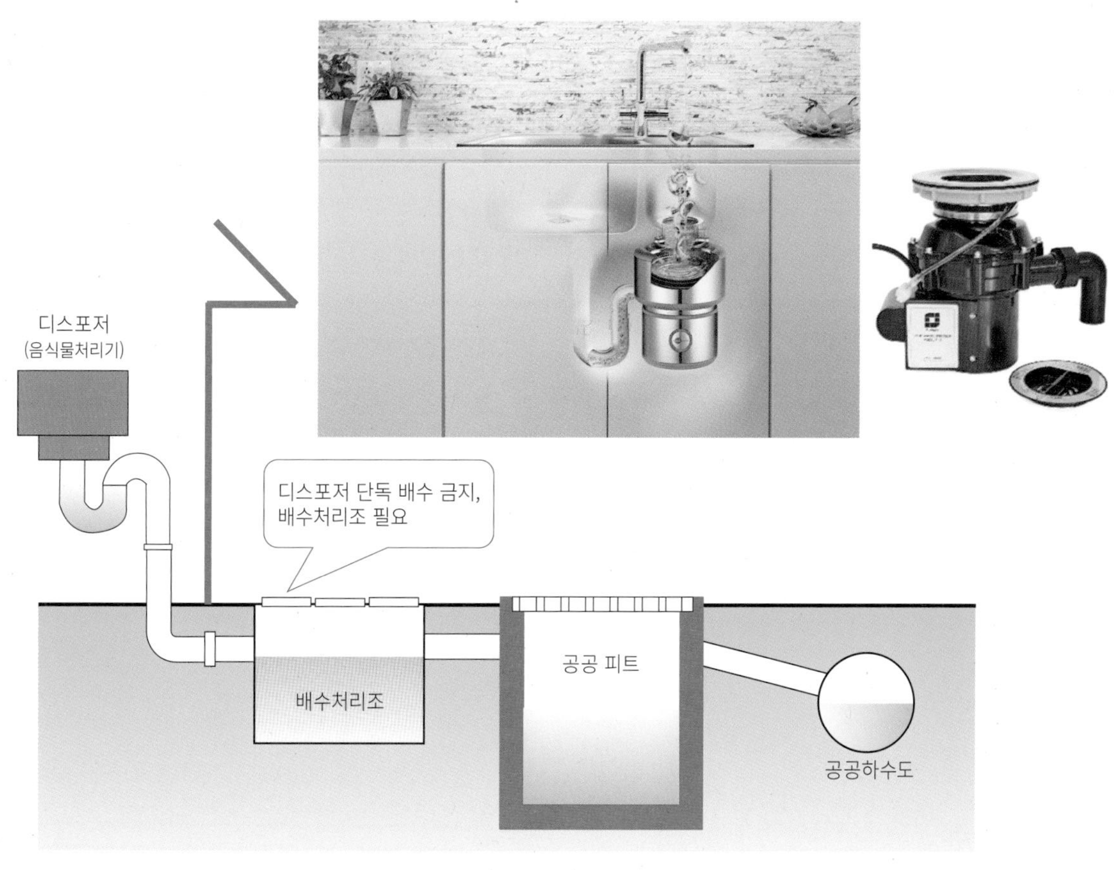

그림 4.14 디스포저

Column 03. 맨홀뚜껑의 비결

원래 맨홀은 지중에, 은폐된 설비용 각종 기기나 배관, 배선류를 점검과 유지관리 때문에 설치하는 것이다. 치수는, 상부로부터 점검이나 작업하는 경우는, 300~450*mm*이며, 안에 반신들어가 작업하는 경우는 450~600*mm*, 지하 하수도의 경우와 같이 맨홀에 들어가는 경우에는 최저 600*mm* 이상이 필요하다. 거리에서 볼 수 있는 맨홀에는, 상하수도용, 전력용, 통신용, 지역냉난방용이 있다. 이러한 맨홀은, 둥근 형태의 것과 네모진 것이 있다. 여기서, 뚜껑의 형상이 중요한데 뚜껑이 절대로 낙하해서는 안된다. 일본의 지방에 가면 그지역의 특색을 살리는 맨홀의 디자인이 인상적이다.

맨홀의 디자인(교토 가조시)

05 통기 정화조설비

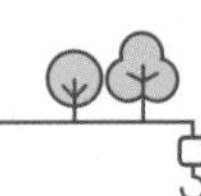

1. 통기설비의 목적

통기관(벤트 파이프, bent pipe)의 역할은 배수관 내의 흐름을 원활하게 하고, 트랩 내의 봉수가 없어지는 것을 방지한다. 또한, 사이펀 현상을 막아주며 관내 환기로 인하여 청결을 유지해 준다. 그리고 배수관 내의 압력 변동이 큰 경우에는 배수관 내의 압력 변동을 완화하기 위해서 설치한다.

2. 통기관

통기관의 대기 개구부는 창이나 환기구 등의 개구부 부근에 마련하는 경우에는 해당 개구부의 상단에서 60*cm* 이상 높게 하거나 또는 해당 개구부에서 수평으로 3*m* 이상 거리에 설치한다(그림 5.1).

통기관의 가로관은 그 층의 가장 높은 위치에 있는 위생기구의 오버플로우에서 15*cm* 이상 높은 곳에 접속한다. 통기관의 하부는 최저위의 배수 가로(횡) 지관보다 낮은 위치에 있는 배수 세로(종) 지관에 접속한다. 통기 세로관은 우수 세로관, 배수 세로관의 어느 쪽과도 겸용해서는 안 된다. 배수조에 마련하는 통기관은 배수관에 접속하는 통기관과는 별도로 설치하여 외기에 개방시킨다.

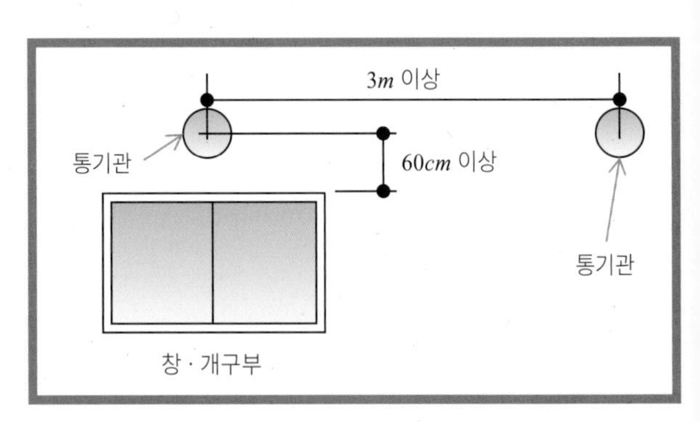

그림 5.1 통기관의 위치

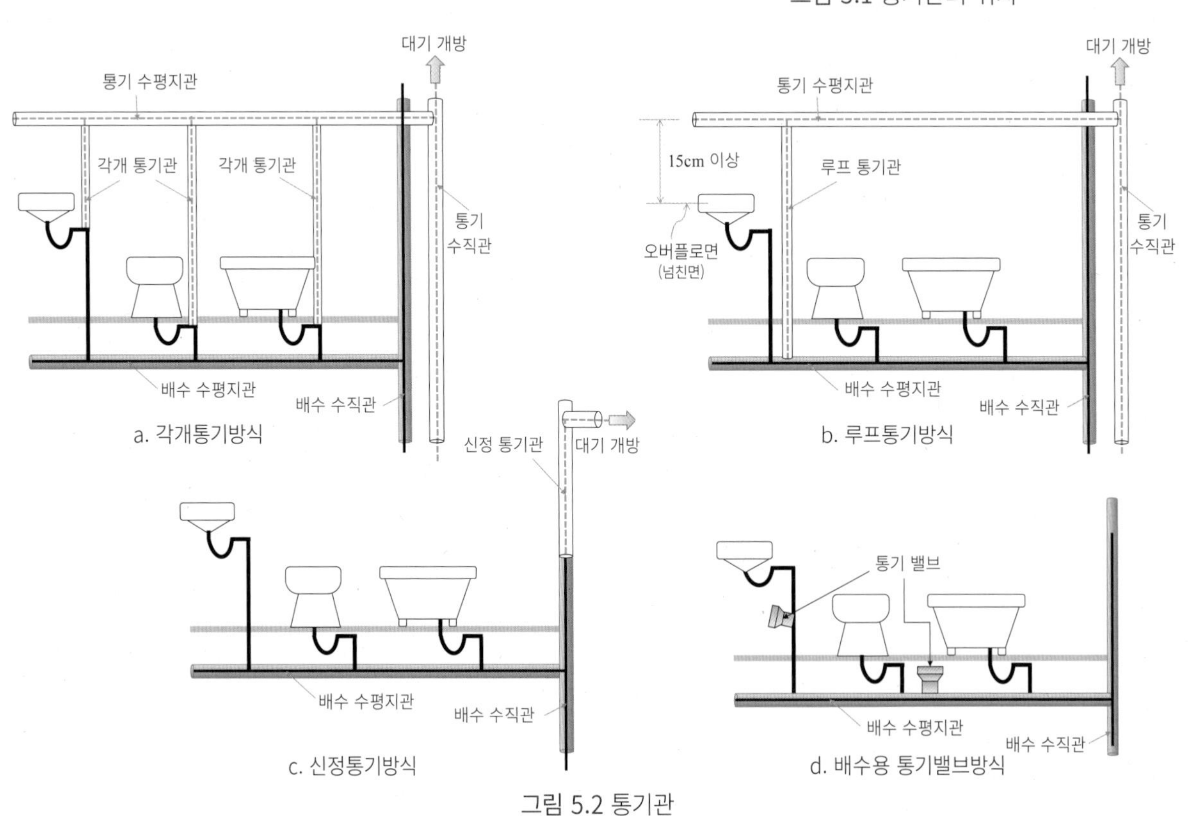

그림 5.2 통기관

3. 통기 방식

1) 각개 통기 방식

각 기구의 트랩마다 통기관을 설치하는 방식이다. 자기 사이펀 작용을 방지하고 원활한 배수가 이루어지는데 설치비는 가장 비싸다(그림 5.2.a).

2) 루프 통기 방식

2개 이상 기구의 배수 트랩을 보호하기 위해서 통기관을 배수 수평지관에 접속하여 통기 수직관에 연결하는 방식이다. 자기 사이펀 작용은 방지할 수 없지만 가장 일반적으로 이용되고 있다(그림 5.2.b).

3) 신정 통기 방식

수직 통기관을 설치하지 않고 배수 수직관 상부에 연장하여 그대로 대기 중으로 개방하는 단순한 통기 방식이며, 설치비는 가장 저렴하다(그림 5.2.c). 배수 수평지관 접속부에 특수 이음새 배수 시스템을 이용함으로써 통기관을 신정 통기관만으로 대응할 수 있다.

신정 통기관의 관경은 배수 수직관의 관경보다 작게 해서는 안 된다. 통기관을 대기 중에 개방할 경우에는 통기관이 건축물의 최상층의 창에 근접하므로 통기관의 말단을 그 창의 상단에서 700*mm* 위에 설치한다.

4) 통기밸브 방식

통기밸브는 배수관 내가 부압이 되면 밸브가 열려 공기를 흡입하고 배수 부하가 없을 때나 통기관 내가 정압이 될 때는 밸브가 닫히는 기능이 있다(그림 5.2.d).

4. 정화조(오수처리) 설비

1) 오수처리시설

분뇨를 정화하는 원리는 공기가 필요하지 않고 부패를 재촉하는 "혐기성균"과 공기에 의해 정화하는 "호기성균"에 의해 무해의 공정으로 정화시킨다. 정화의 공정과 구조는 그림 5.3과 같다. 오수처리시설에는 분뇨만을 처리하는 단독 처리 방식과 분뇨와 생활 배수를 동시 처리하는 합병 처리 방식이 있다. 과거에 합병 처리는 대규모 건물에 해당되었지만, 근래에는 환경 문제로 소규모 시설에도 합병 처리 방식으로 설치하고 있다.

2) 방류 수질

방류 수질은 통상 BOD(bio-chemical oxygen demand) 생물화학적 산소 요구량의 수치로 규제된다. BOD는 물의 오염을 나타내는 지표로써 미생물이 수중에서

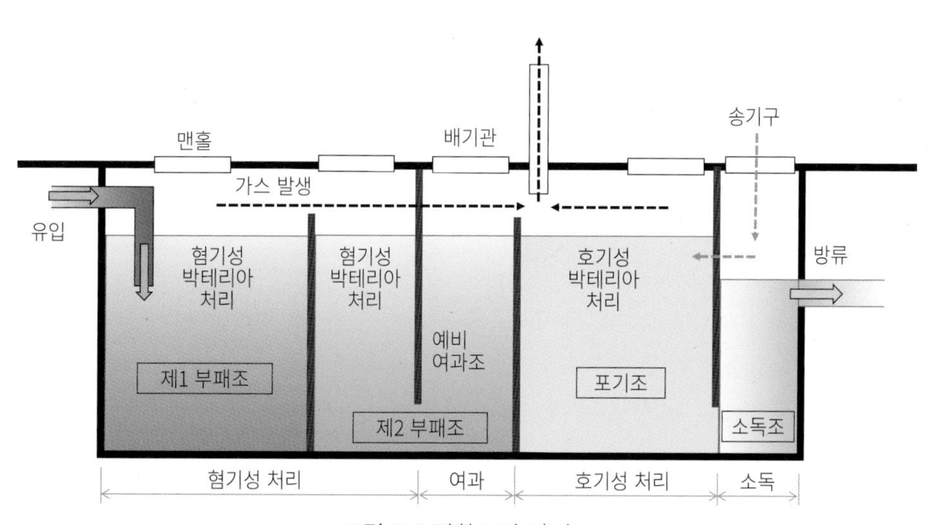

그림 5.3 정화조의 단면도

유기물을 분해하는데 필요한 산소량이다. COD는 미생물 대신 화학약품을 사용했을 때의 약품의 소비량을 산소의 양에 환산한 값으로 판단한다. 수치가 작은 만큼 깨끗한 물이다. 그 외의 수질에 관한 것은 표 5.1과 같다.

4, 5 배수·통기 연습문제

1) 배수 계통의 합류식과 분류식에 대해서 설명하시오.
2) 배수 트랩의 목적에 대해서 설명하시오?
3) S 트랩과 P 트랩의 차이점에 대해서 말하시오.
4) 이중 트랩 금지의 이유에 대해서 설명하시오.
5) 오수 피트의 필요성에 대해서 설명하시오.
6) 통기 방식에 대해서 설명하시오.
7) 정화조의 구조에 대해서 설명하시오.

표 5.1 수질검사

명칭			수질
BOD	Bio-chemical Oxygen Demand	생물화학적 산소요구량	작을수록 깨끗한 물
COD	Chemical Oxygen Demand	화학적 산소요구량	작을수록 깨끗한 물
SS	Suspended Solid	부유물질 (탁도)	작을수록 깨끗한 물
DO	Dissolved Oxygen	용존산소	클수록 깨끗한 물

단위: mg/ℓ(1ℓ중농도)
ppm: 1/1,000,000(100만분의 1)
10,000*ppm* ⇒ 1%

4, 5 배수·통기 / 심화문제

[1] 배수·통기 설비에 관한 다음 기술 중 가장 부적당한 것은 어떤 것일까?

1. 사용 빈도가 적은 트랩에 발생하는 증발 작용의 방지책으로서 봉수의 보급 장치 등이 유효하다.
2. 생물화학적 산소 요구량(BOD)은 미생물이 수중에서 필요한 산소량이다.
3. 신정 통기관의 관경은 배수 종관의 관경보다 작게 한다.
4. 분류식 공공 하수도의 빗물 전용관에 부지 내의 빗물 배수관을 접속하는 경우는 트랩 피트를 설치하지 않는다.
5. 중력식의 배수 횡주관이나 배수 횡지관 등의 배수 횡관은 150~1200의 구배가 필요하다.

[2] 배수·통기설비에 관한 다음 기술 중 가장 부적당한 것은 어떤 것일까?

1. 합류식의 빗물 배수관과 부지 배수관을 접속하는 경우에는 트랩으로 접속한다
2. COD는 화학약품을 사용했을 때의 약품의 소비량을 산소의 양에 환산한 값으로 나타낸다.
3. 통기관의 횡관은 위생기구의 오버플로우에서 15*cm* 이상 위에 접속한다.
4. 배수조는 자연류하(自然流下)에는 배제할 수 없는 건물 내의 배수를 모아서 펌프 등에 의해 배출한다.
5. 그리스 조집기의 배수관은 이중 트랩으로 한다.

[3] 배수·통기 설비에 관한 다음 기술 중 가장 부적당한 것은 어떤 것일까?

1. 건축물 내의 배수설비에서 "오수"와 "잡배수"를 다른 계통으로 한다.
2. 디스포저란 배수설비에서 생활 쓰레기 분쇄기이다.
3. 자연류하식의 배수설비는 중력식이라고도 한다.
4. COD의 수치가 큰 만큼 깨끗한 물이다.
5. 배수 트랩의 봉수 깊이는 5~10*cm*로 한다.

[4] 배수·통기 설비에 관한 다음 기술 중 가장 부적당한 것은 어떤 것일까?

1. 분류식은 공공 하수도에 있어서"오수 및 잡배수"와 "빗물"을 다른 계통으로 하는 것을 말한다.
2. 배수 횡관 접속부에 특수 이음새 배수 시스템을 사용하는 통기관은 신정 통기관으로 한다.
3. 통기관은 배수관 내의 흐름을 윤활하게 하고 트랩 내의 봉수가 없어지는 것을 방지한다.
4. 인버트는 오수 피트의 바닥에 설치하여 이물이나 진흙을 정체시키지 않고 흘려보낸다.
5. 영업용 주방의 배수설비에서 그리스(윤활유) 조집기의 유입관에는 트랩을 마련한다.

[5] 배수·통기설비에 관한 다음 기술 중 가장 부적당한 것은 어떤 것일까?

1. P 트랩은 수직으로 배수되기 때문에 S 트랩보다 유속이 빠르고 봉수가 파괴하기 쉽다.
2. 루프 통기 방식은 2개 이상의 트랩을 보호하기 위해서 이용되는 방식이다.
3. 크로스 커넥션은 음료수의 급수·급탕 계통과 그 외의 계통이 배관·장치에 의해 직접 접속되는 것을 말한다.
4. 음료수용 수수조의 오버플로우관의 배수는 일반 배수 계통의 배관에 간접 배수로 한다.
5. 빗물 배수관과 오수 배수관을 다른 계통으로 배관한 건축물에 있어서 공공 하수도가 합류식일 경우 빗물 배수와 오수 배수를 옥외 배수 피트에서는 동일 계통으로 한다.

[6] 배수·통기설비에 관한 다음 기술 중 가장 부적당한 것은 어떤 것일까?

1. S 트랩은 바닥에 P 트랩은 벽에 배관을 한다.
2. 각개 통기 방식은 자기 사이펀 작용의 방지에 유효하다.
3. 단수 시에 대비하여 상수 고가수조와 우물물의 잡용수 고가수조를 관으로 접속해 밸브로 분리하는 것은 크로스 커넥션에 해당된다.
4. 이중 트랩은 배수 트랩을 직렬로 2개 늘어놓아 배관하는 것이다.
5. 음료용 냉수기는 일반 배수 계통의 역류 등을 방지하기 위해서 직접 배수로 한다.

[7] 배수·통기설비에 관한 다음 기술 중 가장 부적당한 것은 어떤 것일까?

1. 합류식 배수는 건축물 내에서는 우수 배수관과 오수 배수관을 다른 계통으로 배관하고, 옥외의 배수 피트에 접속한다.
2. 음료용 수수조의 오버플로우관의 배수는 일반 배수 계통의 배관에 간접 배수로 한다.
3. 이중 트랩은 트랩 사이의 공기가 밀폐되어 배수의 흐름이 나빠지므로 금지되어 있다.
4. 통기 밸브는 배수관 내가 정압이 되면 밸브가 열려 공기를 흡입하고 통기관 내가 부압이 될 때는 밸브가 닫히는 기능이 있다.
5. 정화조는 "혐기성균"과 "호기성균"에 의해 무해의 공정으로 정화시킨다.

[8] 배수·통기설비에 관한 다음 기술 중 가장 부적당한 것은 어떤 것일까?

1. 분류식 하수도는 우수관의 부지 경계 부분에 우수 트랩이 필요없다.
2. 신정 통기관의 관경은 배수 수직관의 관경보다 작게 해서는 안 된다.
3. 디스포저의 장치는 모터와 분쇄기로 구성되어 있다.
4. 크로스 커넥션은 상수가 오염되는 일이 있으므로 절대 해서는 안 되며, 배관 미스를 하지 않도록 주의한다.
5. 역사이펀 작용은 수주 용기 안에 토출이 급수관 내에 발생한 음압에 의한 흡인 작용에 의해 급수관 내에 역류하는 것을 말한다.

[9] 배수·통기설비에 관한 다음 기술 중 가장 부적당한 것은 어떤 것일까?

1. S 트랩은 청소 개수대 등에 이용하면 자기 사이펀 작용에 의한 봉수 파괴를 일으킬 우려가 있다.
2. 자기 사이펀 작용이란 세면기에 모은 물을 단번에 흘리면 물의 기세로 봉파하는 현상이다.
3. 직접 배수의 목적은 일반 배수 계통에서 역류를 방지하여 악취와 오염수의 침입을 막는 것이다.
4. 공공 하수도보다 낮은 경우에는 배수펌프를 기계식으로 한다.
5. 신정 통기 방식에서 통기관의 말단을 그 창의 상단에서 700*mm* 위에 설치한다.

[10] 배수·통기설비에 관한 다음 기술 중 가장 부적당한 것은 어떤 것일까?

1. 드럼 트랩은 주방용 개수대에 사용한다.
2. 위생 기구에 트랩의 하류의 배관 도중에 U 트랩을 마련하면 효과적이다.
3. 배수조의 밑부분의 구배는 흡입 피트를 방향으로 1/15 이상, 1/10 이하의 하향 구배로 한다.
4. 통기 세로관은 우수 세로관, 배수 세로관의 어느 쪽과도 겸용해서는 안 된다.
5. 배수조에 마련하는 통기관은 배수관에 접속하는 통기관과는 별도로 설치하여 외기에 개방시킨다.

06 위생설비

1. 위생기구

위생기구 설비는 건물 내의 변소, 욕실, 주방 등에서 직접 거주자와 접하고 급수와 배수 등에 사용되는 장치이다.

2. 위생기구의 종류

위생기구는 급수전, 세정 밸브, 볼 탭, 대변기, 소변기, 세면기, 청소 개수대, 주방 싱크대, 욕조, 그 외 부속품을 칭한다.

1) 대변기

대변기의 세정 방식은 플래시 밸브 방식과 탱크식의 2종류가 있다(표 6.1). 대변기의 세정 밸브에서 유수 시의 최저 필요 압력은 70*kPa*이다.

① 플래시 밸브 방식

플래시 밸브는 레버를 내리면 밸브가 열려서 일정량의 물이 흘러 오물을 처리하는 것이다. 세정 밸브라고도 한다. 플래시 밸브 방식은 연속해서 사용할 수 있으므로 많은 사람이 사용하는 공공 건축물 등에 적합하다.

② 탱크식

탱크식 화장실의 세정 수량에서 사이펀식은 10ℓ 정도, 세락식(wash-down)은 8ℓ 정도이지만, 최근의 절수형은 1회당 세정 수량이 4ℓ 이하 것도 시판되고 있다.

주택용 탱크레스 대변기는 급수관 내의 수압을 직접 이용하여 세정하므로 설치 부분의 급수압을 확인할 필요가 있다. 로탱크 방식의 대변기는 세정 밸브 방식의 대변기와 비교해 급수관 지름을 작게 할 수 있다.

• 세락식

대변기의 세락식은 세정수의 낙차에 의한 유수 작용에 의해 오물을 흘러가게 하는 세정 방식이다. 사이펀식에 비해 유수면이 좁고 얕기 때문에 악취의 발산이나 오물이 부착하기 쉽다(그림 6.1.a).

• 사이펀식/사이펀제트식

분출구에서 세정수를 강하게 분출하여 그 압력으로 오물을 배출하는 방식이다(그림 6.1.b, 6.1.c).

표 6.1 대변기의 세정 방식

형식	탱크식				플래시밸브식
	세락식	사이펀식	사이펀제트식	사이펀 볼텍스식	
세정방식	세정수의 낙차에 의한 유수작용으로 오물을 흘러가게 하는 세정 방식.	굴곡한 배수로를 만수로 해, 사이폰 작용(변기의 물을 흡인하는 작용)을 일으키는 세정 방식	독특한 제트 구멍구조로부터 뿜어내 물이 강한 사이폰 작용을 일으켜, 오물을 흡입하여 배출하는 세정 방식	사이폰 작용과 소용돌이 작용을 병용한 세정 방식	고수압의 급수관에 직접 설치하여, 탱크가 없기 때문에 공간 절약이 된다. 순간적으로 연속 사용이 가능하고, 불특정 다수의 사람이 이용 가능하다.
특징	변기 내의 수면이 좁고 변기가 건조해서 오물이 부착하기 쉽고 세정 시에는 물이 튀는 경우가 있다. 악취의 발산이 있다.	웅덩이 면은 사이펀제트식보다 조금 좁기 때문에 건조면에 오물이 부착하는 것은 보기 드물다. 악취의 발산이 적다.	웅덩이 면이 넓으므로 오물이 수중에 가라앉기 때문에 악취의 발산도 적다. 오물의 부착이 거의 없다.	웅덩이 면이 넓으므로 오물이 수중에 가라앉기 때문에 악취의 발산도 적다. 오물의 부착이 거의 없다. 세정이 가장 조용하다.	25*A* 이상의 급수관 지름이 필요. 급수 압력 70*KPa* 이상 필요, 주택에서의 채용은 적다. 다수는 급수관 지름과 수압을 확보할 수 있는 곳에 채용된다. 세정의 소음이 크다.
세정수량	8~12ℓ/회	8~20ℓ/회	8~16ℓ/회	16ℓ/회	2.5ℓ/s

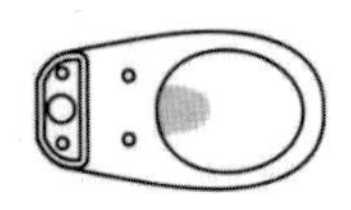
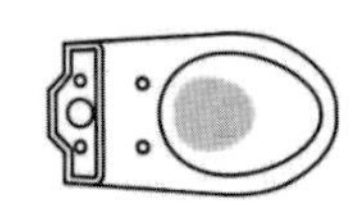
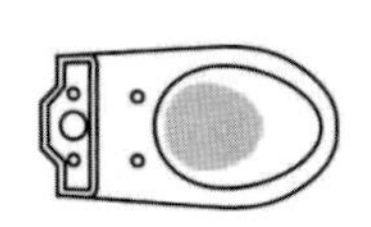

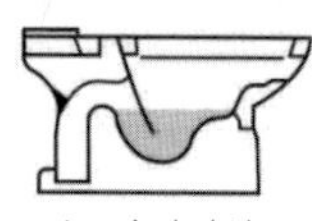
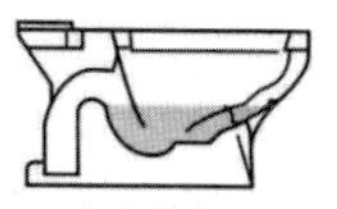

a. 세락식　　b. 사이펀식　　c. 사이펀제트식

『전문사과정 건축계획』 学芸出版社 인용

그림 6.1 대변기의 탱크 방식

2) 소변기

무수(無水) 소변기는 물을 사용하지 않는 절수 방식으로서 소변으로부터의 악취 확산을 막기 때문에 트랩 내에 물보다 비중이 작은 실(seal)액을 넣고 있다.

3) 세면기

최저 필요 압력은, 일반 수도꼭지는 30kPa, 샤워는 70kPa이다. 병원의 세면기는 균 번식의 영향을 받지 않도록 오버플로우 구멍이 없는 세면기가 유효하다.

3. 헤더 배관 공법

그림 6.2는 헤더 공법 사례이며, 헤더 배관 공법이란 헤더라고 하는 집중 기구에 급수하여, 헤더로부터 분배하고 사용 부분에 직접 배관하는 방법이다. 배관의 갱신성이 뛰어나고, 동시 사용 시의 수량의 변화가 적고 안정된 급수를 할 수 있다.

또한, 배관상에 관 이음새가 없으므로 이음새 부분으로 많이 발생하는 누수 사고가 없으며 관리가 용이하다. 가교 폴리에틸렌관의 등장으로 인하여 헤더 공법의 시공이 간단해져 보급하기 시작했다. 가교 폴리에틸렌관은 폴리에틸렌관의 일종으로 폴리에틸렌의 약점이었던 내열성을 한층 더 개량한 것이다. 그림 6.3은 헤더 공법의 개념이며, 그림 6.4는 헤더 공법의 구조로서 두 그림과 사진을 보면 이해하기 쉽다.

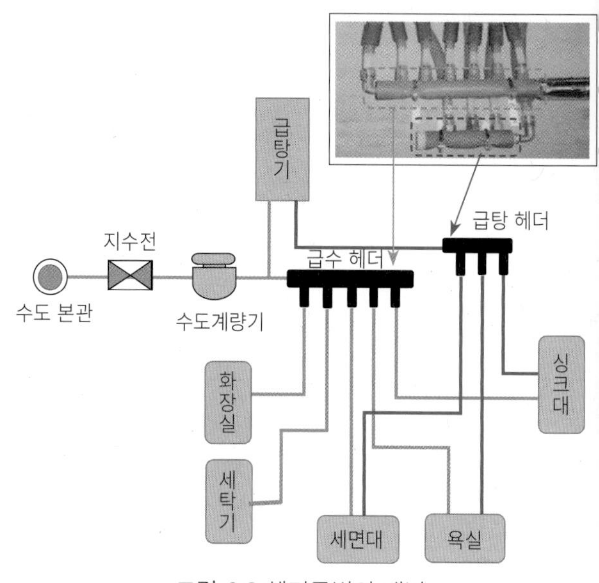

그림 6.3 헤더공법의 개념

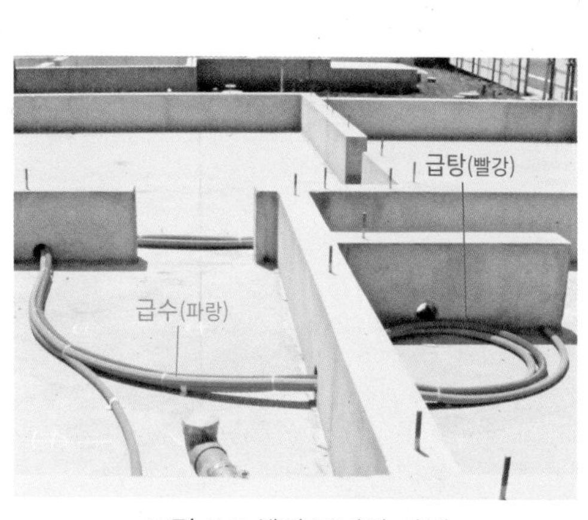

그림 6.2 헤더 공법의 사례

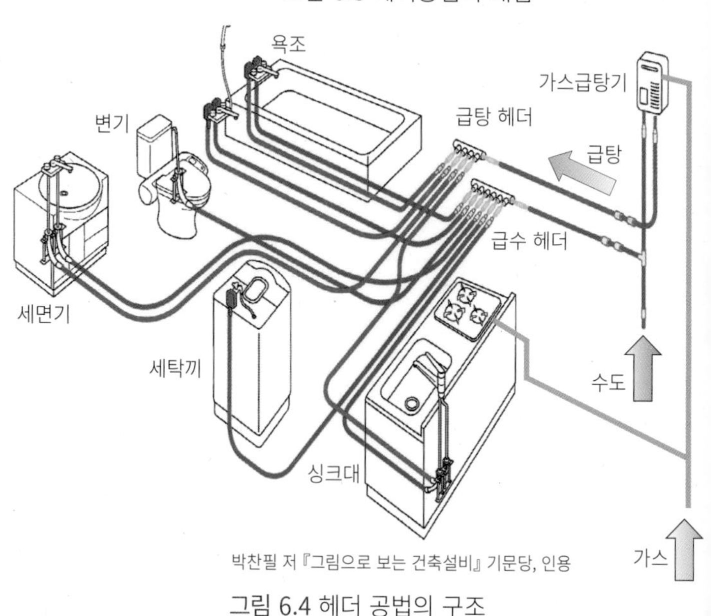

박찬필 저 『그림으로 보는 건축설비』 기문당, 인용

그림 6.4 헤더 공법의 구조

07 가스설비

1. 가스의 종류

가스는 건축설비에서 열원으로서 주방의 조리나 욕조, 샤워 등 온수의 급탕으로 이용된다. 가스의 종류는 도시가스(LNG)와 액화석유가스(프로판가스 LPG)로 분류한다.

도시가스는 가스회사 등 공급 사업자로부터의 지하 공급 가스관을 통해서 각 소비처에 공급된다(그림 7.1). 액화석유가스는 전문 사업자가 봄베에 가스를 넣고 반송하여 공급한다(그림 7.2).

그림 7.1 도시가스(LNG)

1) 도시가스(LNG, Liqufied Natural Gas)

도시가스는 공기보다 가벼우므로 급수 공급보다 공급하기 쉽다. 그림 7.3처럼 고층의 건물이라도 급수설비보다는 설비가 적고, 적은 저압으로 보내는 것이 가능하다. 도시에서는 빌딩이나 주택 등에서는 가스 회사로부터 공급된다. 대용량의 소비나 단지 등 일정한 지역에 대한 도시가스 공급은 공급의 상황을 봐서 중압으로 공급되며, 가스 거버너(조압 장치)에서 각 기구에서 사용할 수 있도록 저압으로 조절해서 공급한다.

도시가스의 공급 방식은 공급 압력에 의해 구분되고 있다. 저압 공급 방식은 일반의 건축물에 이용되며 공

그림 7.2 액화석유가스(LPG)

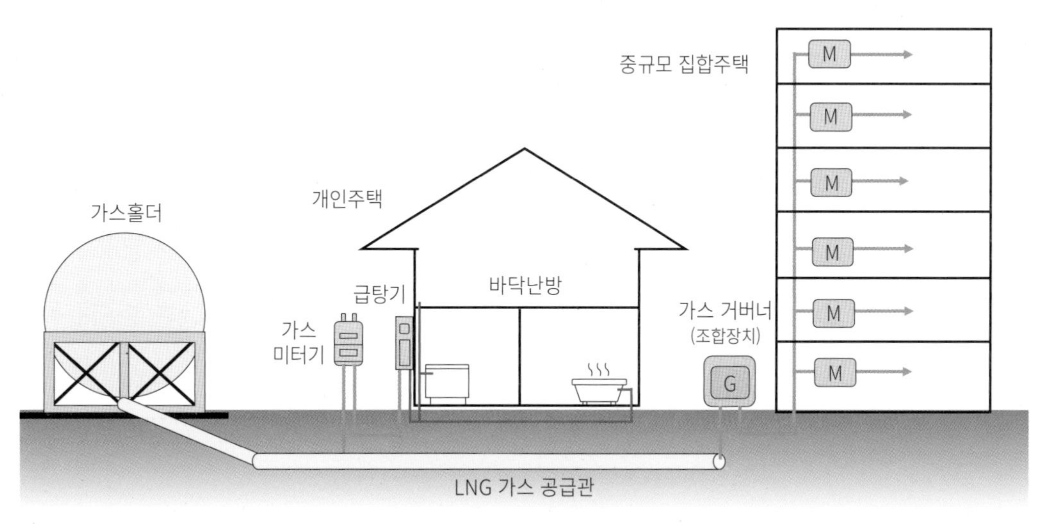

그림 7.3 도시가스 계통도

급 압력은 0.1*MPa* 미만이고, 중압 공급 방식은 공업용, 빌딩 냉방용 등에 이용되며 공급 압력은 0.1*Mpa* 이상 1.0*MPa* 미만이다.

2) 액화석유가스(LPG, Liqufied Petroleum Gas)

액화석유가스는 물보다 비중이 크고 무겁다. 따라서 물처럼 파이프로 공급하는 것은 곤란하여, 봄베식이나 벌크식으로 공급한다(그림 7.4). 도시가스의 공급 사업자가 없는 거리나 외지에서는 봄베식이나 벌크 방식으로 사용된다. 이 경우에는 주택이나 중소 규모의 빌딩에서는 LPG 봄베가 채용되지만, 대형 건물, 지역 공급용에는 벌크 방식이 적용된다. 가스 봄베나 벌크 방식은 도시가스가 존재하는 범위에서도 도시가스를 적용하지 않아, LPG 봄베나 벌크 방식을 사용하는 건물도 많다. LPG 가스는 LNG보다 화력이 강하므로 강한 화력을 요구하는 중화요리점에서는 도시 안에서도 많이 사용되고 있다.

2. 가스경보기

1) 도시가스(NLG)

도시가스는 공기보다 가볍기 때문에 가스가 새면 상승하므로 천장 근처에 설치한다. 천장에서 23~30*cm* 이내의 높이에 설치한다(그림 7.5). 가스 기기로부터 8*m* 이내에 가스 기기와 같은 실에 설치한다. 가스가 새서 모이기 쉬운 장소나 점검하기 쉬운 장소에 설치한다.

2) 액화석유가스(LPG)

액화석유가스는 공기보다 무겁기 때문에 가스가 새면은 하강하므로 바닥 면에서 30*cm* 이내의 높이에 설치한다. 가스 기기로부터 4*m* 이내에 가스 기기와 같은 방에 설치한다. 가스가 새서 모이기 쉬운 장소나 점검하기 쉬운 장소에 설치한다.

6, 7 위생·가스 건축사 연습문제

1) 공사 중의 건축물에서 헤더 공법을 관찰해 보시오.
2) 주변에 어떤 위생 기기가 있는지 조사하시오.
3) 도시가스와 LPG 가스의 차이점에 대해서 설명하시오.

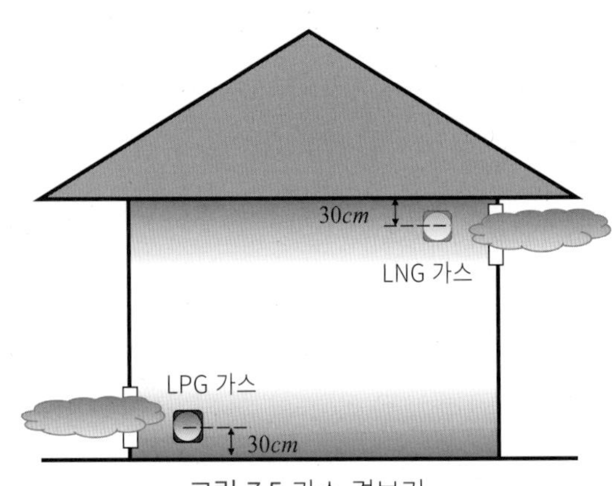

그림 7.5 가스 경보기

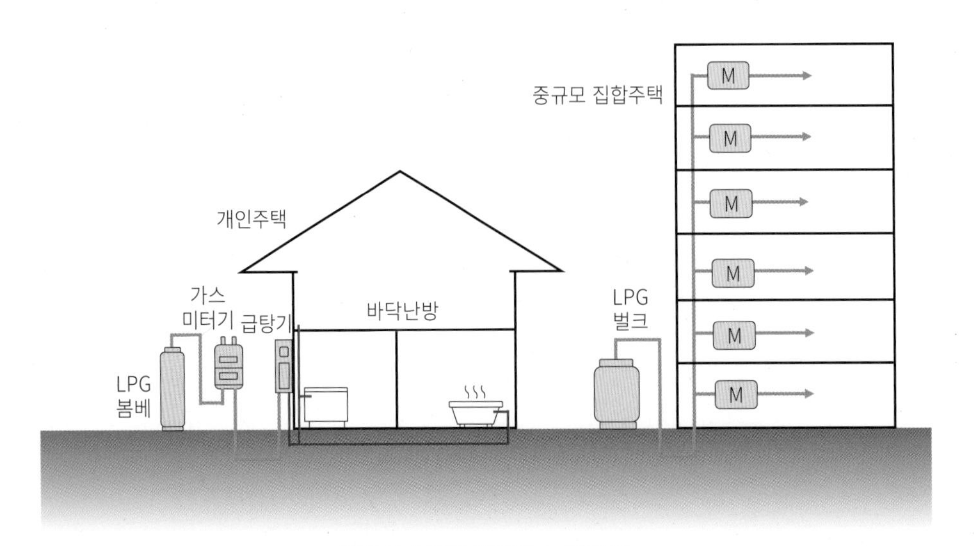

그림 7.4 액화석유가스 계통도

6, 7 위생·가스 / 심화문제

[1] 위생·가스 설비에 관한 다음 기술 중 가장 부적당한 것은 어떤 것일까?

1. 대변기의 세정 방식은 플래시 밸브 방식과 탱크식의 2종류가 있다.
2. 도시가스는 공기보다 무겁기 때문에 가스가 세는 경우는 가스는 하강하므로 바닥 근처에 설치한다.
3. 헤더 공법은 헤더로부터 기구까지의 배관에 이음새를 사용하지 않기 때문에 관의 갱신성에 뛰어나다.
4. 세면기의 최저 필요 압력은 일반 수도꼭지는 70*kPa*, 샤워는 30*kPa*이다.
5. 양식 대변기의 낙차식은 세정수의 낙차에 의한 유수 작용에 의해 오물을 배수하는 세정 방식이다.

[2] 위생·가스 설비에 관한 다음 기술 중 가장 부적당한 것은 어떤 것일까?

1. LPG 가스는 천장 면에서 30*cm* 아래에 설치한다.
2. 변기의 세정수에 중수를 이용하는 경우 별도로 상수를 이용해야 한다.
3. 대변기의 절수화가 진행되어 1회당 세정 수량을 4*L* 이하의 것도 있다.
4. 대변기의 사이펀볼텍스식은 오물의 부착이 적고, 세정이 조용하다.
5. 도시가스는 공업용, 빌딩 냉방용 등에 이용되는 중압 공급 방식은 0.1*Mpa* 이상 1.0*MPa* 미만이다.

[3] 위생·가스 설비에 관한 다음 기술 중 가장 부적당한 것은 어떤 것일까?

1. 대변기의 세정 밸브에서 유수 시의 최저 필요 압력은 30kPa이다.
2. 플래시 밸브는 세정 밸브라고도 한다.
3. 헤더 배관 공법이란, 헤더라고 하는 집중 기구에 급수하여 헤더로부터 분배하고 사용 부분에 직접 배관하는 방법이다.
4. 도시가스 경보기는 천장에서 23~30*cm* 이내의 높이에 설치한다.
5. 액화석유가스 경보기는 가스 기기로부터 4*m* 이내에 설치하며, 가스 기기와 같은 방에 설치한다.

[4] 위생·가스 설비에 관한 다음 기술 중 가장 부적당한 것은 어떤 것일까?

1. 플래시 밸브 방식은 연속해서 사용할 수 있으므로 많은 사람이 사용하는 공공 건축물 등에 적합하다.
2. 탱크식 화장실의 세정 수량에서 사이펀식은 10ℓ 정도, 세락식은 8ℓ 정도이다.
3. 도시가스의 공급 방식은 공급 압력에 의해 구분되고 있다.
4. 도시가스의 저압 공급 방식은 일반의 건축물에 이용되며 공급 압력은 O.1*MPa* 미만이고,
5. 액화석유가스는 LNG이다.

[5] 위생·가스 설비에 관한 다음 기술 중 가장 부적당한 것은 어떤 것일까?

1. 세락식 대변기는 사이펀식에 비해 악취의 발산이나 오물의 부착하기 쉽다
2. 대변기의 사이펀 제트식은 분출구에서 세정수를 강하게 분출하여 그 압력으로 오물을 배출하는 방식이다.
3. 헤더 배관 공법은 동시 사용 시의 수량의 변화가 많아서 안정된 급수라고 할 수 없다.
4. LPG 가스는 LNG보다 화력이 강하다.
5. 도시가스 경보기는 가스 기기로부터 8*m* 이내에 설치하며 가스 기기와 같은 실에 설치한다.

[6] 위생·가스 설비에 관한 다음 기술 중 가장 부적당한 것은 어떤 것일까?

1. 무수 소변기는 일반 소변기의 반 정도의 소량의 물을 사용하여 소변으로부터의 악취 확산을 억제한다.
2. 병원의 세면기는 균 번식의 영향을 받지 않도록 오버플로우 구멍이 없는 세면기가 유효하다.
3. 헤더 배관 공법은 누수 사고가 적고 관리가 용이하다.
4. 액화석유가스는 물보다 비중이 크고 무겁다.
5. 주택이나 중소 규모의 빌딩에서는 LPG 봄베가 채용되지만, 대형 건물, 지역 공급용에는 벌크 방식이 적용된다.

[7] 위생·가스 설비에 관한 다음 기술 중 가장 부적당한 것은 어떤 것일까?

1. 로탱크 방식의 대변기는 세정 밸브 방식의 대변기와 비교해 급수관을 크게 하여야 한다.
2. 세정 밸브는 플래시 밸브라고도 한다.
3. 가교 폴리에틸렌관의 등장으로 인해 헤더 공법의 시공이 간단해져 보급하기 시작했다.
4. 도시가스는 공기보다 가벼우므로 급수 공급보다 공급하기 쉽다.
5. 액화석유가스는 파이프로 공급하는 것은 곤란하여 봄베식이나 벌크식으로 공급한다.

[8] 위생·가스 설비에 관한 다음 기술 중 가장 부적당한 것은 어떤 것일까?

1. 주택용 탱크레스 대변기는 설치 부분의 급수압이 필요없다.
2. 가교 폴리에틸렌관은 폴리에틸렌관의 일종으로, 폴리에틸렌의 약점이었던 내열성을 한층 더 개량한 것이다.
3. 도시가스는 대용량의 소비나 단지 등 일정한 지역에 대한 도시가스 공급은 공급의 상황을 봐서 중압으로 공급된다.
4. 도시가스는 가스 거버너(조압 장치)에서 각 기구에서 사용할 수 있도록 저압으로 조절해서 공급한다.
5. 도시가스의 액화석유가스는 LNG이다.

08 공기조화설비

1. 개요

1) 사용 용도

공기조화는 "공조설비"라고도 하며, 공기를 취급한다는 의미에서 공기조화·환기설비라고 말하고 있다. 주로 냉난방과 환기를 취급한다(그림 8.1).

① 보건용(체감용) 공기조화(comfort air conditioning)

대인용 공기조화는 사람의 건강과 쾌적성을 요구하며, 일반 건축물에서의 공기조화는 보건용이며 통상 "에어컨"이라고 부른다.

② 공업용(산업용) 공기조화(industrial air conditioning)

대물용 공기조화로서 물품의 생산이나 저장을 위하여 품질의 보관 유지와 제품의 향상을 도모하는 것이다. 또한, 공장 등에서 종업원이 쾌적하고 안전하게 작업하여, 제조·생산 과정에 적합한 실내 환경을 형성·확보하는 것이다. 적절한 공기 조절에 의해 생산성이나 효율성의 향상을 도모한다.

2) 조닝(zoning)

공기조화설비에서의 조닝은 실의 용도나 사용 시간, 방위, 공조 부하 등에 의하여 공조 계통을 적절하게 공간을 분할하는 것이다. 페리메타 존은 공조설비에 있어서 개구부에 가까운 일사 등의 영향이 큰 공간을 말한다. 한편, 인테리어 존은 일사 등의 영향을 받기 어려운 실내 측의 공간을 말한다(그림 8.2). 즉 페리미터존은 실내의 주변부(그림 8.3)를 말하고, 건축물의 중앙부에 비해서 열의 출입이 많고 인테리어 존과 온열 환경이 다르기 때문에 냉난방 조절 대책이 필요하다.

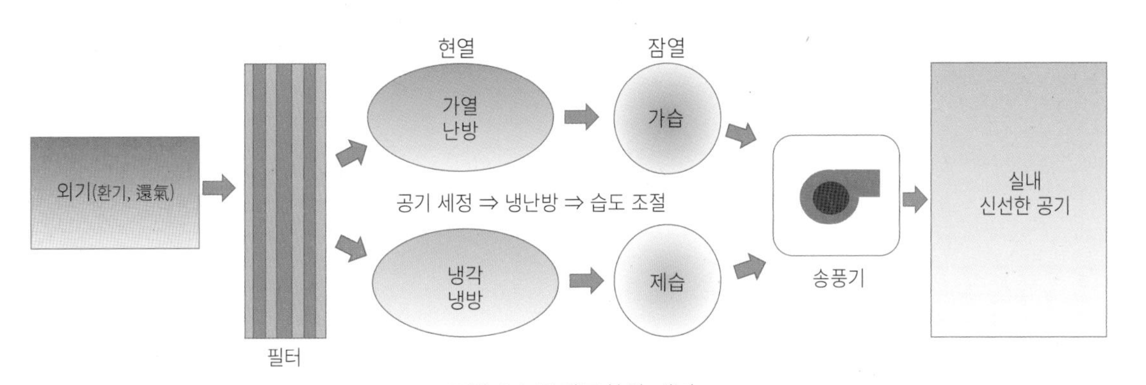

그림 8.1 공기조화의 개념

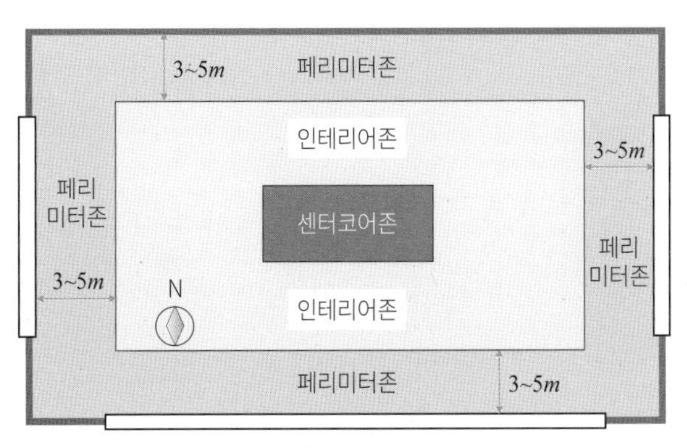

그림 8.2 조닝

그림 8.3 전통한옥의 페리미터존(툇마루) 한용운 가옥 심우장

2. 열반송 방식

공조 방식은 열반송 매체의 종류에 따라 공기, 물, 공기+물, 냉매의 4종류의 공급 방식으로 대별된다(그림 8.4).

1) 공기 방식

공기만을 실내에 급배기하고 공기 조절을 실시하는 방식이다. 공조 기기가 집중하고 있으므로 보수관리가 용이하다. 그러나 공조기의 설치 스페이스가 많이 필요하다.

2) 수 방식

실온을 개별적으로 제어하기 쉽지만, 외기의 도입을 할 수 어렵기 때문에 실내 공기가 오염되기 쉽다. 수 방식의 경우에는 환기 기능을 갖춘 장치가 필요하다. 수 방식의 대표적인 예가 팬 코일 유닛 방식이다.

3) 공기+수 방식

실내의 열을 물(냉수·온수)과 공기로 분담하여 공급하는 방식이다. 유닛마다 개별 제어가 용이하다.

4) 냉매 방식

냉매만으로 열을 실내에 공급하는 방식이며 개별 운전이 손쉽다. 실내 설치 시에는 진동, 소음의 대책이 필요하다. 근래에 HFC(수소불화탄소)의 R32는 지구온난화에 영향이 적은 냉매 가스라서 주목을 끌고 있다. 다른 냉매는 혼합 냉매가 일반적이지만 냉매 누락에 의해 보충할 경우에 혼합률이 바뀌면 냉매로써 작동하지 않은 경우가 있다. R32는 단일 성분으로 구성된

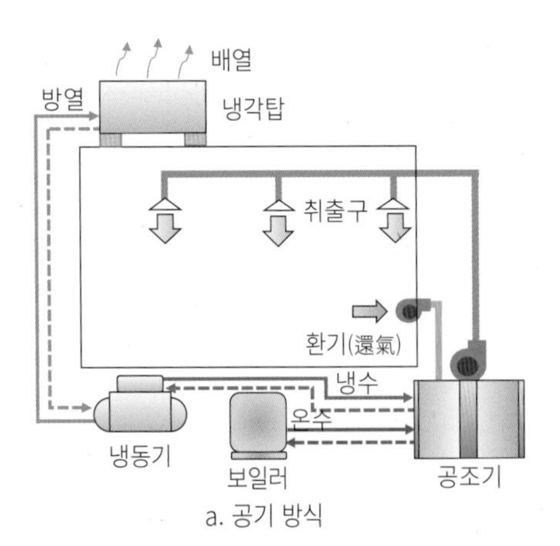

a. 공기 방식

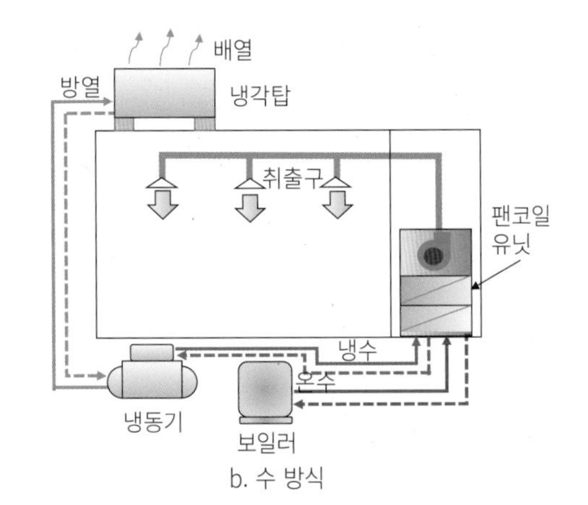

b. 수 방식

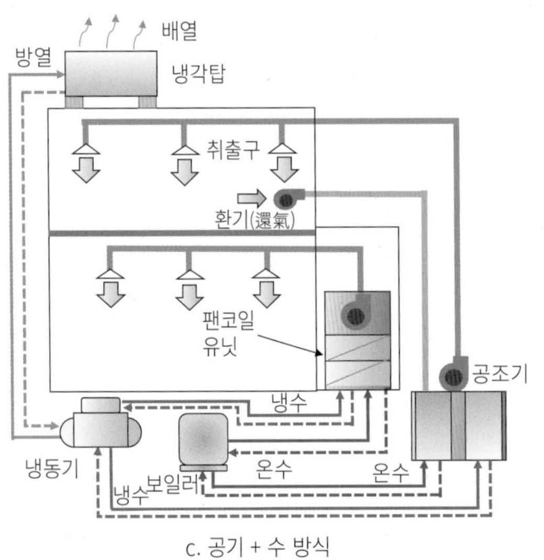

c. 공기 + 수 방식

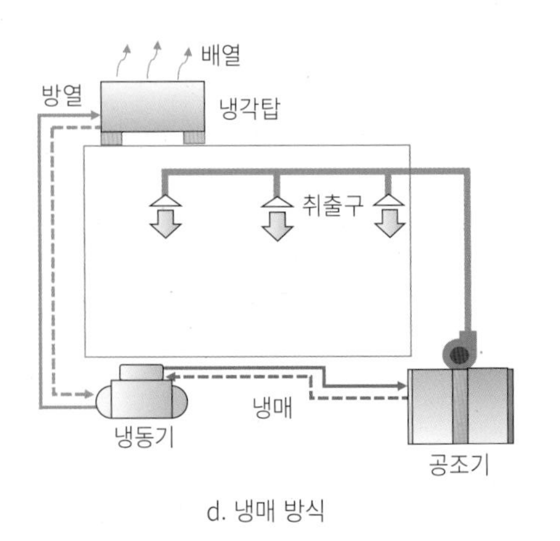

d. 냉매 방식

그림 8.4 열반송방식

냉매 가스이므로 냉매 기능이 안정되어서 만일 냉매 누락이 있어도 추가 보충하면 원래대로의 기능을 되찾을 수 있다.

3. 정풍량 단일 덕트 방식(CAV, Constant Air Volume)

CAV 정풍량 단일 덕트 방식은 중앙의 기계실에서 적절한 온도의 공기를 덕트를 통해서 각 실에 보내는 공기 조절 설비이다. 원래의 송풍 온도를 바꿀 수 있지만 각실의 열부하의 변동에 대해서 용이하게 대응할 수는 없다. 송풍량이 크기 때문에 스페이스도 필요하다. 실내 환경을 동일하게 유지하는 점에서는 변풍량 단일 덕트식보다 유리하다(그림 8.5).

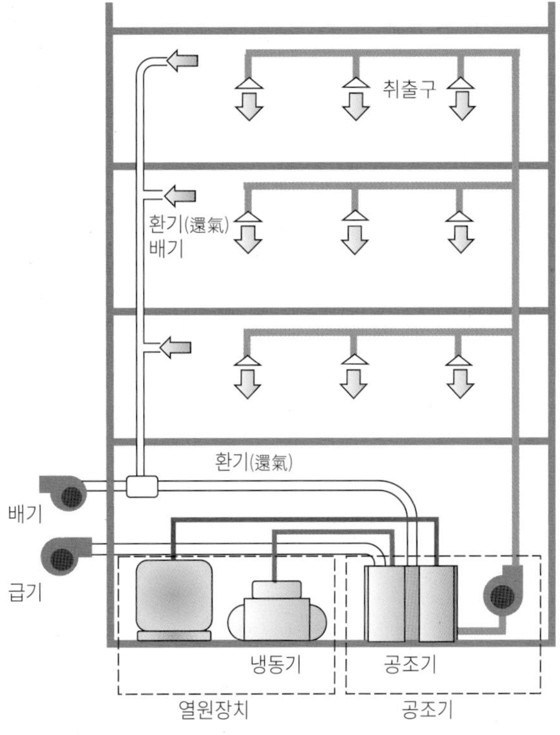

그림 8.5 정풍량 단일 덕트 방식(CAV)

특징

① 풍량이 일정하기 때문에 충분한 환기량을 정상적으로 확보할 수 있다.
② 냉각 제습한 공기의 재열을 실시하지 않는 경우에 실내 습도는 부분 부하 시의 설정 조건보다 상승한다.
③ 중간기나 동기에는 냉방 시의 냉열원으로써 냉동기를 사용하지 않고 외기를 사용하는 것이 가능하다.
④ 송풍 온도를 바꾸면 실온을 제어할 수 있다.
⑤ 변풍량 단일 덕트 방식에 비해 반송 에너지 소비량이 크다.
⑥ 외기 냉방을 이용하는 경우에는 동계는 외기가 건조하고 가습을 실시할 필요가 있기 때문에 에너지 소비량이 증가한다.
⑦ 2대의 동일 성능을 가지는 송풍기를 병렬에 접속하고 단일 덕트로 하는 경우에는 2대를 동시에 송풍할 때의 풍량은 그중 1대만을 운전할 때의 풍량의 2배보다 작아진다.
⑧ 다른 공기 조절 방식에 비해서 정풍량 단일 덕트 방식의 덕트 사이즈는 일반적으로 커진다.

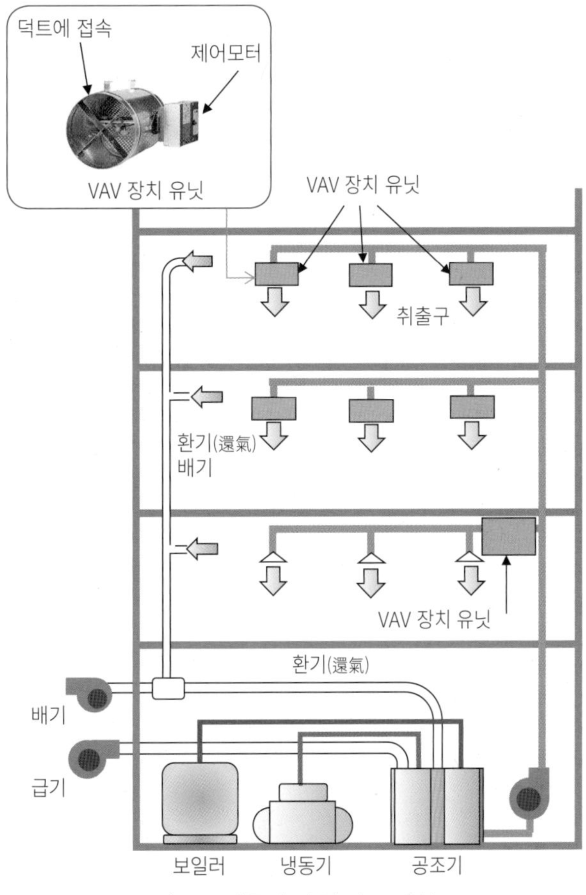

그림 8.6 변풍량 단일 덕트 방식(VAV)

4. 변풍량 단일 덕트 방식(VAV, Variable Air Volume)

변풍량(VAV) 단일 덕트 방식은 정풍량 단일 덕트 방식 등과 같이 중앙식이기 때문에 기계실에 공조기를 설치해서 거기서 만든 공기를 건물 전체 또는 각실 등에 설치된 VAV 유닛(변풍량 장치)에 의해 송풍량을 변화시키면서 실온 조절을 하는 방식이다(그림 8.6).

일정한 송풍량에 따라 실온 조절을 실시하는 정풍량 단일 덕트 방식과 비교하면 실내 부하의 변동(실온의 변화) 때에는 송풍량이 변화하기 때문에 실내의 기류 분포가 세어져서, 티끌이나 먼지가 발생하는 경우가 있어서 공기 청정도를 한결같이 유지하는 것은 어렵다. 말하자면, 저부하 시에 필요 환기량의 확보와 공기 청정도의 유지가 곤란한 경우가 있다.

열부하의 피크 때 동시 발생이 없는 경우에는 정풍량 단일 덕트 방식보다 공기 조절기나 덕트 사이즈를 작게 할 수 있다.

변유량(VWV) 방식에서는 일반적으로 2방(二方) 밸브에 의해 배관 유량이 조절된다. 2방 밸브는 배관 유량을 조절할 수 있으므로 펌프 동력이 일정한 3방 밸브 제어보다 펌프 동력을 감소시킬 수 있다.

■ 2방 밸브

2방 밸브는 배관에 액체나 기체 흐름의 양을 조절하거나 멈추거나 하는 데 사용한다. 배관과의 접속이 입구 측과 출구 측에 각각 1개씩 있다. 삼방 밸브는 입구 측에 1개, 출구 측에 2개가 있다(그림 8.7).

특징

① 존마다 VAV 유닛을 실에 배치하기 때문에 개별 온도 제어가 가능하다.
② 공조용 수축열조의 이용 온도차를 확보하기 위해서는 정유량 제어보다 변유량 제어 쪽이 바람직하다.
③ 부하의 감소에 비례하여 송풍량은 OA기기 등의 실내 발열 등이 줄어들어 저부하 운전인 경우에는 필요 환기량의 확보와 공기 청정도의 유지가 곤란한 경우가 있으므로 최소 풍량의 설정 등의 대응이 필요하다.
④ 실내 부하의 변동에 응하여 각실의 송풍량을 조절하여 소정의 실온을 유지한다.
⑤ 변풍량(VAV) 장치마다 열부하에 응한 풍량만을 급기하면 되므로 팬 반송동력의 저감을 도모할 수 있다.
⑥ 실내의 VAV 유닛에 의해 송풍량을 변화시킬 수 있기 때문에 정풍량 단일 덕트 방식보다 송풍량

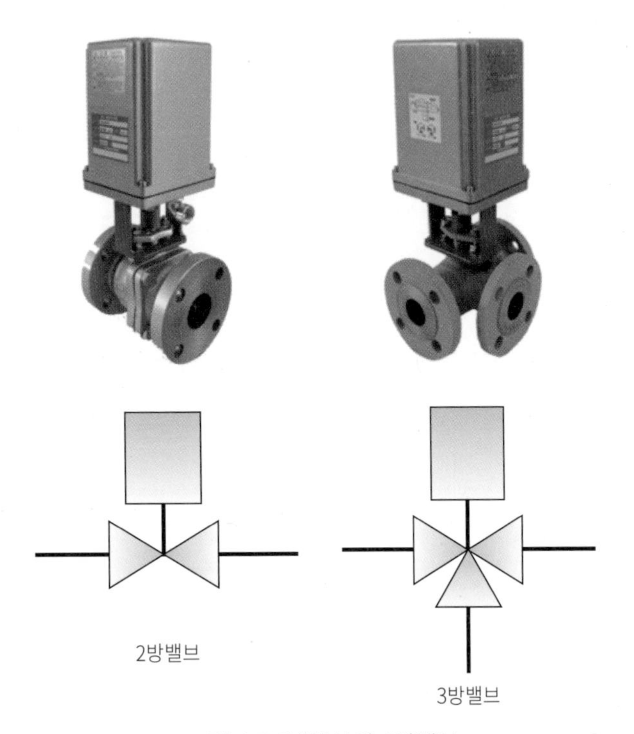

그림 8.7 2방밸브와 3방밸브

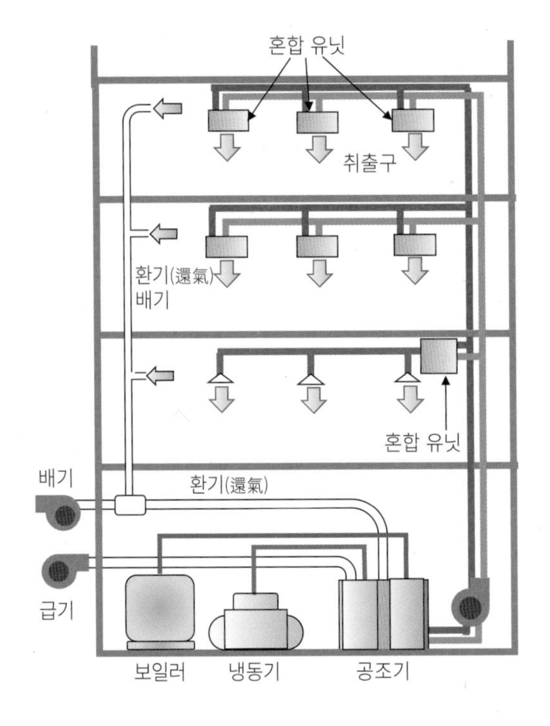

그림 8.8 이중 덕트 방식

을 저감할 수 있다.

⑦ 송풍기의 에너지 소비량을 절감할 수 있으나, 실내에 유닛을 분산 설치하는 공기 열원 멀티 패키지형 공기 조절 방식과 비교하면 공기 반송 에너지는 커진다.

5. 이중 덕트 방식

이중 덕트 방식은 2계통의 냉풍과 온풍의 덕트에 의해 급기를 혼합시켜서 온도 제어를 실시하기 때문에 개별 제어성은 높지만 에너지 손실이 크다. 건축물 내에 칸막이 변경에 대해서 유연하게 대응할 수 있다(그림 8.8).

6. 유닛 방식

1) 각층 유닛 방식

각층마다 단일 덕트 방식의 공조기를 설치하고, 공조하는 구역마다 공조를 실시하는 방식이다(그림 8.9).

한편, 그림 8.9.a처럼 외기 부하를 조절하는 1차 공조기와 각층의 2차 공조기를 조합하여 공조를 실시하는 각층 유닛 방식은 에너지 절약의 효율을 향상시킨다.

2) 팬 코일 유닛 방식(FCU, Fan Coil Unit System)

팬 코일 유닛은 실내에 설치하는 소형의 공조기로서 냉온수 코일, 송풍기, 에어필터 등을 내장한다(그림 8.10). 이 방식은 실내 공기를 순환시키면서 공조하기 때문에 공기가 더러워지는 단점이 있지만, 그것을 보충하기 위해서 덕트 병용식을 이용한다.

3) 덕트 병용 팬 코일 유닛 방식

팬 코일 유닛 방식으로는 충분한 환기를 할 수 없기 때문에 중앙기계실의 외기 처리 조화기에서 덕트로 외기를 공급하는 방식이다. 팬 코일 유닛으로 페리 메타 존의 공조를 실시하고 덕트로 급기하여 인테리어 존의 공조에 이용한다.

팬 코일 유닛과 정풍량 단일 덕트를 병용한 방식은 정풍량 단일 덕트 방식과 비교하여 덕트 스페이스를 작게 할 수 있다.

취출구
환기(還氣)
배기
배기
환기(還氣)
급기
보일러
냉동기
공조기

a. 1차 · 2차 각층 유닛 방식

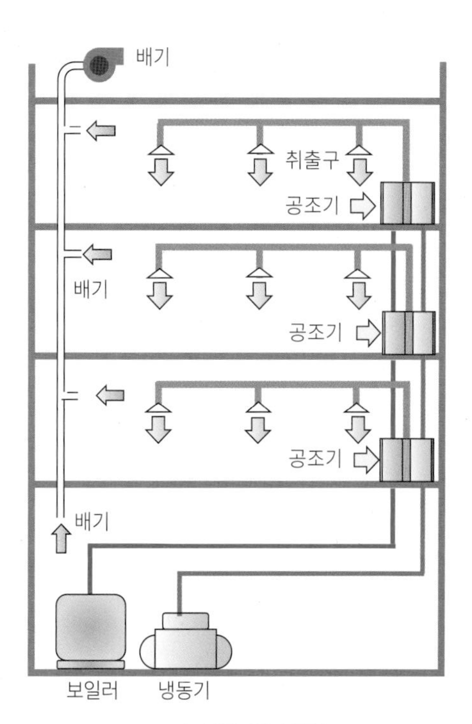

b. 각층 유닛 방식

그림 8.9 유닛방식

7. 그 외 방식

1) 중앙열원 공조 방식

중앙열원 공조 방식이란 센트럴 방식이라고도 하며, 열원 기기(냉동기, 보일러 등)와 공조기를 조합하여 기계류를 1개소의 기계실에 집중 설치하고 1개소의 중앙관리실(데이터센터)에서 공조를 조절하는 방식으로서 공조설비의 제어 및 작동 상태를 감시한다.

중앙열원 공조 방식은 개별 제어하는 공조로서의 이용이 가능하다. 센트럴 덕트 방식을 채용한 고층 건축물에 있어서 저압 덕트는 덕트 스페이스가 건축 면적에 비하여 비율이 크기 때문에 고압 덕트로 한다. 초고층 건축물에서 중앙관리실은 피난층 또는 그 바로 위쪽층 혹은 직하층에 설치한다.

2) 터미널 리히트 방식

덕트의 분출구 바로 위에 재열 코일을 삽입하여 실의 열부하에 맞추어서 재열량을 조절하는 공조 방식이다. 단일 덕트 방식의 결점인 각 실의 온도 조절이 가능하지만 단일 덕트 방식보다 에너지가 필요하므로 단일 덕트 방식보다 연비가 좋지 않다.

3) 저온 송풍 공조 방식

10~12℃ 정도의 저온 냉풍으로 송풍 온도를 내려서 이용하기 때문에 송풍 반송 동력의 저감이 가능하며, 공조기나 덕트 스페이스도 작게 할 수 있다.

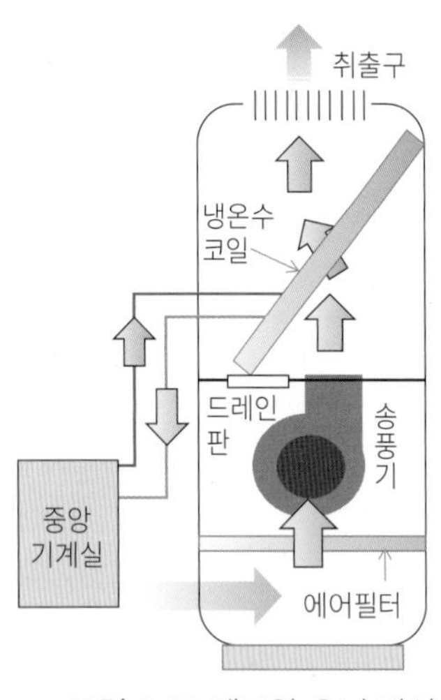

그림 8.10 팬코일 유닛 방식

4) 축열식 공조 방식

야간 전기로 만든 얼음이나 물을 주간의 공조에 이용하는 방식이다. 동일량의 축열을 하는 경우, 빙축열 방식은 물축열에 비해 축열량이 크므로 축열조의 용량을 작게 할 수 있다.

축열식 공조 시스템은 건축물의 냉방 부하가 작은 중간기의 냉방과 냉방부하가 큰 여름철과 동일하게 냉동기의 성적계수(COP: → p.175 참조)를 높게 유지하는 것이 가능하다.

5) 치환 환기 공조 방식

북유럽을 중심으로 발달된 공기의 부력을 이용한 환기·공조 방식이다. 바닥 면에 저풍속 또한 실온보다 낮은 온도로 급기하여 따뜻하고 오염된 공기가 상승기류에 따라 실상부에서 배기시키므로 기류를 느끼지 못하고 혼합 환기 방식보다 환기 효율이 높다.

6) 바닥 송풍 공조 방식

바닥 송풍 공조 방식은 이중 바닥 내에 공기를 송풍하여 바닥 면에 설치된 분출구에서 온도 조절된 공기를 실내에 공급하는 방식이다(그림 8.11 ~ 그림 8.12). 냉

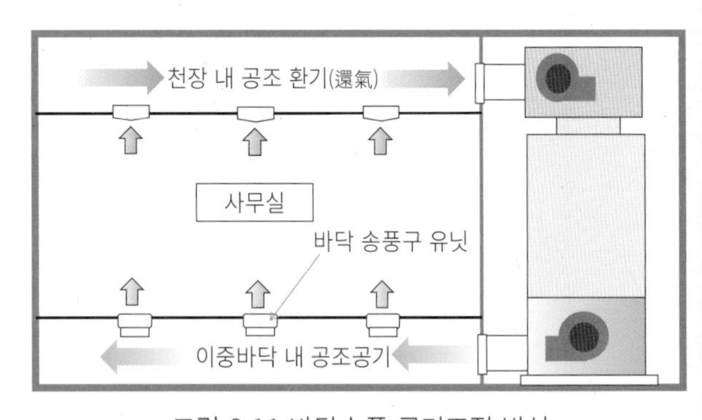

그림 8.11 바닥송풍 공기조절 방식

그림 8.12 바닥송풍 유닛(도라노몬힐즈)

방 시의 급기 온도는 통상의 천장 송풍 공조보다 올릴 필요가 있기 때문에 급기량도 약간 늘어난다. 또한, 하기에는 제습을 실시할 필요가 있다. 실내 천장이 높은 공간에서는 천장에 가까운 면의 온도와 바닥에 가까운 면의 온도는 큰 차이가 발생하기 쉽다. 즉 수직 온도차(천장~바닥)가 커지는 결점이 있다.

8. 개별 공조 방식

1) 룸 에어컨 방식

소형의 패키지형 공조기를 각 실에 설치하고 공조하는 방식이다. 인버터 방식의 룸 에어컨은 부분 부하 운전 시의 효율이 높고 에너지 절약 효과를 기대할 수 있다. 공기 열원 히트 펌프 방식의 룸 에어컨의 난방 능력은 일반적으로 외기 온도가 낮아질수록 저하한다.

2) 멀티 패키지 방식

멀티 패키지형 공조 방식은 냉수가 아니라 냉매에 의해 냉방을 실시한다. 멀티 패키지형 냉난방 동시형은 냉방 부하와 난방 부하가 동시에 발생하는 경우, 소비 전력을 경감할 수 있다. 멀티 에어컨은 실외기 1대에 실내기를 다수 설치하여, 동일 접속된 시스템으로서 실내기를 개별적으로 운전할 수 있는 기능이 있다(그림 8.13). 중·대규모 점포, 호텔, 세입자 빌딩, 병원 등에 많이 사용한다. 이 방식은 성적 계수의 큰 기기를 채용하면 좋다.

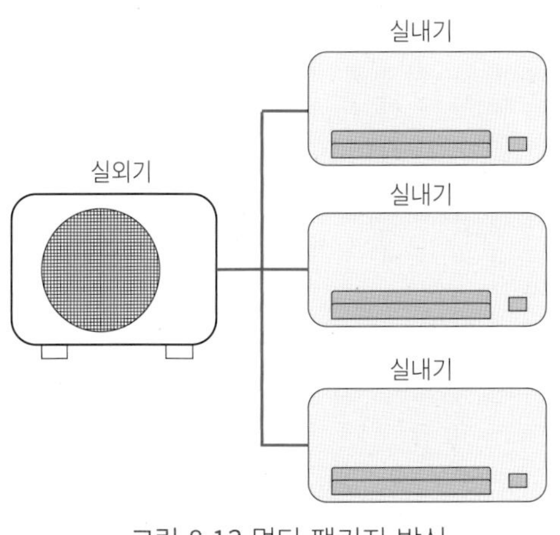

그림 8.13 멀티 팩키지 방식

3) 패키지 유닛 방식

패키지 유닛 에어컨은 실외기와 실내기가 1대1이다. 비교적 염가로 간편하게 공조하고 싶은 경우나 작은방 단위로 독립해서 운전하고 싶은 경우에 채용된다. 응축기와 냉동기, 송풍기 등이 일체인 에어컨이다. 가정용이나 사무소, 소규모 점포 등에 많이 사용된다. 패키지 유닛 방식의 공조기 APF(Annual Performance Factor, 연간 에너지 소비효율)는 "예상한 연간의 공조 부하"와 "연간의 소비 전력량"에 의해 구한다.

9. 건식, 냉각 제습 방식

1) 냉각 제습 방식

냉각 코일로 공기를 목표 노점 온도까지 냉각 결로시켜서 수분을 제거하는 방식이다(그림 8.14). 차갑게 식히는 원리로 제습하기 때문에 습도를 우선으로 하면 과냉각이 되는 경우가 많고, 이를 수정하기 위한 재열은 큰 에너지 손실이 된다.

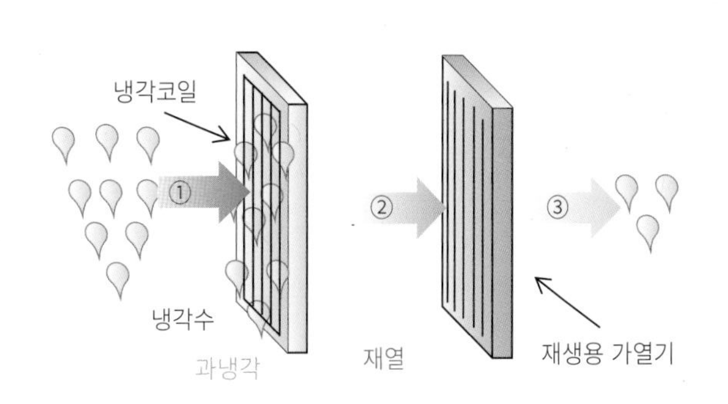

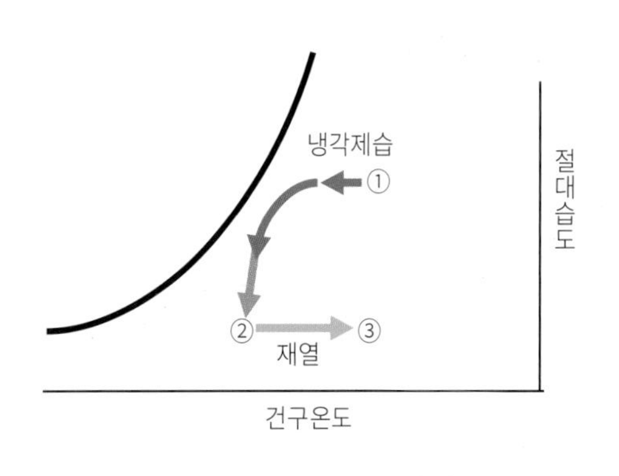

그림 8.14 냉각 제습 방식

2) 데시칸트(건식) 공조 방식

데시칸트 공조 방식은 제습제 등을 이용하여 잠열을 효율적으로 제거하는 것이 가능하기 때문에 잠열과 현열을 분리 처리하는 공조 시스템에 이용할 수 있다. 즉 종래의 냉각 제습 방식의 공조와 비교하면 잠열만을 효율적으로 제거할 수 있다. 데시칸트(건조재)에 의해 습기를 흡착시켜 습도를 내리므로 같은 온도라도 체감온도를 내리는 것이다.

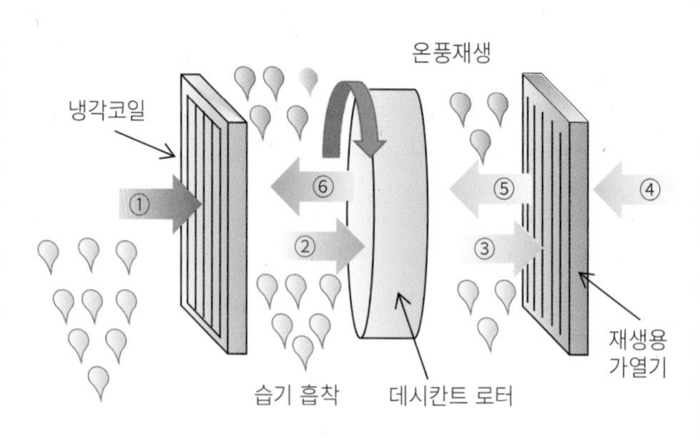

3) 데시칸트의 원리

데시칸트 공조기·제습기의 구조는 대상으로 하는 공기를 제습하는 "제습 측"과 수분을 흡착한 데시칸트 로터로 재생하는 "재생 측"으로 구성된다. 건조제를 포함한 허니콤 형태의 로터(데시칸트 로터)에 공기를 통해 제습하는 방식이다(그림 8.15). 데시칸트 로터에는 재생에 가열용 열원이 필요하다. 직접적으로 습도를 컨트롤하기 위해, 냉각 제습 방식에 불필요한 에너지를 방지할 수 있다.

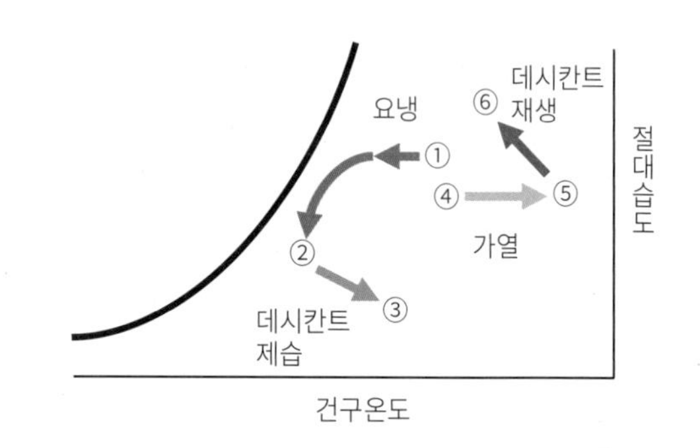

그림 8.15 데시칸트(건식) 방식

Column 04. 에너지 절약 공기 분포 기법

대공간에 있어서의 실내 환경은, 기본적으로는 냉방은 별로 신경쓰지 않아도 좋다고 여겨지고 있다. 이것은 공조기에서 만들어진 차가운 공기가 공기의 비중 때문에, 주 거주 역(존)인 바닥의 면에 냉기가 도달하기 때문에 쾌적성이 유지되기 때문이다. 그러나 천정면에는 아무래도 더운공기가 쌓여 이 열이 「방사열」로서, 거주역에 악영향을 미친다. 따라서 더운공기는 배열시키지 않으면 안 된다. 한편 난방기는 그 역으로 온풍은 천정면에 쌓이기 때문에 거주역의 온열 환경은 악화된다. 그러므로 천정에 쌓인 고온의 공기를 거주역에 하강시키면, 겨울철에 있어서의 거주역의 환경이 개선되어, 이러한 것이 에너지 절약이라 할 수 있다.

대공간의 실내(동경 도라노몬 힐즈 오피스)

09 공기와 열

1. 잠열과 현열

물질이 고체로부터 액체, 액체로부터 기체, 고체로부터 기체 혹은 반대 방향으로 상태 변화할 때에 필요로 하는 열을 "잠열"이라고 하며, 온도 변화는 없다. 한편, 온도 변화를 수반하는 열을 "현열"이라고 한다. 상태 변화(현열 변화/잠열 변화)의 종류와 물이 상태 변화할 때의 열에너지와 온도의 관계는 그림 9.1과 같다.

실내 발열 부하에는 현열과 잠열이 있다. 인체에 기인하는 잠열은 동일 작업의 경우에는 실온이 높아지면 현열(발열)이 줄어들고 잠열(땀)이 증가한다.

2. 공기의 혼합

■ SHF

SHF는 현열비를 나타내며, 공조 부하에서의 전열(온도와 습도 변화에 따른 열량)에 대한 현열(온도 변화에 따른 열량)의 비율을 의미한다. 즉 SHF는 공조기에 의해 공기에 부가 또는 제거되는 열량 중 현열량이 차지하는 비율이다. 현열+잠열은 언제나 일정한 근사치 값이다.

$$현열비=\frac{현열}{현열+잠열}=\frac{현열}{전열}$$

1) 가열·냉각

공조 장치에서 가열·냉각의 열교환은 공기가 코일을 통과할 때 행해진다.

공기 선도상의 어떤 조건의 점에서 우측으로 이동하면 가열이며, 좌측으로 이동하면 냉각이다(그림 9.2.a). 가열 냉각량의 산출은 다음과 같이 계산한다.

$q=0.33\times Q\times \Delta t$

q : 가열, 냉각량[W]

Q : 풍량[m^3/h]

Δt : 온도차[℃]

2) 가습·제습

공조 장치로 가습은 가습기에 의해 증기나 물을 분

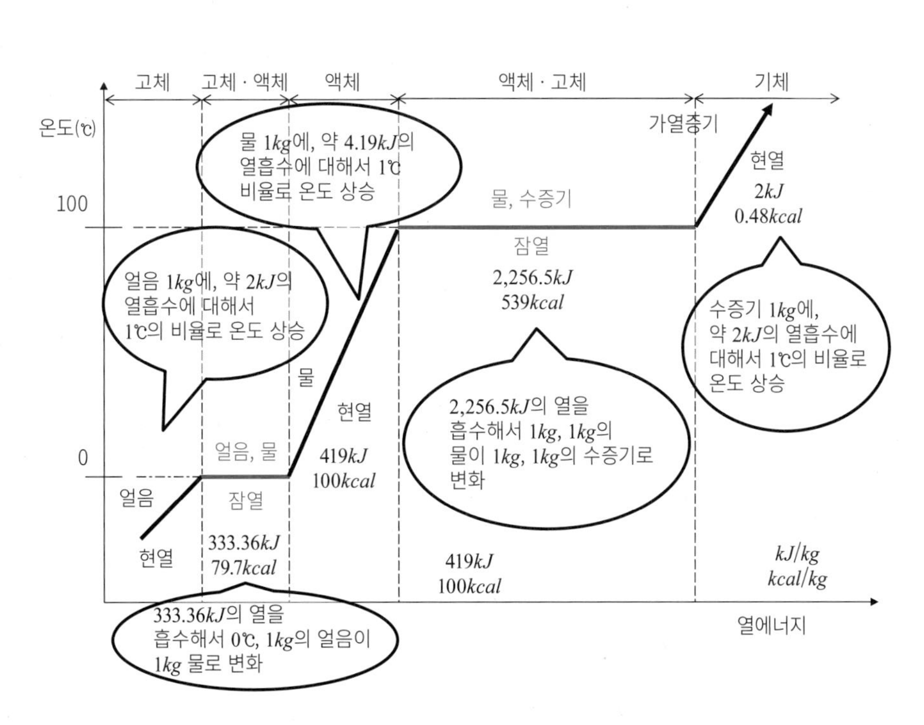

그림 9.1 잠열과 현열

무한다. 제습은 냉각일에 의한 냉각 제습으로 이루어진다. 공기 선도상의 어떤 조건의 점에서 위쪽으로 이동하면 가습이고, 아래쪽으로 이동하면 제습이다(그림 9.2.b).

가습량의 산출은 다음과 같이 계산한다.

$L=1.2\times Q\times(\Delta x)$

L: 가습량[kg/h]

Q: 풍량[m^3/h]

Δx: 가습($x_2 \rightarrow x$), 제습($x_1 \rightarrow x_2$)

3) 공기의 혼합

공조 장치로 공기의 혼합은 신선 공기(OA)와 환기(리턴 공기 RA)가 혼합할 때의 상태이다. 조건 ①의 공기 Q_1, ②의 공기 Q_2를 혼합했을 때, ③의 혼합 공기 $Q_3 m^3/h$를 구하는 방법은 그림 9.2.c에서 구한다. 혼합 계산식은 다음과 같다.

현열: $t_3=\dfrac{(Q_1\times t_1)+(Q_2\times t_2)}{Q_3}$

잠열: $x_3=\dfrac{(Q_1\times x_1)+(Q_2\times x_2)}{Q_3}$

전열: $h_3=\dfrac{(Q_1\times h_1)+(Q_2\times h_2)}{Q_3}$

3. 열부하

투명 판유리를 사용한 창의 실내 측에 블라인드를 마련하는 경우, 밝은색 블라인드가 검정 블라인드보다 일사 차폐는 높다.

냉방 부하를 저감하기 위해 옥상·벽면의 녹화 조성과 지붕 살수는 유효하다. 공조설비에서 외기 냉방 시스템은 중간기 및 동기의 냉방용 에너지를 삭감하기 위해 유효하다. 전열 교환형의 환기설비는 환기에 의해서 냉난방 부하를 저감시키는 것이 가능하다.

1) 열부하 계산

열부하 계산법에는 정상 계산법(변동하지 않는 상태), 비정상 계산법(변동하는 상태) 등이 있으며, 계산의 목적에 따라 구분하여 사용하고 있다. 최대 부하 계산에 있어서 조명, 인체, 기구 등에 의한 실내 발열 부하에 대해서는 냉방 시 계산에는 포함하지만, 난방 시에는 안전을 위해서 계산에 포함할 수 없는 것이 많다.

TAC[1] 온도(Technical Advisory Committee)는 설계용 외계 조건에 이용되는 온도로, 기상 데이터를 통계 처리하고 얻은 값이며, 소정의 초과 확률을 설정하고 드문 무더위 등의 요인을 없앤 것이다. TAC 위험률이라

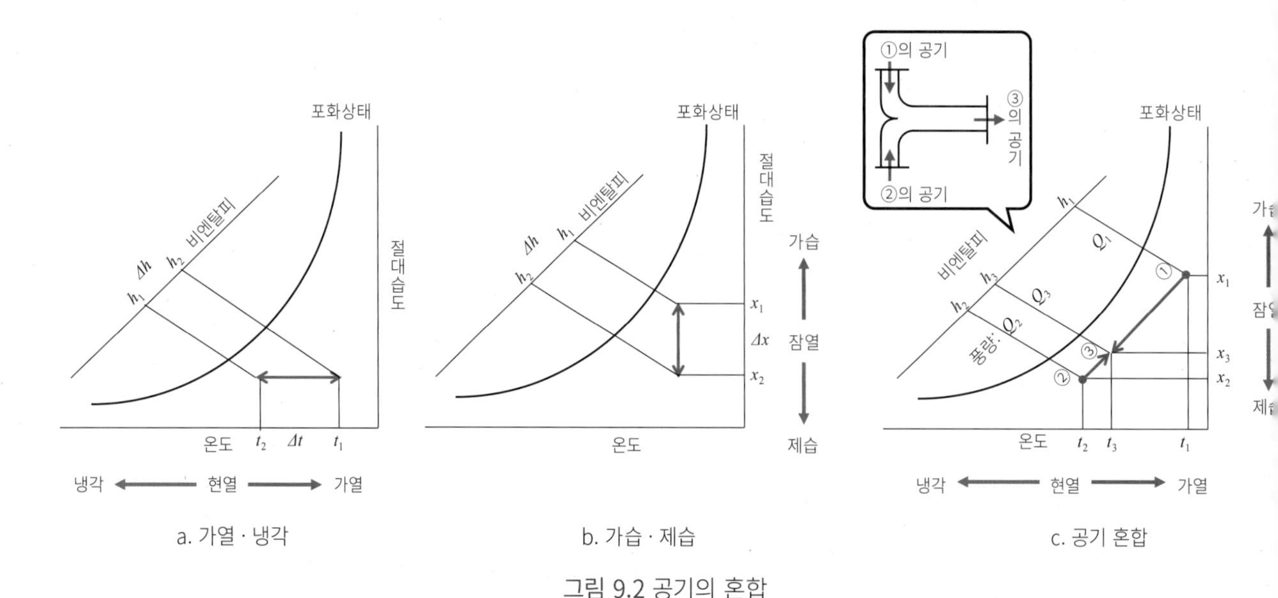

그림 9.2 공기의 혼합

1) TAC: ASHARE 기술자문위원회(TAC, Technical advisory committee)에서 제안한 것으로, 냉난방 설계 외기 온도를 결정할 때 냉난방 기간 중 외기 설정 온도 밖으로 벗어나는 비율(%)을 고려한 온도를 말한다.

고도 하며 공조설비 용량을 과다하게 결정하는 것을 방지하기 위해서이다. 예를 들어, 서울의 외기 온도가 18도 이하일 경우 난방을 설정하면 총 난방 시간은 5,417시간이다. 여기서 확률적으로 5%, 2.5%를 구하면 TAC 5% 시간은 271시간, TAC 2.5% 시간은 135.4시간이 된다. 최저온도 구간에서 누적된 시간이 135.4시간이 되는 지점이 TAC 2.5 온도가 되는 것이다.

2) 공조설비 에너지 절약

데이터센터의 공조설비의 특징은 "연간 연속 운전", "연간 냉방", "현열 부하가 주체" 등이며, 계획지의 기상 조건 등에 따라서는 외기 냉방이나 냉각탑에 효과적인 에너지 절약 기법이다. 외기 냉방은 외기의 엔탈피가 실내 공기의 엔탈피보다 낮은 경우에 실내외 에너지의 차이를 냉방에 이용하는 것이다. 또한, 중간기 및 동기의 냉방용 에너지를 삭감할 수 있다.

3) 공조 제어

공조 제어에서 P(비례) I(적분) 제어는 비례 동작에 적분 동작을 가한 것이며, 비례 동작만으로 발생하기 쉬운 오프셋(출력신호는 0인데, 실제로는 얼마의 출력전압이 생기는 것)을 없애는 복합 동작 방식이다. PID(미분) 제어는 비례·미분·적분의 3개의 이점을 조합한 제어 방식이다. 공기 조절기의 워밍업 제어는 외기 댐퍼를 전폐하면서 환기 댐퍼를 전개하는 제어로서 공조의 가동 시간을 단축하는 방법이다.

Column 05. 공기 상승을 억제 하는 에너지 절약

아크로스 후쿠오카는 후쿠오카시내의 중심부에 있고 1995년 준공하였다. 지상 14층, 지하 4층, 높이 60*m*의 건물로서, 남쪽이 계단상의 옥상 정원이 되어 있어 그 형상으로부터 스텝 가든으로 불리고 있다. 최상층 전망대에 오르면서 사계의 식물을 둘러싸는 재배 계획이 이루어지고 있고, 5층에서 1층까지는 폭포가 흐르고 있다.

스텝 가든에서는 야간에는 바람이 내려 불고, 낮에는 바람이 올려 불지만, 바람의 각도는 약 30도로 스텝 가든의 경사에 따른 바람이 분다. 이 바람의 영향으로 경사면에 있어서의 냉기류의 현상이 일어나서, 열대야의 도심에 시원한 바람을 일으키는 효과가 있다.

아크로스 후쿠오카

콘크리트면은 일사의 영향으로 표면 온도가 올라 주변의 공기를 따뜻하게 하고(현열 효과), 식재면에서는 증발산에 의해 다량의 열을 소비하기 때문에, 주변의 공기의 온도 상승을 억제한다(잠열 효과). 이것은 마치 뜰에 뿌리는 물은 기화열로 대량의 열을 소비하기 때문에 시원하게 온도의 상승을 억제하는 효과가 있다.

1. 냉방설비

냉동의 원리는 압축한 냉매의 증발에 의해서 냉수를 만들어 낸다. 순환하는 냉매가 증발기 내에서 기화할 때 주위로부터 열을 빼앗는 작용에 의해 공기나 물을 냉각한다. 기화한 냉매는 압축기로 압축된 후 응축기로 냉각되어 액화한다. 응축기는 기내에서 발생한 열을 냉각수에서 방열하며, 이 열은 냉각탑에 의해 처리된다.

2. 압축식 냉동기

압축 냉동기는 터보 냉동기라고도 하며, 기체의 냉매를 압축기로 압축해 응축기로 냉각하고 압력이 높은 액체를 만들어, 팽창 밸브로 압력을 내려 증발기에서 저온으로 기화시켜 기화열로 열을 뺏는 방식이다. 압축 냉동 기계실에서는 냉매가스가 체류하지 않도록 배기설비의 흡입구를 바닥 면 근처에 설치한다. 고효율형이므로 성적계수가 높고 에너지를 절약하지만, 부분 부하 운전에는 대응하기 어렵다.

1) 압축식 원동기의 원리

증기 압축식 냉동 사이클에서는 그림 10.1과 같이 ① 저온·저압의 기체 액체 혼합 냉매(액냉매와 냉매가스)가 증발기에 들어간다. ② 증발기 내에서 냉수로부터 열을 빼앗아 증발하여, 기체가 된 냉매가스는 압축기 내에 빨려들어가 ③ 압축되고 고온·고압의 냉매가스가 되어서 응축기에 내보내진다. ④ 고온·고압의 냉매가스는 응축기 튜브에 들어간 냉각수에 방열하여, 저온·고압의 액체 냉매가 된다. 응축된 냉매는 팽창 장치를 거쳐서 감압되어 ①이 되어 증발기에 흐르며 반복되는 사이클이다.

2) 압축식 원동기의 종류

① 인버터 냉동기

인버터 냉동기는 압축기의 회전수를 제어할 수 있으므로 정격 운전 시에 비해서 부분 부하 운전 시의 효율이 높다. 신냉매 R410A를 소형 밀폐 냉동기(옥내 설치형)에 채용하여, 냉동 능력이 높고, 에너지 절약에 유효하다. 또한, 취급이 용이하고 오존층을 파괴하지 않고, 고효율 운전이 가능하여 소비전력 저감 효과가 있다.

② 원심 냉동기

원심 냉동기는 원심식 압축기를 이용한 냉동기로써 회전하는 날개차로 냉매를 외주부에 토해내는 것으로 압축을 실시하는 증기 압축식 냉동기의 일종이다.

오피스 빌딩, 지역 냉난방, 병원, 반도체 공장, 석유화학공업 등에 적용되고 있다.

3. 흡수식 냉동기

흡수식 냉동기는 진공 중의 증발기 내에서 흡수액에 혼입한 물(냉매)을 저온 증발시켜 냉수를 만든다. 냉매에 물을 사용하여 물이 증발할 때 주위로부터 열

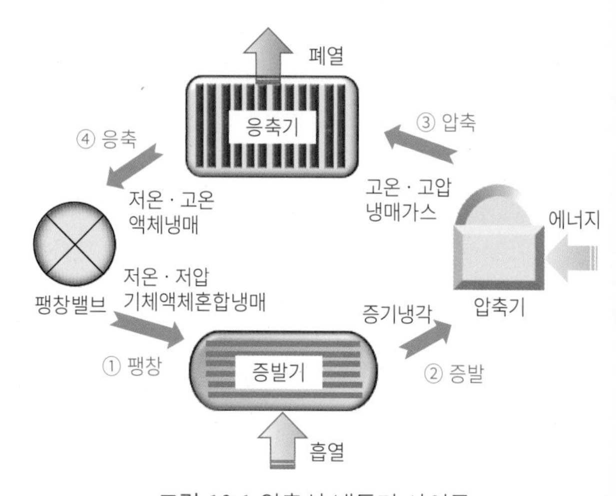

그림 10.1 압축식 냉동기 사이클

을 빼앗는 작용을 이용한다. 기계 내의 브롬화리튬의 용액이 수증기를 흡수해서 증발기 내의 압력을 내리는 것이 증발을 촉진한다. 수증기를 흡수한 흡수액은 재생기에서 물과 브롬화리튬으로 분리해 재이용한다. 가스 흡수 냉온수기는 압축기가 필요 없기 때문에 진동이나 소음이 적고, 가스를 연소시켜서 냉수와 온수를 동시에 사용할 수 있고 바꾸어 사용도 가능하다.

"증발", "흡수", "재생", "응축"의 4가지 작용을 거쳐서 냉방하며, 프레온이나 대체 프레온을 사용하지 않고 "물"을 냉매로 한 친환경이라 할 수 있다.

1) 흡수식 냉동기 원리

흡수식 냉동 사이클은 그림 10.2와 같이 증기 압축식 냉동 사이클과 근본적인 2가지 차이가 있다(그림 10.3 참조). 첫 번째는 압축기가 아니라, 흡수기·펌프·재생기가 사용되고 있다. 그리고 두 번째는 냉매 외에 흡수액이 필요하다.

우선, ① 저온·저압의 기액 혼합 냉매(물과 수증기)가 증발기에 들어간다. ② 증발기 내는 거의 진공 상태여서 통상은 100℃의 물의 비점이 7~10℃까지 내려가기 때문에 냉수 배관 내의 비교적 따뜻한 물에서 열을 빼앗아 냉매(수)는 비등하여 수증기가 된다. 증기 압축식 냉동 사이클 압축기의 흡입 측처럼 수증기가 흡수기에 빨려 들어간다. ③ 수증기는 흡수액 "브롬화리튬"에 흡수되어 재생기에서 펌프로 밀려 나온다. 재생기 내에서 냉매·흡수액의 혼합액을 가열해 원래의 수증기와 흡수액을 분리시키면 흡수액은 흡수기로 돌아오고, 수증기는 응축기에 보내진다. ④ 응축기 내에서 열을 빼앗아 물로 돌아온 냉매는 ① 팽창 장치로 감압 되어서 증발기에 흐르며 반복하는 사이클이다. 재생기로 열을 만드는 방법으로써 가스·기름 등의 연료를 사용한 연소 방식과 증기나 고온의 물에 의한 방법이 있다.

2) 흡수식 냉동기의 특징

흡수 냉동기는 원심 냉동기와 같은 전동기가 불필요하기 때문에 진동 및 소음이 작다. 동일 용량의 원심 냉동기와 비교하면, 응축기나 흡수기에도 냉각수를 필요로 하기 때문에 냉각수를 많이 필요로 한다. 또한, 동일 용량의 원심 냉동기에 비해 기내(냉매 순환계)의 압력이 낮고, 소비전력이 적다. 운전 중에도 기내가 진공에 가까운 상태이며, 압력에 의한 파열 등의 우려가 없다. 압축식 냉동기(터보 냉동기)과 흡수식의 비교는 표 10.1과 같다.

3) 냉매

냉동기의 냉매의 프론 금지 때문에 자연 냉매인 암모니아, 이산화탄소가 냉매로써 이용되고 있다. 냉동기에 사용되는 대체 냉매인 프레온(HFC)은 오존 파괴 계수는 0(제로)이지만 지구온난화 계수가 높고, 온실효과 가스의 일종이다. 대체 프레온(HFC)은 오존층의 파괴 방지에 대해서는 효과가 있지만, 지구온난화 계수에 대해서는 이산화탄소를 웃돌고 있다.

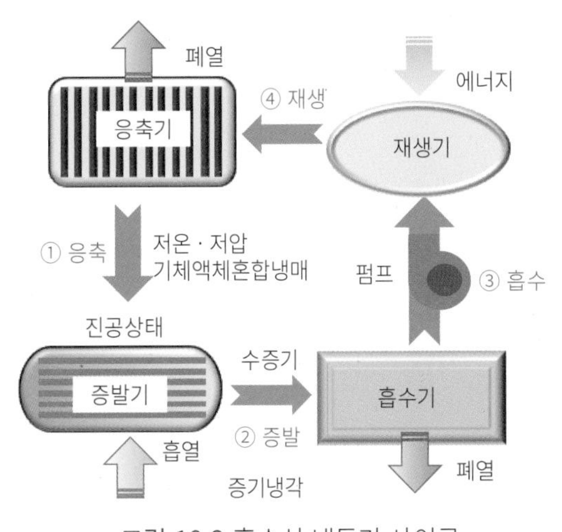

그림 10.2 흡수식 냉동기 사이클

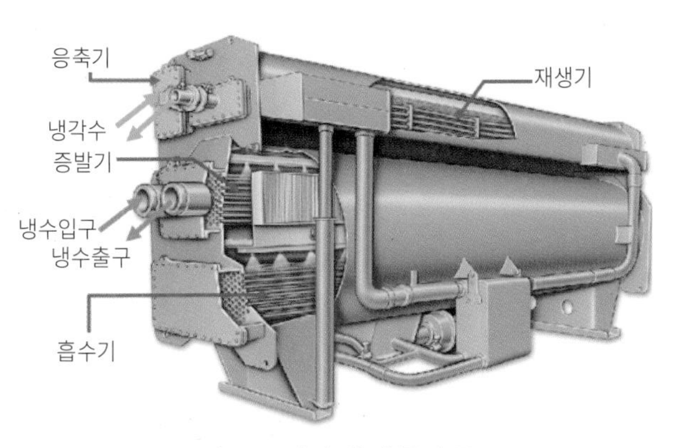

그림 10.3 흡수식 냉동기 구조

표 10.1 압축식(터보)·흡수식 냉동기의 비교

비교 항목	흡수식 냉동기	압축식(터보) 냉동기
냉동사이클	흡수식 냉동 사이클	증기 압축식 냉동 사이클
구성 요소	증발기 → 흡수기 → 재생기 → 응축기	증발기 → 압축기 → 응축기 → 팽창밸브
냉매	물+흡수액	프론, 무(無)프레온
장점	·증기나 고온수 배열이 이용 가능 ·1대로 냉수·온수 공급 가능 ·전기설비 용량(전력 디맨드)이 작다.	·에너지 절약 효과가 높다 ·가동이 빠르다 ·부하 추종성이 좋다 ·노화가 적다
단점	·가동이 느리다 ·부하 추종이 늦다 ·경년 열화가 크다	·열 회수형도 있다, 온수는 47℃까지 ·전기설비 용량(전력 디맨드)이 크다
주요 용도	소규모 빌딩	지역 냉난방, 대규모 빌딩, 공장, 클린 룸 등

4. 난방설비

난방설비에서 냉온수 배관에는 냉수에서 온수로 상태 변화에 따른 체적의 팽창을 흡수하기 위해 팽창탱크가 필요하다.

1) 증기난방

보일러로 만들어진 증기가 방열기에서 잠열을 발산하여 실내를 따뜻하게 한다. 차가워진 증기는 응축수가 되어 보일러로 돌아온다. 이 순환으로 난방이 되는 것이다. 온수난방에 비해 예열 시간이 짧기 때문에 곧바로 따뜻해진다. 방열 온도가 높기 때문에 상하의 공기 온도차가 있고 난방감은 좋지 않다. 한랭지에서 동결의 위험성은 적으나 쾌적성이 떨어지고 스팀 해머, 배관의 부식, 온도 제어가 곤란하다는 단점이 있다. 그러나 설비가 저렴해서 학교나 공장에서 자주 사용한다.

2) 온수난방

보일러로 온수를 만들어 방열기로 실내를 따뜻하게 한다. 보일러의 수량을 제어할 수 있으므로 연료는 경제적이다. 난방의 느낌이 부드럽고 쾌적하다. 증기난방보다 쾌적성이 뛰어나지만 설비비가 높고 예열 시간이 길다. 단점으로서는 한랭지에서 가동하지 않으면 동결 우려가 있다. 주택, 병원, 호텔 등에 많이 채용된다. 진공식 온수기는 내부의 증기압이 대기압 이하로 운전되므로 안전성이 높고 보일러의 취급 자격자가 불필요하다(그림 10.4 참조).

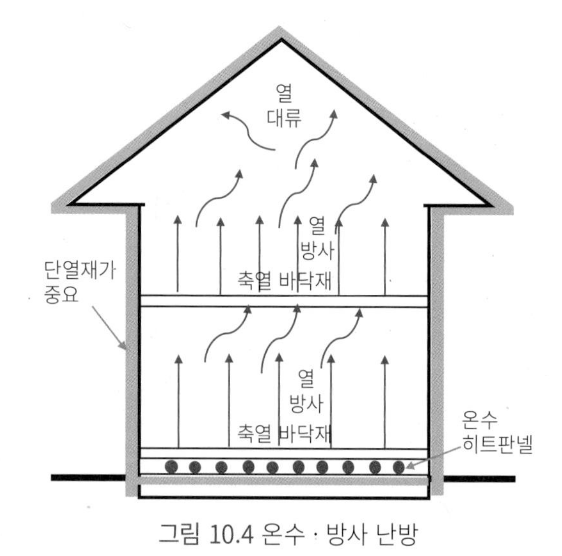

그림 10.4 온수 · 방사 난방

3) 온풍난방

보일러로부터 나오는 증기, 온수를 공조기 코일에서 공기를 가열하여 온풍을 만들어 덕트로 급기한다. 예열 시간이 짧고 실온, 온도, 기류의 조정을 할 수 있다. 덕트 치수가 크므로 그 스페이스를 고려하여 둘 필요가 있다.

4) 방사난방

방사난방 방식은 실의 바닥, 벽, 천장이나 방사 패널을 가열하여 그 방사열을 이용하는 것이다. 실내의 상하의 온도차가 적고, 바닥 면적을 충분히 이용할 수 있으며, 방열기의 스페이스가 필요 없는 장점이 있다. 열용량이 크므로 열이 잘 식지 않는다. 설비비가 비교적 비싸다.

방사 냉방을 실시하는 경우는 방사 패널 표면의 결로를 방지해야 하는데, 방사 패널 표면 온도를 너무 내리지 않도록 해야 한다(그림 10.4 참조).

5. 성적계수(COP, Coefficient Of Deformance)

성적계수(COP)란 에어컨이나 냉동기 등의 에너지 소비 효율을 나타내는 계수이며, 수치가 클수록 효율이 좋다고 말할 수 있다. 난방의 경우에 외기온이 낮으면 원하는 조건의 공기를 만들기 위한 소비 에너지는 높아져서 에너지 절약이라고는 할 수 없으므로 성적계수는 낮아진다. 에너지 소비 효율의 기준으로서 소비전력 1kW당 냉각 능력을 나타낸 것이다.

■ 성적계수 = $\dfrac{\text{정격 냉방(난방) 능력}[kW]}{\text{정격 소비전력}[kW]}$

에너지 절약 성능이 높은 냉동기의 선정에 있어서는 정격조건의 성적계수(COP)와 함께 연간으로 발생 빈도가 높은 부분 부하 시의 성적계수(COP)도 고려할 필요가 있다. 원심 냉동기의 냉수 출구 온도를 낮게 설정하면 성적계수(COP)의 값은 낮아진다.
하천물이나 우물물을 열원으로 하는 물 열원 히트 펌프는 열원수의 온도가 냉방 시에는 외기온보다 낮고, 난방 시에는 외기온보다 높아서 공기 열원 히트 펌프보다 성적계수(COP)가 높다.

6. 코제네레이션(CGS, Co-Generation System)

코제네레이션 시스템은 일반적으로 발전에서 생긴 배열을 급탕에 유효하게 이용하는 것이다. 그리고 급탕의 에너지 절약 대책으로서 연간 안정된 급탕 수요

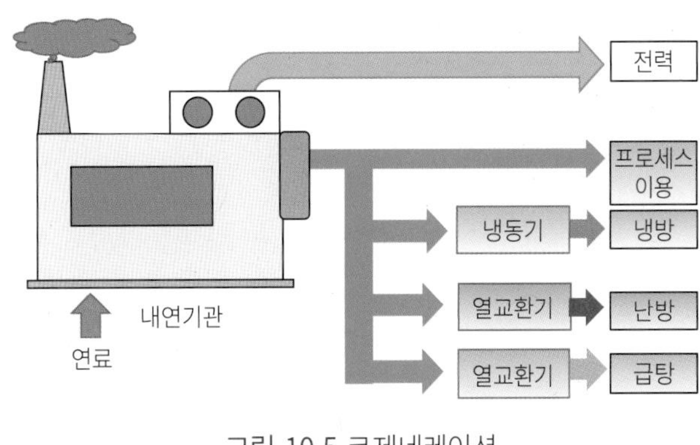

그림 10.5 코제네레이션

가 필요한 규모가 큰 건축물은 코제네레이션 시스템을 채용하는 것이 유리하다.

통상 연료를 35% 정도밖에 에너지로 변환할 수 없지만, 코제네레이션 설비는 배열을 유효 이용하기 때문에 종합 에너지 효율을 70~80%로 향상시킬 수 있어서 에너지 절약 효과가 있다. 설비 계획에서 발전, 냉난방, 급탕의 부하 밸런스가 좋으면 한층 더 유효한 방식이다. 시스템의 예는 그림 10.5와 같다.

코제네레이션 시스템의 원동기로써는 가스엔진, 디젤엔진, 가스터빈 등이 사용된다. 코제네레이션 시스템에 사용되는 발전기의 발전 효율은 가스터빈보다 가스엔진 쪽이 높다.

일부의 코제네레이션 시스템은 상용 발전설비와 소방법이나 건축기준법으로 정하는 비상용 발전설비와 겸용이 가능한 기종이 있어서 스페이스의 유효 이용이나 유지비의 삭감 등에 효과가 있다.

8, 9, 10 공조 연습문제

1) 정풍량 단일 덕트 방식과 변풍량 단일 덕트 방식의 차이를 설명하시오.
2) 팬 코일의 구성을 말하시오.
3) 데시칸트 공조 방식과 냉각 제습의 특징을 설명하시오.
4) 압축식 냉동기와 흡수식 냉동기에 대해서 설명하시오.
5) 코제네레이션 시스템에 대해서 설명하시오.

8, 9, 10 공조 / 심화문제

[1] 공기조화에 관한 다음 기술 중 가장 부적당한 것은 어떤 것일까?

1. 페리메타 존은 개구부에 가까운 일사를 포함한 외기의 영향이 큰 공간을 말한다.
2. 코제네레이션 시스템에 사용되는 발전기의 발전 효율은 일반적으로 가스터빈보다 가스엔진 쪽이 낮다.
3. 공기 열원 멀티 패키지형 공조기는 성적계수의 큰 기기를 채용한다.
4. 진공식 온수기는 안전성이 높고, 보일러의 취급 자격자가 불필요하다.
5. 가스 흡수 냉온수기는 냉수와 온수를 동시에 바꾸어 사용할수 있다.

[2] 공기조화에 관한 다음 기술 중 가장 부적당한 것은 어떤 것일까?

1. 인버터형 냉동기는 정격 운전 시에 비해 부분 부하 운전 시의 효율이 높다.
2. 냉동기에 사용되는 대체 냉매의 프레온(HFC)은 지구온난화 계수가 높은 온실효과 가스이다.
3. 압축 냉동 기계실에서 냉매가스가 체류하지 않도록 배기설비의 흡입구를 천장 면 근처에 마련한다.
4. 수냉식의 경우에는 환기 기능을 가지는 장치가 필요하다.
5. CAV 정풍량 단일 덕트 방식은 중앙의 기계실에서 적절 온도의 공기를 각실에 보내는 공조설비이다.

[3] 공기조화 등에 관한 다음 기술 중 가장 부적당한 것은 어떤 것일까?

1. 흡수 냉동기는 원심 냉동기와 같이 전동기가 불필요기 때문에 진동 및 소음이 작다.
2. 정풍량 단일 덕트 방식은 외기 냉방을 이용하는 경우에는 에너지 소비량이 감소한다.
3. 수랭식의 대표 예가 팬 코일 유닛 방식이다.
4. 변풍량 단일 덕트 방식은 정풍량 단일 덕트 방식보다 공조기나 덕트 사이즈를 작게 할 수 있다.
5. 초고층 건축물에 있어서 공조설비의 제어 및 작동 감시를 실시하는 실은 피난층 또는 그 바로 위층 혹은 직하층에 중앙관리실을 설치한다.

[4] 공조 등에 관한 다음 기술 중 가장 부적당한 것은 어떤 것일까?

1. 흡수 냉동기는 동일 용량의 원심 냉동기에 비해 냉각수가 적다.
2. TAC 온도는 설계용 외계 조건에 이용되는 온도로 기상 데이터를 통계 처리하고 얻은 값이다.
3. 데시칸트 공조 방식은 잠열과 현열을 분리 처리하는 공조 시스템에 이용할 수 있다.
4. 난방설비 등에서의 냉온수 배관에서 팽창탱크는 필요하다.
5. 흡수 냉동기는 동일 용량의 원심 냉동기에 비해 소비전력이 적다.

[5] 공조 등에 관한 다음 기술 중 가장 부적당한 것은 어떤 것일까?

1. 치환 환기 공조 방식은 공기의 부력을 이용한 환기 공조 방식이다.
2. 팬 코일 유닛은 실내에 설치하는 소형의 공조기로서 냉온수 코일, 송풍기, 에어필터 등을 내장한다.
3. 인체의 잠열은 동일 작업의 경우, 실온이 높아지면 현열(발열)이 줄어들어 잠열(땀)이 증가한다.
4. 공기 열원 히트 펌프 방식의 룸 에어컨의 난방 능력은 외기의 온도가 높아질수록 저하한다.
5. 냉방 부하를 저감하기 위해 옥상·벽면 녹지 조성이나 지붕 살수가 유효하다.

[6] 공조 등에 관한 다음 기술 중 가장 부적당한 것은 어떤 것일까?

1. 이중 덕트 공조 방식은 개별 제어성은 높지만 에너지 손실은 크다.
2. 정풍량 단일 덕트 방식은 냉각 제습한 공기의 재열을 실시하지 않는 경우 실내 습도는 부분 부하 시의 설정 조건보다 상승한다.
3. 변풍량 단일 덕트 방식은 공조 용수 축열조의 이용 온도차를 확보하기 위해서는 정유량 제어보다 변유량 제어 쪽이 바람직하다
4. 코제네레이션 시스템의 원동기로서는 가스엔진, 디젤엔진, 가스터빈 등이 사용된다.
5. 외기 냉방은 외기의 엔탈피가 실내 공기의 엔탈피보다 높은 경우, 이때 생기는 에너지의 차이를 냉방에 이용하는 것이다.

[7] 공기조화에 관한 다음 기술 중 가장 부적당한 것은 어떤 것일까?

1. CAV 정풍량 단일 덕트 방식은 송풍 온도를 바꿀 수 있지만, 각 실의 열부하의 변동에는 대응할 수 없다.
2. 변풍량(VAV) 단일 덕트 방식은 풍량 조절은 용이하지만 개별 온도 제어는 불가능하다.
3. 축열식 공조 시스템은 중간기의 냉방과 냉방 부하가 큰 하기와 동일하게 냉동기의 성적계수(COP)를 높게 유지하는 것이 가능하다.
4. 코제네레이션 시스템은 발전에서 생긴 배열을 급탕에 유효하게 이용하는 것이다.
5. 공기 조절기의 워밍업 제어는 공조의 가동 시간을 단축하는 방법이다.

[8] 공기조화에 관한 다음 기술 중 가장 부적당한 것은 어떤 것일까?

1. 바닥 송풍 공조 방식은 실내 천장이 높은 공간에서는 천장과 바닥 면의 온도에 큰 차이가 생긴다.
2. 데시칸트 공조 방식은 잠열만을 효율적으로 제거할 수 있다.
3. 최대 부하 계산에 있어서 조명, 인체, 기구 등에 의한 실내 발열 부하를 난방 시에는 포함하지 않아도 된다.
4. 원심 냉동기의 냉수 출구 온도를 낮게 설정하면, 성적계수(COP)의 값은 높아진다.
5. 공조 제어에 있어서 PID(미분) 제어는 비례·미분·적분의 3개의 이점을 조합한 제어 방식이다.

[9] 공기조화 등에 관한 다음 기술 중 가장 부적당한 것은 어떤 것일까?

1. 변풍량(VAV) 단일 덕트 방식은 각 실내 부하의 변동에 응하여 송풍량을 조절함으로써 실온을 유지한다.
2. 2방 밸브는 배관 유량을 조절할 수 있으므로 삼방 밸브 제어보다 펌프 동력을 감소시킬 수 있다.
3. 치환 환기 공조 방식은 공기의 부력을 이용한 환기 공조 방식이다.
4. SHF는 현열비를 나타내며, 공조 부하에서의 전열에 대한 현열의 비율을 의미한다.
5. 성적계수(COP)란 에너지 소비 효율을 나타내는 계수이며, 수치가 작을수록 효율이 좋다고 말할 수 있다.

[10] 공조 등에 관한 다음 기술 중 가장 부적당한 것은 어떤 것일까?

1. CAV 정풍량 단일 덕트 방식은 변풍량 단일 덕트 방식에 비해, 반송 에너지 소비량이 크다.
2. 변풍량(VAV) 단일 덕트 방식은 팬 반송 동력의 저감을 도모할 수 있다.
3. 바닥 송풍 공조 방식은 바닥 면의 분출구에서 온도 조절된 공기를 실내에 공급하는 방식이다.
4. 외기 냉방은 중간기 및 동기의 냉방용 에너지를 삭감할 수 있다.
5. 흡수 냉동기는 열을 흡수하기 때문에 냉각수로 소량의 물만 있으면 가능하다.

11 공기조화 기기

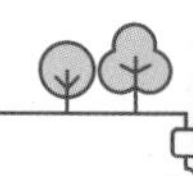

1. 공기조화 기기

1) AHU

AHU는 Air Handling Unit의 약어이며, 일체형으로 대규모 공조기이다. 중앙식 공조 방식에 이용되는 공조기로서 에어필터, 열교환기, 가습기, 송풍기 등으로 구성된다(그림 11.1).

2) 뎀퍼

덕트 내에서 풍량을 조정하는 장치이다(그림 11.2).

3) 기화식 가습기

가습재에 물을 적시고 이것을 공기에 접촉시켜, 공기의 현열에 의해 물이 증발되면서 가습을 실시하는 것이다.

2. 냉각탑(쿨링 타워, cooling tower)

응축기나 흡수기로부터 배출된 고온의 냉각수를 냉각탑 내에서 분무하여 냉각수의 일부가 증발할 때 주위로부터 열을 빼앗는 작용에 의해 냉각수의 온도를 낮추는 장치이다(그림 11.3). 냉각탑은 풍향 등을 고려하여 외기 도입구, 거실의 창 등과 냉각탑을 10m 이상 거리를 둔다. 이것은 여름의 레지오넬라 속균의 번식을 막기 위해서이다.

냉각탑의 냉각 효과는 주로 냉각수와 공기와의 접촉에 의한 물의 증발 잠열에 의해 얻는다. 그러나 "냉각수에 접촉하는 공기의 온도"와 "냉각수의 온도"와의 차이에서 얻을 수 있는 것은 아니다. 이것은 냉각탑의 송풍기에 의해 강제적으로 보내진 외기와 온도가 상승한 냉각수가 접촉하는 것으로도 얻을 수 있다. 냉각기에서 사용한 열을 포함한 냉각수는 냉각탑의 충전물(패킹)에 보내져서 외기와 접속시켜서 온도를 내리고 재차 냉각기에 보내진다.

1) 프리쿨링 시스템

겨울철에 냉동기의 압축기를 운전하지 않고 냉각탑의 냉각수를 사용하는 시스템이며, 전산실 같은 연간 냉방 부하가 있는 시설의 공기 조절에 적합하다. 말하자면, 냉각탑을 냉동기로 이용하는 에너지 절약 기법이다. 외기 온도가 낮은 겨울철에 냉각탑을 운전하면 냉각수 온도를 냉동기로 제조하는 냉수 온도에 맞게 저하시키는 것이 가능하다.

2) 개방식 냉각탑

개방형은 순환수가 직접 공기와 접촉하고 냉각된다. 개방식 냉각탑의 냉각수를 식히는 효과는 냉각수에 접촉시키는 공기의 온도로 낮추는 게 아니라, 냉각수를 안개 상태로 하여 외기와의 접촉 면적을 늘리거나 외기에 접촉하는 방향에 의한 접촉 시간을 길게 하여 향상시킨다.

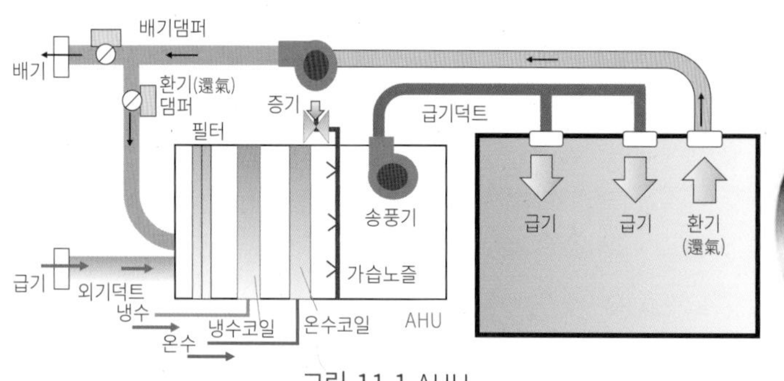

그림 11.1 AHU

그림 11.2 댐퍼

그림 11.3 냉각탑

3) 밀폐식 냉각탑

냉각수를 직접 대기에 개방하지 않는 밀폐식 냉각탑은 같은 냉각 능력의 개방식 냉각탑과 비교해서 코일을 통해서 간접 냉각되기 때문에 송풍 동력이나 용적이 커진다.

4) 냉각수의 온도

냉각탑 내의 냉각수 온도는 외기의 습구 온도보다는 낮게 할 수는 없다. 공조 열원용 냉각탑의 냉각수 온도는 일반적으로 낮은 쪽이 에너지 절약상 유효하며, 냉각탑의 수온은 냉동기의 기능에 지장이 없는 범위에서 낮게 설정하는 것이 바람직하다.

3. 수 반송 기기

수 반송의 기기는 펌프가 대표적이다(그림 11.4). 펌프를 결정하려면, 수량(유량)(*ℓ/min*)과 양정(*m*)에서 카탈로그를 참고하여 펌프 동력(*kW*)과 펌프 구경(*mmφ*)을 결정한다.

펌프는 용도·유체 종류에 맞추어서 수많은 구조나 종류가 있다. 그 원리 구조에 의해 용적식, 비용적식의 2개로 대별되고, 그리고 한층 더 많은 종류로 분기되며 그 특징은 다양하다. 모든 펌프의 성능은 유량과 양정의 공통 지표로 나타낸다. 그리고 설비의 유량이나 양정, 액체 종별 등 목적에 맞는 배관펌프를 선택한다. 공조용 냉수펌프의 대수 제어에 의한 변수량 방식을 채용하면 반송 동력을 저감할 수 있다.

그림 11.4 펌프유닛

4. 공기 반송

1) 덕트의 용도

덕트는 급기나 배기 등을 목적으로 건물의 실내와 실외에 급배기의 통로를 말한다(그림 11.5).

덕트의 종류는 다양하며 설치 장소에 맞추어 효율적으로 배치하기 위해 적당한 덕트의 부재가 선택된다. 환기 덕트에 있어서 덕트의 곡선 부분이나 단면 변화 부분에 발생하는 국부 압력 손실은 풍속의 제곱에 비례한다. 축류 송풍기는 정압(靜壓)이 낮고, 덕트 등 저항을 받으면 풍량이 감소한다. 원심 송풍기는 덕트가 긴 장소 같은 정압이 높은 용도에 이용된다.

2) 덕트의 형태

덕트는 "사각 덕트"와 "원형 덕트"의 2종류가 있고 시공 장소에 맞추어 선택한다(그림 11.6).

그림 11.5 덕트

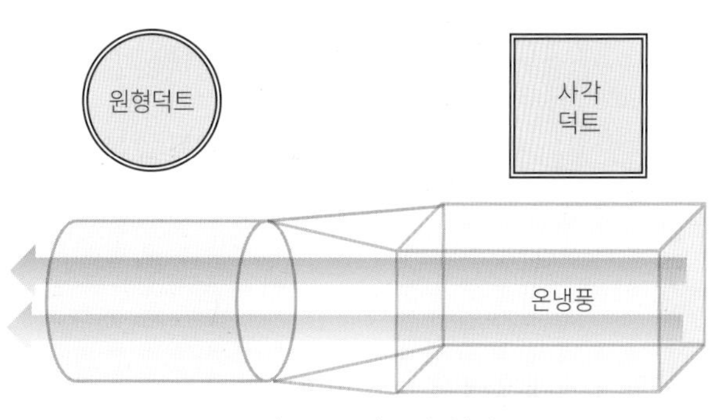

그림 11.6 덕트의 형태

3) 아스펙트비

아스펙트비란 장방형 덕트의 단면의 장변과 단변의 비이며, 아스펙트비는 4 이하로 하는 것이 바람직하다. 장방형 덕트의 종횡비가 커지면 표면적이 늘어나서 열손실이 높아지기 때문에 비율은 낮은 쪽이 좋다. 즉 아스펙트비가 작은 만큼 반송 에너지를 감소할 수 있다.

4) 덕트 내의 풍량

환기 덕트에서 덕트 직관부의 단위 길이당 압력 손실은 평균 풍속의 제곱에 비례한다. 덕트계를 변경하지 않고 거기에 접속되어 있는 송풍기의 날개차의 회전수를 2배로 하면, 축동력은 회전수 비의 3승에 비례하므로 8배가 된다. 장방형 덕트의 직관부에는 같은 풍량, 같은 단면적이면 형태가 정방형에 가까워질수록 압력 손실은 작아진다.

축류식 분출구(라인형, 노즐형)의 송풍 기류는 복류식 분출구(아네모스탯형)의 송풍 기류에 비해 유인비[1]가 작기 때문에 퍼지는 각도는 작고 도달 거리가 길다(그림 11.7 참조).

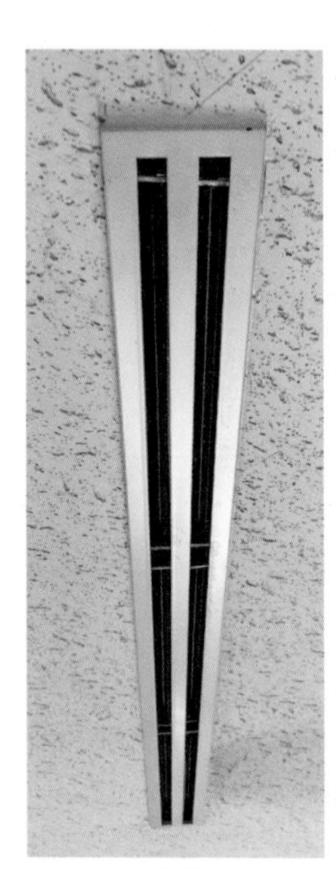
라인형

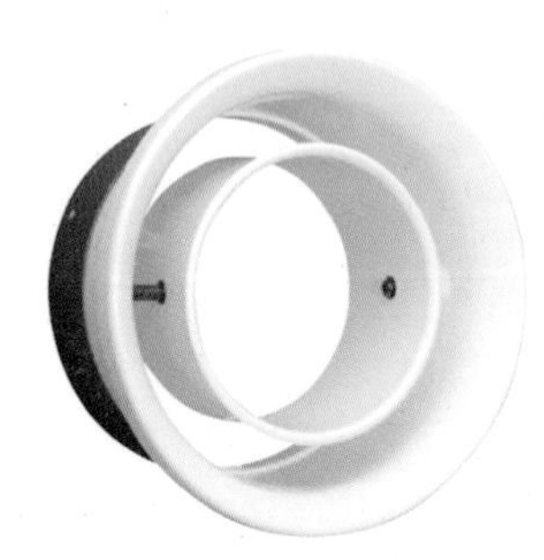
노출형

아네모스탯형

그림 11.7 분출구의 종류

5. 축열조

일반적으로는 난방용 온수, 냉방용 냉수를 한때 축열하기 위한 수조를 말한다(그림 11.8). 축열 방식은 열원 장치의 부하의 피크를 평준화해 용량을 작게 할 수 있다. 축열조로부터 각 실에 설치된 공조기까지 온냉수 등을 보내는 배관회로의 방식에는 개방식과 밀폐식이 있다.

1) 개방회로 방식

축열조를 최하층에 마련한 경우 개방회로 방식은 공조기가 높은 곳에 있으면 펌프의 양정이 커져 그 동력도 커진다. 밀폐회로 배관 방식 펌프보다 동력이 커진다.

2) 밀폐회로 방식

밀폐회로 방식은 배관 도중에 열 교환기가 있어 펌프 동력을 저감할 수 있다.

3) 물 축열조

물 축열조의 성능을 충분히 발휘시키기 위해서는 탱크 내의 고온수와 저온수를 가능한 한 분리시킨다. 공조용 축열조의 물은 필요한 조치가 있는 경우에는 소방용수로서도 사용할 수 있다. 축열 매체는 물이나 얼음 외에도 토양이나 건축물의 골조를 이용하는 것이 가능하다.

그림 11.8 축열조

1) 유인비: 실내 공기와의 혼합의 편리성을 나타내는 것으로, 유인비가 큰 쪽이 실내 공기와 송풍 온도차를 크게 취할 수 있으므로 실내에서 양호한 온도 분포가 된다.

6. 히트 펌프

냉방 시와 난방 시, 압축 냉동기의 냉매의 흐름을 바꾸어 냉방 시는 실내의 열을 밖으로 방출하고, 난방 시에는 실외의 열을 실내에 유입하여 난방한다. 히트 펌프의 구조는 그림 11.9와 같다(→제3부 06 에너지 절약 기술 히트 펌프 p.245 참조). 온난한 지역에서 대기 중의 열에너지를 이용하기 위해서는 히트 펌프식 급탕기를 채용한다.

1) 가스엔진 히트 펌프 방식

가스엔진 히트 펌프는 전기 히트 펌프와 비교하면 가스엔진으로부터 나오는 폐열(배열)을 이용할 수 있기 때문에 소비전력을 저감시키며 한랭지에 적합하다. 난방 시에 히트 펌프 운전 시 얻을 수 있는 가열량과 엔진의 배열량의 합계를 이용할 수 있다.

2) 공기 열원 히트 펌프 방식

공기 열원 히트 펌프는 부분 부하에 대응해서 운전 대수가 바뀌므로 효율적인 운전이 가능하다. 에어컨의 난방 능력과 성적계수는 일반적으로 외기의 온도가 낮아질수록 저하한다.

7. 전열 교환기

전열 교환기와는 환기에 의해 없어지는 공조 에너지의 전열(현열=온도와 잠열=습도)을 교환 회수하는 에너지 절약 장치이다(그림 11.10).

공조기의 외기 도입에 전열 교환기를 사용하면 공조기에 부담을 줄일 수 있지만, 공조기의 송풍량을 작게 할 수는 없다. 핵점포(상권 내 인지도가 높은 점포), 준핵점포, 전문점 거리로 구성된 대형 쇼핑센터에서는 업종에 의한 영업시간이나 부하 특성을 고려하여 열원을 각각 독립시키는 것이 바람직하다. 환기에 의한 외기 부하를 줄이고 냉난방 부하를 저감하기 위하여 전열 교환형의 환기설비를 채용한다.

특징

① 전열 교환기를 병원에 채용하는 경우는 외기 및 환기(還氣)에 부유 세균이 포함되어 있는 가능성을 고려하여 고성능 필터를 전열 교환기의 급기 측에 마련한다.

② 외기 도입 경로에서 전열 교환기가 설치되어 있는 경우, 중간기 등의 외기 냉방이 효과적인 상황에 있어서는 우회로를 마련하고 열교환을 실시하지 않는 쪽이 에너지 절약상 유효하다.

③ 공조 운전 개시 후의 예열 시간에서 외기 도입을 정지하는 것은 에너지 절약상 유효하다.

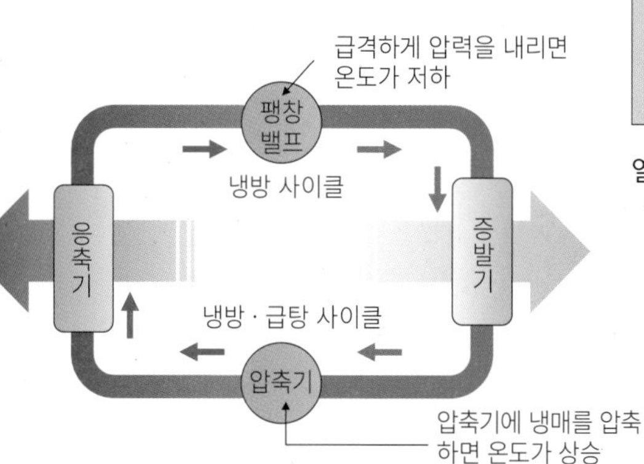

그림 11.9 히트 펌프의 구조

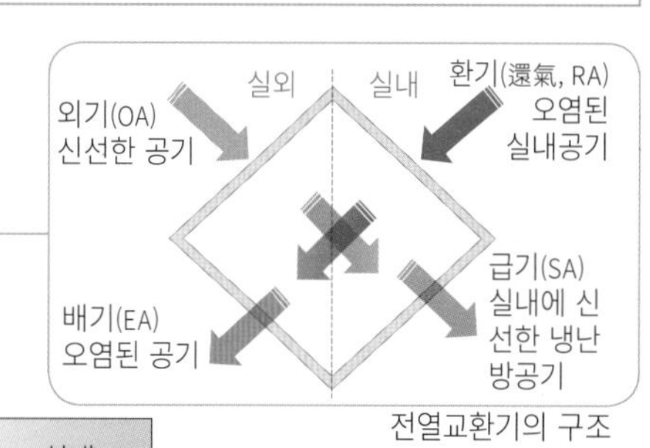

전열교환기의 구조

실외
실내
26°C
배기
33°C
급기
27°C
열교환기

하계 냉방 시: 33°C의 실외와 실내의 26°C의 공기를 배기할 때에 나오는 열을 열교환기로 재이용해 실내에 공급

열교환기 사진 →

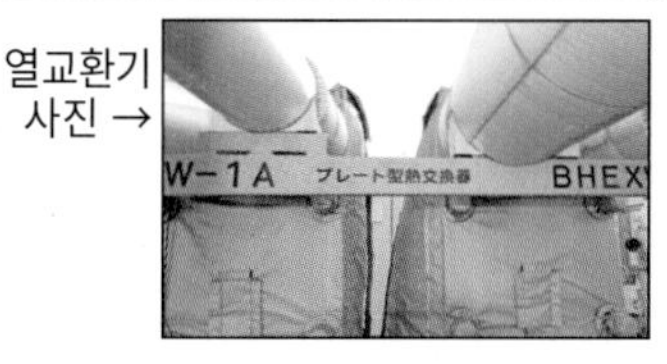

동기 난방 시: 5°C의 외기와 실내의 22°C의 공기를 배기할 때에 나오는 열을 열교환기로 재이용해 실내에 공급

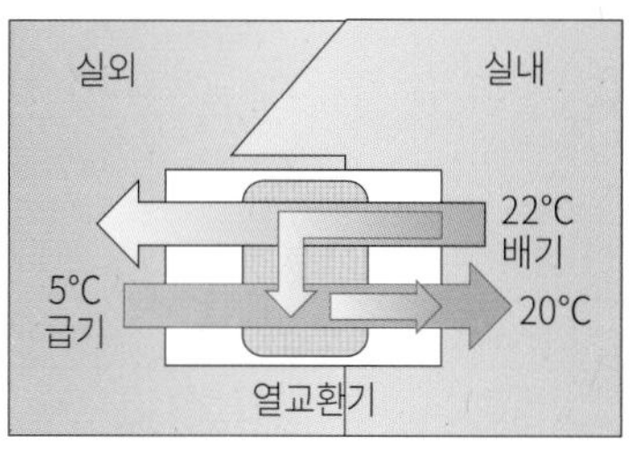

그림 11.10 전열교환기

12 환기설비

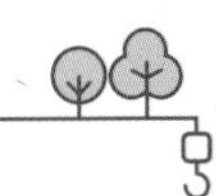

1. 자연 환기

자연 환기는 풍력 환기와 중력(온도차) 환기가 있다 (→ 제1부 건축환경공학 07 환기 p.50 참조). 하기의 낮에는 냉방 부하를 저감하기 위해 외기온이 저하하는 야간에 자연 환기를 실시하고, 낮에 건축물의 내부에 저축해진 열을 배출하도록 계획한다. 또한, 중간기에서는 냉기를 도입하여 내부의 열을 제거하는 동시에 자연 환기가 촉진할 수 있도록 통기 경로를 계획한다. 여름철의 야간이나 중간기에서는 자연 환기에 의한 냉방을 실시한다.

2. 기계 환기

각종 기계 환기에서의 급기와 배기의 관계는 표 12.1과 같다. 영업용 주방의 환기 계획에서 배기량은 급기량에 비해 약간 크게 한다.

1) 제1종 기계 환기

기계 환기로 실시하는 것이다. 외벽에 환기구를 설치하지 않은 지하층의 전기실은 제1종 환기 방식으로 한다. 주방의 환기 방식은 주변 여러 실의 악취의 유출을 막기 위해 제1종 기계 환기 방식 또는 제3종 기계 환기 방식을 채용한다.

2) 제2종 기계 환기

급기만을 기계 환기로 실시하는 것이다. 보일러실은 연소에 대응시키고 신선한 공기를 충분히 도입하기 위해서 급기를 기계 환기로 실시하는 제2종 환기 방식으로 한다. 보일러실의 급기량은 "연소에 필요한 공기량"에 "실내 발열을 제거하기 위한 환기량"을 더한 양으로 한다.

표 12.1 각종 기계 환기

종별	제1종	제2종	제3종
급기	기계	기계	자연
배기	기계	자연	기계
풍압	정·부압	정압	부압

3) 제3종 기계 환기

배기만을 기계 환기로 실시하는 것이다. 흡연실은 연기나 악취가 금연 구역에서 새지 않도록 제3종 환기 방식으로 한다. 영업용 주방의 환기 계획에 있어서 배기량은 급기량에 비해 약간 크게 한다.

영업용 주방은 주방 내에 객석의 악취 등이 유입되지 않도록 주방에 배기팬을 마련해 부압으로 유지하게 한다. 주방의 배기 후드를 화력에서 후드 하단까지의 높이가 1*m* 이하가 되도록 설치한다.

3. 그 외의 환기

1) 전반(혼합) 환기

환기와 도입 외기와의 혼합 공기를 급기하는 실내 공기 순환형의 환기 공조 방식이다(그림 12.1). 오염된 공기와 신선한 공기가 섞여 버리므로 환기 효율이 나쁘다.

2) 치환 환기

치환 환기는 공간 상부의 고온(오염) 영역과 공간 하부의 저온(신선) 영역과의 공기밀도 차이에 따라 발생하는 공기의 부력을 이용한 환기 방식이다(그림 12.2). 공장 같은 곳에서 오염물질이 주위의 공기보다 고온 또는 경량의 경우에 유효하다.

3) 갤러리 환기

같은 풍량용의 급기 갤러리와 배기 갤러리를 비교하면 배기 갤러리 환기가 통과 풍속이 높으므로 필요한 정면 면적은 작아진다. 풍량 14,400m^3/h, 유효 통로율 0.4의 외기의 급기 갤러리 개구 면적은 3~5m^2 정도가 바람직하다.

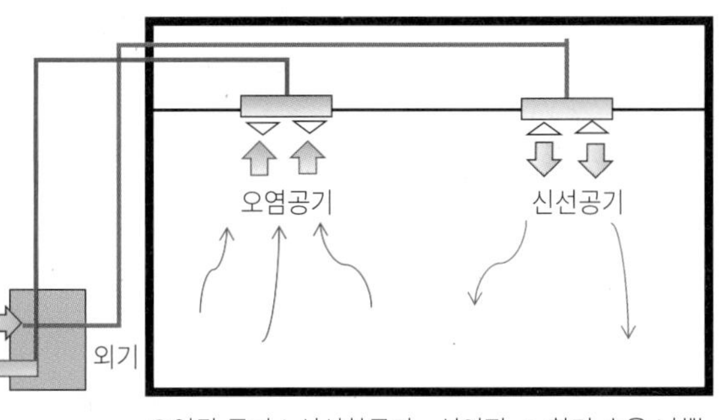

오염된 공기+신선한공기=섞어짐 → 환기 효율 나쁨

그림 12.1 전반(혼합)환기방식

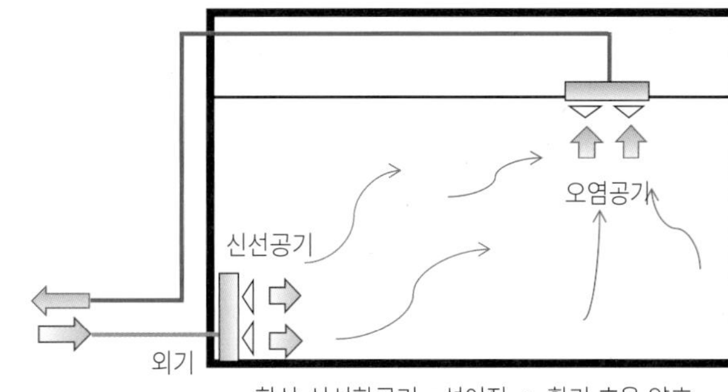

항상 신선한공기=섞어짐 → 환기 효율 양호

그림 12.2 치환환기방식

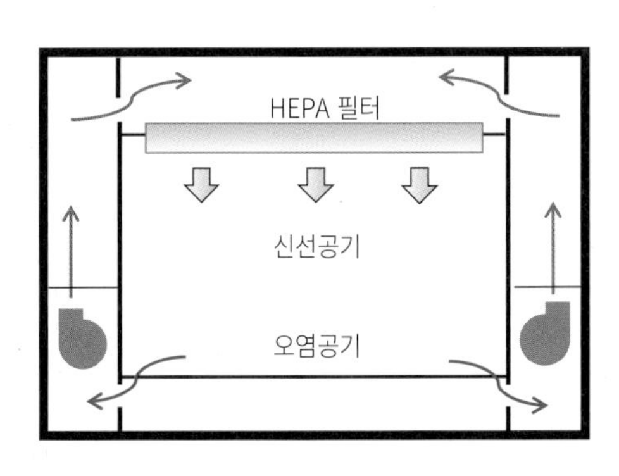

a. 수직층류식(바닥흡입) 클래스 100 이하
- 반도체 공장 외
- 청정도가 높은 장소에 적합
- 고가이다

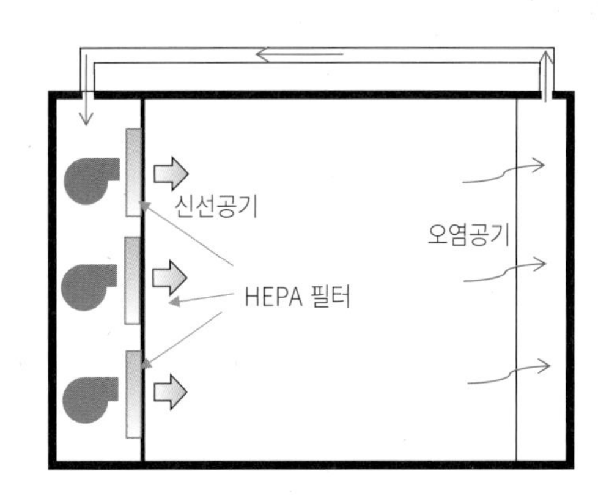

b. 수평 층류식 클래스 100~1,000
- 적용 범위는 넓다, 개조는 어렵다
- 청정도를 높이기 위한 풍량의 변경 곤란

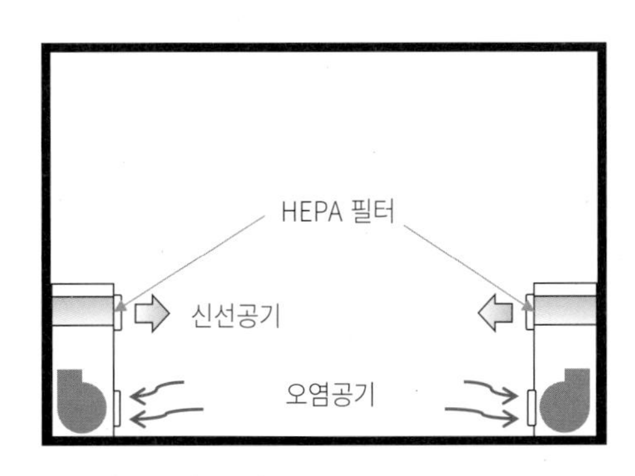

c. 난류 방식 클래스 1,000~100,000
- 적용 범위는 넓다
- 공간의 네 귀퉁이에 불균등이 발생한다

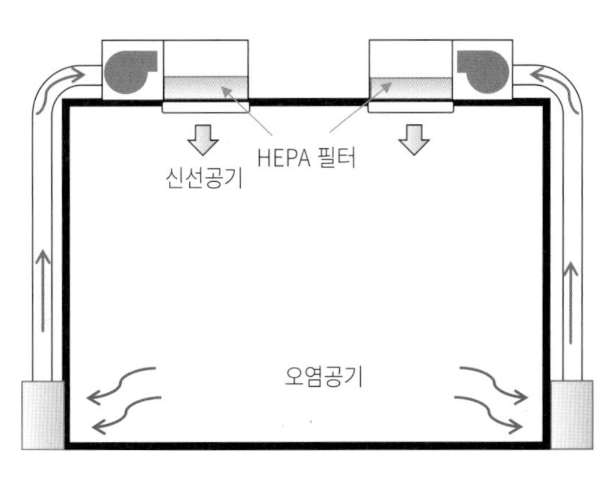

d. 유닛식 클래스 1,000~100,000
- 공사비는 염가, 공사 기간이 짧다
- 유닛의 증설이 가능
- 설치 스페이스 필요, 청정도에 한계가 있다

그림 12.3 클린룸의 방식

$$갤러리\ 면적[m^2] = \frac{풍량[m^3/h]}{유효\ 개구율 \times 풍속[m/s]}$$

(규정치 2~3[m/s])

주의: 풍속 단위의 초(秒)를 풍량의 시(時)에 맞춘다.

풍량[m^3/s]×3,600(60초×60분)→풍량[m^3/h]

4) 기타

천장에서 하향 분출구를 설치하는 사무실 계획에 있어, 거주 지역 상면의 풍속이 0.5m/s 이하가 되도록 한다. 시크하우스증후군 대책을 위한 거실의 환기를 기계 환기 방식으로 실시하는 경우, 필요 유효 환기량의 환기 횟수는 해당 거실의 천장 높이에 따라 또는 그 천장 높이의 구분에 따라 저감할 수 있다. 흡수 냉동기실의 급기량은 실내 발열을 제거하기 위한 환기량과 연소에 필요한 공기량을 맞춘다. 반송 동력을 삭감하기 위해서는 송풍기나 펌프 등의 전동기를 인버터 제어로 한다.

4. 클린룸

클린룸(clean room)이란 공기 청정도가 확보된 방으로서 방진실이라고도 한다. 크린룸 방식은 그림 12.3과 같다.

공기 안의 먼지 제거는 건물 내에서 폐쇄된 구조의 구획에 초고성능 에어 필터(HEPA)를 통해 공기를 이송하여, 배기 경로에서 유출되는 공기를 건물 밖으로 배기 또는 건물 내에서 순환시키는 급배기 시스템이다. 입경 0.3μm인 초고성능 에어필터(HEPA)는 99.97% 이상의 입자 보수율이 있다. 반도체나 액정 전자공학 제품을 제조하는 공장의 클린룸에서는 청정도를 유지하기 위해서 주위의 실에 대해 10Pa 정도의 정압을 유지하며 환기하여 먼지의 유입을 방지한다.

11, 12 공조기기·환기 연습문제

1) AHU에 대해서 설명하시오.
2) 냉각탑의 역할은 무엇인지 말하시오
3) 각종 기계 환기의 실내에 발생하는 풍압에 대해서 설명하시오.
4) 풍량 1,800m^3/h, 유효 개구율 0.4, 풍속 2m/s의 외기 공기를 받아들일 수 있는 갤러리 개구 면적을 구하시오.
5) 클린룸의 환기 방식에 대해서 설명하시오.

11, 12 공조기기·환기 / 심화문제

[1] 공조기기·환기에 관한 다음 기술 중 가장 부적당한 것은 어떤 것일까?

1. 공조의 PI 제어는 비례 동작에서 발생하기 쉬운 오프셋을 없애는 복합 동작 방식이다.
2. 클린룸에서는 초고성능 에어필터(HEPA)를 사용해 실의 공기 청정도를 높인다.
3. 냉각탑의 냉각 효과는 주로 냉각수와 공기와의 접촉에 의한 물의 증발 잠열에 의해 얻을 수 있다.
4. 반도체나 액정을 제조하는 공장의 클린룸에서는 주위의 공간에 대해 부압이 되도록 제어를 실시하여 티끌과 먼지의 유입을 방지한다.
5. 축열조의 밀폐회로 방식은 배관 도중에 열 교환기를 마련하는 것으로 펌프 동력을 저감할 수 있다.

[2] 공조기기·환기에 관한 다음 기술 중 가장 부적당한 것은 어떤 것일까?

1. AHU는 Air Handling Unit의 약어이며 일체형으로 대규모 공조기다.
2. 보일러실은 연소에 대응시키고 신선한 공기를 충분히 도입하기 위해서 급기를 제3종 기계 환기 방식으로 한다.
3. 냉각탑은 풍향 등을 고려하여 외기 도입구, 거실의 창 등과 냉각탑을 10m 이상 떼어 놓는다.

4. 반송 동력을 삭감하기 위해서 송풍기나 펌프 등의 전동기를 인버터 제어로 한다.
5. 장방형 덕트의 종횡비가 커지면 표면적이 늘어나 열손실 등이 높아지기 때문에 비율은 높은 쪽이 좋다.

[3] 공조기기·환기에 관한 다음 기술 중 가장 부적당한 것은 어떤 것일까?

1. 외벽에 환기구가 설치되지 않는 지하층의 전기실은 제3종 기계 환기 방식으로 한다.
2. 물 축열조의 성능을 충분히 발휘시키기 위해서 수조 내의 고온수와 저온수를 가능한 한 분리한다.
3. 냉각탑 내의 냉각수의 온도는 외기의 습구 온도보다 낮게 할 수는 없다.
4. 치환 환기(벤치레이션)는 오염물질이 주위의 공기보다 고온 또는 경량의 경우에 유효하다.
5. 난방 시에 히트 펌프 운전에 의해 얻을 수 있는 가열량과 엔진의 배열량의 합계를 이용할 수 있다.

[4] 공조기기·환기에 관한 다음 기술 중 가장 부적당한 것은 어떤 것일까?

1. 클린룸이란 공기 청정도가 확보된 방이며 방진실이라고도 한다.
2. 개방식 냉각탑의 냉각수를 식히는 효과는 외기의 접촉면적과 시간은 관계 없다.
3. 아스펙트비는 장방형 덕트의 단면의 장변과 단변의 비이며, 4 이하로 하는 것이 바람직하다.
4. 기계 환기는 외기 부하를 줄이기 위해 전열 교환형 환기 팬을 이용한다.
5. 외기 도입 경로에 전열 교환기가 설치되어 있는 경우, 우회로를 마련하고 열교환을 실시하지 않는 쪽이 에너지 절약상 유효하다.

[5] 공조기기·환기에 관한 다음 기술 중 가장 부적당한 것은 어떤 것일까?

1. 배기 갤러리가 급기 갤러리보다 통과 풍속이 빠르다.
2. 제2종 기계 환기는 급기만을 기계 환기로 하고, 배기는 자연 환기로 실시하는 것이다.
3. 축열조를 최하층에 마련한 개방회로 방식은 공조기가 높은 곳에 있는 펌프의 양정이 커져 그 동력도 커진다.
4. 전열 교환기를 병원에 채용하는 경우는 외기 및 환기에 부유 세균이 포함되어 있는 가능성을 고려하여 고성능 필터를 전열 교환기의 급기 측에 마련한다.
5. 센트럴 덕트 방식을 채용한 고층 건축물에 있어서 저압 덕트로는 덕트 스페이스가 건축 면적에 비해 비율이 크므로 저압 덕트로 한다.

[6] 공조기기·환기에 관한 다음 기술 중 가장 부적당한 것은 어떤 것일까?

1. 환기 덕트에서 국부 압력 손실은 풍속의 제곱에 비례한다.
2. 흡연실은 연기나 악취가 금연 에리어에서 새지 않도록 제1종 기계 환기 방식으로 한다.
3. 가스엔진 히트 펌프는 한랭지에 적합하다.
4. 공기 열원 히트 펌프 유닛 모듈형은 부분 부하에 대응해서 운전 대수가 바뀌므로 효율적인 운전이 가능하다.
5. 댐퍼는 덕트 내에서 풍량을 조정하는 장치이다.

[7] 공조기기·환기에 관한 다음 기술 중 가장 부적당한 것은 어떤 것일까?

1. 냉각탑의 수온은 냉동기의 기능에 지장이 없는 범위에서 낮게 설정하는 것이 바람직하다.
2. 기화식 가습기는 공기의 현열에 의해 물을 증발시켜서 가습을 실시하는 것이다.
3. 냉각탑은 외기 도입구, 거실의 창 등과 냉각탑을 5*m* 이상 거리를 둔다.

4. 시크하우스증후군 대책을 위한 환기 횟수는 해당 거실 천장 높이와 구분에 따라 저감할 수 있다.
5. 클린룸에서는 10*Pa* 정도의 정압을 유지하며 환기하여 먼지의 유입을 방지한다.

[8] 공조기기·환기에 관한 다음 기술 중 가장 부적당한 것은 어떤 것일까?

1. 원심 송풍기는 덕트가 긴 장소 같은 정압이 높은 용도에 이용된다.
2. 프리쿨링 시스템은 냉각탑을 냉동기로 이용하는 에너지 절약 기법이다.
3. 공조기의 외기 도입에 전열 교환기를 사용하면, 공조기에 부담을 줄일 수 있고 공조기의 송풍량도 크게 할 수 있다.
4. 치환 환기는 고온 영역과 저온 영역과의 공기밀도 차이에 따라 발생하는 공기의 부력을 이용한 환기 방식이다.
5. 흡수 냉동기실의 급기량은 실내 발열을 제거하기 위한 환기량과 연소에 필요한 공기량을 맞춘다.

[9] 공조기기·환기에 관한 다음 기술 중 가장 부적당한 것은 어떤 것일까?

1. 냉각기의 냉각수는 냉각탑의 충전물에 보내져서, 외기와 접속시키고 재차 냉각기에 보내진다.
2. 프리쿨링 시스템은 전산실 같은 연간 냉방 부하가 있는 시설의 공기 조절에 적합하다.
3. 장방형 덕트의 어스펙트비가 작은 만큼 반송 에너지를 감소할 수 있다.
4. 축열조의 축열 방식은 열원 장치의 부하의 피크를 평준화해 용량을 작게 할 수 있다.
5. 영업용 주방은 주방에 배기팬을 마련해 정압으로 유지하게 한다.

[10] 공조기기·환기에 관한 다음 기술 중 가장 부적당한 것은 어떤 것일까?

1. 개방식 냉각탑은 순환수가 직접 공기와 접촉하고 냉각된다.
2. 장방형 덕트의 직관부에는 같은 풍량, 같은 단면적이면 형태가 정방형에 가까워질수록 압력 손실은 작아진다.
3. 공기 열원 히트 펌프는 에어컨의 난방 능력과 성적계수는 일반적으로 외기의 온도가 높을수록 저하한다.
4. 외벽에 환기구를 설치하지 않은 지하층의 전기실은 제1종 환기 방식으로 한다.
5. 주방의 배기 후드를 화력에서 후드 하단까지의 높이가 1*m* 이하가 되도록 설치한다.

13 전기설비

1. 전기설비의 개요

발전하여 송배전으로 전기를 사용하는 기기까지의 일련의 전기설비를 비롯하여, 전화설비, 방재설비, 정보통신설비 등을 말한다. 근래의 주택은 정보 기술의 진보에 따라서 다양한 시설에서 전력 수요가 많아지고 있다. 최근에는 새로운 에너지로서 태양광 발전설비의 도입도 이루어지고 있다. 또한, 주택의 IT(정보 기술)화는 눈부시게 발전하고 있다.

2. 전압, 전류, 저항

1) 전압

전압은 전기가 흐르는 세기(압력)이며, 전기를 물의 흐름에 비유하면 전압은 물의 낙차(수압)와 같다. 물의 낙차가 크면 큰 만큼 물의 세기(수압)가 크고, 전압이 높은 만큼 전기가 흐르는 힘(전압)이 커진다. 여기서 전압을 전위차라고 하며, 단위는 V(볼트)이다. 전압은 건물의 규모나 전력의 소비량에 따라 다르다.

저압회로의 전압 강하의 허용치는 배선의 길이에 따라 단계적으로 규정하고 있다. 발전소에서 변전소까지 보내지는 전기의 전압이 높은 것은 전력 손실이 작아져, 효율이 좋기 때문이다. 즉 전력의 공급에 있어서 부하 용량, 전선의 굵기와·길이가 동일하면 배전 전압을 높게 하는 쪽이 배전 선로에서는 전력 손실이 적어진다. 주택 및 사람의 접하기 쉬운 백열전등·형광등에 전기를 공급하는 옥내 전기회로의 전압은 220V 이하로 한다.

2) 전류

전류는 "실제로 흐르고 있는 전기의 양"을 의미한다. 단위는 "A(암페어)"로서 숫자가 큰 만큼 전류가 많은 것을 나타낸다.

허용 전류치는 주로 주위 온도, 전선 이격 거리에 따라 변화한다. 동일 전선관에 전선 개수가 늘어나면 전선의 허용 전류는 작아진다.

3) 저항

전기저항은 "전류가 흐르는 것을 저지하는" 것을 의미하며, 단위는 "Ω(옴)"이다. 저항치가 작으면 전기가 잘 통하고 송전하는 데 유리하다. 그리고 금속 안에서도 동은 전기 저항치가 낮기 때문에 도선이나 케이블 등에 사용한다. 반대로 일정한 전류를 가느다란 케이블에 통하면 저항은 커지고 전선에 열이 생기는데, 이것은 히터의 원리가 된다.

전압, 전류, 저항에 관한 식은 그림 13.1과 같다.

주울열 $Q(J)$는, $Q = R \times I^2 \times t$ 이며,

옴의 법칙은,

$$Q = V \times I \times t = \frac{V^2}{R} \times t$$

$I = \frac{V}{R}$ 의 관계가 된다.

여기서, I : 전류치(A = 암페어)

V : 전압(V = 볼트)

R : 전기저항(Ω = 옴)

t : 시간(초)

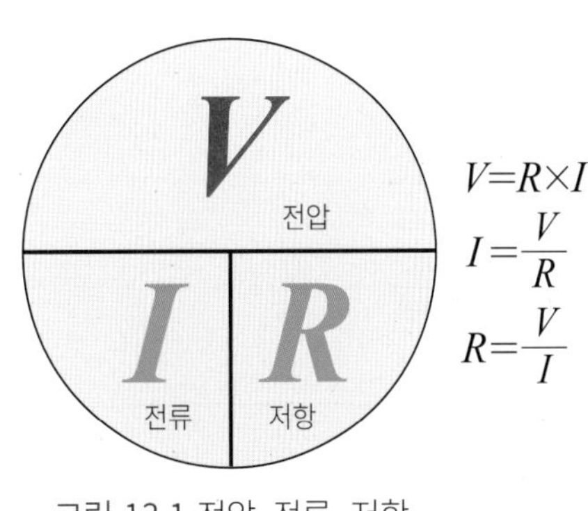

그림 13.1 전압, 전류, 저항

3. 직류와 교류

직류는 전류·전압과 함께 변화하지 않고, 항상 일정한 방향으로 흐른다. 교류는 전류·전압이 변화하여 방향을 변화시키면서 흐른다. 단상은 주로 일반 가정에서 이용되는 전기 교류를 말한다(그림 13.2 참조).

1) 단상

단상 교류를 이용하는 전선의 수는 2개이다. 1개가 전기를 받는 것, 그리고 또 1개는 전기를 보내기 위해서 이용하는 것으로, 교대로 전기가 오고 간다.

배선의 수가 적기 때문에 전압이 낮고, 안전하기 때문에 고전압이 필요하지 않은 가정의 전기 공급에 이용되는 것이 많다. 100*V* 또는 200*V*의 단상이 있다.

주택 같은 소규모의 건축물의 전기 방식에는 단상 2선식 100*V* 또는 단상 3선식 100*V*/200*V*가 이용되고 있다. 전등이나 일반 콘센트에 단상 2선식 100*V*가 이용된다. 최근의 주택은 전기 기기의 대형화 등에 따라 전기의 사용량도 많아지고 있기 때문에 단상 3선식 100*W*/200*V*가 주류이다. 우리나라의 경우 아파트를 중심으로 한 주택은 단상 3선식 200*V*가 사용되고 있다.

2) 3상

3상은 단상에 비해 적은 전류로 같은 전력을 얻을 수 있기 때문에 전기 손실이 적고, 많은 전기를 사용하는 공장 등에서 이용된다. 3상이라는 이름 그대로 3개의 파형이 항상 흐르고 있어서 모터를 기동할 때 배선을 올바르게 이으면 항상 같은 방향에 모터를 회전시키는 것이 가능하다. 단 전력이 커지기 때문에 단상과 비교해 안전성의 면에서는 뒤떨어진다. 3상은 200*V*만 가능하다(그림 13.3). 전선에서 흐르는 전력은 그림 13.4와 같다.

3상 유도 전압기의 시동 방식의 하나인 스타 델타 시동은 시동 전류를 작게 할 수 있다. 전동기의 스타 델타 시동 방식이란 전동기의 시동 전류를 제한하는 가장 간단한 감소 전압 시동법이다.

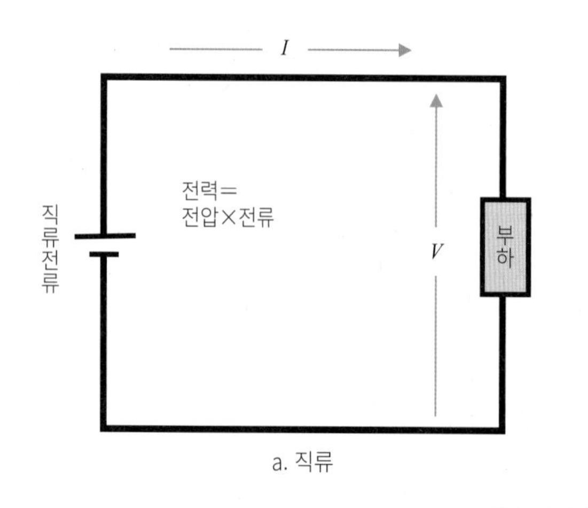

a. 직류

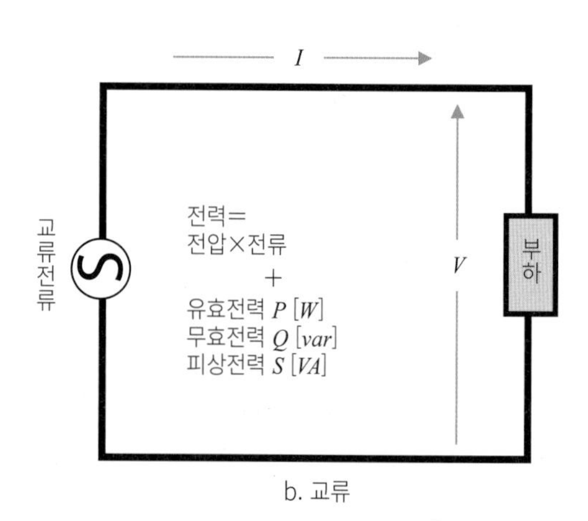

b. 교류

그림 13.2 직류, 교류의 전력

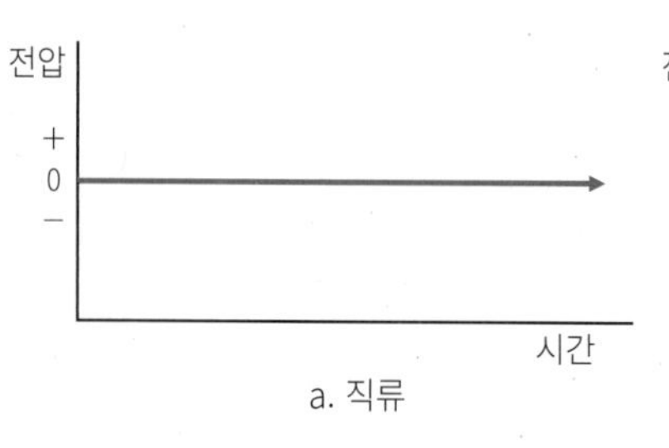

a. 직류

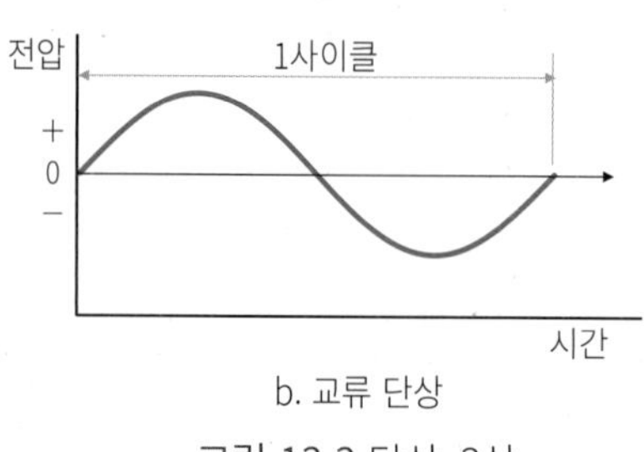

b. 교류 단상

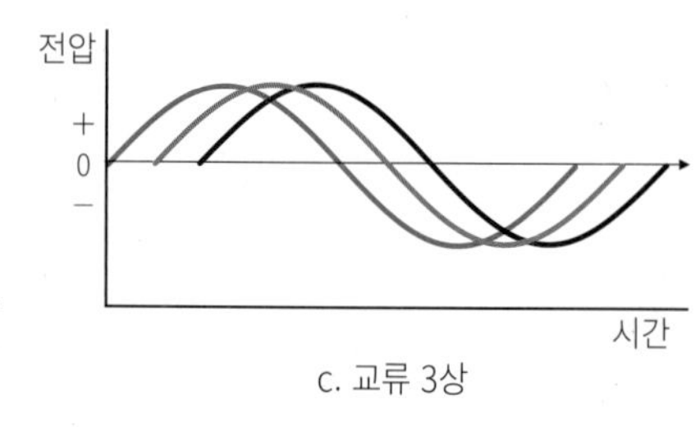

c. 교류 3상

그림 13.3 단상, 3상

3) 전압 강하

전선에 전류가 흐르면 손실이 발생하여 수전 끝의 전압이 송전 끝의 전압보다 낮아지는 것을 전압 강하라고 한다.

- 단상 2선식: $e=35.6\times L\times\frac{I}{1,000}\times A$
- 단상 3선식: $e=17.8\times L\times\frac{I}{1,000}\times A$
- 삼상 3선식: $e=30.8\times L\times\frac{I}{1,000}\times A$

  e: 전압강하[V]
  L: 전선 1개의 길이[m]
  I: 전류치[A]
  A: 전선 단면적[mm^2]

4. 전력과 전력량

1) 전력

전류가 소비되는 힘은 소비전력 P이며 단위는 W(와트)이다. 전류나 전압이 크면 그만큼 전력도 커진다.

직류회로는 $P=V\times I$이다.

교류회로는 단상 교류의 경우, $P=V\times I\times cos\theta$

3상 교류의 경우, $P=V\times I\times cos\theta\times\sqrt{3}$이다.

$cos\theta$는 역률이라고 한다.

2) 전력량

전력량은 전력 $P(W)$을 시간 $H(h)$에 적산한 양이며, 전류가 일을 한 용량이다. 즉 $P(W)$의 성능을 갖춘 기기가 어떤 시간 $H(h)$ 동안 가동했을 때에 전류의 총량을 말한다. 전력량 $W(Wh)=P(W)\times H(h)$이다.

고압 수전은 계약 전력이 50kW 이상 2,000kW 미만이며, 계약 전력이 2,000kW 이상의 경우에는 특별 고압으로 한다.

3) 역률

역률은 교류회로에 전력을 공급할 때의 "전압과 전류와의 합"에 대한 "유효 전력"의 비율이다.

수치는 1.0 이하이다. 진상 콘덴서는 주로 역률을 개선하기 위해서 이용된다.

전기의 효율은 전압을 높게 한 쪽이 전류량은 적어서 전력 손실을 줄이기 위해서는 배전 전압을 되도록 높게 하는 쪽이 좋다.

- **역률의 계산**

역률은 피상 전력 S가 유효 전력 P가 되는 비율을 나타낸다.

- 유효 전력은 $P=Scos\theta=V\times Icos\theta[W]$, $cos\theta=\frac{P}{S}$

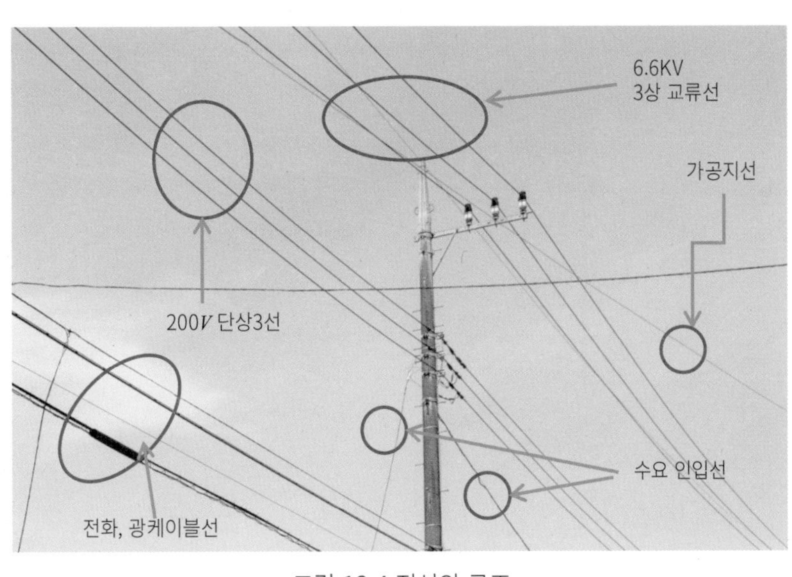

그림 13.4 전선의 구조

• $cos\theta$를 역률(power factor)이라고 한다.

$$역률 = \frac{유효\ 전력}{피상\ 전력} = \frac{P}{S} = \frac{P}{\sqrt{P^2+Q^2}}$$

$cos0° = 1$, $cos90° = 0$처럼 1~0의 값이므로 보통은 100배로 하고 퍼센트로 나타낸다(그림 13.5).

• 진상 콘덴서

진상 콘덴서는 전동기의 역률 개선을 목적으로 한 기기로서 무효 전력을 삭감하기 위해 유도전압기에 진상 콘덴서를 병렬로 접속한다.

4) 수요율

수요율은 "부하 설비 용량의 총합"에 대한 "최대 수요 전력"의 비율이다.

$$수요율 = \frac{최대\ 수요\ 전력}{설비\ 용량} \times 100\,[\%]$$

일반 수요의 전기 소비 설비는 그 설비에 부하는 적고 부하 전력은 설비 용량보다 작은 것이 보통이고, 어느 정도를 나타내기 위해서 이용된다. 이러한 수요율은 가로등처럼 동시에 모든 것이 점등되는 것은 100[%]가 되지만, 가부하 사용을 제외하고는 일반적으로 100[%]보다 작아진다.

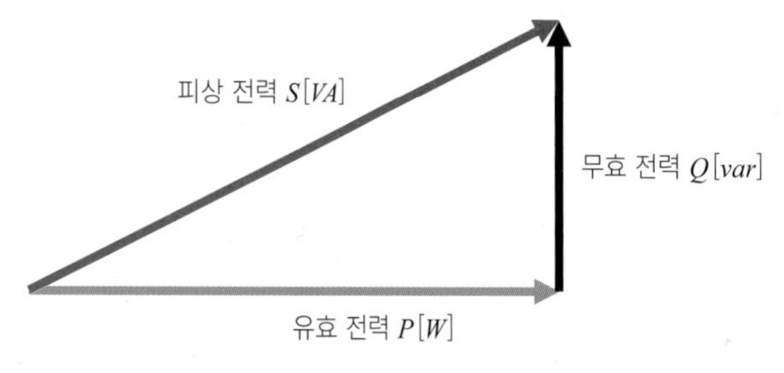

유효 전력 $P[W]$ 부하로 실제로 소비되는 전력
무효 전력 $Q[var]$ 전력을 소비하지 않는 전력
피상 전력 $S[VA]$ 전원으로부터 보내지는 전력

그림 13.5 피상 전력

5) 부하율

전력의 사용 상태는 1일 24시간의 시각으로 변화하며, 계절에 따라서 더욱 변화하기 때문에 부하율은 "어느 기간의 최대 수요 전력"에 대한 "그 기간의 평균 수요 전력"의 비를 퍼센트로 나타낸 것이다. 그 값이 100%에 가까울수록 효율적인 설비 운용이 되고 있는 것을 나타내고 있다.

$$\bullet\ 연\ 부하율 = \frac{연간\ 평균\ 전력\,[kWh/h]}{연간\ 최대\ 전력\,[kW]} \times 100\,[\%]$$

이러한 부하율은 안정 공급과 효율이 좋은 전원의 운용에 관련된 중요한 지표이다. 부하율이 높은 만큼 전기 요금의 단가는 싸진다.

5. 전원 주파수

전기의 주파수(Hz)란, 교류 전기가 바뀌는 주파수의 횟수이다. 건전지처럼 "+", "−"와 같은 전극이 있어, 전기가 일정한 방향에 흐르는 것은 직류이다. 교류 전기는 전기의 플러스와 마이너스가 항상 바뀌고 있는 것으로 1초간에 몇십 회나 바뀌고 있다. 이 교류전기의 바뀌는 주파의 횟수를 주파수라고 하며, 단위는 Hz(헤르츠)를 사용한다. 전기는 50Hz와 60Hz가 사용되는데 크게 나누어서 독일을 중심으로 유럽은 50Hz가 사용되고 있다. 60Hz는 우리나라와 미국을 중심으로 아메리카 대륙이 사용하고 있다.

일본의 경우 관서지방은 60Hz, 관동지방은 50Hz를 사용하는데, 두 종류를 사용하는 국가이다.

14 수전설비

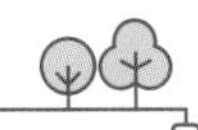

1. 전원 인입

1) 배전

일반의 수요가에게 공급되는 전원의 인입은 저압, 고압 및 특별 고압의 3종류의 전압이 있다.

전력회사로부터 송전되는 전력은 주택용이나 소규모의 빌딩을 제외하고 다수가 "고압"이다. 고압, 특별 고압의 전력은 위험성이 높기 때문에 수전설비나 변전설비는 높은 안전성이 필요하며 수전 변전설비를 구성하는 기기의 종류나 특징을 이해하고, 설계에 반영해야 한다. 건축물의 수전 전압은 계약 전력에 의해 결정된다(표 14.1).

표 14.1 수전전압과 계약전력

구분	교류	직류	수전전압	계약전력
저압	750V 이하	600V 이하	100V, 200V	50kW 미만
고압	750V 초과 7,000V 이하	600V 초과 7,000V 이하	6,600V	50kW 이상 2,000kW 미만
특별 고압	7,000V 초과			2,000kW 이상

2) 저압 인입

전기의 공급은 통상 전신주에서 끌어온다. 저압은 직류 750V 이하, 교류 600V 이하이다. 전력회사로부터 공급되는 전원이 50kW 이하의 전기 용량이면 100V나 200V의 저압 공급이 가능하다.

2. 변전설비

1) 수변전설비

발전소에서 만들어진 고압 전기는 전주에 설치되어 있는 변압기를 통해 가정에서도 사용할 수 있는 100V나 200V의 전압으로 변환된다(그림 14.1). 그러나 빌딩이나 공장 등의 한 번에 많은 전기를 사용하는 시설에서는 변환하지 않고 높은 전압인 채로 전기를 받아서 시설 내에서 전압을 변환할 필요가 있다. 그렇기 때문에 공동주택에서 계약 전력이 60kW를 넘는 경우는 변전설비가 필요하다.

수변전설비에는 부하에 맞추어 변압기의 개수 제어를 하는 것은 에너지 절약에 유효하다. 변압기의 전력 손실을 줄이기 위하여 부하에 맞추어 변압기의 개수 제어를 계획한다. 변압기에서 주택으로 인입하는 배전 전압을 전 세계가 230V로 사용하고, 배전선을 지중화하면 전력 손실을 저감하는 효과로 연간 130만 톤의 CO_2를 줄일 수 있다.

2) 큐비클

큐비클은 입방체란 의미로 발전소에서 변전소를 거쳐 보내져 오는 전기를 변압시키는 설비로 금속제의 상자이다(그림 14.2).

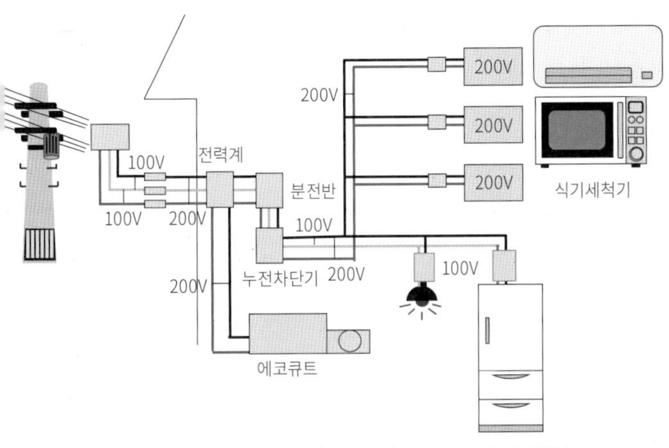

그림 14.1 단상 3선식 100V/200V 전기의 인입

그림 14.2 큐비클

3) 스포트 네트워크 수전 방식

3회선의 배전선을 수요가에게 인입하여서 네트워크 변압기의 2차 측을 병렬로 하고 수전하는 방식이다. 1회선이 정전되어도 나머지의 변압기를 운전해서 전력 공급이 가능하며, 전력 공급의 신뢰성이 높다(그림 14.3). 주로 도심부에서 특별 고압 수전을 실시하는 경우에 채용되는 수전 방식이다.

3. 전기배선설비

1) 간선

간선이란 배전반에서 분전반까지의 배선을 말하며, 건축물의 수직 방향에 연속하는 것이 바람직하다. 간선 사이즈는 허용 전류와 전압 강하를 고려하여 부하 용량과 전선 길이로 결정한다.

2) 전선

전력을 공급하는 경우 동일 용량의 부하설비에 같은 종별의 전선이면 배전 전압이 400*V* 전선보다 200*V* 전선은 가는 것을 사용할 수 있다.

3) 버스덕트

간선에 사용하는 배선 방식에 있어, 버스덕트 배선은 금속제 덕트 내에 절연물을 통해서 동이나 알루미늄의 도체(=난연성 절연체)를 삽입한 것이다(그림 14.4). 대규모 건축물의 인입 간선이나 전기실 내의 고압 배전에 이용되고 있다. 부하의 증설에 대응하기 어렵지만 소용량의 전력 공급에 한정되지 않고, 대용량의 전력 공급에 적합하다.

4) 아웃렛박스

아웃렛박스는 전기 공사로 배선의 분기나 접속 등에 이용하는 플라스틱제 또는 강철 제품의 보호 상자이다(그림 14.5).

5) 무정전 전원 장치(UPS)

UPS는 정전 때에 일시적으로 전력 공급을 실시하기 위해서 이용된다. 무정전 전원 장치는 정류기, 축전지, 인버터 등으로 구성되어 있다.

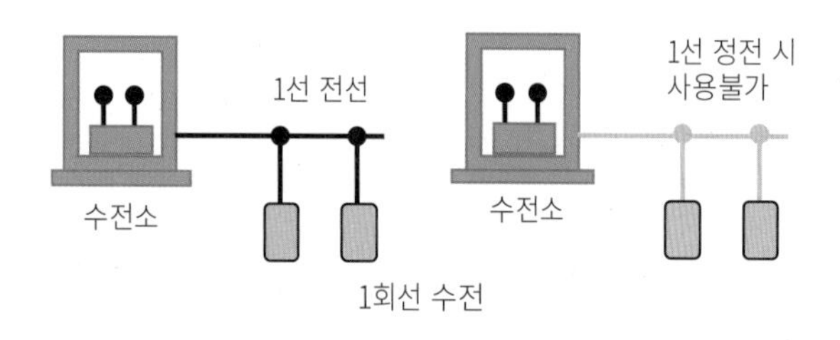

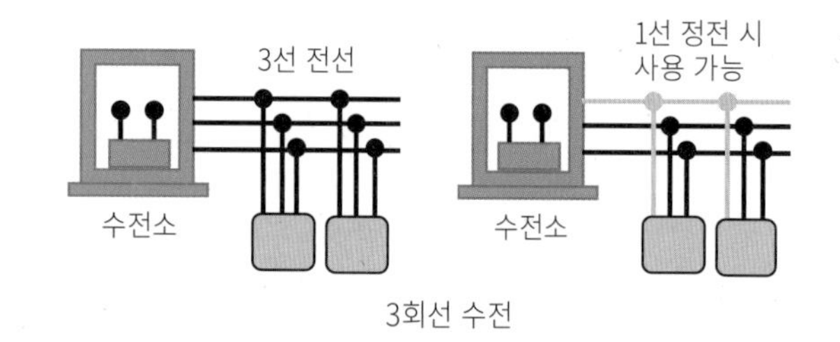

그림 14.3 스포트 네트워크 수전 방식

그림 14.4 버스 덕트

그림 14.5 아웃렛박스

4. 배선

1) 전선관

전선관은 전선을 보호하는 목적으로 사용되는 수지 또는 금속의 파이프이다. 옥내외, 땅속, 은폐부 등 다양한 부분에서 사용되며, 각각의 환경에 맞는 다종의 전선관이 있다. 저압의 배선에 이용되는 PF관은 CD관과 같은 수지관이고 내연성(자기 소화성)이어서 간이 칸막이 전선관에 이용한다. 색은 아이보리색이 기본으로 여러 가지 있다. CD관은 내연성(자기 소화성)이 없고 비 내연성이다. 오렌지색으로 콘크리트 매설 전용이다(그림 14.6).

2) 배선 공사

전선을 피복하는 절연체의 소재에 따라서 허용 전류치는 바뀐다. 배전 선로의 전력 손실을 줄이기 위해 부하 전류가 커지는 배전은 발열 등에 의한 전력 손실이 있기 때문에 전압 강하의 원인이 된다. 저압 옥내 배선에 있어, 합성수지 가동관(구부러지는 성질을 가지고 있다)은 콘크리트 내에 매설해도 된다. 이 경우에는 합성수지 가동관을 콘크리트 타설 시에 관이 움직이지 않도록 철근에 고정한다. 그 밖에 콘크리트 내에 매설할 수 있는 것은 금속제 전선관이 있다. 비닐 외장 케이블 등은 콘크리트 타설 시에 단선할 우려가 있으므로 직접 묻어서는 안 된다.

3) 스위치

3로 스위치는 2개소의 스위치에 의해 동일한 전등을 점·소등할 수 있는 편리한 전기 기기이다.

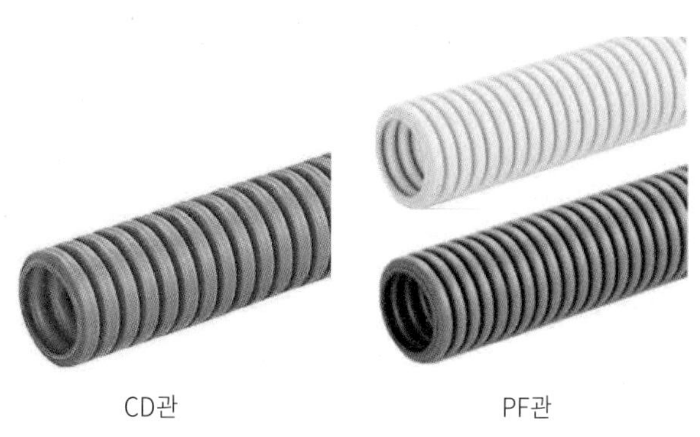

그림 14.6 전선관

4) 분전반

분전반은 인입선의 전기를 부하회로로 분기하는 부분에 설치하며 배선 등이 집합하고 장착된 기기이다. 분전반 안에 차단기와 퓨즈는 회로에 사고가 발생할 경우에 즉시 사고 회로를 전원으로부터 차단하여 사고 확대를 방지한다(그림 14.7). 분전반의 설치 장소는 일반적으로 보수·점검이 용이하고 부하의 중심 근처에 마련한다.

5. 접지 공사

접지 공사는 전기 기기의 철 받침대나 금속제 상자 등을 대지에 전선으로 이어서 누전이 일어난 경우에 감전 사고를 막는 것이다(그림 14.8). 접지 공사에는 접지 공사의 대상 시설, 접지 저항값 및 접지선의 굵기에 따라 고전압의 A종, B종, C종 및 D종의 4종류가 있다.

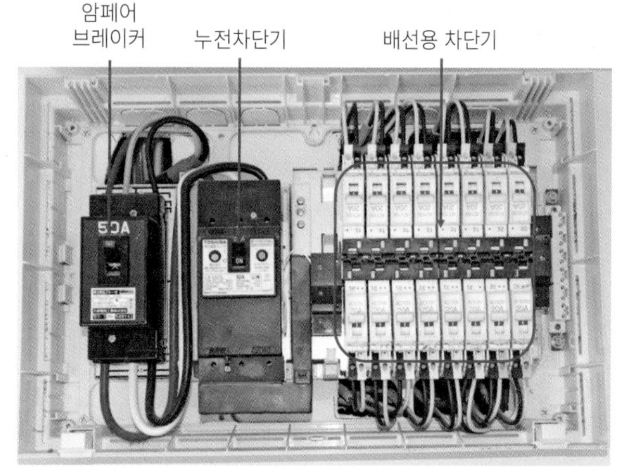

그림 14.7 분전반

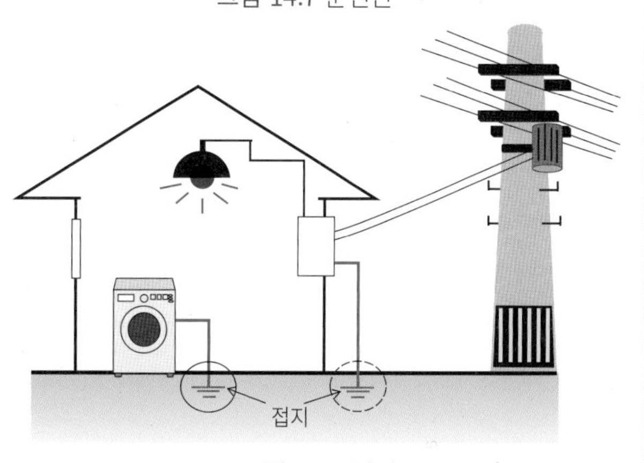

그림 14.8 접지

B종 접지 공사는 고압 또는 특별 고압 전기회로와 저압 전기회로의 결합용 변압기에 고압 전기회로와 저압 전기회로의 접촉의 우려가 있는 경우에 설치한다(표 14.2). 300*V* 이하의 저압용 기기의 철 받침대의 접지에는 D종 접지 공사를 실시한다.

표 14.2 접지 공사

접지 공사	기계기구	접지 저항치	접지선
A	고압	1종 범위	2.6*mm* 이상
B	고저압 결합, 변압기의 저압측 중심선	150/1선 접지 전류 Ω 이하	2.6*mm* 이상
C	300*V* 초과 저압	10Ω 이하	1.6*mm* 이상 연동선
D	300*V* 이하 저압	100Ω 이하	

접지공사: 감전, 화재, 기기의 손상을 막기 위해, 기기나 전기회로를 지면에 접속하는 공사
- 누전차단기 0.5초 이내로 작동 시에는 500Ω
- 접지저항이 작을 만큼, 누전한 전기가 대지에 잘 흐름

매설 접지 극은 물기가 있는 장소를 선정한다. 이것은 습윤인 지역일수록 접지 저항치가 낮고, 전류가 땅속에 흐르기 쉽기 때문이다. 접지에는 외부 번개 보호용 접지, 전위 상승에 의한 감전 등을 막는 보안용 접지, 전위 변동에 의한 전자 기기의 기능 장애를 막는 기능용 접지 등이 있다. 접지 공사의 접지선에는 과전류 차단기를 시설해서는 안 된다.

Column 06. 자가 발전 시스템

롯폰기힐즈는 넓이 약 12.0*ha*의 규모의 거대한 하나의 거리이며, 오피스 뿐만 아니라 주택이나 호텔, 상업 시설, 영화관 등 시간대에 의해서 전력 수요의 피크가 완화되는 대규모 가스 코제네레이션 시스템이 효율적으로 가동 하는 드문 사례이다.

평상시에는 전력 공급을 받지 않고 도시가스를 연료로 하는 자가 발전 설비로, 빌딩의 각 시설로 공급한다. 연료는 중압가스 공급 네트워크에서 공급되기 때문에,전원의 공급 시간에 제한을 받지 않는 점이 우수하다.

중압가스의 공급이 스톱 하는 사태에 대비하여, 일반적인 중유에 의한 자가 발전도 실시할 수 있도록 38시간 분의 오일탱크도 배치하여 이중으로 전기설비의 대책을 취하고 있다.

롯폰기힐즈

15 조명설비

1. 조명 설계

조명 설계는 사용 목적, 입지 조건 등에 따라서 재적자의 활동과 안전·쾌적한 실내 공간을 위해 적절한 조명 조건을 갖추는 계획이다. 일반 실내의 전역(全域) 조명 계산으로 사용하는 광속법과 국소 조명, 라이트업, 가로 조명 등에 사용하는 축점법에 의한 계산법이 있다.

사무소(집무 공간)의 조명 계획은 글레어를 고려한 작업면의 조도 계산이 필요하다. 주광 이용 제어는 조명기구를 조광하는 방식으로 설계 조도를 얻기 위해서 실내에 들어오는 자연광에 대응하는 방식이다.

1) 광속법

광속법은 작업 면의 평균 조도나 어떤 조도를 얻기 위해서 필요한 조명등(광원)의 수를 구하기 위해 사용된다. 주광률은 포함하지 않지만, 이것은 인공조명과 실내의 반사로부터 요구하는 평균 조도이다. 광속법에 의해 전반 조명의 조명 계획을 실시하는 경우에는 설치 직후의 조도는 설계 조도 이상이 된다.

$$E=\frac{F\times N\times U\times M}{A}$$

E: 평균 조도[lx]
F: 광원의 전광속[lm]
N: 기구의 수량
U: 조명률
M: 보수율
A : 실면적[m^2]

- 조명률 U: 광원으로부터 나온 전 광속 중 작업면에 도달하는 광속의 비율이다(표 15.1).
- 보수율 M: 전등 기구를 어떤 기간 사용한 때와 신설 시 평균 조도의 비율이다.

이것은 "초기 작업면의 평균 조도"에 대한 "어떤 기간 사용 후의 작업면의 평균 조도"의 비율로써 시간의 경과에 따른 조도 저하의 보정 계수이다. 또한, 보수율은 램프의 경년열화나 먼지 등에 의한 조명기구의 효율의 저하를 미리 전망하는 정수이다.

2) 축점법

조명에서 관계되는 조사면의 밝기인 조도는 광도에 비례하여 광원으로부터의 2제곱에 반비례한다(건축환경공학 13 조명 참조).

3) 실지수

실지수는 조명률을 구할 때 이용되는 지수이며, 실의 폭·안길이, 작업면에서 광원까지의 거리에 따라 요

표 15.1 조명률표

반사율	천정	80%				70%				50%				30%				0
	벽	70	50	30	10	70	50	30	10	70	50	30	10	70	50	30	10	0
	바닥	10%				10%				10%				10%				0
실지수		조명률% (×0.01)																
0.6		51	42	36	32	50	42	36	32	48	41	36	32	47	40	35	32	31
1.0		66	60	55	51	65	59	54	51	63	58	54	51	62	57	53	50	49
2.0		78	74	70	67	77	73	70	67	75	71	69	66	73	70	68	66	64
3.0		81	78	76	74	80	78	75	73	78	76	74	72	77	75	73	71	69
4.0		83	81	79	77	82	80	78	76	80	78	77	75	78	77	76	74	72
5.0		84	82	81	79	83	82	80	79	81	80	79	77	80	78	77	76	74
7.0		86	84	83	82	85	83	82	81	83	82	81	80	81	80	79	78	76
10.0		86	85	84	84	85	85	84	83	84	83	82	81	82	81	80	80	78

구된다(표 15.1). 평면 형태가 정방형에 가까워지면 실지수는 커져 효율 좋은 조명이 되기 쉽고, 홀쭉한 방은 실지수가 작아져 효율 나쁜 조명이 되기 쉽다. 실지수는 (안길이+폭)/광원의 높이(안길이+폭)로 나타내므로, 광원의 높이가 실지수에 영향을 준다.

$$실지수 = \frac{실\ 안길이[m] \times 실\ 폭[m]}{H[m] \times (실\ 안길이[m] + 실\ 폭[m])}$$

$H[m]$: 기구로부터 작업면까지의 높이이다.

배광이란, 광원의 각 방향에 대한 광도의 분포이다.

스포트 라이트처럼 집광성이 있는 것은 "배광이 좁다"라고 말한다. 배광 곡선이란 빛의 힘과 그 방향을 곡선으로 표현한 것이다.

2. 조명기구

조명용 광원의 종류는 크게 백열전구, 형광등, 방전등, LED로 나누어진다(그림 15.1).

1) 백열전구

전원은 직류와 교류로 사용 가능하고, 교류전원의 경우라도 어른거림이 없다. 필라멘트의 열에 의한 빛을 이용한 전구이다. 조명기구 중에서는 연색성에 뛰어나지만, 최근에는 LED에 의해 소비나 생산이 없어지고 있다.

2) 형광등

형광등은 자외선을 방전관 벽에 도포한 형광물질에 의해 가시광으로 변환하는 방전램프이다. 형광등의 램프 효율은 백열전구와 비교해 주위 온도에 영향을 받기 쉽다. 형광 수은램프는 백열전구에 비해 색온도는 높고 연색성은 낮다.

3) 방전등

HID(고휘도 방전) 램프는 금속 증기 안의 방전 발광을 이용한 광원이며, 고압 수은램프 및 고압 나트륨램프를 총칭한 것이다. 소형이며 고출력, 고효율, 장수명이 특징이다.

4) LED 조명

최근 조명기구의 주력 광원인 LED 조명은 발광 다이오드(순서 방향에 전압을 가할 때 발광하는 반도체 소자)를 사용한 조명기구이다(제3장 8. 에너지 절약 기술 참조). 그 특징은 소형, 경량, 전력 절약, 장수명이며 열방사가 적다. 즉 LED 램프는 백열전구나 형광등에 비해 열방사가 적고, 수명이 길다. 램프의 사이즈가 작고 고휘도의 LED 램프를 사용하는 데 있어 눈부심을 배려하여 광원이 직접 눈에 들어오지 않도록 주의한다.

백열전구

형광등

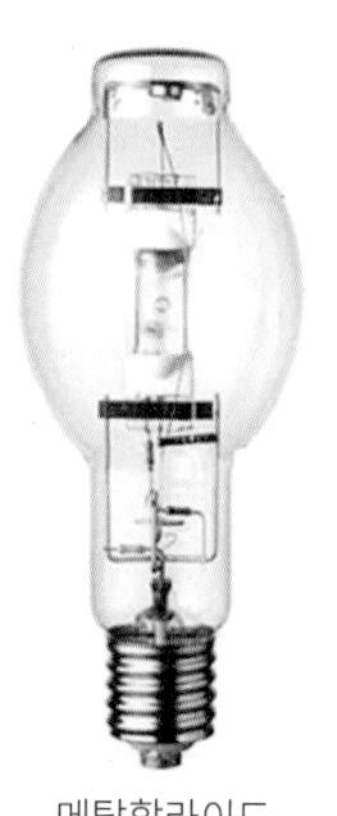

메탈할라이드

LED 전구

그림 15.1 조명기구

3. 조명 계획

조명 계획은 시설의 용도에 적절한 분위기나 기능을 가지는 빛 환경을 구성하는 것이다. 그리고 여기에 적당한 조명 방식을 선택하는 것과 조도 기준, 주광조명이나 조명기구 등을 충분히 고려할 필요가 있다.

색온도가 낮은 조명 광원은 따뜻함을 느끼게 한다. 주광조명은 밝기의 변동은 있지만 에너지 절약을 위해 특히 대공간에 있어서는 효과적인 계획이 필요하다. 조명기구의 초기 조도 보정 제어를 하는 것은 여분의 밝기를 제어하는 것이기 때문에 밝기를 일정하게 유지하는 효과가 있고 에너지 절약 효과도 기대할 수 있다. 또한, 주광 이용 제어는 실내에 들어오는 자연광을 이용하고 조명기구의 조광을 실시하는 것이다.

■ 조명 계획의 예

급탕실에 사람 감지 센서와 연동시킨 조명기구를 채용하는 것은 에너지 절약 효과가 있다.
사무실의 조명 계획에서 블라인드의 자동 제어에 의한 주광 이용과 조도 센서를 사용한 조명의 제어도 아울러 실시하여 소비전력이 적어지도록 한다.
병원의 수술실 및 진찰실의 조명설비에 있어서, 환자의 안색을 보고 판단하는 병원이나 진단소는 연색성이 높은 쪽이 좋다.
빛 천장 조명은 유백수지 등의 확산 투과판을 천장에 붙여 그 상부에 광원을 배치한 조명 방법의 하나이다.

그림 15.2 색온도가 낮은 조명(신라호텔)

그림 15.3 색온도가 높은 조명(하네다 국제공항)

16 통신설비

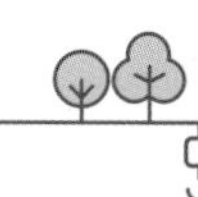

1. 방송설비

방송설비는 화재 발생 시 건물 내의 사람들에게 화재 발생의 경보와 피난 유도를 실시하기 위한 설비이다. 또한, 자동 화재 경보설비와 연동해서 자동적으로 음성 경보음에 의한 방송을 실시한다. 극장, 공회당, 호텔, 병원 등의 건축물과 같은 소방법으로 규정된 방화 대상물에서는 설치가 의무화되고 있다.

2. 공청설비

공청설비는 집합주택·빌딩·호텔·병원·학교 등에서 각호에 대해 하나의 안테나로 수신한 TV 방송 전파를 복수의 세대에 분배하여 공동으로 시청하는 설비이다. 그 환경에 따라서 설비의 크기는 바뀐다. 또한, 광케이블과 CATV 회선 등으로 분파하는 방식도 있다(그림 16.1).

3. 감시설비

감시설비는 일반적으로 방범을 목적으로 하고 있지만, 대형 상업 빌딩이나 병원·공장에는 공조설비나 전기설비, 급배수설비 등을 감시하는 다양한 기능이 있다. 중앙 감시 장치란 모든 기능이 자동화되어서 감시와 기록 등의 관리를 컴퓨터에 집약시킨 설비이다. 감시 외에 녹화 기능이 있는 설비가 늘어나고 있다

4. 인터폰 설비

인터폰 설비는 건물 등에 설치되는 구내 전용의 전화이다. 법적으로는 유선전기통신법 및 유선방송전화에 관한 법률의 규제가 적용되지 않는 것을 말한다. 주택용 인터폰(도어폰)은 주택의 현관 외부에 설치하는 현관 서브 기기와 실내에 설치하는 인터폰 본체로 구성되어 있어, 현관에서 실내를 호출하고 통화를 할 수 있다. 현관을 여는 일 없이 손님과 대화하고 모습을 확인할 수 있기 때문에 방범의 목적으로 설치된다. 인터폰 설비의 구조는 그림 16.2와 같다.

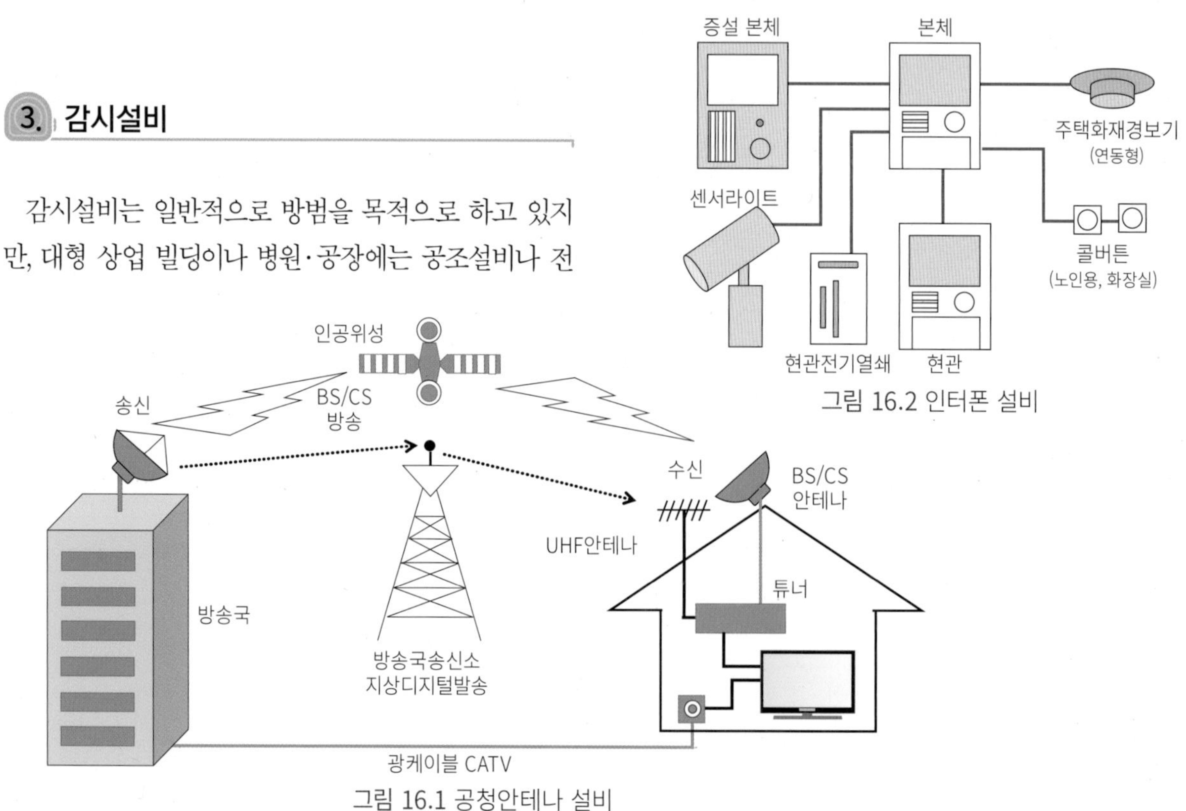

그림 16.2 인터폰 설비

그림 16.1 공청안테나 설비

5. LAN 시스템

시스템의 구축에 관해 컴퓨터를 인터넷과 접속하거나, 복수의 PC를 접속할 수 있는 환경을 만들기 위한 것이다. LAN을 구성하여 복합기나 프린터 등의 주변 기기를 공유할 수 있어, 오피스 공간의 유효 활용과 경비를 삭감할 수 있다. 또한, 데이터를 공유하여 정보 교환과 정보의 일원화를 할 수 있는 많은 장점이 있다. LAN은 유선 LAN와 무선 LAN, 광케이블, 데이터 서버 시스템으로 구축되어 있다.

6. TV 회의 시스템

TV 회의 시스템은 원격 거점을 통신회선을 통해 음성, 영상, 데이터를 참가자들하고 같은 회의실(공간)에 있는 것과 변함없이 상대의 얼굴을 보면서 이야기하거나 설명하는 통신 형태를 말한다. 1대1뿐만 아니라 복수 참가자들과 동시에 접속할 수 있다.

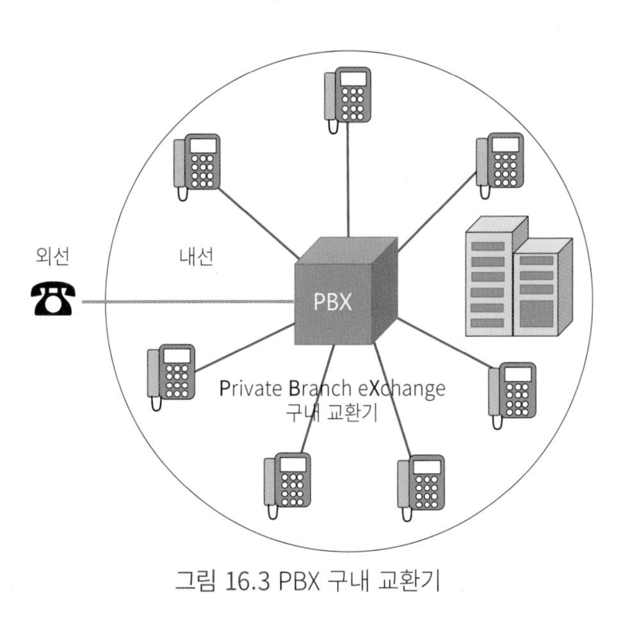

그림 16.3 PBX 구내 교환기

7. Web 회의

PC, 태블릿, 스마트폰을 사용해 음성·영상(비디오)을 주고받는 커뮤니케이션 툴이다. 대부분의 Web 회의는 데스크톱 공유와 같은 자료 공유는 물론, 채팅 기능, 출석 참가 확인 기능 등에도 대응할 수 있다. 2020년 코로나 발생 이후 온라인을 이용하는 것이 전 세계적으로 보편화되어 발전하고 있다.

8. PBX

PBX는 구내전화 교환기를 말하는데, "사업소 내에 전화기 상호 접속"과 "전화국 회선과 사업소 내의 전화기 접속"을 실시하는 장치이다(그림 16.3).

13, 14, 15, 16 전기·조명 연습문제

1) 전기의 옴의 법칙을 설명하시오.
2) 역률과 전력의 관계를 설명하시오.
3) 수요율이란?
4) 부하율이란?
5) 변전설비가 필요한 이유에 대해서 설명하시오.
6) 큐비클의 역할에 대해서 설명하시오.
7) 접지 공사의 필요성에 대해서 설명하시오.
8) 친밀한 곳에서 사용되고 있는 조명기구에 대해서 설명하시오.
9) 조명 계획에서 중요한 점을 설명하시오.
10) web(온라인) 회의나 수업에 대해서 설명하시오.

13, 14, 15, 16 전기·조명 / 심화문제

[1] 전기·조명설비에 관한 다음 기술 중 가장 부적당한 것은 어떤 것일까?

1. 주택 및 사람이 접하기 쉬운 전기를 공급하는 옥내 전기회로의 대지 전압은 150V 이하로 한다.
2. 실지수는 조명률을 요구하는 지수이며 실의 폭·안길이, 작업면에서 광원까지의 거리로 요구된다.

3. 접지 공사에는 고전압의 A종, B종, C종의 3종류가 있다.
4. 간선이란 배전반으로부터 분전판까지의 배선이고 건축물의 수직 방향에 연속하는 것이 바람직하다.
5. 역률은 교류회로에 전력을 공급할 때의 "전압과 전류와의 곱"에 대한 "유효 전력"의 비율이다.

[2] 전기·조명설비에 관한 다음 기술 중 가장 부적당한 것은 어떤 것일까?

1. 병원의 수술실 및 진찰실의 조명설비에 있어서 연색성은 밝고 낮은 쪽이 좋다.
2. 조명률은 기구의 배광이나 내장재의 반사율이 같은 경우 실지수가 큰 만큼 높아진다.
3. 300*V* 이하의 저압용 기기의 철 받침대의 접지에는 D종 접지 공사를 실시한다.
4. 수변전설비에 있어서 부하에 맞추어 변압기의 대수 제어를 하는 것은 에너지 절약에 유효하다.
5. 전기의 효율은 전력 손실을 줄이기 위해서 배전 전압을 되도록 높게 하는 쪽이 좋다.

[3] 전기·조명설비에 관한 다음 기술 중 가장 부적당한 것은 어떤 것일까?

1. 색온도의 낮은 조명 광원은 따뜻함을 느끼게 한다.
2. 보수율 M은 전등기구를 어떤 기간 사용한 때와 신설 시의 평균 조도의 비율이다.
3. 3로 스위치는 2개소의 스위치로 동일하게 전등을 점멸시킬 수 있다.
4. 저압은 직류 600*V* 이하, 교류 750*V* 이하이다.
5. 중소 규모의 사무소 빌딩에서 일반적으로 단상 3선식 100*V*/200*V*가 이용된다.

[4] 전기·조명설비에 관한 다음 기술 중 가장 부적당한 것은 어떤 것일까?

1. LED 램프는 백열전구나 형광등에 비해서 열방사가 적고 수명이 길다.
2. 사무소의 조명 계획은 글레어를 고려한 작업면의 조도 계산이 필요하다.
3. 전선을 피복하는 절연체의 소재에 의해도 허용 전류치는 바뀐다.
4. 일반의 수요가에게 공급되는 전원의 인입은 저압, 고압 및 특별 고압의 3종류의 전압이 있다.
5. 주택 등의 소규모의 전기 방식에는 단상 2선식 100*V* 또는 3상 4선식 400*V*/200*V*가 이용되고 있다.

[5] 전기·조명설비에 관한 다음 기술 중 가장 부적당한 것은 어떤 것일까?

1. HID 램프는 금속 증기 안의 방전 발광을 이용한 광원이다.
2. 실지수는 평면 형태가 정방향보다 홀쭉한 방이 커져서 조명 효율이 좋다.
3. 아울렛 박스는 전기 공사에서 배선의 분기나 접속 등에 이용한다.
4. 부하율이 100%에 가까운 만큼 효율적인 설비의 운용이 되고 있는 것을 나타내고 있다.
5. 허용 전류치는 주로 주위 온도, 전선 이격 거리에 따라 변화한다.

[6] 전기·조명 설비에 관한 다음 기술 중 가장 부적당한 것은 어떤 것일까?

1. 형광램프는 자외선을 방전관 벽에 도포한 형광물질에 의해 가시광선으로 변환하는 방전 램프이다.
2. 버스 덕트는 대규모 건축물의 인입 간선이나 전기실 내의 고압 배전 등에 이용되고 있다.
3. 분전반은 전력 부하의 중심에서 전신주로부터 가까운 장소에 배치하는 것이 바람직하다.
4. 수요율은 "부하설비 용량의 총화"에 대한 "최대 수요전력"의 비율이다.
5. 저압 회로의 전압 강하의 허용치는 배선의 길이에 따라 단계적으로 규정하고 있다.

[7] 전기·조명설비에 관한 다음 기술 중 가장 부적당한 것은 어떤 것일까?

1. 교류 전기에서 600*V* 이하를 저압, 600*V* 이상을 고압, 7,000*V* 이상을 특별 고압이다.
2. 허용 전류치는 주로 주위 온도, 전선 이격 거리에 따라 변화한다.
3. 3상 유도 전압기의 시동 방식의 하나인 스타델타 시동은 시동 전류를 작게 할 수 있다.
4. 진상 콘덴서는 주로 역률을 개선하기 위해서 이용된다.
5. 매설 접지극은 일조가 좋은 건조한 양지를 선정한다.

[8] 전기·조명설비에 관한 다음 기술 중 가장 부적당한 것은 어떤 것일까?

1. 발전소에서 변전소까지 보내지는 전기의 전압이 높은 것은 전력 손실이 작아져 효율이 좋다.
2. 진상 콘덴서는 전동기의 역률 개선을 목적으로 한다.
3. 공동주택에서 계약 전력이 60*kW*를 넘는 경우는 변전설비가 필요하다.
4. 스포트 네트워크 수전 방식은 전력 공급의 신뢰성이 높다.
5. 색온도가 낮은 조명 광원은 붉은색이다.

[9] 전기·조명설비에 관한 다음 기술 중 가장 부적당한 것은 어떤 것일까?

1. 동일 전선관에 전선 개수가 늘어나면 전선의 허용 전류는 작아진다.
2. D종 접지 공사는 고압 전기회로와 저압 전기회로의 접촉의 우려가 있는 경우에 설치한다.
3. 조명률은 광원으로부터 나온 전 광속 중 작업면에 도달하는 광속의 비율이다.
4. 보수율은 램프의 경년열화나 먼지 등에 의한 조명기구의 효율의 저하를 미리 전망하는 정수이다.
5. HID(고휘도 방전) 램프는 소형이며 고출력, 고효율, 장수명이 특징이다.

[10] 전기·조명설비에 관한 다음 기술 중 가장 부적당한 것은 어떤 것일까?

1. 단상 교류를 이용하는 전선의 수는 2개이다.
2. 큐비클은 입방체란 의미로 전기를 변압시키는 설비로 금속제의 상자이다.
3. 저압의 배선에 이용되는 PF관은 CD관과 같은 수지 제관이고 내연성이 있다.
4. 접지 공사의 접지선에는 과전류 차단기를 설치한다.
5. 형광 수은램프는 백열전구에 비해 색온도는 높고 연색성은 낮다.

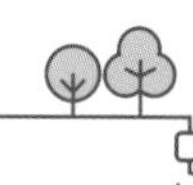

1. 소화설비

1) 소방법

소방법에서 "소방용 설비"는 "소방의 용도로 이용하는 설비"로 정의되어 있으며, 소화설비, 경보설비 및 피난설비를 의미한다. 소화 작용에서 일반적으로 많이 사용되고 있는 것은 "물"인데 증발 잠열에 의한 냉각소화이다. 또한, 산소의 공급을 차단하여 농도 저하에 의한 질식소화가 있다. 이것은 특수 소화라고 하며 거품, 분말, 이산화탄소 등을 이용한다(그림 17.1).

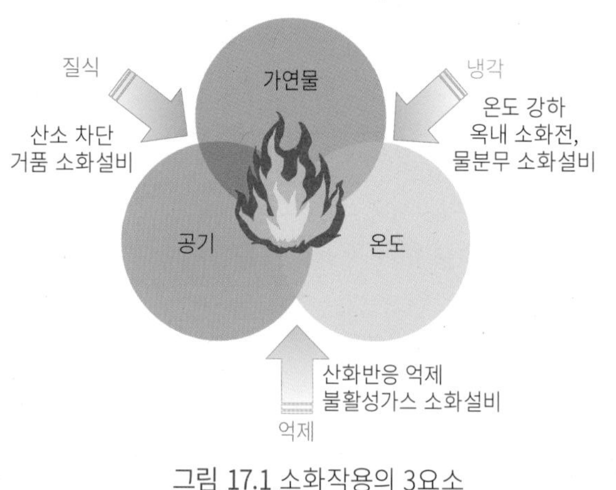

그림 17.1 소화작용의 3요소

A, B, C 화재에 대응하고 있다

그림 17.2 소화기

2) 화재의 종류

화재의 종류는 일반적으로 A, B, C, D, 가스 화재의 5종류가 있다. A 화재는 목재나 종이, B 화재는 기름, C 화재는 전기, D 화재는 마그네슘 등 금속, 가스 화재는 가연성 가스이다. A, B, C 화재는 일반 소화기를 사용할 수 있다(그림 17.2).

2. 소화전

1) 옥내 소화전

옥내 소화전 설비는 건물 내의 사용자가 사용하는 것으로, 화재의 초기 소화를 목적으로 설치되어 있다. 소방대에 의한 본격적인 소방 활동을 목적으로 하는 설비로써 사용되는 것이 아니다. 말하자면, 주로 화재 초기 단계에 화재 발견자가 수동 조작에 의해 방수하는 설비이다(그림 17.3). 옥내 소화전의 종류는 크게 나누면 ø40 구경의 1호 소화전과 비교적 조작이 간단한

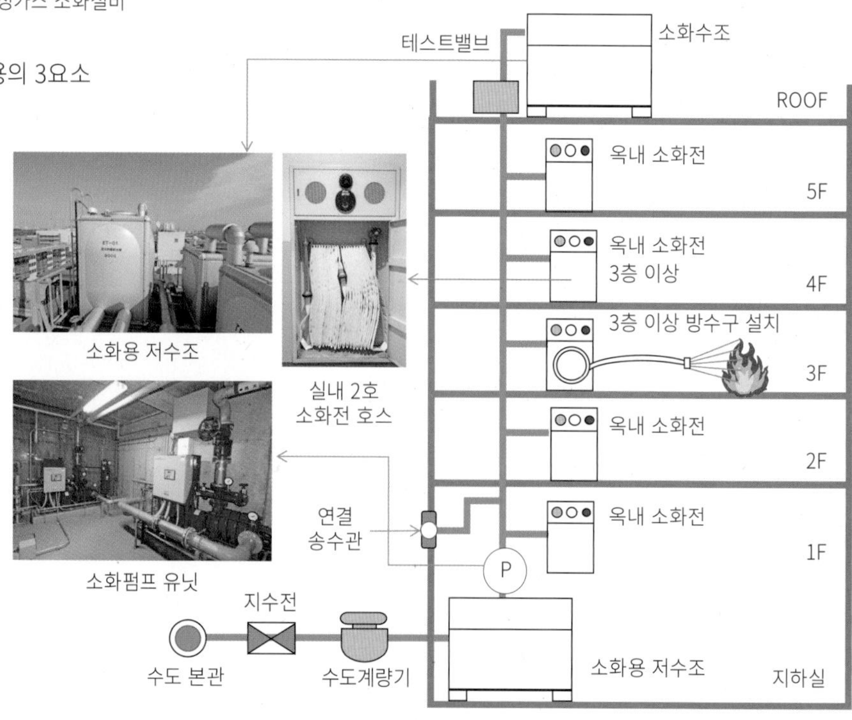

그림 17.3 옥내 소화전

ø25 구경의 2호 소화전(연결 살수전과 동구경)이 있다. 옥내 소화전 방호 범위의 수평 거리는 1호 소화전이 25*m*이며, 2호 소화전은 15*m* 이내이다(그림 17.4).

2) 옥외 소화전

옥외 소화전 설비는 옥외에 설치되어, 옥외에서 건축물의 1층 및 2층 부분에서 발생한 화재의 소화나 인접 건축물에 대한 연소 방지를 목적으로 하고 있다. 밖에서 하는 소화 활동으로 소방대원이 도착할 때까지 화재 발견자가 소화한다(그림 17.5). 소화수는 건물의 소화 수조를 이용하며, 건축물의 각 부분으로부터 옥외 소화전의 호스 접속구까지의 수평 거리가 40*m* 이하가 되도록 설치한다.

3) 연결 송수관 설비

연결 송수관 설비는 그림 17.6처럼 주로 건물의 전면에 설치되어 있다. 이 소화설비는 소방펌프차로 송수하여 소방대가 소화 활동을 하기 위한 설비이다. 건축물의 사용자가 아니라 소방대가 화재의 초기 단계에서 직접 소화 활동을 실시하기 위한 것이다.

지하층의 경우에는 소화 활동을 용이하게 하기 위해 소방펌프 자동차로부터 송수하고 천장 또는 지붕 밑의 살수 헤드에서 소화한다.

사무소 빌딩의 연결 송수관의 방수구에 대해서는 3층 이상의 층마다 그 층의 각 부분으로부터 수평 거리가 50*m* 이하가 되도록 설치한다.

3. 스프링클러 설비

스프링클러 설비는 초기 소화에 있어서 가장 신뢰할 수 있는 자동 소화설비이다. 설치 기준은 기본적으로 11층 이상의 건물 또는 연면적에 의해 설치가 의무화되어 있다. 스프링클러 헤드는 그림 17.7과 같고,

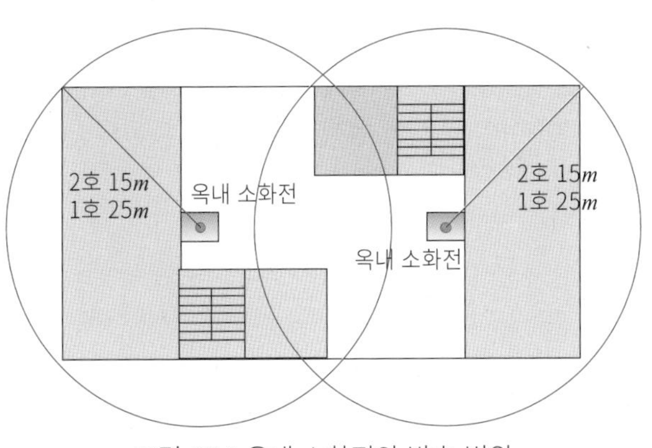

그림 17.4 옥내 소화전의 방호 범위

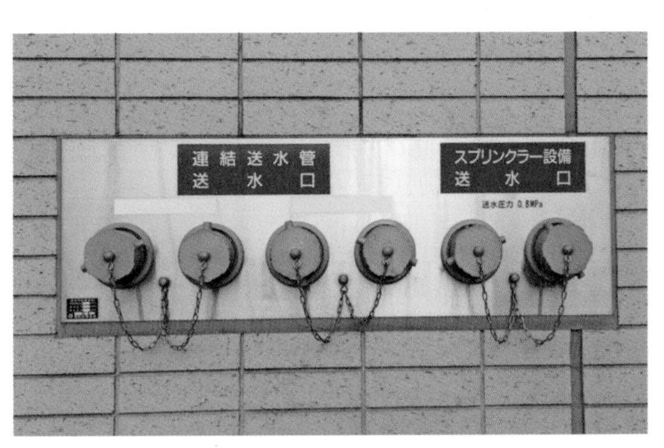

그림 17.6 연결 송수관

그림 17.5 옥외 소화전

그림 17.7 스프링클러 헤드

동기 때 동결 파손이 있기 때문에 그 종류·방식을 선정할 필요가 있다(그림 17.8). 예를 들어, 스프링클러 설비 계획으로 스프링클러 헤드가 설치되지 않은 부분에 보조 살수전을 마련하는 경우에는 호스 접속구로부터의 수평 거리는 15*m* 이내가 되도록 설치한다.

1) 폐쇄형 스프링클러 설비

폐쇄형 스프링클러 설비는 습식, 건식 및 준비작동식의 3종류가 있다. 일반적인 빌딩 등에 이용되는 습식, 한랭지 등 배관 내의 물이 동결하지 않는 구조의 건식, 병원·중요 문화재 등에 이용되어 2단계의 화재 감지로 작동하는 준비작동식이 있다.

준비작동식 폐쇄형 스프링클러 설비는 비화재 시 방수의 미스를 피하기 위해 충격 등으로 스프링클러 헤드가 손상돼도 살수를 억제하는 구조이다. 폐쇄형 스프링클러 헤드는 감도 종별이 1종이고, 유효 살수 반경이 2.6*m* 이상인 것은 "고감도형"으로 분류된다.

2) 개방형 스프링클러 설비

개방형 스프링클러 헤드를 이용하여 자동이나 수동으로 일제히 개방 밸브를 열어 방수하는 방식이다. 천장이 높고 가연물이 많은 무대 등에 이용한다.

3) 방수형 스프링클러 설비

폐쇄형, 개방형 스프링클러 헤드는 6*m* 이하의 천장 높이밖에 시공할 수 없으므로, 10*m* 이상의 천장에는 방수형 스프링클러 헤드를 단다. 방수형 헤드는 방수총과 비슷하며 고정식과 가동식이 있다. 예를 들면, 호텔의 바닥면에서 천장까지의 높이가 12*m*인 로비에는 방수형 헤드를 사용한 스프링클러 설비를 설치한다.

4. 방수설비

1) 방수총

방수총설비는 스프링클러 설비로서 효력이 없는 경우에 설치하는 대체 소화설비이다. 해당 시설은 민속촌, 스포츠 관람장, 대형 전시장, 오토리움 같은 넓은 공간에 유효하다(그림 17.9).

2) 드렌처 설비

드렌처 설비는 화재 발생 시에 물을 분무하여 물의

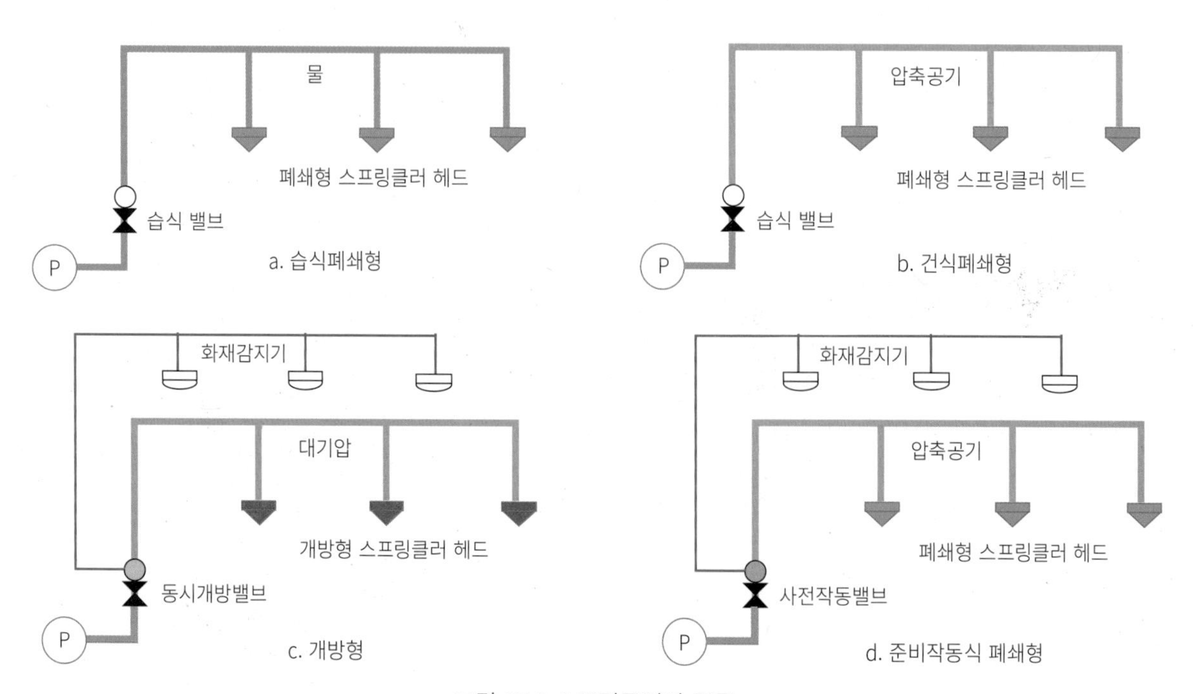

그림 17.8 스프링클러의 종류

막을 형성하여서 연소를 방지하는 소화설비이다. 외부의 드렌처 헤드에서 방수하여 수막을 만들어 연소를 방지하는 소화설비이며, 중요 문화재에 사용되고 있다(그림 17.10).

5. 특수 소화설비

특수 소화설비는 주로 질식소화를 시키는 것으로, 대상은 물로는 소화 효과가 없고 위험성이 있는 장소의 소화에 사용된다.

1) 물 분무 소화설비

물 분무 소화설비는 살수되는 물의 입자가 섬세하기 때문에 냉각 효과·질소 효과에 뛰어나서 기름 화재에 유효하다. 즉 분무수에 의한 냉각 작용과 분무수가 화염에 접하여 발생하는 수증기에 의한 질식 작용 등에 의하여 화재의 억제·소화를 하는 고정식의 소화설비이다.

2) 거품 소화설비

거품 소화설비는 거품에 의해 연소면을 덮어서 질식 효과 및 냉각 효과에 의해 소화를 실시하는 설비이고, 액체 연료의 화재에 유효하다. 자동차 정비소 등의 기름 화재에 유효하며, 발전기는 전기 절연 때문에 설치되지 않는다.

3) 분말 소화설비

분말 소화설비는 연소를 억제하는 분말 상태의 소화제를 가압 가스로 방출하는 소화설비이며, 액체 연료의 화재에 유효하다.

4) 불활성 가스 소화설비

불활성 가스 소화설비는 이산화탄소나 질소, 아르곤 등의 불활성 가스를 이용한 소화제로서, 이것을 화재 구역에 방출하여 산소 농도를 감소시켜 소화한다. 물 등의 액체를 사용하지 않기 때문에 전기실이나 정밀기계실, 미술관, 발전기실, 컴퓨터실 등의 전기 화재에 유효하다. 다량의 소화제가 오작동으로 방출되어도 인명의 위험성은 없다고 하는데, 이산화탄소 가스 설비의 경우에는 이산화탄소 농도가 높으면 인체에 치명적인 영향을 끼치니 주의해야 한다. 지구온난화 및 오존층 파괴에 대해서는 환경오염을 줄일 수 있다.

그림 17.10 트렌처 설비(일본 가와사키 민가원)

방수총, 기후현 시라가와 민속촌

방수총

그림 17.9 방수총

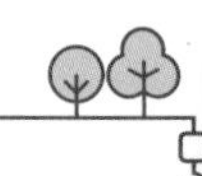

1. 가연

천장, 벽 등의 내장 재료를 불연화하는 것은 화재 시에 플래시 오버(초기 폭발 현상)에 이르기까지의 시간을 길게 하기 위한 대책으로서 유효하다. 사람은 공기 안의 일산화탄소(CO) 농도가 1%를 넘으면 몇 분 안으로 죽음에 이른다.

1) 등가가연 물량

등가가연 물량은 가연물 발열량이 비슷한(등가) 목재의 중량으로 환산한 양이다.

2) 목재의 화재

불이 나면 목재는 표면에서 불이 타기 시작하며, 중심부는 일정 시간까지는 강도를 유지하고 있다. 그 때문에 화재가 일어나도 즉시 건물이 무너지지는 않는다. 목재의 화재를 상정하고, 통상보다 큰 단면의 구조재를 사용하면, 준내화 건축물의 구조로서도 인정된다(표 18.1).

표 18.1 목재기둥 · 대들보의 연소 시 두께

	30분	45분	60분
집성재	25*mm*	35*mm*	45*mm*
천연재	30*mm*	45*mm*	60*mm*

화재가 발생할 경우에 큰 단면 집성재를 사용한 목조건축물에 있어서, 건축물 전체가 간단하게 무너지는 우려가 없는 구조로 하기 위해서는 주요 구조부의 기둥 및 대들보에 목재가 소실하기까지의 적절한 시간을 예상한 설계가 유효하다. 목조의 적송, 느티나무는 약 260℃에 이르면 인화하고 약 450℃에 이르면 자연스럽게 발화한다.

2. 방화 구획

건축물의 용도가 다른 부분의 구획에 대해서는 원칙적으로 발생한 화재가 그 용도 부분에 머무도록 방화 구획으로 한다. 대규모 점포의 매장 내에 방화 구획(면적 구획)을 마련하는 경우, 계단 배치에 대해 방화 구획된 매장마다의 피난 시간과 피난 문 폭당 피난자 인원수가 대체로 균등하게 되도록 계획하는 것이 바람직하다.

1) 수평 피난 방식

하나의 층을 복수의 존(방화 구획이나 방연 구획)으로 구획하여, 화재 발생 시에 화재가 발생하지 않은 존에 수평으로 이동함으로써 안전을 확보하는 방법이다. 병원 등에서 채용되는 수평 피난 방식은 계단에서 자력 피난이 곤란한 환자 등을 출화한 지점에서 인접하는 방화 구획된 장소로 이동시켜서 피난 시간의 여유를 만들고 보살피며 피난시키는 방법이다.

2) 층간 구획

상하층의 연소 확대를 방지하기 위해서 내화 구조나 준내화 구조로 된 슬래브 등의 수평 방향의 부재와 외벽의 스판드렐(외부 연소 방지대의 금속 화장판)과 같은 수직 방향의 부재로 형성한다.

3) 열풍의 속도

화재실에서 복도에 유출된 연기의 수평 방향의 유동 속도는 0.5~1.0*m/s*이다. 화재실에서 발생한 열을 수반한 연기는 계단실에 유입되면 3~5*m/s* 정도의 속도로 상승한다. 즉 계단실 등의 수직 구획에 유출된 연기는 수직 방향으로 오르기 때문에 매우 빨라진다(표 18.2).

표 18.2 열풍 속도

열풍 이동	열풍 속도
수평 이동	0.5~1.0*m/s*
수직 이동	3~5*m/s*

4) 가압 방연 시스템

가압 방연 시스템은 연기가 계단실로 유입하는 것을 방지하고, 계단실에서의 굴뚝 효과에 의한 연기의 확산 방지에 유효하다.

3. 방화 계획

1) 계단

피난 시에 이용하는 계단실 출입구의 폭은 유동 계수를 고려하여 계단의 유효 폭보다 좁게 계획한다. 중앙부에 보이드 공간을 설치한 초고층 공동주택에서 보이드 공간을 둘러싸는 개방 복도를 피난 경로로 하는 경우에는 연기가 체류·충만하지 않도록, 하층 부분으로부터 보이드 공간까지 충분한 급기를 확보할 필요가 있다. 특별 피난 계단의 부실에는 소정의 기계 배연설비를 설치한다.

2) 창

횡창(가로로 긴 창)은 종창(세로로 긴 창)보다 분출하는 화염이 외벽에 붙어서 외벽으로부터 떨어지지 않고 위층으로 연소의 위험성이 높다. 이것은 창의 폭이 큰 만큼 불길이 상부의 벽에 달라붙기 쉽게 되어 버리기 때문이다.

3) 방화문

불특정 다수의 사람이 이용하는 대규모 상점 등에서 매장의 피난 출구 문은 복도 등의 유효 폭에 배려하면서 밖 열림으로 한다. 방화문은 화재나 연기의 전파·확대를 막기 위해서 자동으로 폐쇄하도록 한다(그림 18.1).

4) 방화 셔터

보이드 공간에 면하는 통로에서 보이드 공간을 경유한 연소의 확대나 연기 오염을 방지하기 위한 방화 셔터는 통로 측이 아니라 보이드 공간 측에 설치하는 것이 바람직하다(그림 18.2).

5) 고층 건축물

초고층 건축물에 있어서는 설비 샤프트나 보이드 공간 등의 옥내 연소 경로나 개구부를 통한 옥외의 연소 경로를 차단하는 계획을 실시하는 것이 중요하다.

6) 병원

병원의 수술실, 미숙아실, ICU, NICU는 방화 구획으로 계획하는 것이 바람직하다.

그림 18.1 방화문

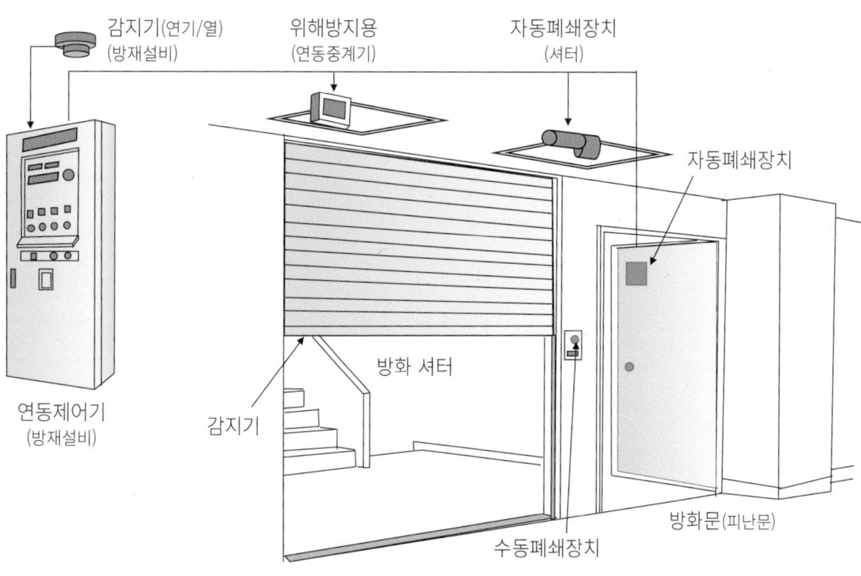

그림 18.2 방화 셔터

1. 피뢰설비

피뢰설비는 벼락이 떨어졌을 때 번개로부터 피해를 받지 않기 위한 설비이다(그림 19.1). 번개는 지상과 상공의 전위차에 의해 발생하지만 피뢰침은 공중에서 방전한다. 따라서 지상과 상공의 전위차를 없애거나 줄여서 번개를 피한다. 진동설비는 지진의 진동으로 건물의 붕괴나 균열 등의 피해를 방지하는 설비이다.

1) 피뢰설비의 설치

피뢰설비는 건축물을 번개로부터 보호하기 위해서 높이 20m를 넘는 건축물에는 그 높이 20m를 넘는 부분에 설치한다. 예를 들면, 20m를 넘는 굴뚝·광고탑 등의 공작물에도 설치할 의무가 있다. 철골철근콘크리트 구조의 건축물에서는 구조체의 철골을 피뢰설비의 인하도선 대신 사용할 수 있다.

그림 19.1 피뢰침

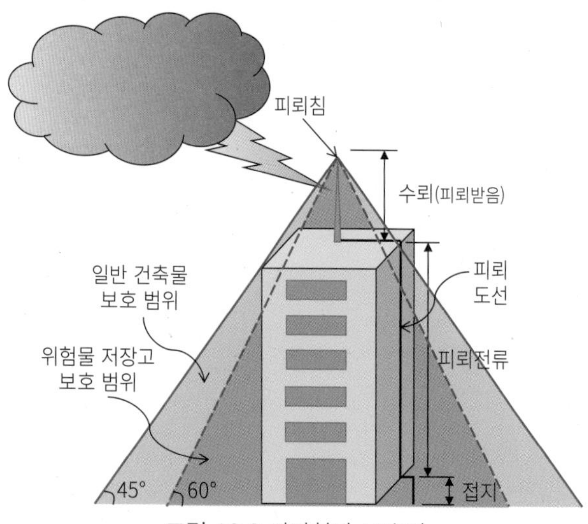

그림 19.2 피뢰침과 보호각

2) 피뢰 대책법

① 보호각법

피뢰설비에서의 보호 레벨은 그림 19.2, 표 19.1~19.2와 같고, 건물의 종류나 시설의 상황에 따라 I~IV로 구분된다. 보호각법에서는 돌침부의 보호각은 일반적으로45도가 많지만, 사무실 빌딩의 피뢰설비에 있어서는 60도 이하이다.

② 회전 구체법

뇌격 거리를 반경으로 한 구체를 번개부(대지 포함)에 동시에 접하도록 회전시켰을 때 피보호물 측을 보호 범위로 하는 방법이다(그림 19.3).

표 19.1 피뢰설비 보호 레벨과 시설

보호 레벨	시설 명칭
I～II	미술관, 문화유적 통신기지, 발전소, 화재의 위험이 있는 상업시설, 정유소, 급유소, 화약공장, 군수공장 화학시설, 원자력시설, 생물화학연구소
I～III	극장, 학교, 백화점, 스포츠경기시설 은행, 보험회사, 상사 등(컴퓨터 관련) 병원, 양로원, 형무소
III～IV	주택, 농장 운동장, 텐트, 캠프장, 임시시설 건설 중의 건축물, 고층건축물(60m 초과)

표 19.2 피뢰설비 보호 레벨과 보호영역

보호 레벨	회전 구체 법	보호각법 $h(m)$					메쉬법 폭 (m)	보호 효율 %
		20	30	45	60	60초과		
	$R(m)$	$\alpha(°)$	$\alpha(°)$	$\alpha(°)$	$\alpha(°)$	$\alpha(°)$		
I	20	25	*	*	*	*	5	98
II	30	35	25	*	*	*	10	95
III	45	45	35	25	*	*	15	90
IV	60	55	45	35	25	*	20	80

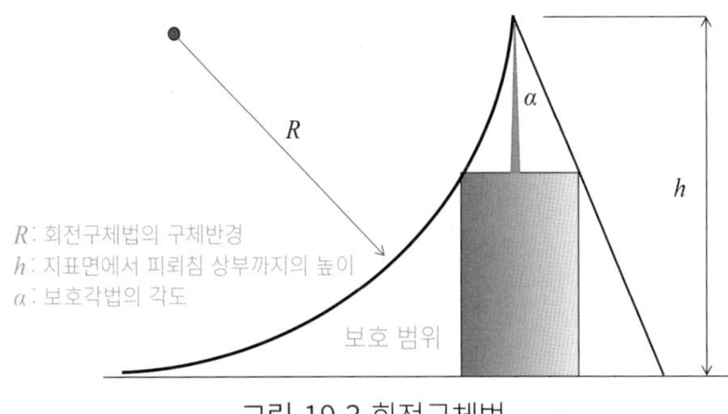

그림 19.3 회전구체법

③ 메시법

건조물에 메시시트 형태의 도체를 설치하여 번개로부터 보호한다(그림 19.4). 메시 도체로부터 건조물의 일부분이 노출되어 적용할 수 없는 경우 보호각법, 회전구체법을 병용한다.

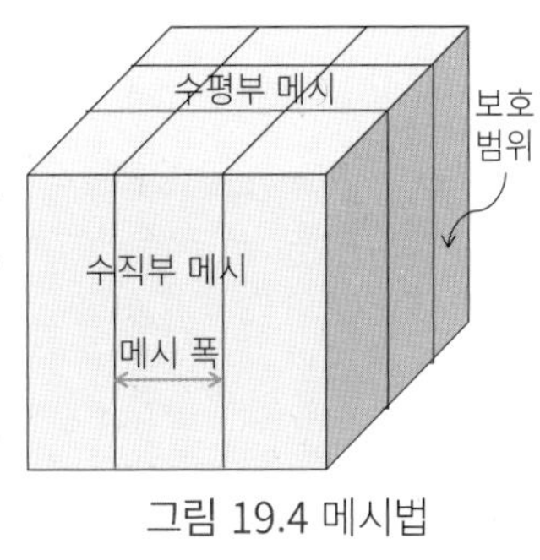

그림 19.4 메시법

2. 진동설비

1) 내진 스토퍼

내진 스토퍼는 방진재로 설비 기기에 설치하지만 설비 기기 사이에 운전 중에 접촉하지 않는 정도로 하며, 가능한 작은 틈새를 마련한다.

2) 방진재

방진재는 방진고무(고유 진동수 5~30*Hz*)보다 코일(고유 진동수 2~6*Hz*) 스프링 쪽이 설비 기기를 포함한 방진계의 고유 주파수를 낮게 설정할 수 있다. 일반적인 사무소 빌딩에서 저수조를 제외한 건축설비 기기를 동일 층에 설치하는 경우, 국부진도법에 의한 설계용 표준 진도는 방진 장치가 있는 기기가 큰 값이 된다.

3) 지진력

건축설비의 내진 설계에 있어서 동적설계법을 이용하지 않는 경우, 설계용 연직 지진력은 설계용 수평 지진력의 1/2로 한다. 설비 기기를 기초에 고정하는 앵커볼트 강도의 산정은 설비 기기의 중심 위치에 수평 방향의 지진력과 함께 연직 방향의 지진력이 상향 방향으로 작용하는 것으로 한다.

4) 긴급 급수 차단 밸브

재해 응급대책 활동에 필요한 병원 등의 시설에서는 저수조나 필요한 급수관 분기부에는 지진 감지에 의해 작동하는 긴급 급수 차단 밸브를 마련하는 것이 바람직하다.

17, 18, 19 소화·방재 연습문제

1) A, B, C 화재의 종류에 대해서 설명하시오.
2) 옥내 소화전과 옥외 소화전의 공통점과 다른 점을 말하시오.
3) 연결 송수관 설비는 무엇을 위한 설비인지를 설명하시오.
4) 폐쇄형 스프링클러와 개방형 스프링클러의 특징을 설명하시오.
5) 드렌처 설비의 목적과 사용하는 장소에 대해서 말하시오.
6) 특수 소화설비에 대해서 말하시오.
7) 방재설비로는 방화 구획 계획이 중요시되고 있는 점에 대해서 설명하시오.
8) 방화 계획에 대해서 말하시오.
9) 피뢰설비의 높이와 보호 영역에 대해서 설명하시오
10) 지진 때 대응할 수 있는 진동설비에 대해서 설명하시오.

17, 18, 19 소화·방재 / 심화문제

[1] 소화·방재설비에 관한 다음 기술 중 가장 부적당한 것은 어떤 것일까?

1. 옥내 소화전 설비는 건물 내의 사용자가 사용하는 것으로 화재의 초기 소화가 목적이다.
2. 천장이 높은 호텔의 로비에는 방수형 헤드를 사용한 스프링클러 설비를 설치한다.

3. 물 분무 소화설비는 기름 화재에는 금지이다.
4. 화재가 발생한 경우는 목조 건축물 전체가 간단하게 무너지지 않는 구조로 하기 위해서 주요 구조부의 인화, 발화 설계가 유효하다.
5. 가로로 긴 창은 세로로 긴 창에 비해 위층으로의 연소 위험성이 높다.

[2] 소화·방재설비에 관한 다음 기술 중 가장 부적당한 것은 어떤 것일까?

1. 배연설비는 "소화 활동상 필요한 시설"에 해당된다.
2. 보조 살수전을 마련하는 경우, 호스 접속구로부터의 수평 거리는 15*m* 이내가 되도록 설치한다.
3. 거품 소화설비는 액체 연료의 화재에 유효하다.
4. 목조의 적송, 느티나무는 약 260℃에 이르면 인화하며, 약 450℃에 이르면 자연스럽게 발화한다.
5. 보이드 공간에 면하는 통로의 방화 셔터는 보이드 공간 측이 아니라 난간의 통로 측에 설치한다.

[3] 소화·방재설비에 관한 다음 기술 중 가장 부적당한 것은 어떤 것일까?

1. 옥내 소화전 설비에서의 방호 범위의 수평 거리는 1호 소화전은 15*m*, 2호 소화전 25*m* 이내이다.
2. 폐쇄형 스프링클러 설비는 습식, 건식 및 준비작동식의 3종류가 있다.
3. 분말 소화설비는 액체 연료의 화재에 유효하다.
4. 건축물의 용도가 다른 부분의 구획에 대해서는 원칙적으로 발생한 화재를 그 용도 부분에 두기 위해서 방화 구획으로 한다.
5. 비상경보 설비의 비상벨은 음향 장치의 중심에서 1m 떨어진 위치에서 90dB 이상의 음압이 필요하다.

[4] 소화·방재설비에 관한 다음 기술 중 가장 부적당한 것은 어떤 것일까?

1. 옥외 소화전 설비는 옥외에서 건축물의 1층 및 2층 부분으로 발생한 화재의 소화나 인접 건축물에의 연소 방지를 목적으로 하고 있다.
2. A 화재는 목재나 종이, D 화재는 금속의 화재이다.
3. 불활성가스 소화설비란 이산화탄소나 질소 등의가스를 사용하는 소화제이다.
4. 초고층 건축물에 있어서는 설비 샤프트나 공정 등의 옥내 연소 경로, 개구부를 통한 옥외 연소 경로를 차단하는 계획을 실시하는 것이 중요하다.
5. 내진 스토퍼는 설비 기기에 대해 설치하지만 가능한 한 틈새를 크게 마련한다.

[5] 소화·방재설비에 관한 다음 기술 중 가장 부적당한 것은 어떤 것일까?

1. 내진 설계로 동적설계법을 이용하지 않는 경우, 설계용 연직 지진력은 설계용 수평 지진력의 1/5로 한다.
2. 트렌처 설비는 화재 발생 시에 물을 분무하고 물의 막을 형성해 연소를 방지한다.
3. 천장, 벽 등의 내장 재료를 불연화하는 것은 화재 시에 초기 폭발 현상에 이르기까지의 시간을 길게 하기 위한 대책으로서 유효하다.
4. 화재실에서 복도에 유출된 연기의 수평 방향의 유동 속도는 0.5~1.0*m/s*이다.
5. 피뢰설비는 높이 20*m*를 넘는 건축물에 있어서 그 높이 20*m*를 넘는 부분에 설치한다.

[6] 소화·방재 설비에 관한 다음 기술 중 가장 부적당한 것은 어떤 것일까?

1. 연결 송수관 설비는 건물의 전면에 많이 설치되어 있다.
2. 보호각법에서의 돌출부의 보호각은 일반적으로 60도가 많지만, 사무소 빌딩의 피뢰설비에 있어서는 45도 이하이다.
3. 개방형 스프링클러 헤드는 천장이 높고 가연물이 있는 무대 등에 이용한다.
4. 등가가연 물량은 가연물 발열량이 비슷한 목재의 중량으로 환산한 양이다.
5. 피난 시에 이용하는 계단실 출입구의 폭은 유동 계수를 고려하여 계단의 유효 폭보다 좁게 계획한다.

[7] 소화·방재설비에 관한 다음 기술 중 가장 부적당한 것은 어떤 것일까?

1. B 화재는 전기 화재, C 화재는 기름 화재이다.
2. 건축물의 각 부분으로부터 옥외 소화전의 호스 접속구까지의 수평 거리가 40*m* 이하가 되도록 설치한다.
3. 폐쇄형 스프링클러 설비는 한랭지, 병원·중요 문화재 등에 이용된다.
4. 물 분무 소화설비는 질식 작용 등에 의하여 화재의 억제·소화설비이다.
5. 불활성 가스 소화설비는 지구온난화 및 오존층 파괴에 대한 대처 방법으로도 뛰어나다.

[8] 소화·방재설비에 관한 다음 기술 중 가장 부적당한 것은 어떤 것일까?

1. 드렌처 소화설비는 중요 문화재에 사용되고 있다.
2. 연결 송수관의 방수구는 3층 이상의 층마다 그 층의 각 부분으로부터 수평 거리가 50*m* 이하가 되도록 설치한다.
3. 특별 피난 계단의 부실에는 자연 배연 설비를 설치한다.
4. 방진재는 방진고무보다 코일 스프링 쪽이 설비 기기를 포함한 방진계의 고유 주파수를 낮게 설정할 수 있다.
5. 재해 응급, 병원 등의 시설에서는 지진 감지에 의해 작동하는 긴급 급수 차단 밸브를 설치한다.

[9] 소화·방재설비에 관한 다음 기술 중 가장 부적당한 것은 어떤 것일까?

1. 연결 송수관 설비는 소방펌프차로 송수하여 소방대가 소화 활동을 하기 위한 설비이다.
2. 방수형 스프링클러 설비는 바닥면에서 천장까지의 높이가 6*m* 이상인 곳에 설치한다.
3. 지하 주차장에 불활성 가스 소화설비를 설치했다.
4. 화재 시 무너짐 방지 구조로 하기 위해서는 주요 구조 부의가 소실하기까지의 시간을 예상하여 설계한다.
5. 수평 피난 방식은 하나의 층을 방화 구획, 방연 구획으로 구획하여, 수평으로 이동하여 안전을 확보하는 방법이다.

[10] 소화·방재 설비에 관한 다음 기술 중 가장 부적당한 것은 어떤 것일까?

1. 계단실 등의 수직 구획에 유출된 연기는 수직 방향으로 오르기 때문에 매우 빨라진다.
2. 거품 소화설비는 질식 효과 및 냉각 효과에 의해 소화를 실시하여, 액체 연료의 화재에 유효하다.
3. 연결 송수관 설비는 지하층의 경우, 소방펌프 자동차로부터 송수하고 천장 또는 지붕 밑의 살수 헤드에서 소화한다.
4. 거품 소화설비는 자동차 정비소 등의 기름 화재에 유효하며, 발전기는 전기 절연 때문에 설치되지 않는다.
5. 철골철근콘크리트 구조의 건축물에서는 구조체의 철골을 피뢰설비의 인하도선 대신 사용할 수 없다.

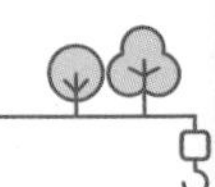

1. 배연설비

화재가 발생했을 때는 건물 안에서는 불의 열보다 연기의 일산화탄소 중독에 의한 사람의 생명 피해가 많다. 그 때문에 화재 시의 연기 제거는 피난을 위해서 가장 중요하다.

배연에는 자연 배연과 기계 배연으로 구분할 수 있다. 이러한 기법은 건축법에 의해, 설치 기준이나 설치 방법이 결정되어 있다. 또한, 피해자의 피난을 위한 것뿐만 아니라 소방대원이 소화 활동상 필요한 설비도 있다.

인접한 2개의 방연 구획에서는 방연 현수벽을 두고서 한쪽 구획을 자연 배연, 다른 쪽 구획을 기계 배연으로 할 수는 없다. 배연설비는 전용의 설비로써 설치하는 것이 원칙이지만, 환기설비가 배연설비로서의 성능을 가지고 있으면 겸용으로 인정된다.

1) 자연 배연

자연 배연은 배연창과 개방 장치로 구성된다. 창의 크기는 "배연상 유효한 개구부"로서 필요한 면적은 "바닥면적의 1/50"이다. 자세한 규정은 그림 20.1과 같다. 자연 배연 방식의 배연의 효율은 급기 경로로 정한다. 안전 구획을 자연 배연으로 하는 경우, 피난처에서 연기를 들이마셔 버릴 우려가 있으므로 피난 방향과 반대로 연기가 흐르도록 한다.

자연 배연의 배연량은 연기층의 온도와 두께에 의존하여, 연기층의 온도가 낮거나 천장이 낮은 경우에는 매연 효과가 작다. 재해 시에 재해 대책실의 설치나 피난자의 수용이 예상되는 시설에 대해서는 필요한 거주 환경을 확보하기 위해서 자연 환기에 대해서도 고려할 필요가 있다.

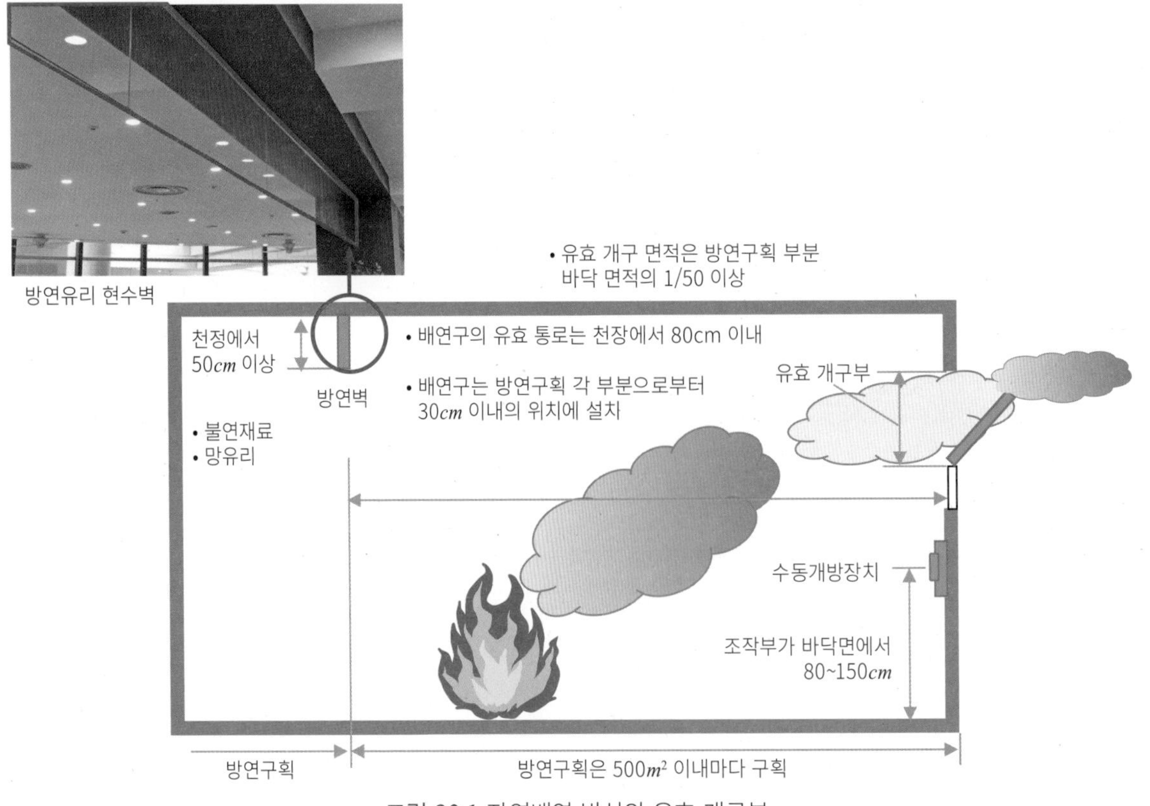

그림 20.1 자연배연 방식의 유효 개구부

2) 기계 배연

기계 배연은 배연기, 배연구, 배연 덕트로 구성된다. 기계 배연 설비의 방식은 그림 20.2와 같다.

① 배연구 방식

자동 화재경보기와 연동하여 화재를 감지하면 배연기가 작동한다. 실내를 부압으로 하여 연기를 배출한다.

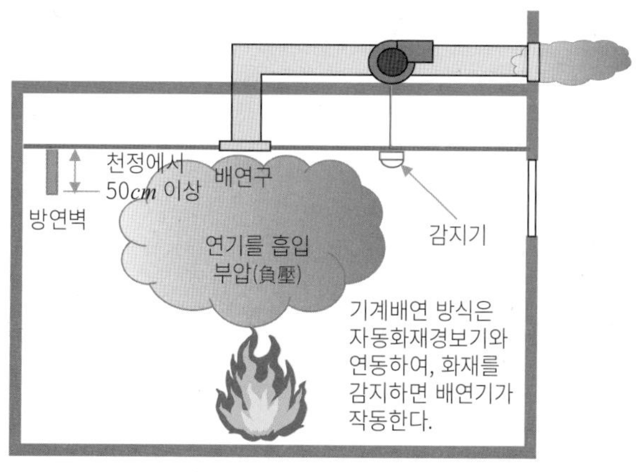

a. 배연구 방식

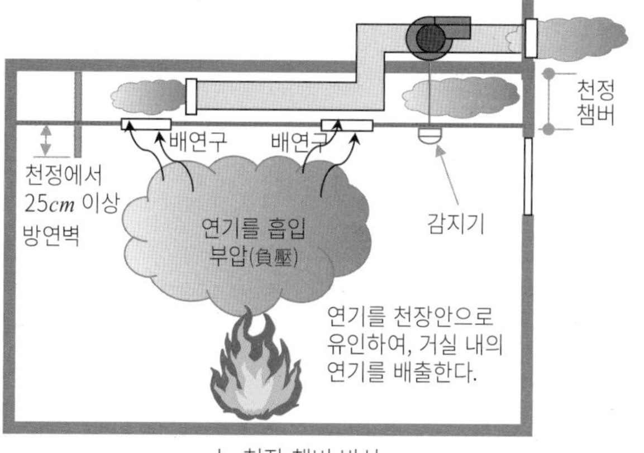

b. 천장 챔버 방식

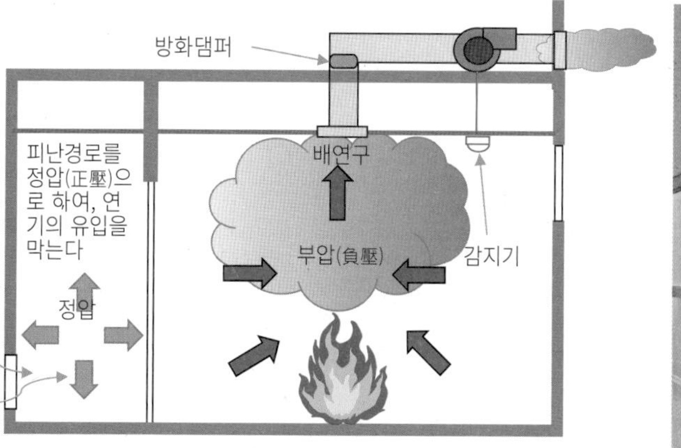

c. 가압 배연 방식

그림 20.2 기계 배연 설비

② 천정 챔버 방식

천정에 챔버 공간을 설치하여 천장으로 연기를 유인한다. 소정의 배연량을 확보하기 위해서는 배연량보다 많은 급기량이 필요하다.

③ 가압 배연 방식

발생한 연기를 외부에 배출하는 것과 동시에 연기가 발생한 실을 감압하여, 다른 공간으로 옮겨지는 연기 확산 방지에 유효하다.

3) 배연구

배연구는 원칙적으로 방연 구획의 각각에 대해서 해당 방연 구획 부분의 각 부분으로부터 배연구의 어느 한쪽에 이르는 수평 거리가 30*m* 이하가 되도록 설치한다(그림 20.3).

천장의 높이가 3*m* 미만의 거실에 마련하는 배연구의 설치 높이(하단 높이)는 천장에서 80*cm* 이내로 하고, 방연 현수벽의 하단보다 윗부분에 설치한다.

2. 자동 화재경보설비

자동 화재경보설비는 자동적으로 화재를 감지하여 음향 장치로 알리는 설비이다(그림 20.4). 말하자면, 열이나 연기를 천장에 설치된 감지기의 작동에 의해 알

그림 20.3 배연구

리는 것이다. 이 발신기는 화재 발견자가 수동으로 버튼을 눌러 화재 신호를 수신기에 발신하는 것이다.

자동 화재경보설비의 설치 기준은 일반 빌딩에서는 1,000m^2 이상, 일반 방화 대상물(사회적 약자의 이용이 적은 시설)에서는 500m^2 이상, 특정 방화 대상물(사회적 약자가 많이 이용하는 시설)에서는 대체로 300m^2 이상으로 설치 의무가 있다.

한편, 방송설비는 일반 방송과 겸할 수도 있지만, 화재 시에는 신호를 방송 앰프에서 자동 방송된다. 스피커는 각 설치실에서는 약 10m 이내마다 설치한다.

비상경보설비의 비상벨은 음향 장치의 중심에서 1m 떨어진 위치에서 90dB 이상의 음압이 필요하다.

3. 감지기

감지기란 화재에 의해 발생하는 열과 연기를 이용하여 자동적으로 화재의 발생을 감지하여, 화재 신호를 발신하는 설비이다. 열과 연기에 의한 감지기가 2종류 있다.

1) 열 감지기

① 정온식

열 감지기는 화재의 열에 의해 일정 온도 이상이 되면 작동하는 것으로 천장에 단 감지기의 주위 온도가 설정 온도 이상이 되었을 때 작동하는 것이다(그림 20.5.a). 스포트형과 감지선형이 있어, 사용 시에 고온과 연기가 발생하는 주방, 보일러실, 사우나실 등에 설치한다.

그림 20.4 자동화재 경보설비

② 차동식

차동식 감지기는 화재의 열에 의해 일정한 온도 상승률 이상이 되면 작동하는 것으로, 주위의 온도 상승률이 일정치 이상이 되었을 때 작동한다(그림 20.5.b). 스폿형과 분포형이 있어, 온도 변화가 적은 사무실, 회의실, 객실에 설치한다.

2) 연기 감지기

연기의 입자가 난반사하는 빛을 인식해서 전기 신호로 바꾸는 방식이다(그림 20.6). 연기와 같은 먼지나 수증기 등도 모두 감지해 버리기 때문에 설치하는 환경에 따라서 제한이 있다. 광전식 스포트형 연기 감지기는 연기의 농도가 일정치를 초과할 때에 작동한다. 소방법에서는 화재 시 위험성이 높은 장소에는 연기 감지기를 설치하는 기준이 있고, 그 이외의 비교적 안전한 장소에는 열 감지기를 설치해도 된다.

a. 정온식

b. 차동식

그림 20.5 열 감지기

그림 20.6 연기 감지기

4. 비상용 발전설비

비상용 발전설비는 비상용 전기만 사용하기 위한 설비이다(그림 20.7). 비상전원에는 비상전원 전용 수전설비, 자가발전설비, 축전지설비 및 연료전지설비의 4종류가 있다.

납축전지의 전력 저장설비의 주된 용도·목적은 부하나 수전전력의 평준화, 자연에너지 발전의 평준화, 정전 시의 비상용 전원, 순간 전압 저하나 정전의 보상 등이다. 연료전지설비는 소방법의 규정에 적합한 경우, 소방용 설비 등의 비상전원으로 이용할 수 있다.

듀얼 퓨얼 타입의 발전기(가스 및 디젤 2개의 운전이 가능)에 이용하는 연료는 통상 시에는 가스를 이용하며, 재해 시에 가스의 공급이 정지하면 중유 등을 이용할 수 있다.

옥내에 설치하는 발전기용 연료탱크는 소방법의 규정에 따라 지정 수량 이상의 연료를 비축하는 경우, 옥내 저장소로서 규제를 받는다.

5. 전환 시간 · 연속 운전 시간

건축기준법에서는 정전이 된 시점에서 전원 전환 장치에 의해 40초 이내에 전압을 확립해야 한다. 그리고 비상용 조명 장치의 예비 전원은 정전 시에는 30분간 계속해서 점등할 수 있어야 한다. 소화용 펌프 등 기기류로는 정격 부하로 60분 이상 연속 운전할 수 있고, 발전기용 연료는 2시간 이상의 용량을 가지고 있어야 한다. 발전기는 비상전원으로서 병용하는 것이 가능하다.

그림 20.7 비상용 발전설비

6. 비상용 엘리베이터

소방대원이 소화 활동하는 설비로서는 비상용 엘리베이터, 배연설비(소방 배연), 소방용수 등이 있다. 비상용 엘리베이터는 높이가 31*m*를 넘는 건축물 또는 지상 11층 이상에는 설치해야 한다. 그리고 화재 시에 소방대의 소화나 구조 활동에 사용되므로, 관내 인원의 피난에는 사용할 수는 없다. 이것은 고층 건축에서의 화재, 재해 발생 시 피난하는 사람이 이용하여 피난하는 엘리베이터가 아니라 소방대원의 소화 활동·구출 활동을 하기 위한 것이다.

비상용 엘리베이터에는 소방 활동을 위해서 엘리베이터 문을 연 채로 승하강 할 수 있는 장치를 마련할 필요가 있다. 비상용 엘리베이터를 2기 설치할 필요가 있으면 피난과 소화상 유효한 간격으로 배치한다.

비상시의 운전은 전용 운전으로 교체되어, 화재 등으로 상용 전원이 차단되어도 비상용 발전기로부터 전력이 공급되므로 운전할 수 있다. 평상시는 직원 전용의 일반용 또는 사람 전용으로 사용할 수 있다. 엘리베이터 홀은 연기나 불길을 완전히 차단할 수 있도록 방화 구조가 필요하다.

7. 유도등과 비상조명

1) 유도등

복도나 통로부에서 피난의 방향을 명시하는 유도등은 통로 유도등으로 구분된다. 무인의 피난구 유도등은 자동 화재경비설비의 감지기의 작동과 연동하여 점등한다. 또한, 해당 장소의 이용 형태에 따라 점등하도록 조치되어 있을 때는 소등할 수 있다. 극장의 객석 유도등은 객석 내 통로의 바닥면에서의 수평면 조도가 0.2lx 이상이 되도록 설치한다. 피난구와 통로 유도의 유도등의 문자와 배경색은 초록색인데 각각 정반대인 것을 인식하고 주위를 기울인다(그림 20.8).

a. 비상구, 비상문
비상구 EXIT의 문자 흰색

b. 실내유도 통로등
비상구 EXIT의 문자 초록

그림 20.8 유도등

2) 비상조명

비상용 조명 장치의 예비전원에는 조명기구에 축전지를 내장하지 않는 방식이 있다. 비상용 조명 장치는 바닥면에서 수평면 조도가 1lx(형광등 또는 LED 램프를 이용하는 경우에는 2lx) 이상을 확보한다(그림 20.9). 비상용 조명 장치는 바닥면적이 30m^2의 거실에서 지상 출구가 있는 곳에는 설치하지 않아도 된다.

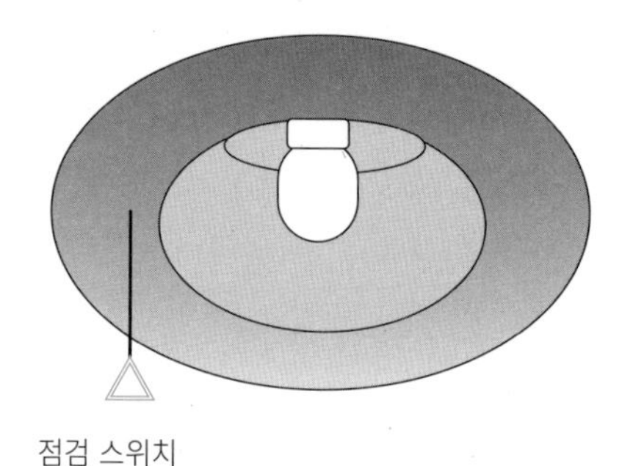

그림 20.9 비상조명

8. 기타 설비

1) 무선통신 보조설비

화재가 발생했을 때 소방대 상호의 무선 연락에 지장이 없도록 무선이 가능하게 하기 위한 설비이며, 연면적이 1,000m^2 이상의 지하가에 설치한다.

2) 비상용 콘센트 설비

소방대가 유효하게 소화 활동을 실시할 수 있도록 전력 공급하는 비상용 콘센트 설비이며 건축물의 지하층을 제외한 층수가 11층 이상의 층 및 연면적이 1,000m^2 이상의 지하가에 설치한다.

Column 07. 방화에 유리한 LED 조명

LED의 특징은 종래의 조명보다 월등한 전기 소비량의 삭감으로 인한 전기요금이 저렴한 것과 수명이 긴 것이다. LED는 백열등의 75~80%, 형광등의 40% 정도의 소비 전력으로 가능한 것이다. 또한, 램프 수명은 백열등이 1,000~2,000시간, 형광등이 6,000시간에 비하여, LED는 40,000시간이다. 최근에는 가격도 많이 저렴하여 많이 보급되고 있으며, 지구 온난화 방지 대책으로 매우 가치가 있다. LED는 열을 발산하지 않기 때문에 화재의 위험이 거의 없다.

LED 조명

21 반송설비

반송설비로는, 건물에서 수직 이동은 엘리베이터, 에스컬레이터가 있다. 또한, 수평 이동은 움직이는 보도(오토워크, 무빙워크)가 있다. 반송 장치는 사람에게 의지하지 않고 자동으로 반송할 뿐 아니라, 인력으로는 이동이 어려운 중량물도 안전하고 정확하게 저비용으로 반송 작업이 가능하다. 근래의 반송 장치로서는 반송 로봇이 이용되고 있다.

1. 엘리베이터

대규모 건축물에 설치하는 다수의 엘리베이터의 관리에 있어, 에너지 절약과 서비스 향상을 도모하기 위해여 군(群) 관리 방식을 채용한다. 엘리베이터의 구조는 그림 21.1~21.2와 같다.

1) 사무소 빌딩의 승용 엘리베이터

엘리베이터가 2대 이상 있는 경우, 평균 운전 간격을 40초 이하가 되도록 계획하는 것이 바람직하다. 출근 시의 피크 5분간에 발생하는 교통량을 기초로 하여 엘리베이터 대수를 계획한다. 상용 엘리베이터는 이용자의 인명 확보와 안에서 갇혀 있는 것을 피하는 것을 최우선으로 하기 위해 일반적으로 재해 시의 이용은 금지이다.

그림 21.1 엘리베이터 기계실, 권상기(호세이대학)

2) 재해 시의 승용 엘리베이터

고층 건축물의 승용 엘리베이터는 화재 시에 관제 운전은 가능한 한 빨리 안전한 피난층에 정지시켜 승객이 엘리베이터에서 내린 후, 운전을 중지하는 계획으로 한다. 즉 화재 발생 시에는 도중 층에는 정지하지 않고 즉시 피난층에 직행해 운전을 정지한다.

지진 시 관제 운전은 지진 시에는 "가장 가까운 층에" 운전을 정지한다. 엘리베이터의 설계용 수평 표준 진도는 건축물의 높이 60*m*를 경계로 크게 다르다. 기초 면진(免震) 구조를 채용하지 않는 건축물의 경우에는 건축물의 높이가 60*m*를 넘으면, 60*m* 이하의 경우보다 크게 다른 값이 된다. 엘리베이터의 전력 소비는 전력 회생 제어와 권상기의 기어의 유무에 의해 변화한다.

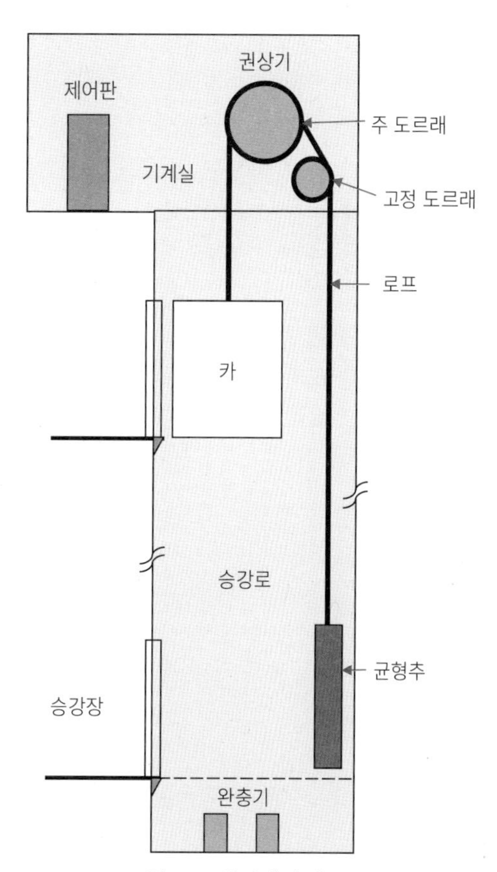

그림21.2 엘리베이터 구조

■ 화물용 엘리베이터

화물 수송을 목적으로 하며, 운반자 이외의 사람은 이용할 수 없지만 인하용(人荷用) 엘리베이터는 일반 승객도 이용할 수 있다.

2. 에스컬레이터

에스컬레이터의 승강구는 핸드레일부의 첨단에서 2*m* 이내에 방화 셔터가 설치되어 있는 경우에는 해당 셔터의 작동과 연동하여 에스컬레이터를 정지시키는 장치를 설치한다. 에스컬레이터의 낙하 방지를 위해 에스컬레이터의 말단을 대들보 등의 지지재에 견고하게 고정하고, 다른 곳은 비고정으로 충분히 걸치도록 확보한다. 지진 발생 시에는 정전 등에 의해 정지하는 경우가 있어 위험하므로 에스컬레이터는 사용하지 않도록 한다. 에스컬레이터의 구배가 30도를 초과하고 35도 이하의 경우의 정격 속도는 30*m/min* 이하로 한다(그림 21.3).

3. 이동 보도

보행자의 이동 속도는 매분 70~80*m*이다.

보도의 속도는 안전 때문에 분속 30(1.8*km/h*) ~ 40*m*(2.4*km/h*)로 운전한다. 일반적으로 이동 거리가 100*m*에서 2*km* 정도의 범위에서 적당한 수송 능력을 가지는 교통수단이다. 중간 구동 장치를 추가하면 이동 거리를 연장하는 것이 가능하다. 형식은 에스컬레이터의 수평화인 팔레트식과 벨트컨베이어를 응용한 고무벨트식의 2가지 방법이 있다. 규격은 가로 폭 800 ~ 1,200*mm*, 경사각도 0 ~ 3도가 표준이다.

수송 능력은 9,000 ~ 15,000명/*h*인데 이동 속도가 빠른 만큼 당연히 증가한다. 최근의 이동 보도는 상시 가동이 아니라, 에너지 절약 시점에서 적외선에 의한 사람 감지 센서에 의해 사람의 접근을 검지하여 가동한다(그림 21.4~21.5).

20, 21 피난설비 연습문제

1) 자연 배연과 기계 배연에 대해서 설명하시오.
2) 자동 화재경보설비의 음압에 대해서 설명하시오.
3) 감지기의 일정한 온도식과 차동식 차이점에 대해서 간단하게 설명하시오.
4) 비상용 발전설비의 연료에 대해서 조사하시오.
5) 비상용 엘리베이터는 평상시에 사용할 수 있는지 답하시오.
6) 화재 시의 엘리베이터 사용에 대해서 말하시오.
7) 에스컬레이터의 구배와 속도에 대해서 설명하시오.

그림 21.3 에스컬레이터(롯데백화점)

그림 21.4 이동보도(인천국제공항)

그림 21.5 이동보도의 감지센서(김포공항)

20, 21 피난설비 / 심화문제

[1] 피난설비에 관한 다음 기술 중 가장 부적당한 것은 어떤 것일까?

1. 배연설비에서 환기설비는 배연설비와 겸용해서는 안 된다.
2. 배연구는 해당 방염 구획 부분의 각 부분에서 배연구에 도달하는 수평 거리가 30*m* 이하가 되도록 설치한다.
3. 비상전원은 비상전원 전용 수전설비, 자가발전설비, 축전지설비 및 연료전지설비의 4종류가 있다.
4. 비상용 엘리베이터를 복수 설치하는 경우는 피난상 및 소화상 유효한 간격을 두고 배치한다.
5. 비상용 시의 콘센트 설비는 11층 이상 및 연면적이 1,000m^2 이상의 지하가에 설치된다.

[2] 피난설비에 관한 다음 기술 중 가장 부적당한 것은 어떤 것일까?

1. 자동 화재경보설비는 자동적으로 화재를 감지해, 음향 장치 등에 의해 알리는 설비이다.
2. 안전 구획을 자연 배연으로 하는 경우, 같은 피난 방향으로 연기가 흐르도록 한다.
3. 가스 공급이 정지한 경우에 듀얼 타입의 발전기의 연료는 중유등을 이용한다.
4. 복도나 통로부에서 피난의 방향을 명시하는 유도등은 통로 유도등으로 구분된다.
5. 대규모 건축물에 설치하는 다수의 엘리베이터의 관리는 군(群) 관리 방식을 채용한다.

[3] 피난설비에 관한 다음 기술 중 가장 부적당한 것은 어떤 것일까?

1. 재해 대책실의 설치나 피난자의 수용이 상정되는 시설은 자연 환기로 할 필요가 있다.
2. 비상경보설비의 비상벨은 음향 장치의 중심에서 1*m* 떨어진 위치에서 90*dB* 이상의 음압이 필요하다.
3. 비상용 조명 장치의 예비 전원은 정전 시에 10분간 계속 점등할 수 있는 것으로 한다.
4. 엘리베이터가 2대 이상 있는 경우, 평균 운전 간격을 40초 이하가 되도록 계획한다.
5. 비상용 조명 장치에서 바닥면의 수평면 조도는 1*lx*(형광등 또는 LED 램프는 2*lx*) 이상을 확보한다.

[4] 피난설비에 관한 다음 기술 중 가장 부적당한 것은 어떤 것일까?

1. 엘리베이터는 출근 시 피크 5분간에 발생하는 교통량을 기준으로 대수를 계획한다.
2. 정온식 열 감지기는 천장에 설치된 감지기의 주위 온도가 설정 온도 이상이 되었을 때 작동하는 것이다.
3. 소방대에 의한 소화 활동의 설비는 비상용 엘리베이터, 배연설비(소방 배연), 소방용수 등이 있다.
4. 지진 시 엘리베이터 관제 운전은 지진 시에는 갇혀 있는 것을 방지하기 위해 "가장 가까운 층에" 운전을 정지한다.
5. 극장의 객석 유도등은 객석 내 통로 바닥면에서의 수평면 조도를 2.0*lx* 이상으로 한다.

[5] 피난설비에 관한 다음 기술 중 가장 부적당한 것은 어떤 것일까?

1. 기계 배연 방식으로 소정의 배연량을 확보하기 위해서 배연량보다 많은 급기량이 필요하다.
2. 차동식 감지기는 주위 온도의 상승률이 일정치 이상이 되었을 때 작동한다.
3. 비상용 엘리베이터 높이가 31*m*를 넘고, 지상 11층 이상의 건축물에 설치된다.
4. 인하용 엘리베이터는 일반 승객은 이용할 수 없다.
5. 비상용 조명 장치는 바닥 면적이 30m^2의 거실에서 지상으로의 출구가 있는 곳은 설치하지 않아도 좋다.

[6] 피난설비에 관한 다음 기술 중 가장 부적당한 것은 어떤 것일까?

1. 흡인형 기계 배연 방식은 다른 공간으로의 연기의 확산 방지에도 유효하다.
2. 광전식 스포트형 연기 감지기는 연기의 농도가 일정치를 초과한 때에 작동한다.
3. 비상용 엘리베이터에는 소방 활동을 위해 문을 연 채로 승강시킬 수 있는 장치가 필요하다.
4. 화재가 발생했을 때 소방대 상호 무선 연락에 지장이 없도록 무선이 가능하게 한다.
5. 에스컬레이터의 구배가 30도를 넘어 35도 이하의 경우 정격 속도는 50*m*/분 이하로 한다.

[7] 피난설비에 관한 다음 기술 중 가장 부적당한 것은 어떤 것일까?

1. 배연설비에서 인접한 2개의 방연 구획에서는 한쪽은 자연 배연, 다른 쪽은 기계 배연으로 할 수는 없다.
2. 압출형의 기계 배연 방식(제2종 배연)은 배연량보다 많은 급기량이 필요하다.
3. 자동 화재경보 발신기는 화재 발견자가 수동으로 버튼을 눌러 수신기에 발신하는 것이다.
4. 광전식 스포트형 연기 감지기는 일정한 온도를 초과할 때 작동한다.
5. 지진, 화재 발생 시, 정전 등으로 정지하면 에스컬레이터의 사용을 안 하도록 한다.

[8] 피난설비에 관한 다음 기술 중 가장 부적당한 것은 어떤 것일까?

1. 열 감지기는 온도 변화가 적은 사무실, 회의실, 객실에 설치한다.
2. 연료전지설비는 소방법의 규정에 적합한 경우, 소방용설비 등의 비상전원으로써 이용할 수 있다.
3. 극장의 객석 유도등에서, 비상용 조명 장치의 예비전원에는 조명기구에 축전지를 내장하지 않는 방식이 있다.
4. 출근 시 피크 5분간에 발생하는 교통량에 기초하여 엘리베이터 대수를 계획한다.
5. 에스컬레이터는 공간 확보를 위해 비고정으로 충분히 걸치도록 확보한다.

[9] 피난설비에 관한 다음 기술 중 가장 부적당한 것은 어떤 것일까?

1. 엘리베이터의 설계용 수평 표준 진도는 건축물의 높이 60*m*를 경계로 크게 다르다.
2. 소방대원이 소화 활동하는 설비로는 비상용 엘리베이터, 배연설비, 소방용수 등이 있다.
3. 지진, 화재 시 엘리베이터 운전은 지진 시에는 "지상층에" 운전을 정지한다.
4. 자동 화재경보설비는 열이나 연기를 천장에 설치된 감지기의 작동에 의해 알린다.
5. 피난 유도등은 자동 화재경비설비의 감지기의 작동과 연동하여 점등한다.

[10] 피난설비에 관한 다음 기술 중 가장 부적당한 것은 어떤 것일까?

1. 자연 배연의 배연량은 연기층의 온도와 두께에 의존하여 연기층의 온도가 낮거나 천장이 낮은 경우에는 배연 효과가 작다.
2. 열감지기의 차동식은 고온과 연기가 발생하는 주방, 보일러실, 사우나실 등에 설치한다.
3. 듀얼 퓨얼 타입의 발전기에 이용하는 연료는 통상 시에는 가스를 이용하며, 재해 시에 가스의 공급이 정지한 경우에는 중유 등을 이용할 수 있다.
4. 비상전원에는 비상전원 전용 수전설비, 자가발전설비, 축전지설비 및 연료전지설비의 4종류가 있다.
5. 상용 엘리베이터는 재해 시 이용을 피하도록 한다.

제3편

에너지 절약

옥상녹화의 온열환경개선에 의한 에너지절약, 서울 D.D.P 옥상

환경 문제 중 에너지 부족은 전 세계적인 문제이며 건축물의 에너지 소비가 그 원인 중 하나입니다. 에너지 절약은 건축물에서 에너지 소비를 줄이는 방법으로 환경보호와 경제성 모두에 이바지합니다. 건축 환경 공학과 건설 설비는 에너지 절약을 목표로하며, 건축물에서의 에너지 절약은 건물의 재료, 설계, 시공 및 건축설비 등의 측면에서 고려될 수 있습니다.

01 에너지

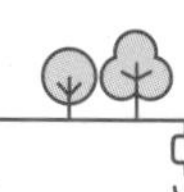

1. 에너지의 정의

에너지란 어떤 일을 완수하기 위한 물리적인 능력이다. 역학적 에너지(운동 에너지와 위치 에너지) 외에 광·전기·열·화학·원자 등의 에너지가 있다.

1) 일률의 정의

일률은 단위 시간당의 일을 의미하며, 반대로 일률에 시간을 곱하면 일이 된다. 전력량의 계량에 이용되는 1킬로와트시(kWh)는 "1시간(h)당 1킬로와트(kW)의 일률의 일"이라고 정의된다(그림 1.1). 일률과 시간의 에너지 단위는 다음과 같다.

- 킬로와트시 $1kWh = 3.6MJ$
- SI 단위의 와트초 $1Ws = 1J$(joule, 쥬울) $= kg \cdot m^2/s^2$: 1뉴턴의 힘이 그 힘의 방향에 물체를 $1m$ 움직일 때의 일

2) 열량의 정의

열량도 에너지와 같다. 열량의 단위 "칼로리"는 "1g의 물의 온도를 1℃ 올리는 데 필요한 열량"이다. 열량에 따른 에너지 단위에는 다음과 있다.

- $1cal \fallingdotseq 4.2J$

2. 에너지의 분류

에너지는 자원의 이용 형태에 의해 1차 에너지와 2차 에너지가 있다. 1차 에너지는 석탄, 원유, 수력 등 자연계에 존재하는 상태인 것이고, 2차 에너지는 가솔린, 도시가스, 전력 등처럼 1차 에너지를 이용하여 취급이 편리하게 변환시킨 것이다.

에너지 자원은 산업·운수·소비 생활 등에 필요한 동력의 근원을 말한다. 건축물의 2차 에너지 소비량을 1차 에너지 소비량으로 환산하고 동 레벨 단위로 비교하면, 1차 에너지 소비량은 2차 에너지 소비량보다 커진다.

에너지 자원의 관점에서는 고갈성 에너지와 재생 가능 에너지로 분류된다. 고갈성 에너지는 석탄이나 석유처럼 지구에 매장되어 있어서 사용하면 감소하는 화석연료를 말하며, 재생 가능 에너지는 태양광·수력·풍력 등이 있으며, 주로 태양의 방사 에너지에 기초한 것으로 반영구적으로 줄어드는 일 없이 재생되는 에너지를 말한다(그림 1.2).

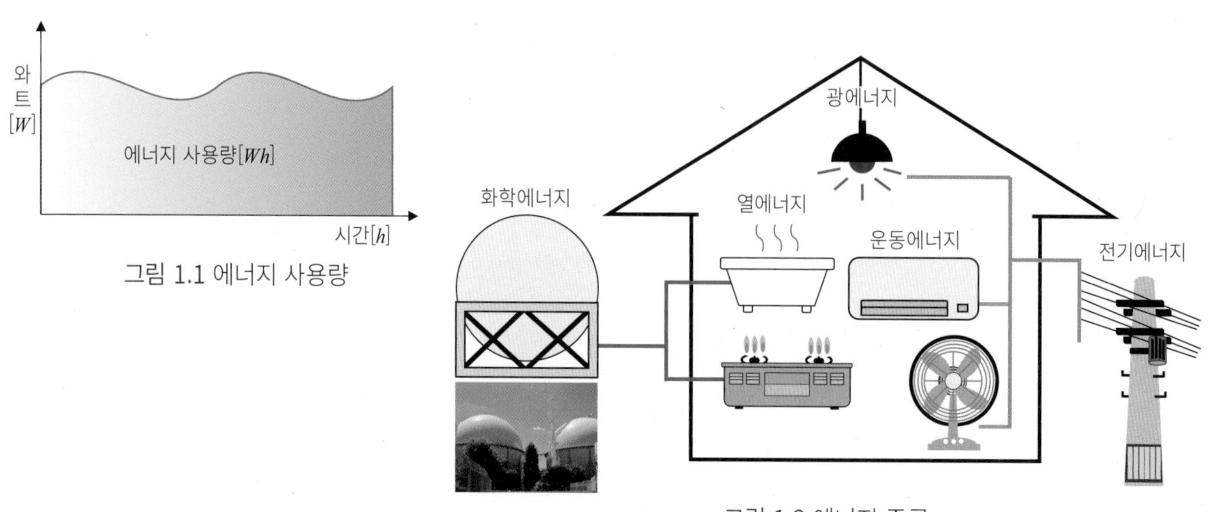

그림 1.1 에너지 사용량

그림 1.2 에너지 종류

3. 에너지의 역사

인류가 최초로 이용한 에너지원은 자연이다. 메소포타미아 문명의 시대에는 이미 물의 에너지(수력)를 이용하여 물방아가 만들어져 사용하였고, 또한 바람의 에너지를 사용하는 범선도 이동 수단으로 고대부터 존재하고 있었다. 이윽고 풍차가 만들어져서 이동 이외의 동력에도 바람을 이용할 수 있게 되었다. 18세기까지는 자연 에너지 외에 장작, 숯, 경유 등과 같은 것이 주로 이용하였지만, 18세기에는 영국에서 석탄을 이용하여 1765년에 제임스 와트가 증기기관을 만들었다. 이것은 인류가 이용할 수 있는 에너지 혁신을 일으켜서 산업혁명의 원동력이 되었다. 그 후, 20세기부터는 전기 에너지가 실용화되면서 석탄에서 석유가 주로 이용하게 되었고, 또한 핵연료를 이용하는 원자력 에너지가 실용화되었다. 2018년에는 세계의 에너지 소비량은 138.6억 톤에 이르며, 석유가 34%, 석탄이 27%, 천연가스가 24%를 차지하며, 80% 이상이 화석연료의 에너지이다.

에너지 소비의 구성이 급격하게 크게 변화고 특히 제2차 세계대전 후의 석탄에서 석유에의 급격한 에너지원의 전환 등을 가리켜 에너지 혁명이라고 한다.

4. 에너지 절약법

에너지 절약법의 정식 명칭은 "에너지의 사용의 합리화에 관한 법률"으로, 에너지 절약 정책을 위해 제정되었다. 공장이나 건축물, 기계·기구에 대한 에너지 절약화를 진행하여, 효율적으로 사용하기 위한 법률이다. 공장·사업소의 에너지 관리의 구조나 자동차의 연비 기준이나 전기 기기 등의 에너지 절약 기준에서 건축 및 운수 분야에서 에너지 절약 대책 등을 정하고 있다.

에너지 절약법이 직접 규제하는 사업 분야는 "공장 등(공장·사무소 및 그 외의 사업장)", "수송", "주택·건축물", "기계 기구 등(에너지 소비 기기 등 또는 열 손실 방지 건축재료)"의 4개이다.

"건축물의 에너지 소비 성능의 향상에 관한 법률"에 기초한 에너지 절약 기준의 적당한 판단에 이용되는 에너지 소비량은 1차 에너지의 소비량이다.

Column 08. 쓰레기 산에서 바이오매스 연료의 활용

서울의 한강의 서쪽에는 높이 100m 정도로 긴 산이 두 개 줄지어 있다. 두 개의 산이 일정한 높이로 길게 있는 것은 산으로서 부자연스럽게 보인다. 옛날에는 자연이 풍부한 평야의 섬이었지만, 쓰레기의 폐기 장소로 지정되고 대량의 쓰레기로 가득 찼다. 그리고 1993년에 쓰레기가 수용 한계량에 이르렀기 때문에 폐쇄되었다. 그러나, 그 자리에 생태 공원의 조성 계획을 수립하여 쓰레기로 황폐하고 오염된 토지를 공원으로 재생하였다.

쓰레기의 산에서 자연의 산으로 재생된 난지도섬

이 공원의 지하에 매장되어 있는 쓰레기로부터 발생한 메탄가스를 재활용하여, 월드컵 경기장과 주변지역의 주택에 천연가스 연료로서 공급하고 있다.

02 에너지 절약 지표

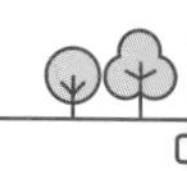

1. CASBEE(건축환경 종합 성능 평가 시스템)

1) 건축환경 평가

CASBEE(건축환경 종합 성능 평가 시스템)는 일본에서 건축물의 환경 성능을 건축물에서 환경 품질(Q)과 환경 부하(L)를 평가하는 것이다.

원래 CASBEE는 "건축물의 라이프 사이클을 통한 평가", "건축물 환경 품질과 환경 부하의 양 측면의 평가" 및 "건축물 환경 성능 효율 BEE의 평가"라는 3개의 이념에 기초하여 개발된 것이다.

CASBEE(건축환경 종합 성능 평가 시스템)에서 BEE(건축물 환경 성능 효율)를 높이기 위해 건축물의 환경 품질(Q)의 수치를 크게 하고, 또한, 건축물의 환경 부하(L)의 수치가 작아지도록 계획한다. 즉 CASBEE에서의 BEE는 건축물의 환경 품질(Q)을 분자로서 건축물의 환경 부하(L)를 분모로 하는 것으로 산출되는 지표이다.

$$\text{건축물의 환경 효율(BEE)} = \frac{\text{환경 품질}(Q)}{\text{환경 부하}(L)}$$

일본에는 건축물의 종합 환경 성능 평가 시스템으로서는 CASBEE가 있고, 영국의 BREEAM, 미국의 LEED 등이 있다. CASBEE의 평가에 있어서는 BEE의 값이 큰 만큼 건축물의 환경 성능이 높다고 판단한다(그림 2.1).

2) 건축환경 등급

그림 2.2와 같이 세로축의 환경 품질(Q)의 값이 가로축의 환경 부하(L)에 구성되었을 때, BEE치의 평가 결과는 원점(0, 0)과 이어진 직선의 구배로 표시된다. Q의 값이 높고, L의 값이 낮은 만큼 구배가 커져 서스테이너블(지속 가능) 건축물로 평가한다. 이 기법은 기울기에 따라 분할되는 영역에 기초하여, 건축물의 환경 평가 결과에 의해서 등급을 정한다. 이것을 환경 라벨링(등급 설정)이라고 하며, 건축물의 환경 효율(에너지 절약)을 평가한다. 그래프상에서는 건축물의 평가 결과를 BEE치가 증가함에 따라 S(대단히 우수하다), A, B^+, B^-, C 랭크(부족하다)의 5단계로 랭킹된다.

CASBEE에 의해 산출되는 BEE의 수치가 커지는 환경 대책으로 하고, 전형적인 사례로서 보통 빌딩에서

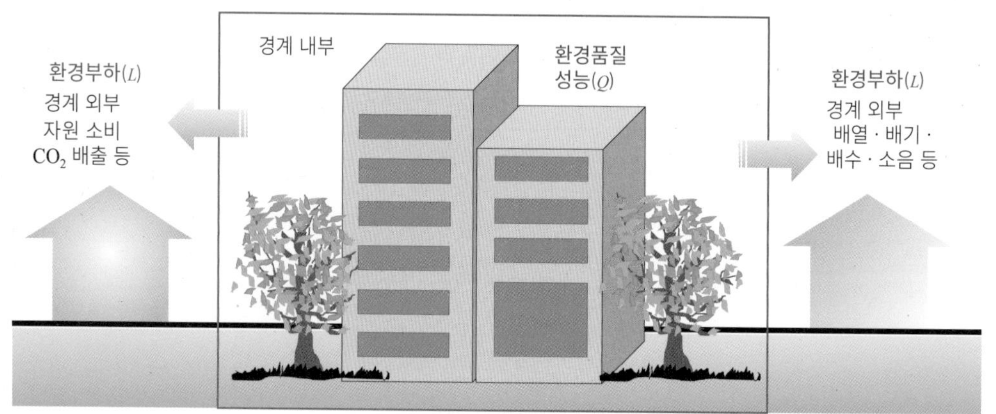

그림 2.1 환경성능 효율(BEE)

는 BEE가 0.5~1.0(B- 랭크)에 대해 환경 부하가 적은 서스테이너블(지속 가능)에서는 1.5~3.0(A 랭크)로 하고, 수치가 커지는 만큼 환경 성능은 좋다. CASBEE에서 건축물의 설비 시스템의 고효율화 평가지표로써 이용되는 ERR(에너지 절약 계산의 저감률)은 "평가 건물의 에너지 절약량의 합계"를 "평가 건물의 기준이 되는 1차 에너지 소비량"으로 나눈 값이다.

2. 에너지 절약 평가 지표

1) $LCCO_2$(라이프 사이클 이산화탄소 배출량, Life Cycle CO_2)

$LCCO_2$는 건축물의 건설을 시작한 다음부터 해체할 때까지(=라이프 사이클: 건설→운용→갱신→해체) 배출되는 CO_2의 배출량을 토대로 평가하는 것이다. 즉 $LCCO_2$에 의한 환경 성능 평가는 "자재 생산", "수송", "시공", "운용", "보수", "갱신" 및 "해체 제거"인 건축물에서 라이프 사이클의 각 과정에서의 CO_2 배출량을 추정한다.

35년 수명을 상정한 일반적인 사무소 빌딩의 CO_2 배출량에서 "건축물의 건설"에 관계되는 것과 "운용 시"의 에너지에 관계되는 것과의 배출 비율은 "운용 시"의 건설에 관계되는 것이 크다.

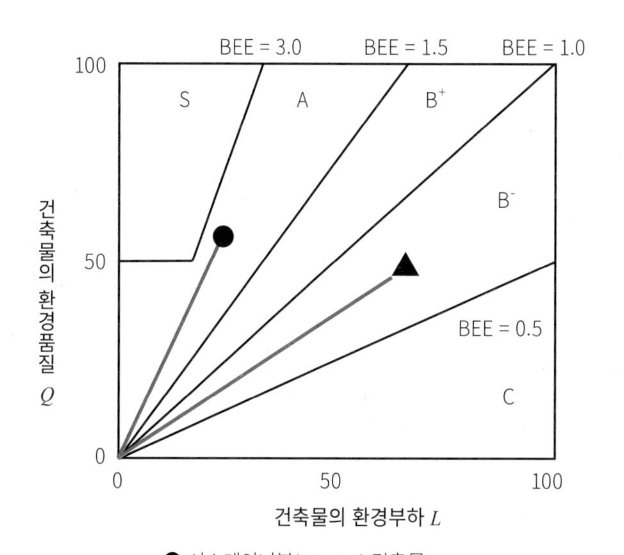

그림 2.2 환경성능 효율평가(BEE)

2) PAL*(연간 열부하 계수 Perimeter Annual Load factor)

PAL*(팔스타)는 건축물의 열적 성능을 평가하는 지표로서 연간 열부하 계수이다. 건축물의 페리메타존(옥내 주위 공간)의 연간 열부하를 옥내 주위 공간의 바닥면적의 합계로 나눈 값이다. PAL의 값이 작을수록 건축물의 외피의 열 성능이 높고, 건축물의 에너지 절약으로 판단된다.

3) CEC(에너지 소비 계수, Coefficient of Energy Consumption)

CEC는 공조, 환기, 조명, 급탕 및 엘리베이터의 각 설비 시스템에서 에너지 효과에 대한 평가지표이며 에너지 소비 계수이다.

4) LCA(라이프 사이클 평가 또는 전 과정 평가, Life Cycle Assessment)

LCA는 건축물에 있어서 건설로부터 해체까지의 생애를 통한 환경 부하나 환경 영향을 평가하는 것이다.

5) BEMS(Building and Enegy Management System)

BEMS는 실내 환경과 에너지 성능의 최적화를 도모하기 위해 설비의 에너지 절약 제어나 LCC((Life cycle cost 생애 비용) 삭감 등의 운용 지원 등을 실시하는 빌딩 관리 시스템이다.

6) BELS(건축물 에너지 절약 성능 표시제도, Building Housing Energy efficiency Labeling System)

BELS란 에너지 절약 성능을 제삼자 평가 기관이 성능에 따라 5단계의 별 단계로 표시하는 "건축물 에너지 절약 성능 표시제도"이다.

건축물 에너지 절약 성능 표시제도(BELS)에서 "BEI (Building EnergyIndex)"는 값이 작은 만큼 에너지 절약 성능이 높다고 판단한다.

7) APF(Annual Performance Factor)

APF는 패키지 에어컨에서 "냉방 기간 + 난방 기간 중 제거·공급 열량"을 "냉방 기간 + 난방 기간에 소비하는 총 전력량"으로 나눈 값으로, 연중 에너지 소비 효율을 의미한다.

8) E 마크(에너지 절약 기준 적합 인정마크)

E 마크는 건축물이 에너지 소비 성능 기준에 적합한 것에 대해서 소관 행정청에서 인정받은 것을 나타내는 것이다.

9) LEED(Leadership in Energy and Environmental Design)

LEED는 건축물이나 부지 등에 관한 환경 성능평가 시스템의 하나이며, 취득한 포인트의 합계에 따라 4단계 인증 레벨이 정해진다.

3. 제로 에너지

1) ZEB(Net Zero Energy Building)

ZEB란 건축물의 1차 에너지 소비량을 건축물·설비의 에너지 절약 성능의 향상, 에너지의 면적 이용, 현장, 현지에서 재생 가능 에너지의 활용 등에 의해서 삭감하여 연간의 1차 에너지 소비량이 제로 또는 제로에 가까운 건축물을 말한다(그림 2.3).

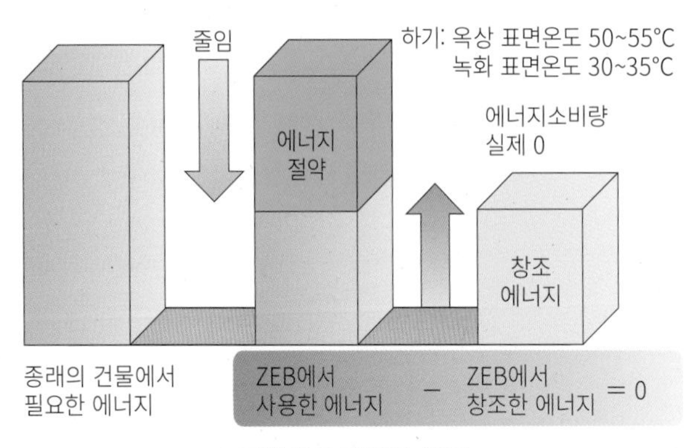

그림 2.3 ZEB의 건물

2) ZEH(Net Zero Energy House)

ZEH는 쾌적한 실내 환경을 유지하면서 1년간 소비하는 주택의 1차 에너지 소비량의 수지(收支)가 제로가 되는 것을 목표로 한 주택을 말한다(그림 2.4).

> **■ 1일 전력 소비량**
>
> 2인 가족의 가정에서 냉난방이 없을 때의 하루 소비 전력은 평균으로 7.7kWh 정도이고, 무더운 날에 에어컨을 가동하면 1시간당 에어컨만으로 평균 370W 소비하는데, 1일 전력 사용량은 미사용한 날의 2배 이상으로 17.4kWh 정도이다. 세대 인원수에 따라도 소비 전력량은 변화하지만, 독신 생활의 경우 6.1kWh/일, 6인 가족인 경우 18.4kWh/일 정도이다.

1, 2 에너지 절약 지표 연습문제

1) 1차 에너지와 2차 에너지에 대해서 설명하시오.
2) CASBEE에 대해서 간단하게 설명하시오.
3) 서스테이너블(지속 가능) 건축물을 만들기 위해 CASBEE를 어떻게 계획하는지 답하시오.
4) $LCCO_2$에 대해서 간단하게 말하시오.
5) PAL과 단열 성능에 대해서 설명하시오.
6) BEE 랭크 종합평가의 별마크에 대해서 설명하시오.
7) ZEB과 ZEH의 의미에 대해서 설명하시오.

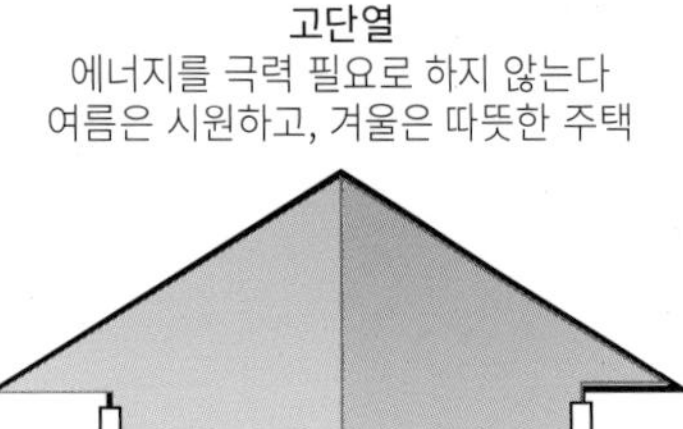

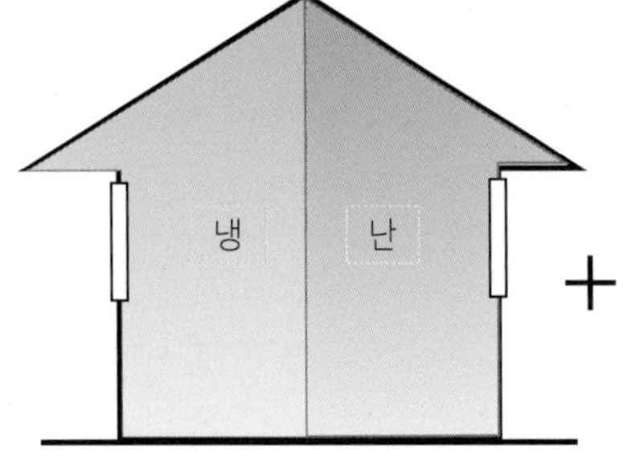

+ 고성능 설비로 에너지를 사용한다

환기 / 냉방 / 난방 / 조명 / 급탕 — 절감 → 환기 / 냉방 / 난방 / 조명 / 급탕

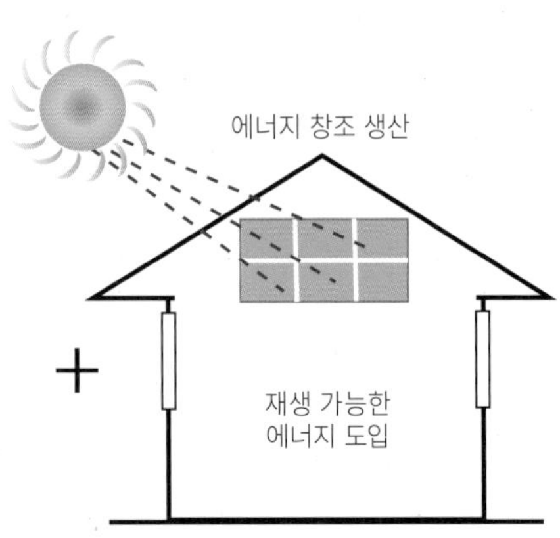

그림 2.4 ZEH의 주택

1, 2 에너지 절약 지표 / 심화문제

[1] CASBEE의 기술 중 적당하지 않은 것은 어떤 것일까?

1. CASBEE는 건축환경 종합 성능 평가 시스템이다.
2. CASBEE는 건축물의 환경 성능을 건축물에서의 환경 품질(Q)과 환경 부하(L)를 평가하는 것이다.
3. CASBEE는 건물의 환경 품질이나 성능을 건물의 외부 환경 부하로 나눈 지표가 된다.
4. CASBEE에서의 건축물의 환경 성능 효율을 높이기 위해 환경 품질(Q)의 수치를 크게 하고, 환경 부하(L)의 수치가 작아지도록 계획한다.
5. CASBEE에 의해 산출되는 BEE의 수치가 작도록 환경 대책을 실시한다.

[2] CASBEE의 기술 중 적당하지 않은 것은 어떤 것일까?

1. CASBEE는 건축물의 "라이프 사이클을 통한 평가", "환경 품질과 환경 부하의 양 측면으로부터의 평가" 및 "환경 성능 효율 BEE에서의 평가"의 3개의 이념을 기초로 하여 개발된 것이다.
2. ERR(에너지 절약 계산 저감률)은 "평가 건물의 에너지 절약량의 합계"를 "평가 건물의 기준이 되는 1차 에너지 소비량"으로 나눈 값이다.
3. CASBEE에서의 BEE는 건축물의 환경 품질(Q)을 분모, 건축물의 환경 부하(L)를 분자로 하여 산출되는 지표이다.
4. 건축물의 종합 환경 성능 평가 시스템에는 BREEAM(영국), LEED(미국) 등이 있다.
5. Q의 값이 높고, L의 값이 낮을수록 좋은 서스테이너블 건축물로 평가한다.

[3] 에너지 절약 평가 지표 중 가장 적당하지 않은 것은 어떤 것일까?

1. $LCCO_2$는 건축물의 건설을 시작한 다음, 해체까지 배출되는 CO_2의 배출량을 평가하는 것이다.
2. PAL은 페리메타존의 연간 열부하를 옥내 주위 공간의 체적의 합계로 나눈 값이다.
3. 건축물의 2차 에너지 소비량을 1차 에너지 소비량으로 환산하고 같은 레벨 단위로 비교할 경우, 1차 에너지 소비량은 2차 에너지 소비량보다 커진다.
3. CEC는 공조, 환기, 조명, 급탕 및 엘리베이터의 각 설비 시스템에서 에너지의 평가 지표이다.
4. 건축물에서의 LCA는 건설로부터 운용, 해체에 이르는 일련의 과정에서 미치는 다양한 환경 부하를 분석 평가하는 것을 말한다.
5. BEL이란 에너지 절약 성능을 제삼자 평가 기관이 성능에 따라 5단계의 별로 표시되는 "건축물 에너지 절약 성능 표시 제도"이다.

[4] 에너지 절약 평가 지표 중 가장 적당하지 않은 것은 어떤 것일까?

1. APF는 패키지 에어컨이 "냉방 기간+난방 기간을 통한 제거·공급 열량"을 "냉방 기간+난방 기간에 소비하는 총전력량"으로 합계한 값이다.
2. E 마크는 건축물이 에너지 소비 성능 기준에 적합한 것에 대해서 소관 행정청에서 인정을 받은 것을 말한다.
3. LEED는 건축물이나 부지 등에 관한 환경 성능 평가 시스템의 하나이며, 취득한 포인트의 합계에 따라 4단계의 인증 레벨이 정해진다.

4. ZEB는 연간 1차 에너지 정미 소비량이 제로(0) 또는 대체적으로 제로(0)가 되는 건축물이다.
5. ZEH는 쾌적한 실내 환경을 유지하면서 1년간 소비하는 주택의 1차 에너지 소비량의 수지가 제로(0)가 되는 것을 목표로 한 주택을 말한다.

[5] 에너지 절약 평가 지표 중 가장 적당하지 않은 것은 어떤 것일까?

1. $LCCO_2$는 라이프 사이클 이산화탄소 배출량을 의미한다.
2. BEMS는 연간 열부하 계수이다
3. CEC는 에너지 소비 계수를 말한다.
4. BELS는 건축물 에너지 절약 성능 표시 제도이다.
5. E 마크는 에너지 절약 기준 적합 인정 마크이다.

[6] 다음 에너지에 관한 기술 중 적당하지 않은 것은 어떤 것일까?

1. 1차 에너지는 가솔린, 도시가스, 전력 등처럼 2차 에너지를 이용하여 취급이 편리하게 변환시킨 것이다.
2. 열량의 단위 "칼로리"는 "1g의 물의 온도를 1℃ 올리는 데 필요한 열량"이고, 1*cal*는 약 4.2*J*이다.
3. 고갈성 에너지는 석탄이나 석유처럼 지구에 매장된 사용하면 감소하는 화석연료를 말한다.
4. 재생 가능 에너지는 태양광·수력·풍력을 기초한 것으로 반영구적으로 줄어드는 일 없이 재생되는 에너지를 말한다
5. 에너지 절약법의 정식 명칭은 에너지 사용의 합리화에 관한 에너지 절약 정책을 위하여 제정된 법률이다.

[7] 다음 에너지에 관한 기술 중 적당하지 않은 것은 어떤 것일까?

1. 에너지는 역학적 에너지 외에 광·전기·열·화학·원자 등의 에너지가 있다.
2. 2인 가족의 가정에서 냉난방이 없을 때의 하루 소비 전력은 평균 7.7*kWh* 정도이다.
3. BEMS는 실내 환경과 에너지 성능의 최적화를 도모하기 위해 설비의 에너지 절약 제어나 코스트 삭감 등의 운용 지원 등을 실시하는 빌딩 관리 시스템이다.
4. "건축물의 에너지 소비 성능의 향상에 관한 법률"에 기초한 에너지 절약 기준의 적당한 판단에 이용되는 에너지 소비량은 2차 에너지의 소비량이다.
5. ZEB에서 건축물의 1차 에너지 소비량을 건축물·설비의 에너지 절약 성능의 향상, 에너지의 면적 이용, 현장, 현지에서 재생 가능 에너지의 활용 등에 의해 삭감한다.

[8] 에너지 절약 평가 지표 중 가장 적당하지 않은 것은 어떤 것일까?

1. 일률은 단위 시간당의 일을 의미하며, 반대로 일률에 시간을 곱하면 일이 된다.
2. BELS는 값이 작은 만큼 에너지 절약 성능이 높다고 판단한다.
3. PAL의 값이 클수록 건축물의 외피의 열성능이 높고, 건축물의 에너지 절약으로 판단된다.
4. CASBEE에서 수치가 커지는 만큼 환경 성능은 좋다.
5. $LCCO_2$에 의한 환경 성능 평가는 "자재 생산", "수송", "시공", "운용", "보수", "갱신" 및 "해체 제거"인 건축물에서 라이프 사이클의 각 과정에서의 CO_2 배출량을 추정한다.

03 재생 에너지 이용

재생 가능 에너지는 자연계에 존재해 반복해서 재생 이용할 수 있는 에너지이고, 그 에너지원으로서는 지중열, 풍력, 바이오매스, 수력, 태양광 등이 있다(표 3.1).

1. 지중열

1) 지중온열

지중열은 안정된 지중의 열을 이용하여, 냉난방이나 급탕, 융해설(재설) 등에 이용할 수 있다. 깊이 10~100*m*의 지중온도는 일반적으로 그 지역의 연평균 기온보다 조금 높고, 연간 안정되어 있다(그림 3.1). 그러나 지역에 따라서 다소 다르다. 지중열은 겨울과 여름에 지상과 지중 사이에서 10℃에서 15℃의 온도차가 발생한다. 온도가 일정한 지중은 겨울에는 따뜻하고 여름에는 차갑다. 에너지 절약으로는 이 지중의 온도차를 이용하여, 효율적으로 에너지 절약을 실시할 수 있다.

지중열과 지열과의 차이는 지구가 가지고 있는 열에너지가 지열이고, 지중열은 지열의 일부이다. 지열은 에너지를 발전 등에 이용하는 규모가 크고, 지중열은 친밀한 항온의 에너지를 온열·냉열로써 이용하는 것이고, 지열에 비해 규모가 지극히 작다. 지중열의 이점은 안정적으로, 언제든지, 어디라도 이용할 수 있는 자연 에너지이다. 일반의 에어컨(공기 열원 히트 펌프)에 비해 효율이 높고, CO_2 배출량 억제도 되어 히트 아일랜드 현상의 완화도 된다. 동력 부분을 지중에 묻으므로 원동기로부터 나오는 저주파의 소음을 차단하는 것이 가능하다.

표 3.1 자연에너지의 이용 형태

형태		태양광	태양열	지중열	지열	바이오매스	풍력	수력(소)	눈, 얼음
시간의 제약		주간	주간	없음	없음	시설 필요	바람이 부는 시간	갈수기 이외	운송 필요
장소의 제약		없음	없음	없음	화산·온천	시설 필요	바람이 있는 장소. 바다, 산	낙차가 있는 하천	적설지
에너지 이용 형태	열	-	급탕, 냉난방	급탕, 냉난방	급탕, 난방	급탕, 난방	-	-	냉방, 냉장
	전기	자가용, 사업용 발전	사업용 발전	-	사업용 발전	사업용 발전	자가용, 사업용 발전	사업용 발전	-

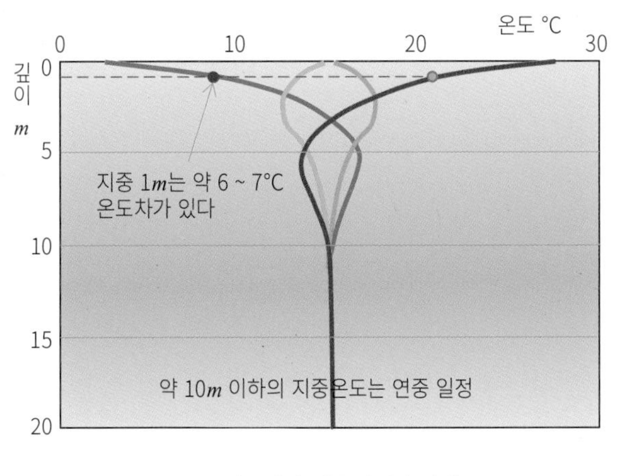

a. 지중열과 지중 깊이의 관계

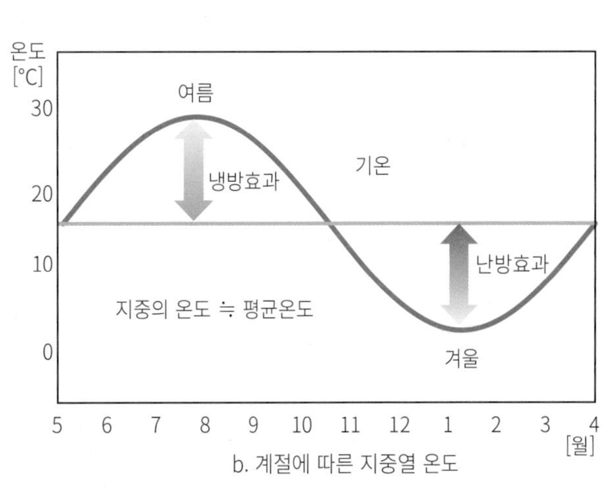

b. 계절에 따른 지중열 온도

그림 3.1 지중열

2) 지중열 역사

지중열은 원래 선사시대의 주거 생활 공간에 도입하였던 고대의 에너지 사용법이었다. 지중열은 이렇게 옛날부터 다양한 형태로 이용되어 왔고, 현재도 그 역사를 계승하고 있다. 현재의 지중열 이용은 지중 열교환기라는 설비 기계를 사용해, 1980년대부터 새로운 기술로 다시 태어나고 있다.

3) 지중열 이용

지중열 이용은 앞에서 설명했듯이, 외기온과 지중 온도의 차이를 이용하여 열교환을 실시하는 기법이다. 완전히 패시브적으로도 할 수 있고, 간단한 송풍기를 설치해 액티브적으로 사용하면 그 성능은 더 높아진다. 지중 4~5m의 깊이에 지중열을 도입하는 공간을 만들어, 파이프로 마루 밑까지 연결한다. 송풍기를 설치하지 않은 경우는 공기가 역으로 흘러가는 예도 있으므로, 이때 송풍기를 설치하면 안정된 지중열을 유인할 수 있다. 송풍기를 24시간 가동하는 것이 아니라 패시브적으로 가동하면서 송풍기를 보조로 사용할 수도 있다.

바닥재를 통과하여 실내를 그대로 냉난방을 할 수도 있고, 바닥에 축열하고 나서 방사열로 냉난방을 실시할 수도 있고, 양쪽의 기법을 도입해도 된다. 예를 들면, 여름철에 외기가 30~35℃일 때 지중열은 15~17℃이다. 지중의 찬바람을 24시간, 실내에 도입하면 실내 온도를 약 25℃로 조절하는 것이 가능하다. 또한, 겨울철에는 외기가 0~5℃일 때 지중열은 16~18℃ 정도로 난방을 틀지 않아도 실내 온도를 최저 15℃ 이상 유지할 수 있다. 여기에 단열마저 하면 이 이상의 쾌적한 온도를 기대할 수 있다.

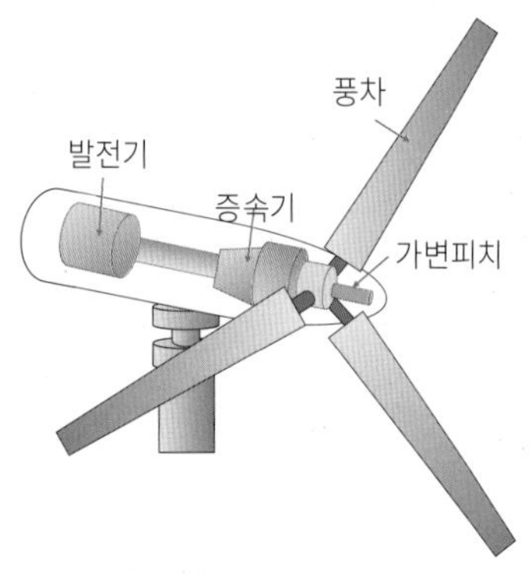

a. 프로펠러의 구조

b. 풍력 발전(오키나와현 구니가미손)

그림 3.2 풍력 발전의 구조

2. 풍력 발전

1) 풍력 에너지

풍력 에너지는 바람의 힘을 이용하여 풍차의 회전운동으로 발전기를 돌려서 전기를 만든다(그림 3.2). 풍력 발전기는 바람의 힘과 방향을 이용하는데, 효율을 높이기 위하여 날개의 각도와 풍차의 방향을 자동적으로 조정하여 발전한다. 풍속이 커지고 풍차의 회전속도가 클 때는 안전 때문에 회전을 정지시킨다. 풍력 발전의 장단점은 표 3.2와 같다.

표 3.2 풍력발전의 특징

장점	자연 에너지를 이용하기 때문에 없어지는 걱정이 없다. 발전시에 이산화탄소 등을 내지 않기 때문에 환경에 좋다.
단점	바람이 강한 지역이 아니면 발전 효율이 나쁘고 설치장소가 한정된다. 바람의 힘에 좌우되므로 발전이 불안정하다. 소음이 있다.

2) 소형 풍력 발전 이용

가정용 규모의 소형 풍력 발전은 발전 용량의 차이가 있다. 가정용 소형 풍력 발전기는 일반적으로 발전 용량이 1.5kW/day인 것을 도입하는 것이 많다. 이 정도의 것이면 강한 바람을 받지 않고 발전이 가능하며 발전 효율도 30% 이상을 달성할 수 있다. 한편, 중 규모의 소형 풍력 발전 타입은 일반적으로 수 kW 이상의 발전 용량으로 5kW~20kW/day 정도이다(그림 3.3).

중 규모의 소형 풍력 발전기 정도면 소음이나 경관, 장소 등을 배려해야 한다. 안정적인 풍속을 얻을 수 있는 설치 장소인 것과 동시에 근린 소음 문제가 큰 문제이다. 단지 가정용 타입은 설치하기 쉬운 것이 장점이다.

가정용 소형 풍력 발전 기기는 극단적으로 높은 곳에 설치할 필요가 없지만, 밀집 주택지에는 설치 기기의 진동음이나 초음파에 의한 주민 간의 마찰이 있는 것도 충분히 주의하며 신중하게 장소를 선택하는 것이 중요하다. 풍차의 회전축은 수평형, 수직형이 있고, 풍차의 종류도 프로펠러형 외에 다리우스형 등 다양한 구조가 있다(그림 3.4).

쓰레기의 산에서 에너지를 생산한다(서울 난지도)

3. 바이오매스 발전

바이오매스는 식물체에서 태양 에너지로 인한 광합성에 의해 일정량의 에너지로써 이용할 수 있는 것을 말한다. 말하자면 에너지원으로써 이용할 수 있는 생물체와 그러한 생물체를 이용하는 것을 의미한다. 바이오매스는 재생 가능한 에너지 중 유일하게 유기성이며, 탄소를 포함한 에너지 자원이다. 이 바이오매스를 화석연료의 대체로써 이용하여 화석연료 사용량의 삭감을 도모하는 것은 지구온난화 방지 대책의 하나로 주목되고 있다. 바이오매스 발전은 쓰레기 등을 연소할 때의 열을 이용하고 전기를 일으키는 발전 방식이다(그림 3.5). 바이오매스 발전의 장단점은 표 3.3과 같다.

표 3.3 바이오매스 발전의 특징

장점	대기 중의 이산화탄소를 늘리지 않는다. 자연 에너지를 이용한 발전 방법 중에서 연속적으로 자원을 얻을 수 있기 때문에 안정적이다.
단점	발전 효율이 낮다. 자원의 수집이나 운반·관리에 비용이 든다.

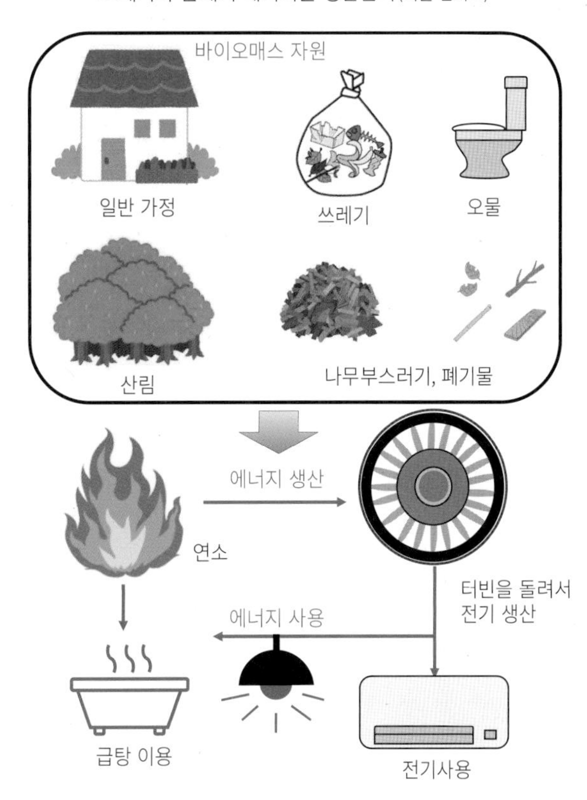

그림 3.5 바이오매스 발전의 구조

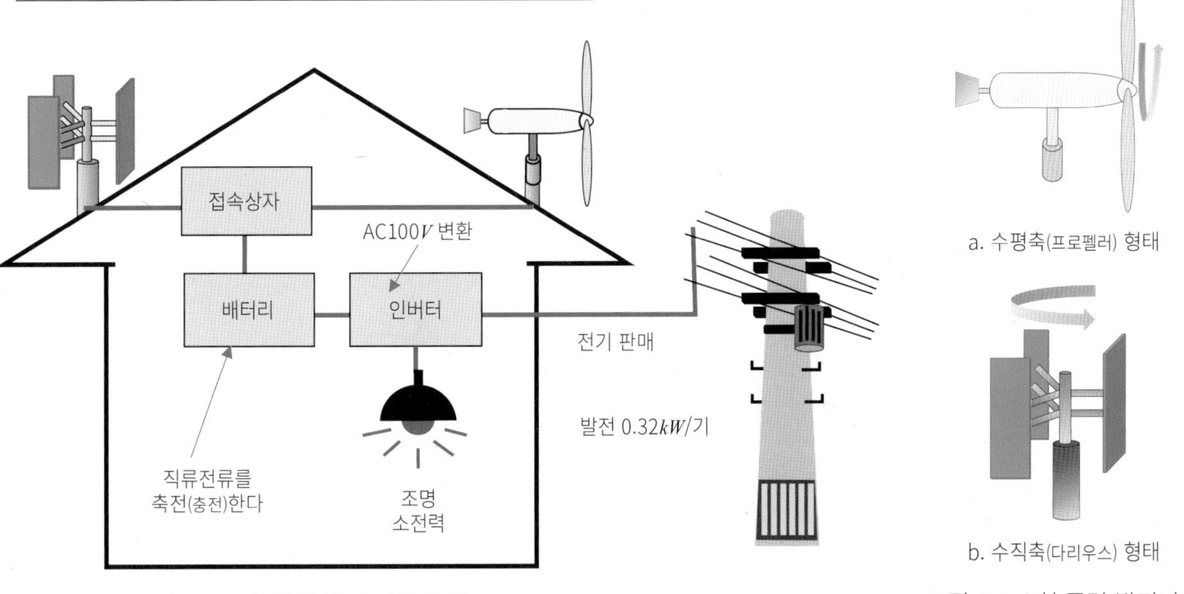

그림 3.3 소형 풍력 발전 이용의 구조

그림 3.4 소형 풍력 발전기기

4. 수력 발전

물이 높은 곳에서 낮은 곳으로 떨어지는 힘으로 수차(水車)를 이용하여 발전기를 돌려 전기를 만드는 구조이다(그림 3.6). 수차를 가동하려면 많은 물이 필요하므로 강에 댐을 만들고 물을 막아 이용한다. 수력 발전소는 야간에 화력 발전소나 원자력 발전소에서 만들어진 전기로 양수(揚水)하여, 낮에 전기가 많이 사용될 때 이 물을 낙수하여 발전에 사용하는 양수 발전소도 있다. 수력 발전의 장단점은 표 3.4과 같다.

표 3.4 수력 발전의 특징

장점	에너지 변환 효율이 높고, 온실 효과 가스를 배출하지 않는다. 발전이나 관리의 비용이 저렴하다. 전력 수요의 증감에 대응해서 발전할 수 있다.
단점	댐은 환경이나 생태계에 영향을 미친다. 강수량에 따라 발전량이 좌우된다. 댐의 축조에 비용이 든다.

수력 발전(오쿠타마 오구우치댐)

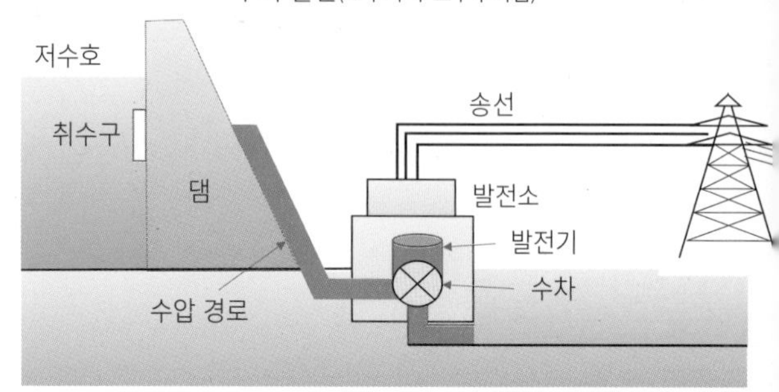

그림 3.6 수력 발전의 구조

5. 해류 발전

해류 발전은 해수 흐름의 해류 운동에너지를 이용하여, 해류 발전기인 날개의 회전에 의해서 전기로 변환시키는 시스템이다(그림 3.7). 에너지의 효율은 20~45% 정도이며, 비교적 효율이 높은 시스템이다. 조력 발전도 해수를 이용하는 발전으로 해류 발전의 일종이다.

해류는 태양열과 편서풍 등의 바람에 의해 발생하는 바다의 대순환류이며, 지구의 자전과 지형에 의해 거의 일정한 방향으로 흐르고 있다. 바닷속 폭 100*km*, 수심 수백 *m*의 대규모이다. 해류 발전의 장단점은 표 3.5와 같다.

그림 3.7 해류 발전의 구조

표 3.5 해류 발전의 특징

장점	• 조류의 약 150*km*, 수심 50*m*의 단면에서의 에너지는, 2.1*GW* 정도이다. • CO_2를 배출하지 않기 때문에 환경 부하가 지극히 작다. • 풍력 발전이나 태양광 발전과 같이 날씨에 좌우되지 않는다. • 공기에 비하면 해수의 밀도는 1000배 가까이 크기 때문에 발전원으로서 비교적 안정적이다.
단점	• 터빈 날개의 제조 비용이 크다. • 터빈이 주조품인 경우는 제조할 수 있는 크기에 한계가 있다. 직경 11*m* 정도 FRP품의 경우에는 강도가 불안하기 때문에, 실용화에는 증속기 등의 장치나 유속을 올리는 시설이 요구된다. • 기술의 진보나 경제적으로 실현 가능성이 있어 풍력 발전과 비용 경쟁할 수 있는 환경이 갖추어지고 있다.

6. 조력 발전

조력 발전(조석 발전)은 조석에 의한 해수의 이동에 의한 운동에너지를 전력으로 바꾸는 발전이다.

발전 시에 이산화탄소의 배출이 없어 운전에 의한 환경 부하는 작지만, 대규모 시설에서는 건설에 의해 커다란 부하가 있다. 조력 발전의 장단점은 표 3.6과 같다.

지구의 자전이나 달의 공전에 따라 해수에는 조석력이 생긴다. 그 때문에 시각에 의해 조위가 변동한다. 넓은 만(灣)에서는 간만의 차이가 크다. 그 때문에 만조 시에는 제방을 개방하여서 만 내에 해수를 도입하고, 간조 시에 제방을 폐쇄하여 그때 발생하는 해수의 동력을 터빈에 도입한다. 이 에너지가 터빈을 회전시켜서 발전기를 돌린다(그림 3.8). 저 낙차 수력 발전의 일종이라고도 할 수 있다.

표 3.6 조력 발전의 특징

장점	·연료가 불필요하고 유해한 배출물이 없다. ·물의 밀도가 충분히 크기 때문에 에너지의 집중이 가능하다. ·조석 현상을 이용하고 있기 때문에 풍력 발전과 달리 출력의 정확한 예측에 의한 전력 공급을 할 수 있다.
단점	·조개 등의 부착의 제거나 기재의 염해 대책 등에 유지 관리비가 걸린다. ·내용연수가 5~10년 정도로서 수명이 짧기 때문에 비용면에서 나쁘다. ·어업권이나 항로 등에의한 다양한 제약 때문에 설치 장소가 제한된다.

7. 파력 발전

파력 발전은 주로 해수 등의 물결의 에너지를 이용하여 발전하는 방법으로, 파도 물결의 상하 진동을 이용하여 발전한다(그림 3.9). 면적당 에너지는 태양광의 20~30배, 풍력의 5~10배이다. 설치 장소, 발전 기기 타입은 자연환경, 기상에 의해 변동이 있다. 풍력 등과 비교해 물결의 상황은 예측하기 쉬워 발전량도 계획하기 쉽다. 파력 발전의 장단점은 표 3.7과 같다.

표 3.7 파력 발전의 특징

진동 수주형 공기 터빈 방식	침수부의 일부에다 개방된 공기실을 수중에 설치해, 여기에서 입사한 파도로 공기 실내의 수면이 상하운동하여, 상부의 공기구에 설치한 공기 터빈이 왕복 공기류로 회전한다. 공기 터빈에는 왕복 공기류 안에서 동일 방향으로 회전하는 웰즈 터빈이 사용된다.
자이로 방식	파도의 상하운동을 자이로에 의해 회전운동으로 변환한다. 종래의 터빈 방식과 비교하면 2배 이상의 효율이 기대할 수 있다.
추 방식	해면하의 소용돌이 정상파를 이용하여 설치된 추를 이용하고, 유압 펌프를 구동해 그것을 유압 터빈 모터로 회전운동으로 변환시켜서 발전기를 구동·발전하는 것. 이 방법은 해면의 파도가 거칠어도 안정된 파동을 얻는 것이 가능하다.

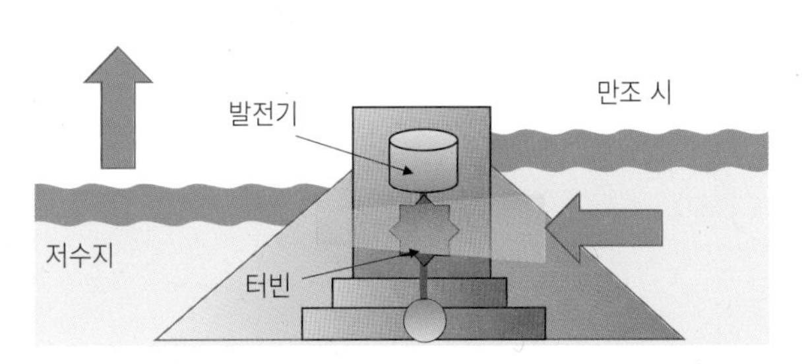

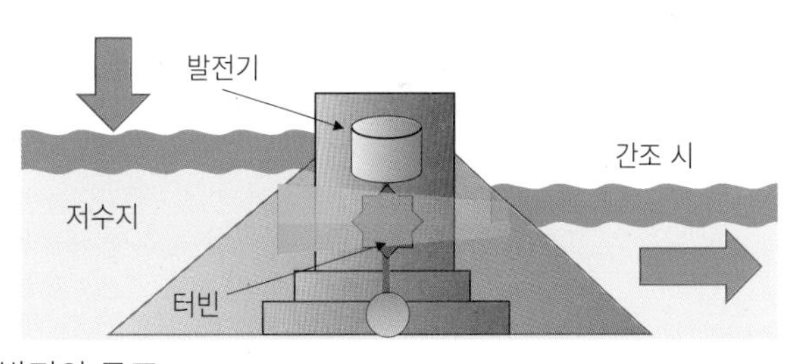

그림 3.8 조력발전의 구조

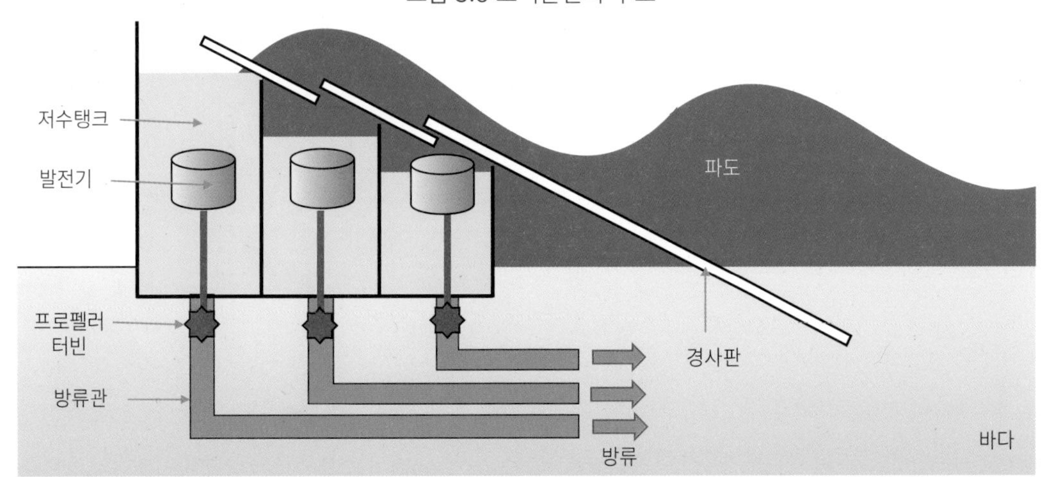

그림 3.9 파력전력의 구조

8. 태양광 발전

1) 태양광 발전의 구조

태양전지는 *P*형 실리콘 반도체와 *N*형 실리콘 반도체를 접착시켜서 2개의 반도체의 경계선에 빛에너지가 더해지면, *P*형 실리콘 반도체는 플러스가 되고 *N*형 실리콘 반도체는 마이너스가 된다. 이 두 개의 반도체는 건전지와 같은 상태가 되어 여기에 빛에너지가 있으면 전기가 발생한다(그림 3.10). 태양광 발전 시스템의 연간 발전량을 크게 하려면 일반적으로 방위는 남쪽, 설치 경사각도는 30° 정도로 태양전지 패널을 설치한다(그림 3.11).

태양전지는 결정형과 비결정형 등의 2종류로 크게 나뉜다. 높은 순도의 실리콘 단결정을 소재로 하는 결정형은 광전자 변환 효율이 7~12%로 개선되어 수명이 길지만 비싸다는 단점이 있다. 이에 비해 비결정성 실리콘은 결정형 실리콘보다 저렴하지만 광전자 변환 효율이 크게 뒤진다는 단점이 있다. 태양광 발전의 장단은 표 3.8과 같다.

표 3.8 태양광 발전의 특징

구분	내용
장점	자연 에너지를 이용하기 때문에 없어지는 걱정이 없다. 발전 시에 이산화탄소 등을 내지 않기 때문에 환경에 좋다. 구조가 단순하기 때문에 관리하기 쉽다.
단점	대량의 전기를 만들기 위해서는 광대한 토지가 필요하다. 에너지 밀도가 낮다. 비나 흐림의 날, 야간은 발전할 수 없는 등 자연 조건에 좌우된다. 비용이 크다.

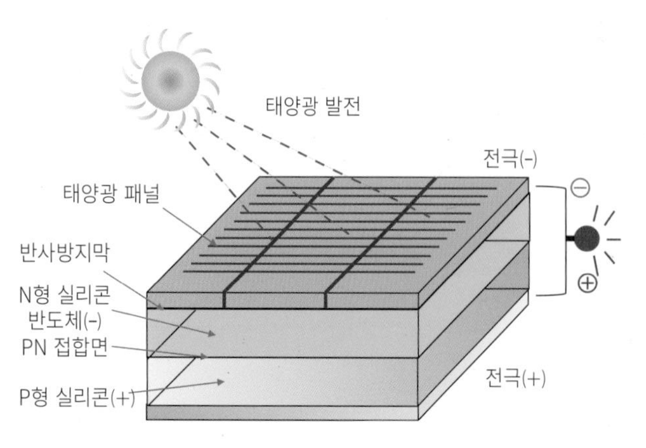

그림 3.10 태양광 발전의 구조

■ 태양광 파워 컨디셔너(인버터) PCS(Power Conditioning System)

태양광 발전 시스템의 구성은 직류 전력을 교류 전력으로 변환하기 위한 파워 컨디셔너(인버터)와 계통 연계 보호 장치[1])가 조합되어 있으며, 축전지는 포함되어 있지 않다(그림 3.12).

2) 태양광 발전 이용

태양광 발전은 빛에너지를 전기로 변환하는 발전 기법이다. 물질에 빛이 쬐면, 그 물질로부터 전자가 "광전 효과"라고 불리는 원리를 이용하여 발전한다. 일사가 있는 한 발전을 할 수 있어, 발전에 따라 온실 효과 가스를 발생하지 않는 등 대표적인 재생 가능 에너지이다. 또한, 규모에 따라서 발전 효율이 변화하는 물레방아, 풍차, 증기터빈 등과 달리, 태양광 발전의 효율은 규모의 대소와 관계없이 전자계산기로부터 대규모 태양광 발전소까지 폭넓게 이용되고 있다.

그림 3.11 태양광 패널(후쿠시마 마에사와 마을)

그림 3.12 파워 컨디셔너

1) 계통 연계 보호 장치: 발전기 측에 문제가 발생한 경우, 계통 연계하는 전력회사 측에 영향을 주지 않도록 마련한 차단 장치.

한편, 발전 전력량당 도입 가격과 입지의 문제, 날씨 등에 의한 발전 능력의 변동, 주파수나 전압의 변동 등 해결해야 하는 과제도 많이 남아 있다.

태양광 발전의 핵심을 이루는 태양전지는 자체로 전기를 충전하는 기능은 없고 실체는 반도체이다. 태양전지란 빛에너지를 직접 전기로 변환할 수 있도록 재료나 구조에 대해서 궁리한 게 다이오드이다. 이것은 전류를 한 방향만으로 흘리는 반도체의 일종이다.

"역조류(逆潮流)"는 코제네레이션 시스템이나 태양광 발전 시스템 등에서 계통 연계를 실시하는 경우에 수요가 측에서 상용 전력 계통으로 향하는 전력 조류이다. 즉 자가발전한 전력을 전력회사에 파는 것을 의미한다(그림 3.13).

9. 태양열 이용

1) 급탕과 난방 이용

태양열 이용은 태양의 적외선을 활용하고 급탕이나 난방에 이용하는 구조이다. 지붕 위에 집열기의 패널을 설치하여 태양열을 흡수한다. 태양광 발전 시스템은 인버터 배전기로 전기를 생산하여 주로 가전제품에 사용하는 액티브 기법의 에너지이지만, 태양열은 집열기를 사용해 열을 생산해 주로 급탕이나 난방에 사용하는 패시브 기법의 에너지이다(그림 3.14~3.15 참조).

태양열 이용은 열을 생산하여 따뜻한 물이나 온풍 등의 열에너지로 변환하는 것으로, 효율적으로 급탕이나 난방으로 이용할 수 있다. 에너지 변환 효율이

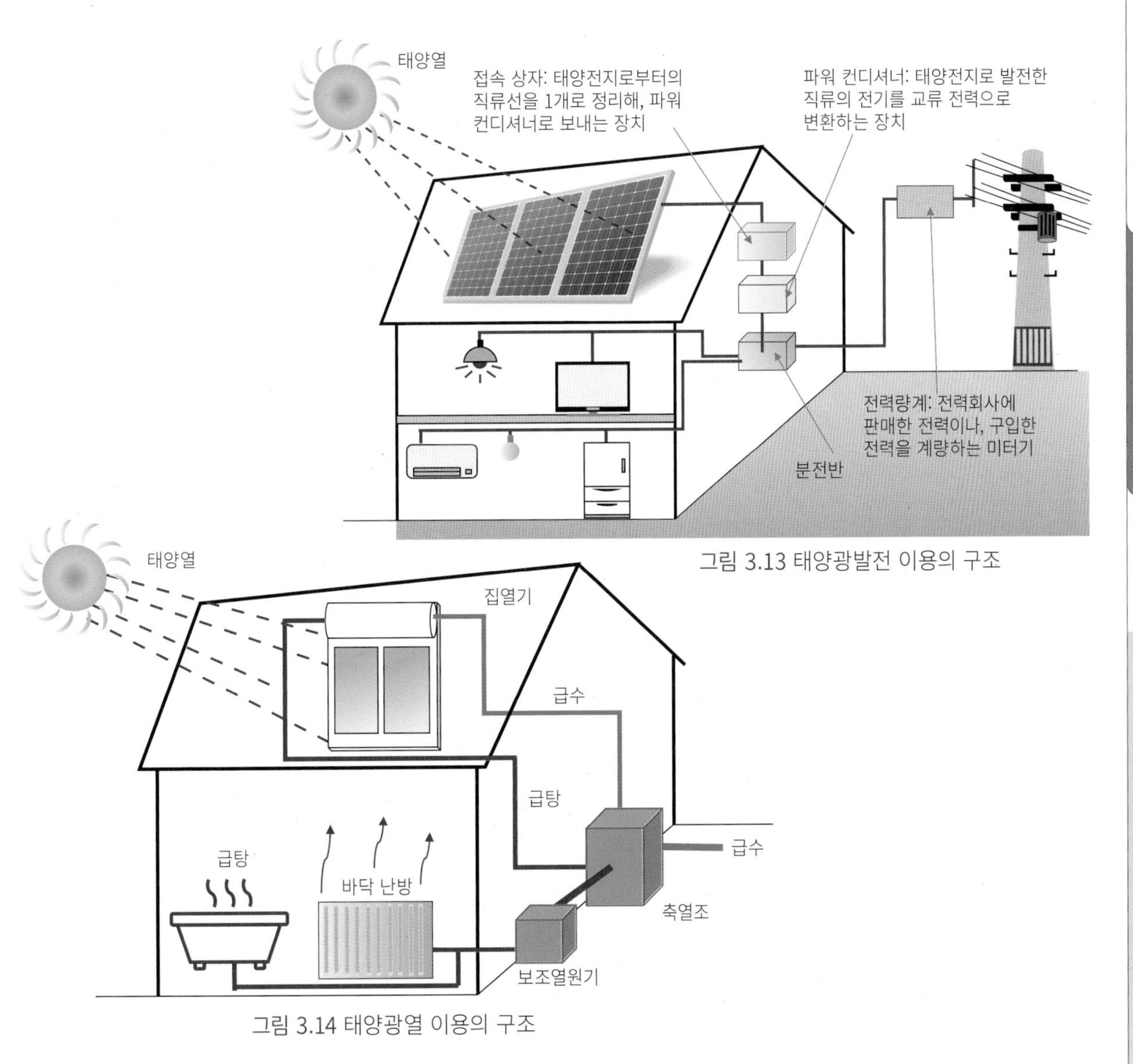

그림 3.13 태양광발전 이용의 구조

그림 3.14 태양광열 이용의 구조

높고, 염가이며 설치하는 스페이스도 좁아서 설치하기 쉽다. 예를 들면, 태양광의 설치 면적은 24~30m^2가 필요한 반면, 태양열 이용은 4~6m^2에 불과하다. 또한, 에너지 변환 효율은 태양광의 7~18%에 비해 태양열 이용은 40~60%가 된다.

태양열 이용 시스템의 장점은 가스와 전기 요금이 절약되지만, 단점은 날씨에 좌우되어 일조가 나쁜 지역이나 일조 시간이 짧은 지역에서는 충분한 효과를 얻을 수 없는 경우도 있기 때문에 설치하는 지역의 기후를 잘 조사한 다음 검토한다.

태양열 이용의 다이렉트 게인 방식이란, 창으로부터 입사하는 일사열을 직접 바닥이나 벽에 축열하고, 야간에 방열하는 방식이다(→ 제1부 건축환경공학 11 일사 p.66 참조).

2) 급탕 에너지 소비 계수(CEC/HW) 값

급탕설비의 에너지 소비량은 급탕설비로 필요로 하는 연간의 에너지 총량이나 배관의 열손실 등을 가산한 값을 연간 가상 급탕 부하(열손실 없이 뜨거운 물을 만드는 데 필요한 총열량)로 나눈 값이다. 작은 쪽이 에너지 절약에 유효하며, 이 값에 따라 효율적으로 이용되고 있는 설비인지 알 수 있다. 즉 급탕설비에 있어, 급탕 에너지 소비 계수(CEC/HW)가 작아지도록 시스템을 계획한다.

- 급탕 에너지 소비 계수(CEC/HW) =

$$\frac{\text{연간 급탕 소비 에너지양(MJ/년)}}{\text{연간 가상 급탕부하(MJ/년)}}$$

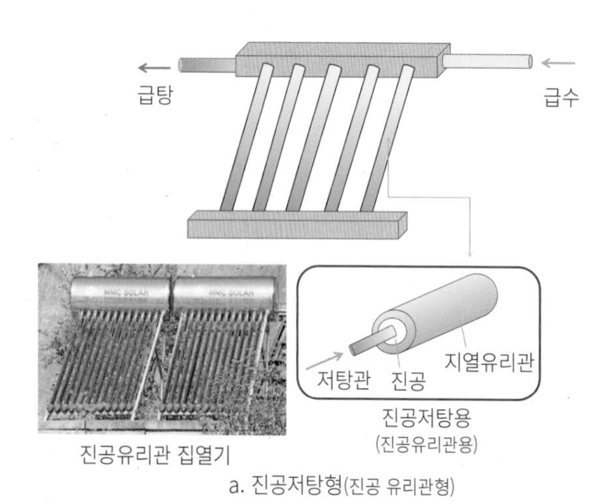

a. 진공저탕형(진공 유리관형)

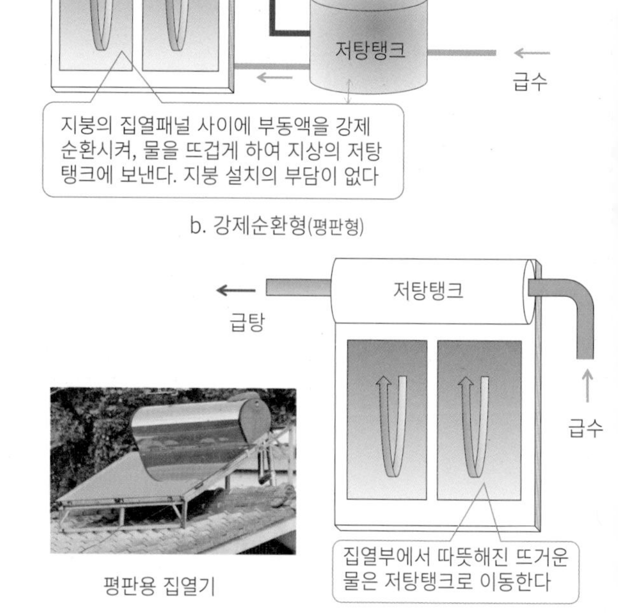

c. 자연순환형(평판형)

그림 3.15 태양열 온수기의 구조

그림 3.16 태양에너지 이용의 사례(일본 가가와현 카사시마마을)

1. 일사 차폐

일사 차폐란 창으로부터 침입하는 일사를 차단하는 것이다. 일사는 유리창을 투과하여 실내에 침입한 일사에 의해 실내의 벽이나 바닥 표면 온도는 상승하고 실내 기온도 상승한다.

실내의 온열 환경을 쾌적하게 하기 위해서는 여름철에는 차열 유리를 이용하고, 창으로부터 침입하는 일사를 차단하여 실내 기온을 상승시키지 않도록 한다. 또한, 일사 차폐를 잘 컨트롤하는 것은 실내 온열 환경을 쾌적하게 하고, 실내의 냉난방 에너지의 저감에도 도움이 된다. 실내에 일사가 침입하는 경로에는 유리창을 투과하여 바닥이나 벽에 닿아서 열로 바뀌어 실내에 들어오는 오는 경로와 일사가 지붕이나 외벽에 닿아서 열로 바뀌어 실내에 들어오는 경로가 있다. 특히 여름철에 실내에 들어오는 열의 70% 이상은 유리창으로부터의 경로이다. 특히 개구부는 단열성이 다른 부위보다 낮고 일사 취득이 높은 것이 요인이 되기 때문에 여름철의 대책이 중요하다. 여름철을 쾌적하게 보내기 위해서는 얼마나 실내에 일사를 들어오지 않게 하는 것이 중요하다.

1) 차양에 의한 일사 차폐

그림 4.1처럼 차양에서 태양의 일사 조절이 가능하다. 차양의 역할은 하기에는 가능한 한 일사를 실내에 넣지 않고, 동기에는 가능한 한 일사를 넣는 것이다. 특히 창 위에 설치하는 차양의 길이는 지역에 따라서 태양의 고도가 다르므로 그 지역의 풍토에 맞는 설계가 필요하다. 예를 들면, 제주도의 경우에는 그림과 같이 차양의 길이는 창 밑변에서 차양까지의 높이의 3/10의 길이로 하면 적절하다.

2) 처마에 의한 일사 차폐

처마는 창뿐만 아니라 벽의 일사 차폐에 관계가 있어, 처마의 길이와 바닥에서 처마까지의 높이는 중요하다. 처마의 높이(H)는 $tan\theta$×처마의 길이(L)의 식이 성립된다. 태양 고도(θ)는 하지 남중 시의 각도를 이용하면 좋은 일사 환경이 된다. 여름의 더운 일사를 최대한 차단하게 되어, 실내는 일사를 최소한으로 하는 계산식이다. 한편, 겨울에는 최대한의 일사량을 확보하는 하기와 동기의 가장 적절한 관계식이라고 할 수 있다. 그림 4.2의 식은 그 지역에서의 태양 고도에 의한 처마 길이와 바닥에서 처마까지의 높이를 계산할

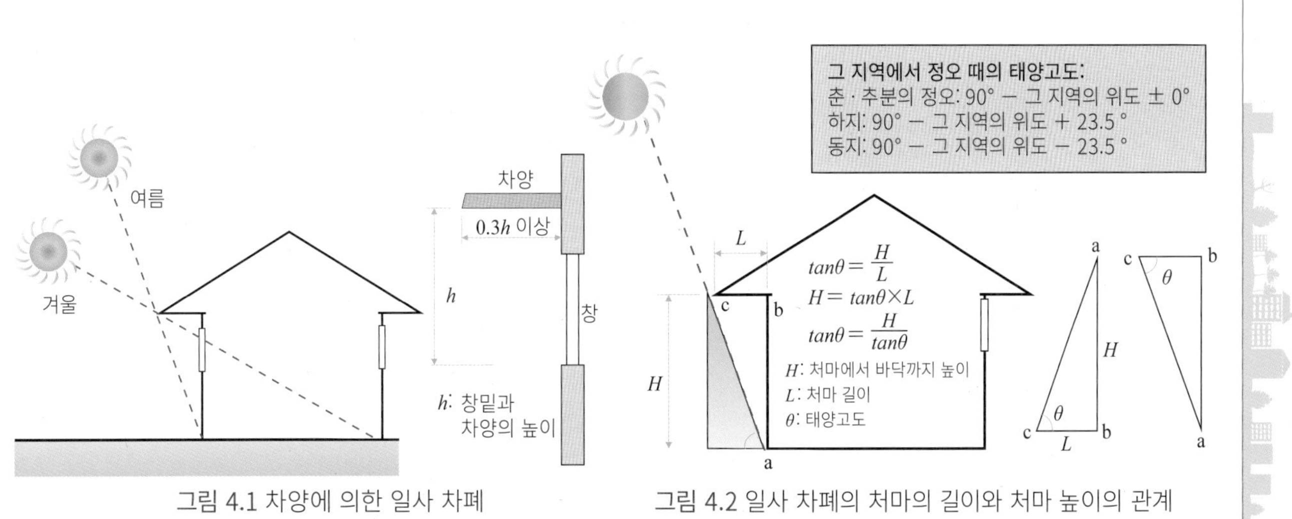

그림 4.1 차양에 의한 일사 차폐

그림 4.2 일사 차폐의 처마의 길이와 처마 높이의 관계
(저자 연구)

수 있다. 따라서 그 지역에 맞는 온열 환경에서 자연스러운 디자인이 발상하는 것이다.

2. 건물의 차열

차열은 빛을 반사시키면 온도의 상승을 막을 수 있다. 예를 들면, 여름철에 창으로부터 흘러들어온 빛이 실내의 블라인드에 계속 쬐면 블라인드의 온도는 높아지고, 그 열이 실내에 방사되면 실내의 온도가 상승한다. 이런 열의 방사에 의해 방이 더워지는 것을 막는 것이 차열이다. 차폐와 거의 비슷한 열을 막는 기법이다.

한편, 단열은 열을 전해지기 어렵게 하는 것으로 더운 날은 실내의 온도가 상승하는 것을 막으며, 추운 날에는 냉기로부터 실내의 온기를 보호하는 효과이다. 단열재를 이용하면 냉난방을 억제하는 것이 가능하기 때문에 단열 주택에서의 생활은 에너지 절약이나 환경 보전에 중요한 기법이다.

쾌적한 온열 환경의 필수조건이 되는 것은 단열이고, 단열은 실내의 온도를 일정하게 유지하기 때문에 연중으로 효과를 발휘하는 한편, 차열은 여름철의 강한 햇볕에 의한 온도 상승을 막는 데 효과적이다. 아무리 단열재를 사용해도 직사 일사로부터의 열을 완전히 차단하는 것은 어려우므로 여름에는 차열이 중요하다.

1) 차열 도료

차폐 도료는 태양열 고반사율 도료와 열차폐 도료로 분류한다. 태양열 고반사율 도료는 태양광의 적외선 영역의 빛(열)을 높은 레벨로 반사한다. 이때는 색이 중요한데 백색이 반사 효능이 있다. 열차폐 도료는 세라믹을 혼입하여 도막에 공기층을 이루어서 열전달을 낮추게 하는 도장 방법이다(그림 4.3). 이 타입은 방수는 물론 방음 효과도 있다.

2) Low-E 유리

Low-E(로이) 유리의 Low는 "낮다", E는 "Emissivity 방사율"이란 의미로서 2개의 단어는 "저방사율"이라는 의미이다.

① 복층유리

열은 전도·대류·방사에 의해 이동하지만 이 3개를 어느 정도 억제하는 것이 가능하다. 적외선은 크게 나누어 근적외선과 원적외선으로 나누어진다. 짧은 파장의 근적외선은 유리를 포함한 많은 물체를 투과하지만, 긴 파장의 원적외선은 유리를 비롯하여 많은 물체를 투과할 수 없으므로 물체의 표면으로 흡수되어 다시 열로 방사된다. 이 방사를 대폭 저감하기 위해 표면에 방사율이 낮은 은 등의 금속을 코팅한 Low-E 유리는 근적외선을 차단할 수 있어 열 이동의 방사를 막는다.

두 장의 유리를 사용해 만들어지는 "Low-E 복층유리"는 단열 성능이 한층 더 높다. 또한, 2장의 유리 중공층에 아르곤 가스를 봉입하여 이 공기층을 진공으

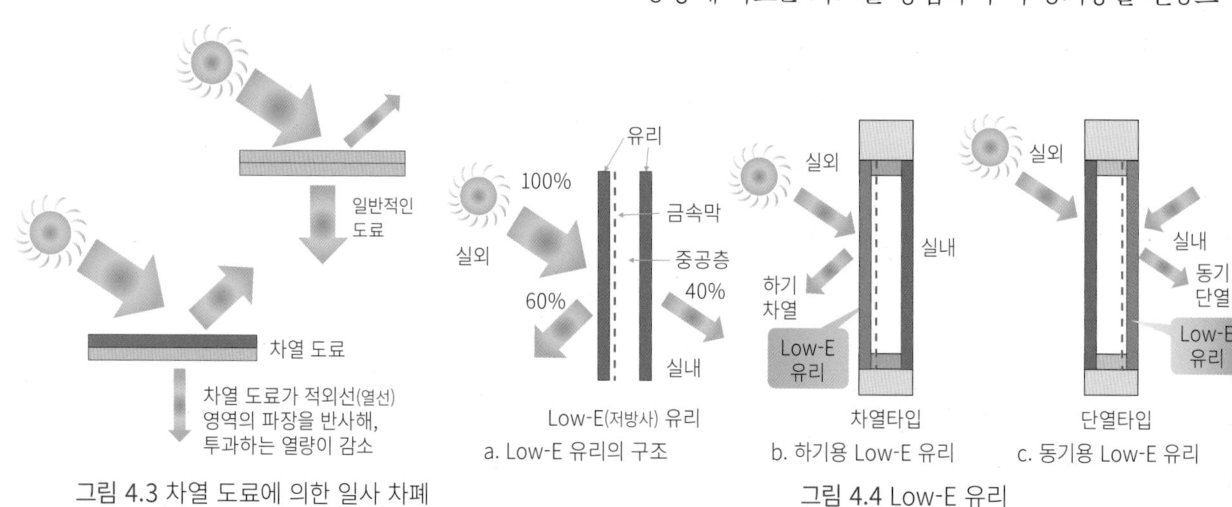

그림 4.3 차열 도료에 의한 일사 차폐

그림 4.4 Low-E 유리

로 하면 열 이동의 전도, 대류도 막을 수 있어 한층 더 단열 성능이 높아진다(그림 4.4.a).

아르곤 가스는 공기 안에 약 1% 존재하는 독성이 없는 불연성의 불활성 가스로서 전구나 형광등 안에도 사용되고 있다. 열은 전하기 어렵고 공기보다 비중이 무거운 특성이 있기 때문에 복층유리의 중공층으로 대류를 억제하고 단열 효과를 높일 수 있다.

② 차열과 단열

Low-E 복층유리에는 실외 측, 실내 측의 어디에 사용하는지 따라 차열 타입과 단열 타입의 2종류가 있다. 실외 측에 사용하고 있다면 차열 타입이고, 실내 측에 사용하면 단열 타입이다(그림 4.4.b). 실외 측에 Low-E 유리를 배치한 "차열 타입"이 냉방 효율이 좋다. 또한, 채광성은 유지하고 자외선을 차단하기 때문에 실내의 가구나 건축재의 퇴색을 억제할 수 있다. 실내 측에 Low-E 유리가 있는 단열 타입은 겨울의 추운 날에 태양의 햇볕을 실내에 유입하여 난방 효과가 있다(그림 4.4.c). 난방 시의 단열성을 높게 하기 위해서는 Low-E 유리를 사용한 복층유리에 있어, 실외 측보다 실내 측에 Low-E 유리를 이용하는 쪽이 좋다. 또한, Low-E 복층유리는 결로가 발생하기 어려워서 곰팡이의 번식도 억제할 수 있다.

3. 건물의 단열

단열이란 거주 공간 등에 대해 외계의 열을 실내로 유입·유출을 막는 것을 말한다. 외단열과 내단열에 관한 외부로부터의 열의 유입·유출량의 정상 열부하 계산은 같다.

1) 철근콘크리트의 외단열

RC 등과 같은 열용량이 큰 재료를 사용하는 건축물에서는 외단열 쪽이 단열 공법으로써 겨울철 결로 대책에 유효하다. 외단열은 내단열보다 내부 온도차가 적기 때문에 벽체 내에서 저온이 생기지 않아서 결로에 유리하다(→ 제1부 건축환경공학 04 전열 p.31 참조).

2) 목조의 단열 공법

① 충전 단열 공법

그림 4.5.a처럼 주로 섬유계의 단열재를 이용하여 기둥 등 구조부에 충전하는 방법

② 외단열 공법

그림 4.5.b처럼 발포성 단열재와 섬유성 단열재를 구조체의 바깥쪽에 붙인다.

a. 행랑채의두꺼운 흙벽과 돌쌓기의 단열(봉화 닭실마을)

b. 여닫이문과 미닫이문의 2중창 단열(경주 양동마을)

그림 4.6 전통 한옥의 단열

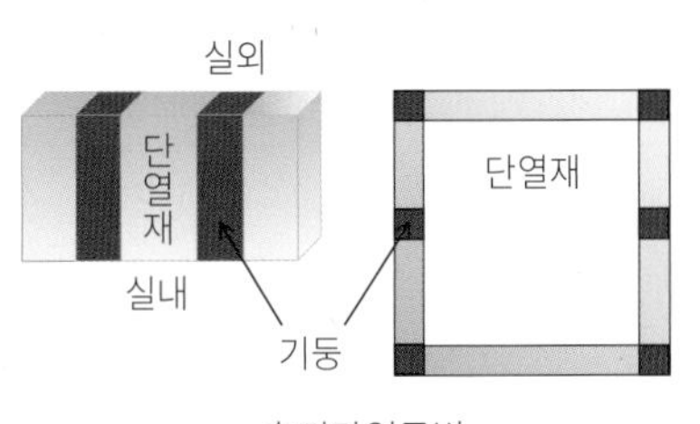

a. 충전단열공법

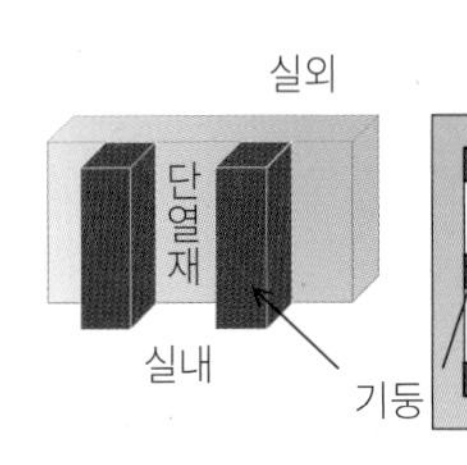

b. 외단열공법

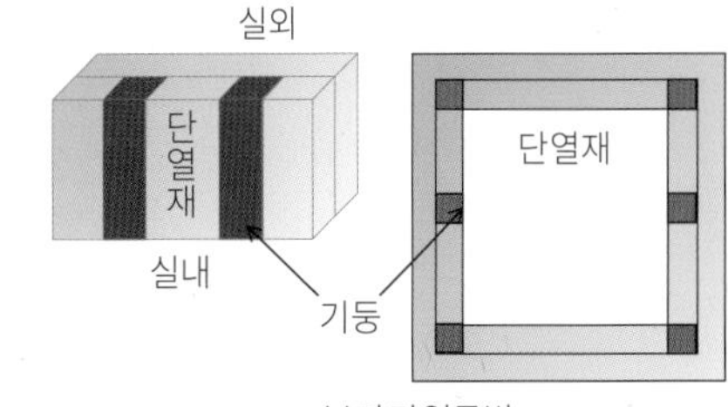

c. 부가단열공법

그림 4.5 목조의 단열

③ 부가 단열 공법

그림 4.5.c처럼 충전 단열 공법과 외단열 공법을 맞춘 공법으로 한랭지에 적당하다.

그림 4.6은 전통 한옥의 여닫이문과 미닫이문으로 2중 창호로 구성되어 공기층에 의한 단열 효과가 있다. 또한, 행랑채의 두꺼운 흙벽은 열관류율이 적기 때문에 단열 효과가 있다.

4. 옥상 녹화 · 벽면 녹화

1) 옥상 녹화

옥상 녹화 조성은 건물에서는 최상층의 열부하 제거에 유효하다. 시공상에서 유의해야 할 점은 식물 뿌리에 의한 방수 파손이다. 식물 육성에서 잔디는 20*cm*, 나무는 1*m* 이상, 관목이라도 최저 30*cm*의 토양층을 확보할 필요가 있으므로 구조상 검토가 필요하다(그림 4.7).

최근에는 경량 토양의 개발로 옥상 녹화가 쉬워졌지만, 식물은 생물이므로 반드시 성장한다는 것을 인식해야 한다. 아울러 설계자는 건물 구조나 구법의 상황을 잘 파악하고 한층 더 식물의 성장 과정을 형상화하면서 재배 계획을 해야 한다.

옥상 녹화는 건물의 온열환경 개선과 지구환경 개선에 기여하는 것이라고 말할 수 있다. 필자의 연구실 조사에 의하면 일사량이 많은 오키나와 지역에서 옥상 녹화 조성을 한 건물의 실내 기온이 다른 건물보다 4~6℃ 낮아지는 것으로 나타났다.

옥상 녹화 조성을 도입하는 경우, 냉방 부하의 저감을 기대하기 위해서는 잎 표면으로부터의 수분의 증발산이 큰 식물을 선택하는 쪽이 좋다. 그 이유는 지붕 표면 온도가 상승하지 않기 때문이다.

2) 벽면 녹화

벽면 녹화 조성은 옥상 녹화 조성과 동등의 효과가 있다(그림 4.8). 특히 유리면의 녹화 조성은 외부로부터의 일사 차폐 효과가 크다. 여름철에 일반 빌딩에서 공기 조절 부하의 20~30%가 벽으로부터의 열 취득이기 때문에 에너지 절약 효과를 기대할 수 있다.

3) 녹화 대책

옥상과 벽면 녹화 조성은 일사의 차폐, 잎면이나 토양 표면으로부터의 증발산에 의하여 표면 온도를 저하(냉각 효과)시키고, 한층 더 토양의 단열 성능에 의한 에너지 절약 효과도 기대할 수 있다. 또한, 식물의 광합성에 의해 온실 효과 가스인 이산화탄소도 흡수할 수 있어 히트 아일랜드 현상 완화의 유효한 기법이다.

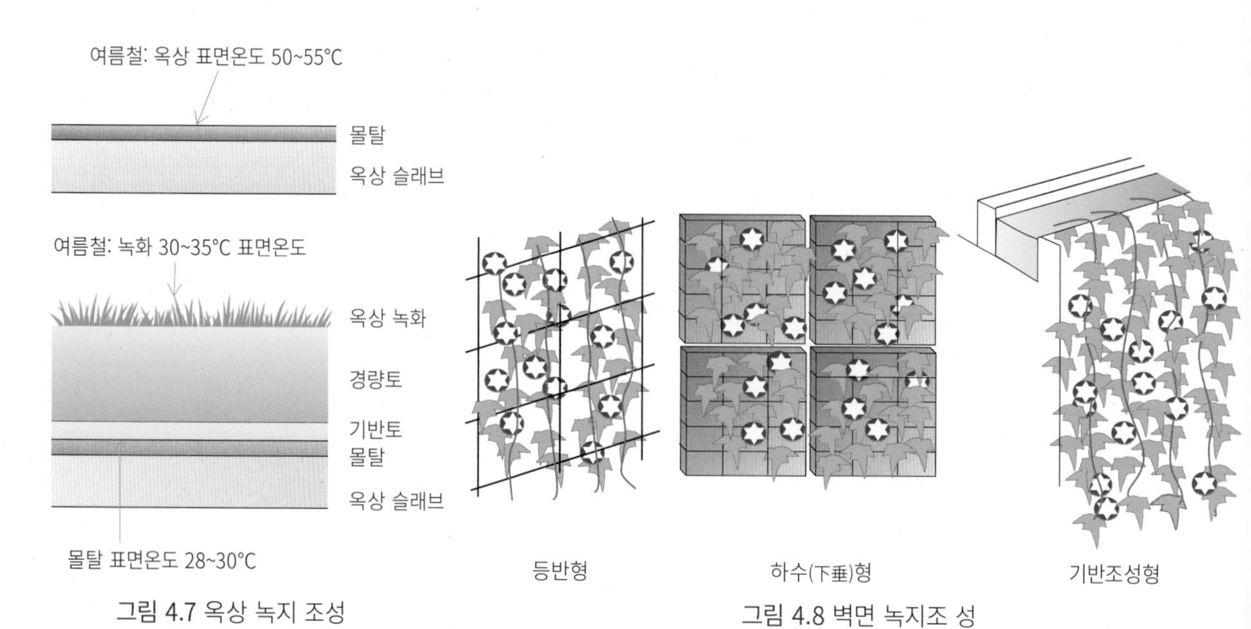

그림 4.7 옥상 녹지 조성

그림 4.8 벽면 녹지조 성

05 페리미터 존 레스 기법

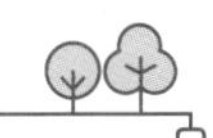

페리미터 존 레스 기법이란 페리메타 존에 건축계획 기법과 설비적 기법을 조합하여 열부하를 가능한 한 감소시켜, 페리미터 존을 온열환경으로 하는 것이다.

페리미터 존은 실내에서 창가나 실내 안쪽 장소에 의해 공조의 열부하 양이 다르지만, 외계 조건의 변화의 영향을 받기 쉬운 창가의 외주 부분을 말한다. 영향을 받기 어려운 실내의 내부를 인테리어 존과 구별하고 있다. 일반적으로 외벽으로부터 3~5m 정도 안쪽에 들어온 부분까지의 깊이를 취급하며, 팬코일 유닛 등으로 내부 공간과는 별도로 창 가까이의 환경의 악화를 막기 위해서 공조되는 경우가 많다.

1. 에어플로우 윈도

에어플로우 윈도 시스템은 2중창 안에 블라인드를 넣어 실내 공기를 2중창 하부에서 공급하여, 상부에 장착된 배기팬으로 여름철에는 옥외로 배출하고, 겨울철에는 실내에 되돌려 순환시켜서 열부하가 큰 창면의 열·빛·시(視) 환경을 양호하게 할 수 있다. 사무소 빌딩에서 일사에 의한 창의 열부하를 억제하기 위해서 설치하면 유효하다(그림 5.1). 이중 유리창에 의한 단열 효과와 실내 측 창으로부터의 열방사를 저감하여 페리미터 존 온열환경의 향상을 기대할 수 있다.

2. 라이트 셸프

라이트 셸프는 그림 5.2와 같이 창 부분에 단 차양에 의해 직사광선을 차폐하면서, 차양의 표면에 반사한 빛을 차양 상부의 확산 창으로부터 도입하고 실내 천장면에 반사시켜, 실내 안쪽에 자연광을 도입하는 방법이다. 따라서 라이트 셸프는 그 표면에서 반사한 주광을 실내의 안쪽에 도입하여 실내 조도의 균형도를 높일 수 있다. 조명 에너지나 일사에 의한 냉방 부하를 저감할 수 있으므로 에너지 절약에 유효하다.

3. 에어 배리어

에어 배리어 방식은 창의 실내 측에 블라인드를 설치하고, 실내의 창 아래에 설치한 송풍 팬으로 바람을 창가에 보냄으로써 에어 커튼을 만드는 방식이다. 더블 스킨 방식과 비교하면, 단열성·일사 차폐성은 뒤떨

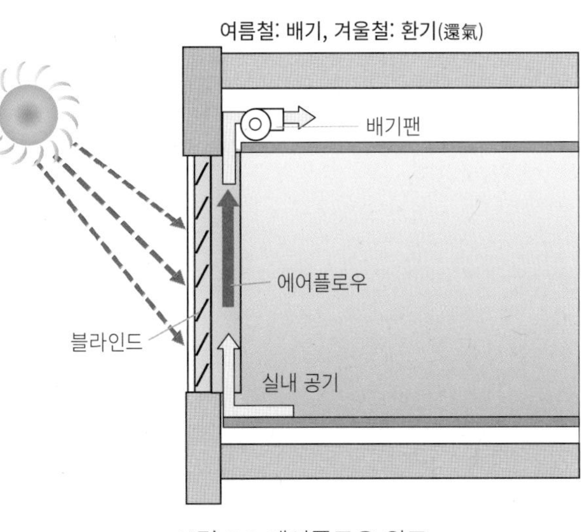

그림 5.1 에어플로우 윈도

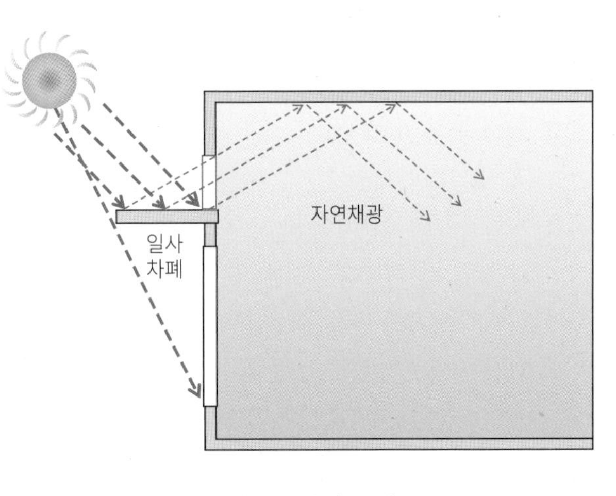

그림 5.2 라이트 셸프

어진다. 즉 유리면으로부터의 부하를 줄이는 것이다. 에어 배리어 방식은 건물의 외주부와 내주부를 동일한 공기 계통으로 통합하여 공조 설비비도 저감할 수 있다(그림 5.3).

4. 더블 스킨

더블 스킨 방식은 외벽의 외측을 유리로 가리고 그 사이에 블라인드를 설치해 자연 환기에 의해 그 안에 쌓인 열을 배기 또는 회수 재이용하는 것으로, 높은 단열성·일사 차폐성이 있다. 말하자면, 더블 스킨은 외벽의 일부 또는 모든 것을 이중 구조의 유리로 하여서 그 중간 사이의 공기를 환기 등에 의한 열부하 저감 및 실내의 창가의 환경 개선을 도모한 것이다(그림 5.4).

창 시스템에 있어, 일사에 의한 창부분에서 열부하 저감을 도모하려면 에어 배리어보다 더블 스킨 쪽이 효과가 있기 때문에 페리미터부의 온열환경의 향상이나 에너지 절약에 유효하다.

3, 4, 5 에너지 절약 이용·기법 연습문제

1) 재생 에너지에는 어떤 것이 있는지 설명하시오.
2) 태양광 발전의 구조에 대해서 설명하시오.
3) 태양열 이용의 예를 드시오.
4) 급탕 에너지 소비 계수치에 대해서 설명하시오.
5) 페리미터 존 레스 기법에 대해서 설명하시오.

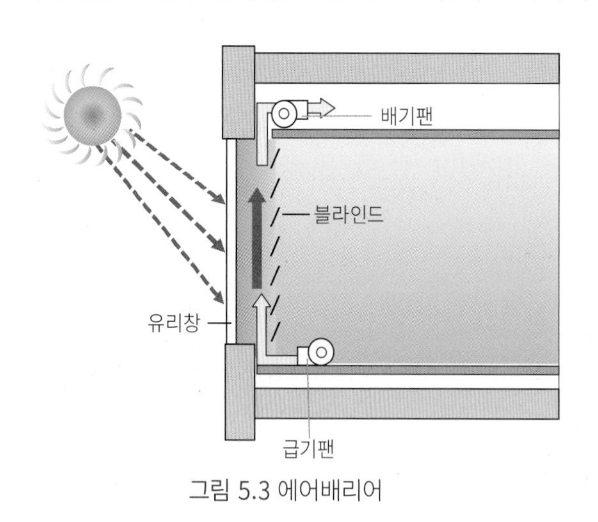

그림 5.3 에어배리어

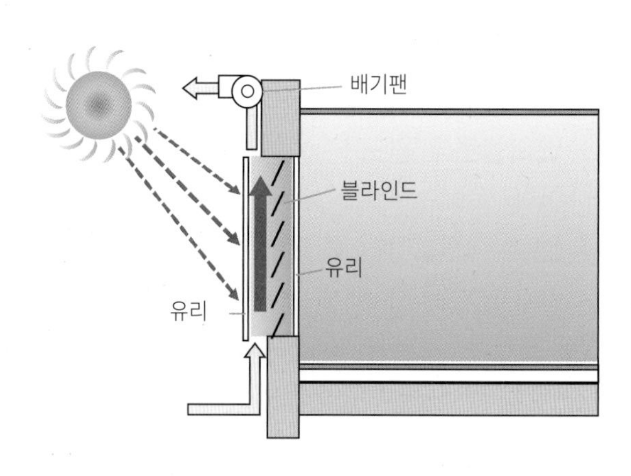

그림 5.4 더블스킨

3, 4, 5 에너지 절약 이용·기법 / 심화문제

[1] 에너지 절약 이용에 관한 다음 기술 중 가장 부적당한 것은 어떤 것일까?

1. 지중열은 안정된 지중의 열을 이용하여 냉난방이나 급탕, 눈 녹임 등에 이용할 수 있다.
2. 태양 광 발전 시스템의 연간 발전량을 크게 하기 위해서는 방위는 남쪽, 설치 경사각도는 30° 정도로 태양전지 패널을 설치한다.
3. 급탕설비의 에너지 소비량은 급탕설비로 필요로 하는 연간의 에너지 총량이나 배관의 열손실을 가산한 값을 연간 가상 급탕 부하로 제거한 값이다.
4. 다이렉트 게인 방식이란, 일사열을 직접 마루나 벽에 축열 하여 야간 시에 방열시키는 방식이다.
5. 난방 시의 단열성을 높게 하려고 옥내 측보다 실외 측에 Low-E 유리를 이용하는 쪽이 좋다.

[2] 에너지 절약 이용에 관한 다음 기술 중 가장 부적당한 것은 어떤 것일까?

1. 지중열에서 깊이 10~100*m*의 지중 온도는 그 지역의 연평균 기온보다 조금 높고, 연간을 통해 안정되어 있다.

2. 바이오매스 발전은 쓰레기 등을 연소할 때의 열을 이용하는 발전 방식이다.
3. 태양광 발전 시스템에 사용되는 배선은 직류 배선 밖에 없다.
4. 냉방 부하를 저감하기 위해 옥상·벽면 녹지 조성이나 지붕 살수를 채용한다.
5. 옥상 녹지 조성을 도입하는 경우, 냉방 부하의 저감을 위해 잎 표면의 수분 증발산이 큰 식물을 선택한다.

[3] 에너지 절약 기법에 관한 다음 기술 중 가장 부적당한 것은 어떤 것일까?

1. 에어플로우 윈도 시스템은 2중창 안에 블라인드를 넣고 실내 공기를 2중창의 하부에서 공급하여, 상부에 장착된 배기팬으로 하기는 옥외로 배출하는 방식이다.
2. 라이트 셸프는 수평 차양으로 하부의 창면의 일사를 차폐하고, 차양 상부의 창면은 자연광을 실내에 도입하는 채광 기법이다.
3. 에어 배리어 방식은 창의 실내 측에 블라인드를 설치하고, 실내의 창 아래에 설치한 송풍팬으로 바람을 창가에 보내 에어 커튼을 만드는 방식이다.
4. 더블 스킨 방식은 외벽의 외측을 유리로 가리고 그 사이에 블라인드를 설치하여 높은 단열성·일사 차폐성이 있기 때문에 그 안에 쌓인 열을 배기 또는 회수, 재이용하지 않는다.
5. 재생 가능 에너지는 자연계에서 이용할 수 있는 에너지이며, 그 에너지원은 태양광, 풍력, 수력, 지열, 바이오매스 등이 있다.

[4] 에너지 절약 이용에 관한 다음 기술 중 가장 부적당한 것은 어떤 것일까?

1. 태양광 발전 설비의 태양전지에는 단결정 실리콘 태양전지는 에너지 변환 효율이 높다.
2. 태양광 발전 시스템의 구성 요소의 하나인 태양광 인버터는 축전지를 포함한다.
3. "역조류"는 코제네레이션 시스템이나 태양광 발전 시스템 등으로 계통 연계하는 경우에는 수요가 측의 상용 전력이다.
4. 풍력 발전에 이용되는 수직축 풍차는 소형 풍차로써 많이 사용한다.
5. 에어플로우 윈도 시스템은 부하가 큰 창면의 열·빛·시 환경을 양호하게 할 수 있다.

[5] 에너지 절약 기법에 관한 다음 기술 중 가장 부적당한 것은 어떤 것일까?

1. 풍력 발전의 AC(교류) 방식은 DC(직류) 방식과 비교하면 출력 변동의 영향이 없어서 안정 공급이 가능한 전력이다.
2. 페리미터 존 레스 기법은 페리미터 존을 인테리어 존에 가까운 온열환경으로 한다.
3. 라이트 셸프는 그 표면에서 반사한 주광을 실내의 안쪽에 도입하여 실내 조도의 균형도를 높인다.
4. 더블 스킨은 외벽의 일부 또는 모든 것을 유리로 이중 구조로 하여, 실내의 창가의 환경 개선을 도모한다.
5. 태양광 발전 시스템의 태양광 인버터(Power Conditioning System)에는 인버터, 계통 연계 보호 장치, 제어 장치 등으로 구성되어 있다.

[6] 에너지 절약 이용에 관한 다음 기술 중 가장 부적당한 것은 어떤 것일까?

1. 지중열은 겨울과 여름에 지상과 지중 사이에서 10℃에서 15℃의 온도차가 발생한다.
2. 옥상과 벽면 녹화 조성은 식물의 광합성에 의해 온실 효과 가스인 이산화탄소도 흡수할 수 있어, 히트 아일랜드 현상을 완화하는 유효한 기법이다.

3. 인테리어 존은 일반적으로 외벽으로부터 3~5*m* 정도 안쪽에 들어온 부분까지의 깊이를 취급한다.
4. 에어 배리어 방식은 건물의 외주부와 내주부를 동일한 공기 계통으로 통합하여 공조 설비비도 저감할 수 있다.
5. 더블 스킨은 창 시스템에 있어서, 일사에 의한 창부로부터의 열부하 저감을 도모하려면 에어 배리어보다 더블 스킨 쪽이 효과가 있다.

[7] 에너지 절약 이용에 관한 다음 기술 중 가장 부적당한 것은 어떤 것일까?

1. 지구가 가지고 있는 열에너지가 지열이고, 지중열은 지열의 일부이다.
2. 중규모의 소형 풍력 발전 용량은 5*kW*~20*kW/day* 정도이다
3. 조력 발전도 해수를 이용하는 발전으로써 해류 발전의 일종이다.
4. 바이오매스는 재생 가능한 에너지 중 유일하게 유기성이며, 탄소를 포함하지 않은 에너지 자원이다.
5. 파력 발전은 면적당 에너지는 태양광의 20~30배, 풍력의 5~10배이다.

[8] 에너지 절약 기법에 관한 다음 기술 중 가장 부적당한 것은 어떤 것일까?

1. 태양광 발전 시스템의 연간 발전량을 크게 하려면, 일반적으로 방위는 남쪽에 설치하고 태양전지 패널은 평지붕에 각도 없이 수평으로 한다.
2. 태양전지의 비결정성 실리콘은 결정형 실리콘보다 저렴하지만 광전자 변환 효율이 크게 뒤진다는 단점이 있다.
3. 태양광 인버터는 직류 전력을 교류 전력으로 변환하기 위한 장치이다.
4. Low-E 복층유리에는 실외 측, 실내 측의 어디에 사용하는지에 따라 차열 타입과 단열 타입의 2종류가 있다.
5. 풍차는 풍속이 커지고 풍차의 회전 속도가 클 때는 안전 때문에 회전을 정지한다.

[9] 에너지 절약 이용에 관한 다음 기술 중 가장 부적당한 것은 어떤 것일까?

1. 급탕 에너지 소비 계수(CEC/HW) 값은 큰 쪽이 에너지 절약에 유효하다.
2. Low-E 복층유리는 "저방사율" 유리이다.
3. 열 차폐 도료는 세라믹을 혼입하여 도막에 공기층을 이루고 열전달을 낮게 한 도장 방법이다.
4. 페리미터 존은 팬 코일 유닛 등으로 내부 공간과는 별도로 창 가까이의 환경 악화를 막기 위해서 공조되는 경우가 많다.
5. 옥상 녹화 조성은 식물 육성에서 잔디는 20*cm*, 나무는 1*m* 이상, 관목이라도 최저 30*cm*의 토양층을 확보할 필요하다.

[10] 에너지 절약 기법에 관한 다음 기술 중 가장 부적당한 것은 어떤 것일까?

1. 여름에는 실외 측에 Low-E 유리를 배치한 "차열 타입"이 냉방 효율이 좋다.
2. 차폐 도료는 태양열 고반사율 도료와 열차폐 도료로 분류한다.
3. 차양의 길이는 지역에 따라 태양의 고도가 다르므로 그 지역의 풍토에 맞는 설계가 필요하다.
4. 가정용 소형 풍력 발전 기기는 작기 때문에 밀집 주택지에는 설치 기기의 소음에 주의안해도 된다.
5. 태양전지는 결정형과 비결정형 등의 2종류로 크게 나뉜다.

06 에너지 절약 기술

1. 히트 펌프

히트 펌프(heat pump)는 적은 에너지를 투입해 공기 안에서 열을 모아서 큰 열에너지로 이용하는 에코 기술이다. 히트 펌프를 이용하면 사용한 에너지 이상의 열에너지를 얻을 수 있기 때문에 중요한 에너지를 유효하게 사용할 수 있다. 그리고 CO_2 배출량도 대폭 줄일 수 있다.

히트 펌프는 열매체나 반도체 등을 이용하여 저온 부분에서 고온 부분으로 열을 이동시키는 기술이다. 기법은 몇 가지 있지만 주류는 기체의 압축·팽창과 열교환을 조합한 것이다.

열매체는 기기의 용도에 의해 명칭이 바뀌어, 냉각 기기이면 냉매, 가열 기기이면 열매라고 한다. 열매체를 사용하는 히트 펌프에 의한 열이동으로는 발열 현상과 흡열 현상을 이용한다. 냉난방으로는 열매체를 감압하여 주위보다 온도를 내려 실내(냉방 시) 또는 실외(난방 시)의 공기로부터 흡열시킨다. 주위로부터 흡열한 열매체를 가압하여 온도를 올려 실외(냉방 시) 또는 실내(난방 시)의 공기에 발열시킨다(그림 6.1).

영구 동토의 용해 방지 때문에 기초 부분에 설치되어 있는 히트 파이프는 열전도성이 높은 재료로 만들어진 파이프 안에 휘발성의 액체를 봉입해, 열전도와 기화열에 의해 고온부에서 저온부에 열 이동을 실시한다. 지중열을 히트 펌프로 이용하는 것은 효과적인 에너지 절약 방법이다(그림 6.2)

그림 6.1 히트 펌프의 구조

2. 에코큐트

에코큐트(EcoCute)의 정식 명칭은 "자연 냉매 히트 펌프 급탕기"이며, 히트 펌프 기술을 이용해 공기의 열로 뜨거운 물을 끓일 수 있는 전기 급탕기 중에 냉매

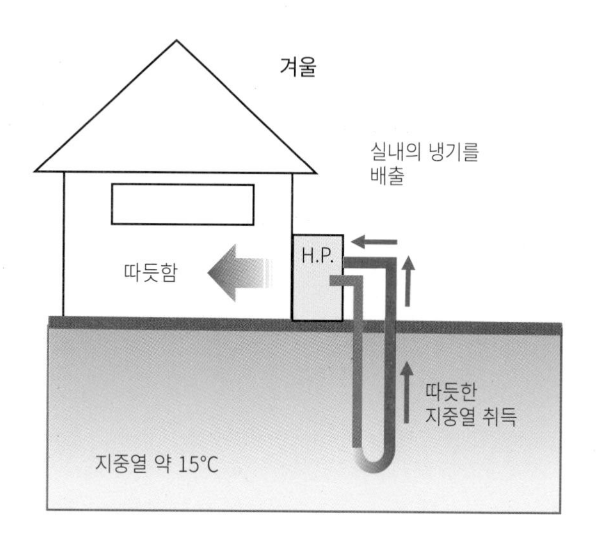

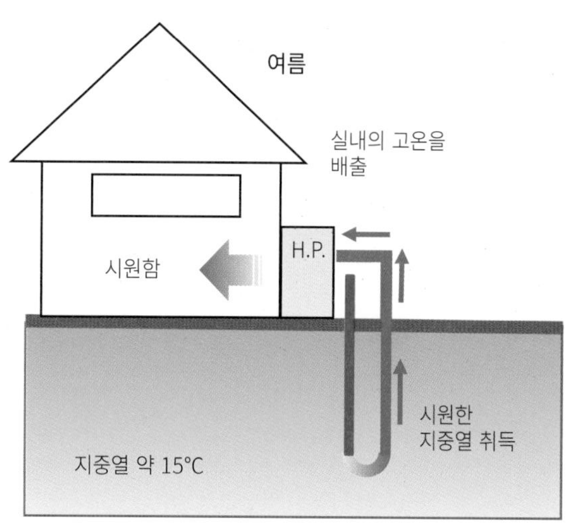

그림 6.2 지중열을 히트 펌프로 이용

로써 프레온가스가 아니라 이산화탄소를 사용하고 있다. 히트 펌프 유닛과 저장 탱크로 구성된다(그림 6.3). 팬을 회전시켜 외기를 히트 펌프 내에 도입해 유닛 내의 CO_2를 따뜻하게 한다. 여기에서는 고온의 외기로부터 열교환기를 통해 외기보다 저온의 냉매를 따뜻하게 한다. 즉 외기의 열에너지를 냉매에 도입한다. 따뜻해진 CO_2를 압축기에 보내서 압축시켜 약 90℃의 고온으로 만든다. 이 고온이 된 CO_2를 다른 열교환기를 통해 탱크의 물을 따뜻하게 한다. 즉 냉매의 열에너지를 물에 전해서 뜨거운 물로 만드는 것이다.

팬을 회전시키는 것을 제외하면, 기본적으로 압축기 구동에 전력이 사용되어, 외기의 열을 퍼 올린다는 의미로부터 히트 펌프라고 불린다. 통상의 전열 기기보다 발열의 효율이 3배에서 5배 양호하지만 외기온이 낮으면 능률이 저하한다.

3. 에코아이스

에코아이스는 저렴한 야간 전력으로 얼음을 만들어 두어, 그것을 낮에 냉방에 이용하는 시스템이다(그림 6.4~6.5). 빌딩은 일반의 주택과 달리 창의 개폐를 하고 실온이나 습도를 조절할 수 없는 경우가 많다. 그러므로 빌딩의 규모가 큰 만큼 공조 시스템이 중요하다. 과거에 빌딩의 냉방은 수랭식 에어컨이 일반적이었고, 물을 이용하여 공기를 차갑게 식히는 시스템이었다. 에코아이스의 빙축열식 공조 시스템은 수랭식에 비하면 얼음을 사용하기 때문에 광열비를 절약할 수 있고, 배열도 억제할 수 있다. 또한, 겨울에는 같은 시간에 따뜻한 물을 만들어 난방에 활용할 수도 있다.

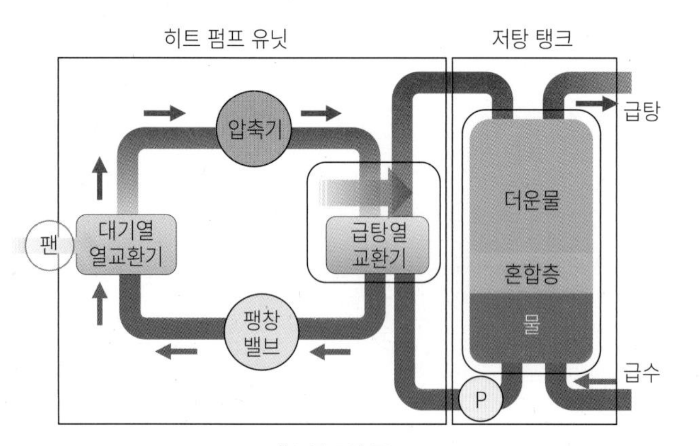

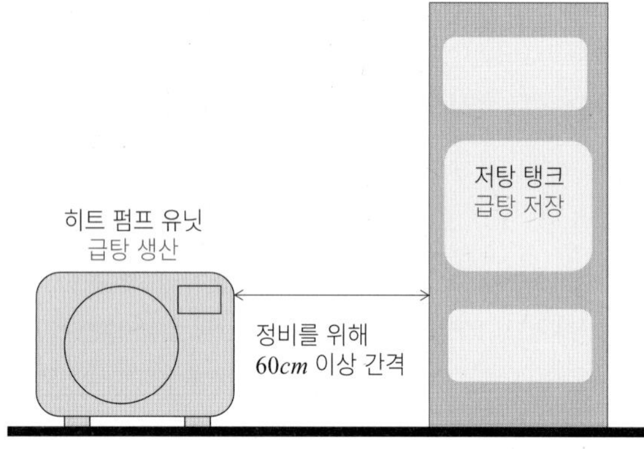

그림 6.3 에코큐트

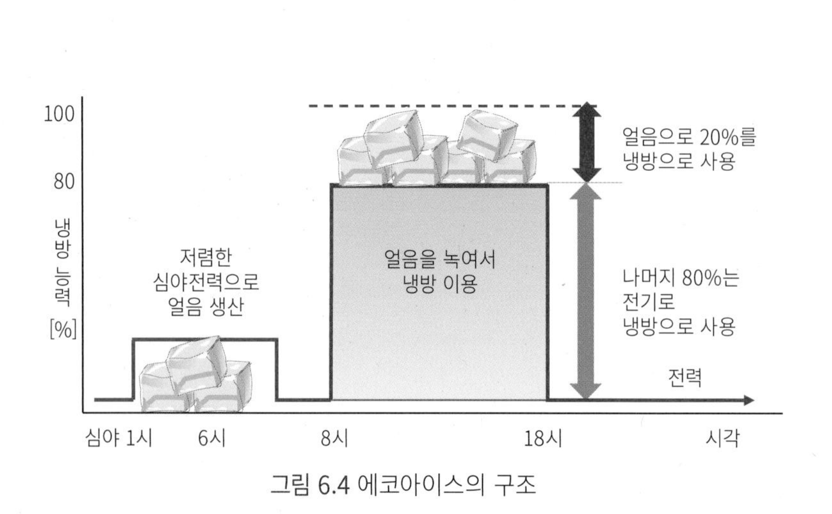

그림 6.4 에코아이스의 구조

그림 6.5 빌딩의 에코아이스 설비

4. 에네팜

원래는 "에코 윌"이 원조인데 명칭을 "에네팜"으로 바꾸었다. 에네팜(ENE-FARM)이란 가정용 연료 전지 코제네레이션 시스템이다. 도시가스·LP 가스·등유 등에서 기기를 이용하여 연료가 되는 수소를 꺼내서 공기 중의 산소와 반응시켜 발전하는 시스템으로, 발전 시의 배열을 급탕에 이용한다. 또한, 발전 시에는 수소를 이용하기 때문에 이산화탄소가 발생하지 않지만, 기기로 수소를 꺼내는 과정에서는 이산화탄소가 배출된다 (그림 6.6).

올 전기와 비교해서, 항상 즉석에서 대량의 열탕을 공급할 수 있다. 그리고 전기 사용량이 줄어들어 광열비의 절감을 도모할 수 있고, 발전 시의 배열을 이용하기 때문에 이산화탄소 배출량이 적어서 환경면에서 좋은 장점이 있다. 또한, 자택에서 발전을 하기 때문에 송전 손실이 거의 없고 발전한 만큼 전기 사용량이 줄어서(연간 약 40% 절감) 전기 요금을 절약할 수 있다.

출력은 발전 출력 750~1000W, 배열 출력 1000~1300W이다. 에네팜의 특징은 연료 전지와 코제네레이션(→ 제2부 건축설비 10 냉난방설비 p.172 참조)을 조합하여 활용하고 있다는 점이다. 양쪽의 시스템을 도입하여 전기세 절감이나 비상용 발전 등에 도움이 되는 에너지 절약 기술이다.

5. 나이트 퍼지와 외기 제어

나이트 퍼지란 여름철 등의 냉방 시기인 낮에 건물 내부·골조에 축적된 열을 야간에 온도가 낮은 시각에 환기를 실시하여(외기를 도입해 실내의 공기를 배출한다) 냉방 부하를 경감하는 방법이다(그림 6.7). 말하자면, 외기 온도가 건축물 내의 온도 이하가 되는 야간을 중

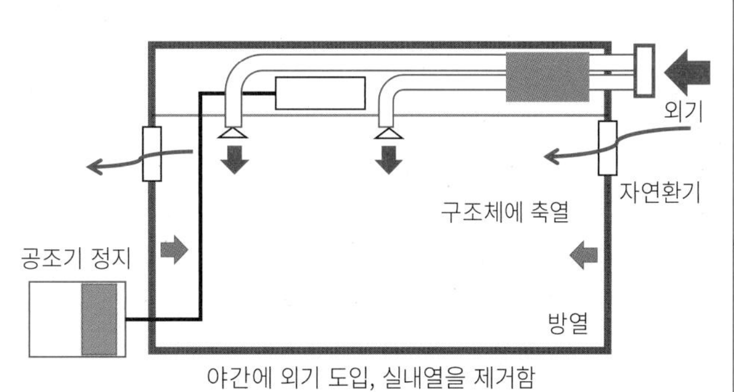

야간에 외기 도입, 실내열을 제거함

외기
구조체에 축열
공조기 운전
방열

야간에 열이 배출되어 있기 때문에
다음날 아침에 냉방출력이 손쉬어진다

그림 6.7 나이트퍼지

전기
발전한 전기는 가정 내의 전자제품으로 사용. 1kW를 넘는 전력이나 발전 정지 때에는 일반 전력을 사용

조명
전자제품
전기
부엌
욕실
바닥 난방
따뜻한 물

에너팜(연료 전지)

연료전지 유닛
도시가스의 수소와 공기의 산소를 화학반응시켜서 발전한다. 또한 동시에 발생하는 열을 이용하여 따뜻한 물을 만든다.

저탕 유닛
연료전지 유닛으로 만들어진 따뜻한 물을 모아 공급한다. 따뜻한 물이 부족할 때는 평상시 급탕 사용

따뜻한 물 - 난방
목욕탕, 샤워, 키친 등의 급탕에 사용, 바닥난방에 사용

그림 6.6 에네팜 유닛 시스템

심으로 외기를 실내에 도입하여 골조 등에 축랭하는 방법이며, 냉방 개시 때의 부하를 저감하여 에너지 절약을 도모할 수 있다.

외기 냉방으로는 겨울이나 봄, 가을과 같은 중간기처럼 외기온이 실내의 설정 온도보다 낮은 때 외기를 적극적으로 도입하여 냉방 부하를 경감하고 에너지 절약을 도모할 수 있다. 그러나 외기를 흡입함으로써 제습이나 가습, 제진 처리 등이 필요하다.

나이트 퍼지는 내부 발열량이 많은 건물, 단열성이나 기밀성이 높은 건물 등에서 특히 유효한 공조 시스템이다.

6. 고효율 조명

근래의 주택, 빌딩, 점포 등의 조명기구는 백열등이나 형광등으로부터 LED 조명을 바꾸어 이용하기 때문에 발열량도 상당히 억제하게 되었다. 이러한 실내 열부하가 작아졌으므로 기대되는 에너지 절약 기법이다(그림 6.8 참조).

LED 조명은 발광다이오드(LED)를 사용한 조명기구로서 현재 조명기구의 주력 광원이다(→ 제2부 건축설비 15 조명설비 p.195 참조). LED칩의 기본 구조는 *P*형 반도체(+: positive 정공이 많은 반도체)와 *N*형 반도체(−: negative 전자가 많은 반도체)가 접합된 "*PN* 접합"으로 구성되어 있다(그림 6.9). 빛의 파장은 450*nm* 전후가 청색, 520*nm* 전후가 녹색, 660*nm* 전후가 적색이다. 이 파장의 차이가 LED의 발광 색을 결정한다. 백색광은 R 빨강, G 초록, B 파랑의 3원색을 혼합하여 자연스러운 백색으로 보인다(→ 제1부 건축환경공학 14 색채 p.86 참조).

그림 6.10 LED 조명

수명이 길어서 정격 수명 40,000시간 타입의 경우, 10시간/일의 점등으로 약 10년 사용이 가능하다(그림 6.10). 사람에게는 보이지 않는 자외선이나 적외선을 거의 포함하지 않아 가시광선을 효율적으로 얻을 수 있어, 자외선에 의한 상품의 퇴색이나 적외선에 의한 열적 부하를 경감할 수 있다. 또한, 백열전구의 약 1/6 정도의 적은 소비전력으로 같은 광속을 얻을 수 있어서 효율이 높다. 저온이라도 순식간에 점등하며 환경 유해물질(수은이나 납 등)을 포함하지 않는다. 그리고 조명의 전력 소비량을 감소시키면 냉방용 에너지 소비량도 감소시킬 수도 있다.

조명의 에너지 절약 기법 중 적정 조도 제어는 경년(經年)에 의한 조도 저하를 전망하는 것으로 발생하는 램프 설치 직후 등에서의 조도 과다를 적정한 조도로 억제하는 제어이다. 초기 조도 보정은 경년에 따른 광

환기(換氣): 실내공기를 외기로 배출시켜서 외기의 신선한 공기를 도입
환기(還氣): 실내공기를 배출시키지 않고 공조기에서 필터로 신선공기를 바꾸어 재사용함

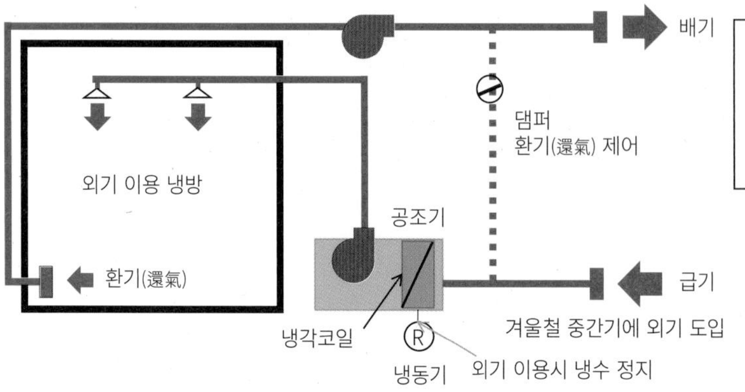

배기
댐퍼
환기(還氣) 제어
외기 이용 냉방
공조기
환기(還氣)
급기
냉각코일
냉동기
겨울철 중간기에 외기 도입
외기 이용시 냉수 정지

그림 6.8 외기 제어

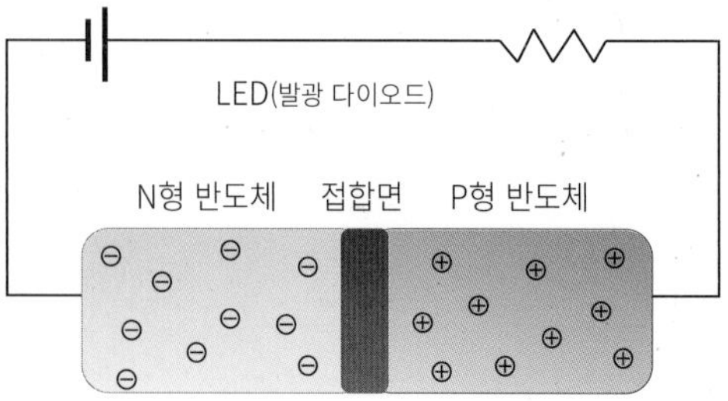

LED(발광 다이오드)
N형 반도체 접합면 P형 반도체

그림 6.9 LED의 구조

원의 출력 저하 등을 고려한 조명의 에너지 절약 방법의 하나이다. 사용 전력량을 저감하기 위해서는 자연 채광과 인공 조명을 병용한다.

7. 연료전지

연료전지 발전의 원리는 물의 전기분해와 반대인 반응을 이용한 것으로, 수소와 산소가 결합하면 전기와 물이 발생하는 화학반응이다(그림 6.11). 건전지 등의 1차 전지나 충전하고 반복해서 사용하는 2차 전지처럼 충전한 전기를 사용하는 "전지"와 달리, 수소와 산소의 전기 화학반응에 의해 발생한 전기를 계속 꺼낼 수 있는 "발전 장치"이다.

이처럼 화학반응에 의해서 에너지를 전기에너지에 직접 변환하는 것으로부터 발전 시의 에너지 효율이 높고, 수소와 산소의 반응으로 물이 생성되는 것만으로 폐기물이 배출되지 않는 깨끗한 차세대의 "발전 장치"로 기대되고 있다.

■ **물의 전기분해와 연료전지의 발전**

물의 전기분해는 물에 전압을 가하면 수소와 산소로 분해된다. 그것에 대해 연료전지는 수소와 산소를 반응시켜 그 과정에서 전력을 발하게 한다. 이것이 연료전지의 발상이다(그림 8.11).
종래의 발전은 보일러에서 열에너지를 만들어, 그 열에너지를 운동에너지로 바꾸어 터빈을 돌려, 전기에너지로 변환한다는 몇 개의 과정이 필요하다. 그 때문에 변환 시의 에너지 손실이 크고 발전 효율이 높지 않다.

한편, 연료전지는 전기화학 반응에 의해 직접 전기에너지로 변환하므로 발전 효율이 높다. 연료 전지의 큰 장점은 발전 효율이 높고, 지구상에 수소와 산소가 있는 한 안정되고 발전할 수 있는 점이다. 화학반응만으로 발전하므로 소음이 발생하지 않고, 발전 시에는 물만 배출하므로 환경을 생각하는 에너지라고 할 수 있다. 단점은 고가이고, 수명이 10년 정도로 길지 않다.

8. 스마트하우스

스마트하우스는 1980년대에 미국에서 제창된 주택의 개념으로, 가전이나 설비 기기를 정보화 배선 등으로 접속해 최적 제어하며, 생활자의 요구에 응한 다양한 서비스를 제공하는 주택을 말한다. 일반적으로는 태양전지나 축전지, 에너지 제어 시스템 등을 장비하여 에너지 창조와 절약, 축(蓄) 에너지형 주택을 가리킨다.

2000년대에는 주택에서 전화회선이 인터넷으로 바뀐다. 가전의 디지털화나 광대역을 전제로 한 것으로

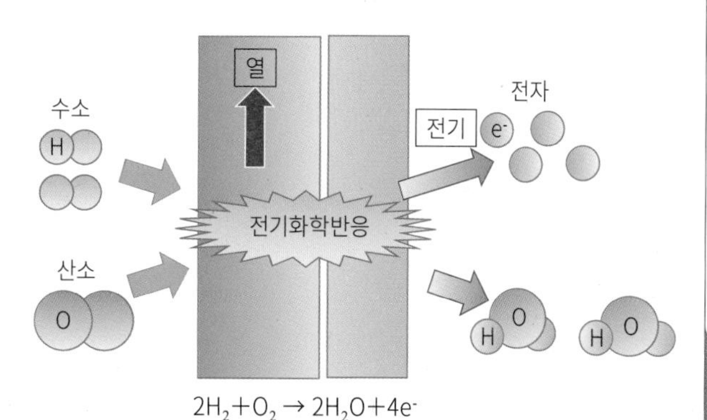

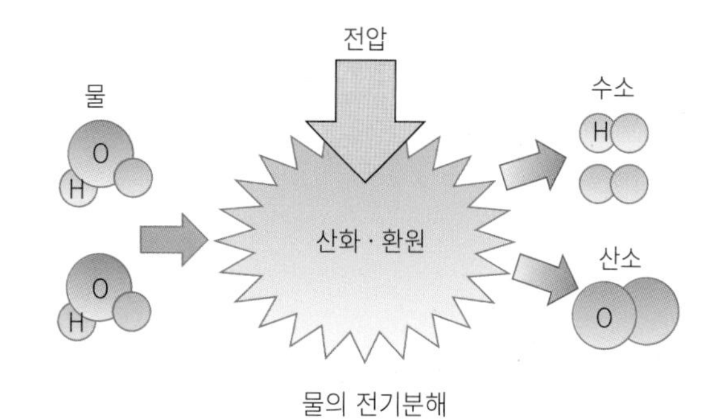

물의 전기분해

연료전지의 발전

그림 6.11 연료전지의 구조

변화하고 있다. 2010년대에는 미국의 스마트 그리드를 계기로 하여, 지역이나 가정 내의 에너지를 최적 제어하는 주택으로서 다시 주목되고 있다.

당시의 서비스 이미지로서는 외출한 곳에서 푸시 폰에 의해 전기 자물쇠나 에어컨의 조작을 할 수 있는 원격 제어, TV 화면에 의한 가전 기기의 컨트롤, 홈 보안, 홈뱅킹이나 홈쇼핑, 화장실에서 측정한 요 검사나 혈압 데이터를 활용한 원격 진단 시스템 등이 있다.

HEMS(Home Energy Management System)는 스마트하우스에서 발전한 가정의 에너지 관리 시스템으로 가전, 태양광 발전, 축전지, 전기자동차 등을 일원적으로 관리하는 주택이라고 말할 수 있다. 그림 6.12처럼 주택에서 에너지를 만들어, 가전제품, 공조, 통신까지 제공하는 차세대 시스템이다.

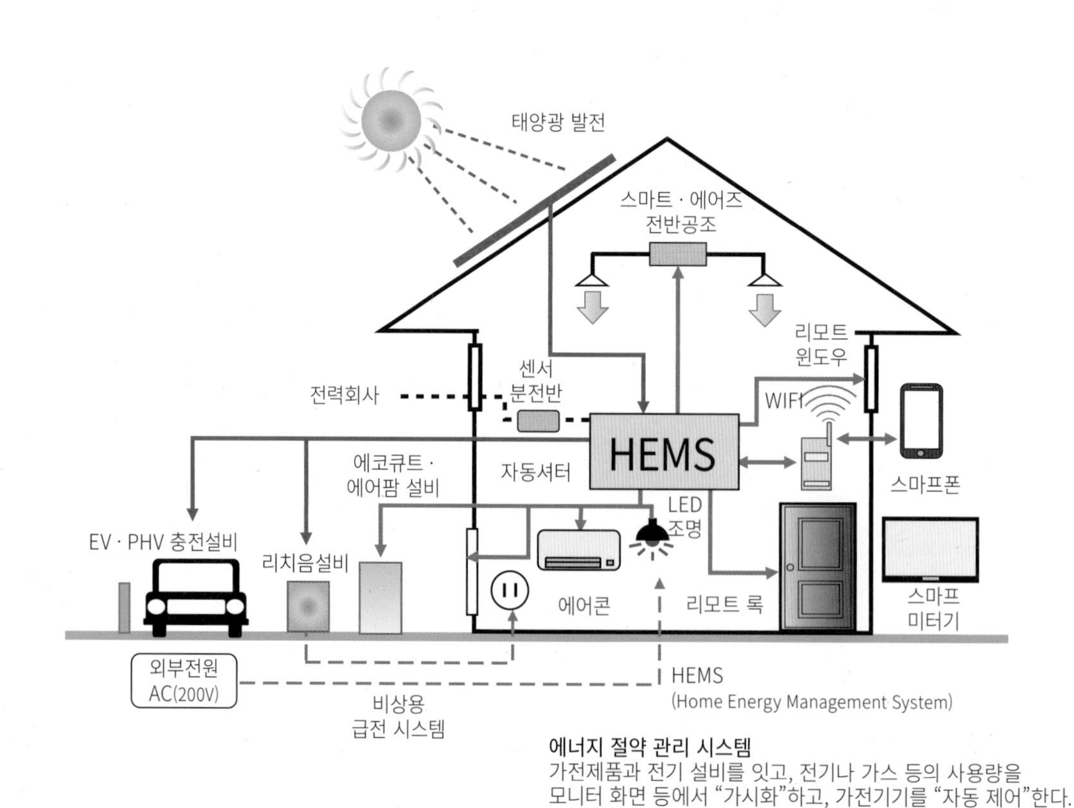

그림 6.12 스마트하우스 시스템

07 자연 재생 이용

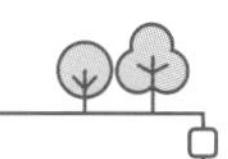

1. 지역 냉난방

지역 냉난방은 일정 지역 내의 건물군에 열공급 설비(지역 냉난방 플랜트)로부터 증기·온수·냉수 등을 제조(또는 하수처리 시설이나 쓰레기 처리 시설 등의 폐열 등을 이용)하여, 구역 내 각 건물에 냉수·온수·증기 등의 열매를 지역 도관을 통해 공급하여, 냉방·난방·급탕 등을 연간 집중 공급하는 시스템이다(그림 7.1). 지역 냉난방 시스템의 활용은 이용하지 않는 열의 활용에 의한 배열 절감을 기대할 수 있고, 히트 아일랜드 현상의 완화에 유효하다.

지역 열공급은 개별 냉난방 방식과 달리, 지역 단위로 집중적 효율적으로 열원(냉난방)을 운전하는 것으로 에너지의 이용 효율을 높이고, 환경 보전이나 편리성, 안전성을 갖춘 시스템이다. 지역 냉난방 특징은 표 7.1과 같다.

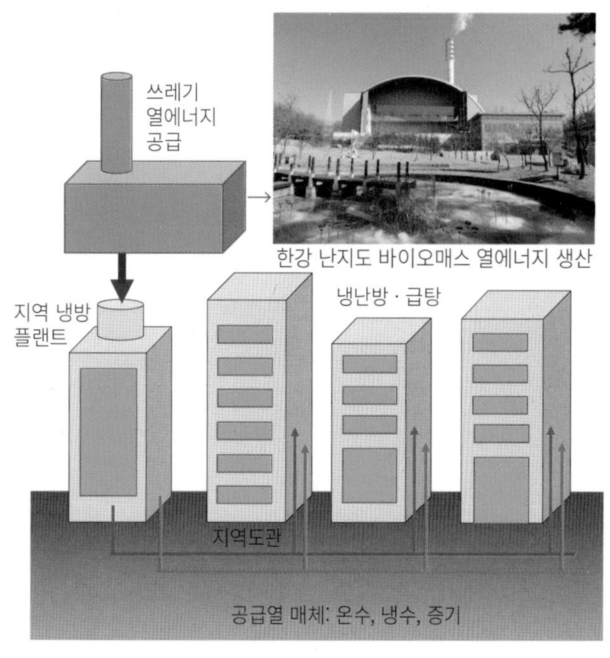

그림 7.1 지역 냉난방

표 7.1 지역 냉난방의 특징

에너지 절약 효과	미이용 에너지 활용	·쓰레기 소각의 배열, 바이오매스 에너지 미이용 에너지의 활용 ·하천 수, 해수, 하수, 지하수 등의 온도차 에너지 ·공장 배열 ·변전소, 지하철, 송전선 등의 배열
	고효율 시스템 채용	·열원 기기의 적정한 대수 분할에 의한 고효율 운전이 가능 ·코제네레이션 시스템의 배열 이용량의 확대 효과 ·대규모 축열 시스템에 의한 야간 전력의 활용과 고효율 운전 ·대규모 온도차 공급 시스템에 의한 열 반송 동력의 삭감
	고도의 운전기술에 의한 안정 공급	·부하 예측에 의한 최적 기동 · 정지의 실시 ·운전 데이터에 의한 에너지 관리 ·예방 보전, 노화진단 기술에 의한 열원 기기의 고효율 운전 유지
환경 보존 효과	1차 에너지 삭감	·CO_2 배출량의 삭감에 의한 지구 온난화 대책의 공헌 ·히트 아일랜드 대책
	클린에너지 사용, 저NO_x 버너 채용	·NO_x, SO_x의 삭감에 의한 지역의 대기오염 방지 대책의 공헌
지역의 도시 생활 환경 향상 효과	도시경관 향상	·냉각 탑, 굴뚝이 불요 또는 집중 설치가 가능해져, 도시경관 향상
	지역의 방재성, 안전성 향상	·열원의 집중 관리에 의한 안전성 향상 ·플랜트 내의 축열조를 소방 용수에 사용가능하여 방재에 기여
	수요 건물 도입의 이점	·연중 24시간 열의 이용이 가능해져, 편리성 향상 ·보일러 등의 열원 기기가 불필요해져, 건물의 안전성 향상 ·열원 스페이스의 축소에 의해 건물의 유효율 향상 ·냉각 탑이 불필요해져, 옥상 이용, 건축 디자인의 자유도가 향상 ·열원 기기 설비가 불필요해져, 부속하는 전기 설비나 인입 설비, 환기 설비 등을 포함하여 원가가 저감할 수 있다. ·건물의 규모에 따라서는 특별 고수전 설비의 회피도 가능해진다.

1875년, 독일에서 세계 최초의 지역 난방, 1893년에 함부르크에서 코제너레이션에 의한 지역 난방이 개시되었다. 이후, 한랭 지역인 북유럽을 중심으로 증기에 의한 난방을 실시하였고, 1950년대에는 도시 개발에 따라 급속히 보급했다. 1970년대의 오일 쇼크 이후에는 석유 대체 에너지 도입을 위해 연료 전환을 하면서 신규 도입을 하였다.

2. 우수 이용

우수 이용의 주목적은 부지 외의 우수 배수 유출의 부하를 경감하고, 저수한 우수를 이용하는 것이다. 우수 이용 시스템에서의 우수의 집수 장소는 일반적으로 지붕과 옥상이 많다. 이것은 빗물의 오염도를 고려하면 빗물 이용 시스템에서의 우수의 집수 장소로 적당하기 때문이다.

그러나 효과적인 빗물의 집수는 지붕이나 옥상뿐만 아니라, 외벽, 차양, 베란다 등에서도 집수 장소로도 사용할 수 있다. 이러한 우수는 저수조에 모아, 여과 장치로 처리하여 세차, 변소 세정수, 방화용수, 냉각탑 보급수 등의 잡용수나 수목, 잔디의 살수 등 생활용수에 사용한다. 이렇게 수돗물을 사용하지 않고 빗물을 이용하면 수도 요금과 하수도 요금도 절약할 수 있다. 우수 이용의 계통은 그림 7.2와 같다. 이용할 수 있는 빗물이 부족한 경우에 대비하여 상수 등 다른 수원으로부터의 보급수를 고려하지 않으면 안 된다.

우수 이용은 경제성의 관점보다 도시의 귀중한 수자원이나 환경에서의 물 순환의 요점으로서 향후 일반 주택용의 간이 처리에 의한 우수 재이용이나 산성비 대책, 비상용 음용수원 등 한층 더 다양한 전개가 기대되고 있다.

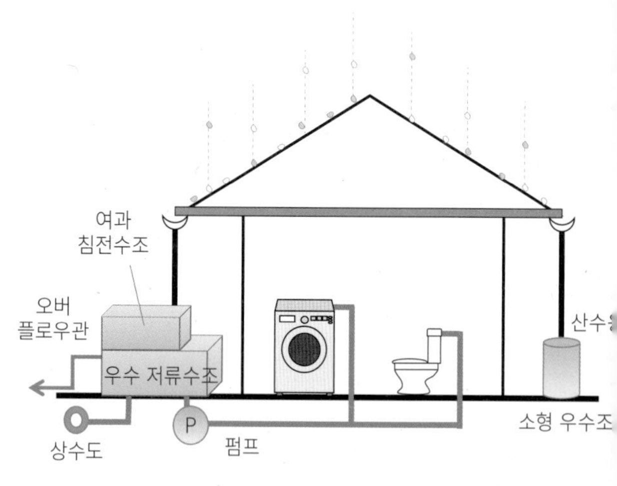

그림 7.2 우수 이용의 구조

그림 7.3 우수 이용 사례
(일본 도미오카공장, 약 100년전에 사용된 홈통을 이용한 방화용수)

3. 중수 이용

중수는 상수와 하수의 중간에 위치하는 물을 의미한다. 통상 수돗물을 생활용수로 이용하고, 하수도에 방류한다. 그러나 중수는 상수로서 생활용수에 사용한 물을 하수도에 배수하기 전에 재생 처리를 하여 화장실 용수나 살수, 냉각·냉방 용수, 소화용수, 청소용수 등 잡용수로서 재이용하는 것을 목적으로 한다(그림 7.4).

중수는 재생수라고도 하며, 음료수로는 부적절하지만 절수에 의한 환경 보전이나 수도 요금 절감에 크게 도움이 되고 있다. 대량의 물을 사용하는 시설에서는 중수 설비는 필수이며, 우수 탱크를 설치하고 우수 이용도 "중수"에 분류된다.

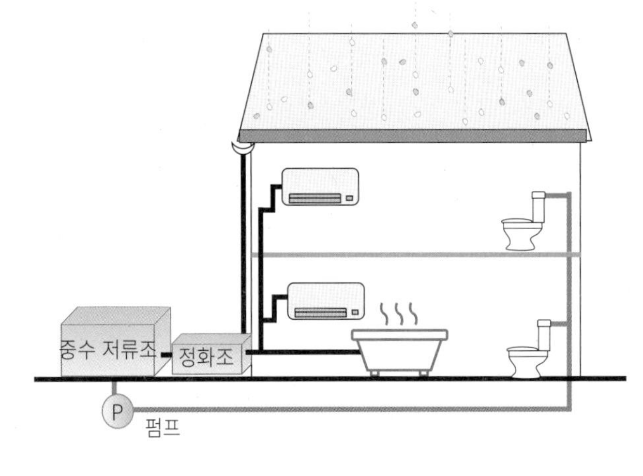

그림 7.4 중수 이용의 구조

09. 제주도와 오키나와의 빗물 이용

과거의 제주도와 오키나와섬에서는 빗물(천수)을 모으는 전통적 항아리, 물탱크가 설치되어 있었다. 이 두지역은 지질학상으로 빗물은 그대로 지하로 흘러 버리기 때문에, 물이 흐르는 강이 없고 거의 갈천이며, 우물도 귀중하였다. 그렇기 때문에, 모든 생활수는 빗물이나 우물에 의존하였고, 빗물을 많이 모으기 위해서는 지붕과 수목를 이용하였다. 이러한 빗물(천수)을 상수로서 사용했던 것도 섬의 문화의 하나였다.

현재는 간이 상수도가 완비되어 있기때문에, 빗물에 의지할 필요는 없다. 제주도의 전통민가에서 정지(부엌)입구의 옆에 높이 60~70cm 정도의 평석이 있는데, 이것을 "물팡"이라하며, 물운반의 단지를 두는 받침대이다.

좌측이 물팡, 우측이 물단지를 나르는 지게(제주도)

전통적 빗물항아리(일본 다케토미시마)

08 더운 지역의 에너지 절약 기법

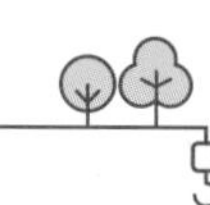

더운 지역은 1년 내내 냉방으로 보내는 시간이 많다. 이 대책으로서는 전통 방식인 그늘을 만들고, 통풍을 좋게 하는 것이다. 그러나 도시나 밀집 지역, 집합주택에서는 이러한 환경을 만드는 것은 어렵다. 이러한 난문을 해결하려면 건축의 에너지 절약 기법이 필요하다. 더운 지역에서의 냉방 부하의 절감이나 실내 쾌적성을 향상하려면 일사열을 차단하는 "일사 차폐"가 가장 중요하다.

1. 일사열의 기본 지식

태양의 표면 온도는 상상을 초월하는 고온이다. 그림 8.1처럼 지구까지 전하는 열은 우주의 진공 상태나 지구의 공기층에 의해 그 고온은 낮아져 적당한 온도로 지구의 생물이 생존하고 있다. 이것은 우주의 진공 상태 덕분에 태양의 열은 전도와 대류가 없고, 단지 적외선에 의한 전자파의 방사열로 전해지는 것 때문이다. 그 태양의 에너지는 그림 8.2처럼 열이나 전기의 자원으로 사용하고 있지만, 하계에는 태양의 에너지가 뜨거운 일사열이 되어서 이 열을 차단하는 것이 더운 지역에서의 에너지 절약 기법의 열쇠이다.

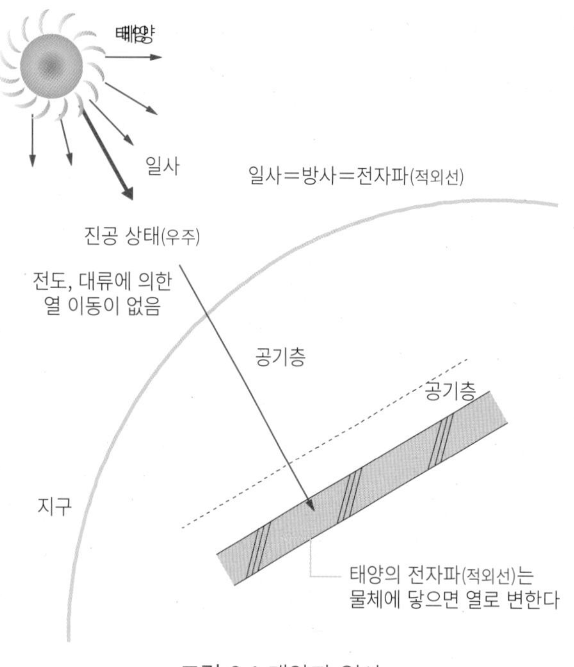

그림 8.1 태양과 일사

맑은 하늘의 날은 직달 일사량은 많고 천공 일사량(방사량)은 적어진다(→제1부 건축환경공학 11 일사 p.66 참조). 지면이나 건물에서의 반사 일사량도 무시할 수 없다. 방위에 의한 일사량의 차이는 계절과 건물 부위의 방향에 따라 건물에 끼치는 일사량은 다르다.

더운 지역의 일사량은 태양고도가 높기 때문에 지붕 등의 수평면에서는 극히 커진다. 그 반면, 수직면인 벽이나 창, 개구부는 남북 면이 작고, 동서 면이 크다. 또한, 투명과 불투명 부위에 따라서 일사량의 차이가 있다.

2. 일사 차폐의 장점

일사열은 태양고도가 높은 더운 지역에는 일사량이 많고 실내 온열 환경을 나쁘게 한다. 이렇게 상승한 실온을 냉방이나 통풍에 의해 어느 정도 내릴 수는 있지만, 통풍으로는 한계가 있고 냉방의 부하가 증가하는 것이 현실이다.

그러나 일사 차폐 기법으로 일사 진입량을 작게 하면 냉방 부하를 삭감하는 것이 가능하다. 더운 지역

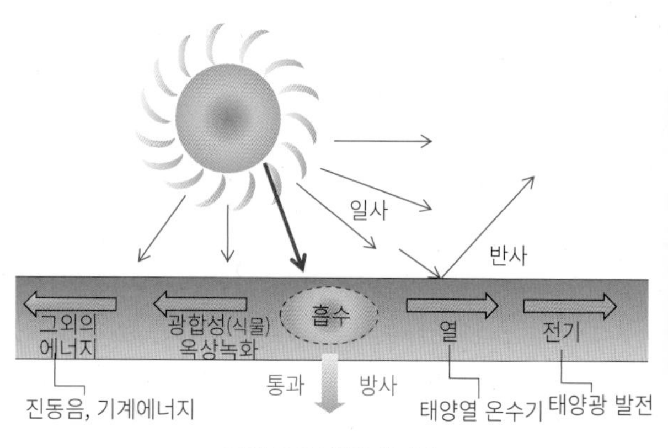

그림 8.2 태양에너지

의 냉방은 현격히 난방보다 사용 기간과 일중 사용 시간이 길므로 절대적으로 필요하다. 이러한 일사 차폐로 냉방의 부하를 삭감하는 것은 에너지 절약에는 매우 중요하다.

또한, 일사 진입을 억제하면 외벽, 개구부나 지붕의 표면 온도의 상승을 억제할 수 있기 때문에 실온을 상승시키지 않고 건강하고 쾌적한 실내 온열 환경의 생활과 냉방 비용도 절약할 수 있다.

3. 더운 지역의 에너지 절약 기법의 요소

① 방위: 하계의 일사량은 남쪽이 적기 때문에 가능한 한 남향으로 한다. 동계는 일사량을 크게 받을 수 있다. 남향이 아니면 다른 일사 차폐 방법을 생각한다. 예를 들면, 차폐 블록이나 녹화벽 등으로 대응한다.

② 개구부: 하계의 최다 풍향에 개구부를 설치한다. 바람은 체감온도와 관계 있기 때문에 바람이 있으면 2~3℃는 낮게 느껴진다.

③ 지붕: 공기층을 가지는 이중 지붕으로 한다. 옥상녹화 조성, 차열 도료를 이용한다.

④ 벽: 건물의 방위가 중요하며, 이중벽이나 차폐 블록, 녹화벽을 이용한다.

⑤ 처마, 차양: 처마, 차양의 길이와 높이의 비율에 따라, 계절에 따른 태양고도의 각도를 계산하여 하계의 일사가 실내에 진입하지 않도록 한다.

4. 외부 차폐 장치에 의한 일사 차폐 기법

차양, 차폐 블록, 루버 등의 외부 부착 일사 차폐 부재는 벽이나 창의 바깥쪽에 설치하는 장치이다. 한 번 일사가 실내에 입사하면 실내 온도가 상승하므로 그 일사가 입사하기 전에 차폐하는 것이 중요하다. 일사 차폐는 실내보다 실외 측에 설치하면 압도적으로 효과가 있다. 차양이나 루버는 창의 일부만이 차폐 효과가 있지만, 차폐 블록은 창뿐만 아니라 벽 전체를 차폐하는 효과가 있다. 그러나 일조 문제가 발생하므로 충분한 주의가 필요하다. 차폐 장치에 의한 차폐 효과는 차폐 계수로 나타낸다. 차폐 계수가 작을수록 일사 차폐 효과가 높고 에너지 절약이 된다.

■ 차폐 계수

$$= \frac{\text{설치차폐창의 일사량}}{\text{비설치 차폐창의 일사량}}$$

1) 차양

- 차양은 창이나 벽에 대해서 직사 일사를 차폐한다. 날씨가 좋을수록 일사 차폐 효과가 크고, 태양고도가 높은 곳에서는 남쪽이 유효하다. 더운 지역에서의 차양의 형태와 치수는 그림 8.3과 같으며, 그림 8.4처럼 차양의 출치수가 큰 만큼 차폐 효과는 높아진다.
- 태양은 이동하므로 일사는 정면뿐만 아니라 경사 방향으로도 입사한다. 그 때문에 폭이 넓은 차양

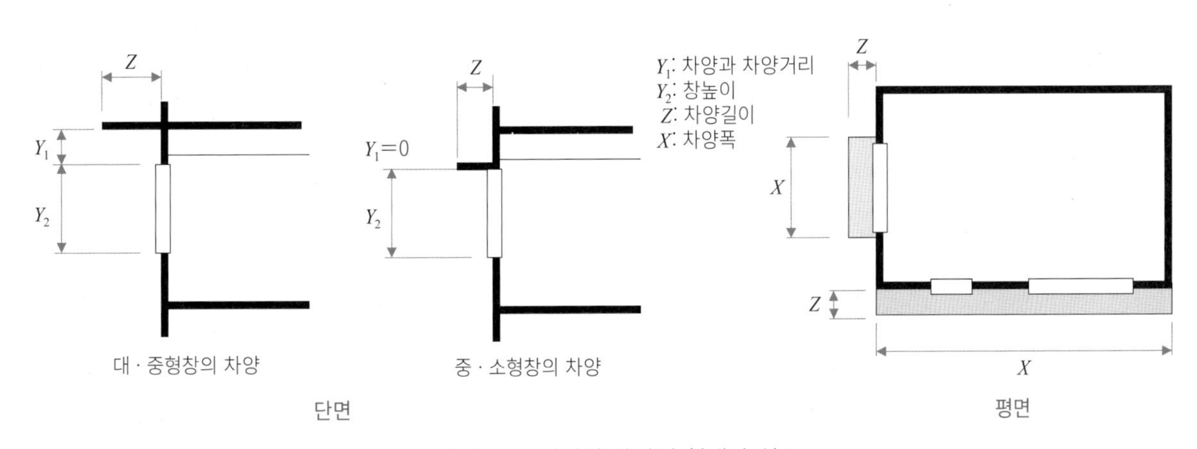

그림 8.3 더운 지역의 차양의 형태와 치수

을 설치하는 쪽이 유효하다(그림 8.5).

- 동서 면에서는 태양고도가 낮아서 일사가 낮은 각도로 입사 때문에 차양의 효과를 발휘할 수가 없다. 이 경우에는 수목이나 차폐 블록을 설치하거나 세로 블라인드(버티컬)를 마련하면 효과적이다(그림 8.4~8.5).
- 차양의 설치 높이는 창의 바로 위에 설치하는 것이 작은 차양이라도 일사 차폐 효과를 높인다(그림 8.5).

2) 차폐 블록

차폐 블록은 높은 일사 차폐 효과가 있는 장치로써 차폐 계수는 0.1 이하이며, 태양고도가 낮은 일출이나 일몰의 동서 방향에도 차폐 효과는 높다(표 8.1).

표 8.1 차폐 블록의 차폐 계수

방위	차폐 계수
동	0.06
서	0.06
남	0.02
북	0.03

차폐 블록은 공극의 면적이 작은 만큼 일사의 차폐 효과가 높아지는 반면, 일조 효과가 나빠지는 것을 인식해야 한다. 남쪽은 차양으로도 일사 차폐 효과가 높으므로 남쪽은 일조를 취하기 위해서 차폐 블록은 동쪽 또는 서쪽에만 설치하면 채광과의 밸런스를 취할 수 있는 일사 차폐 계획이 된다(그림 8.6).

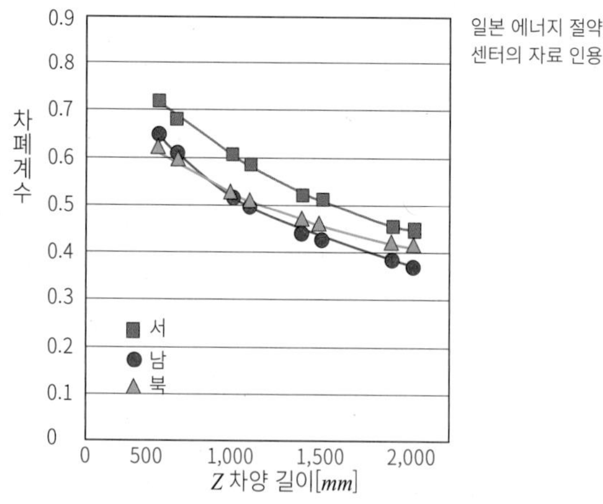

Y_1: 400, Y_2: 2,000, 차양 폭 X: 3,600인 경우

a. 설치 방위의 차이에 의한 차폐 계수

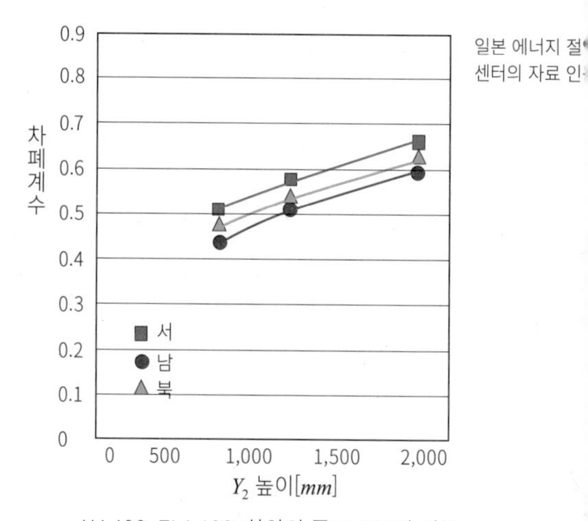

a. Y_1: 400, Z: 1,100, 차양의 폭: 1,800의 경우

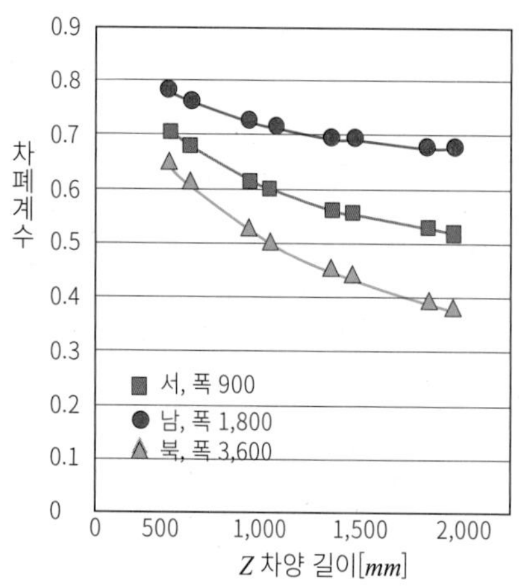

Y_1: 400, Y_2: 2,000, 설치 Q 방위가 남쪽인 경우

b. 차양의 폭의 차이에 의한 차폐 계수

그림 8.4 차양의 깊이 치수와 차폐 계수의 관계

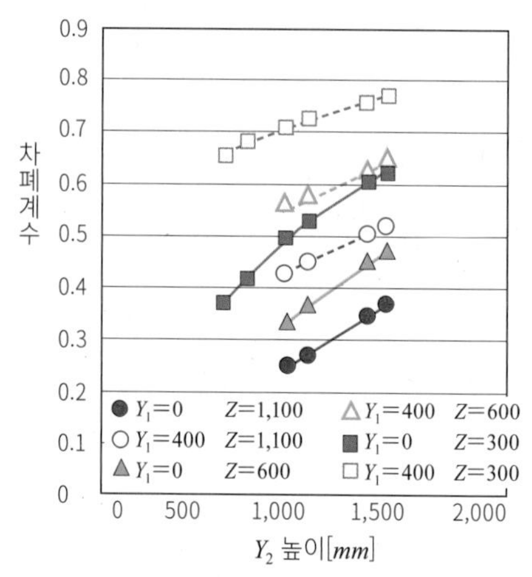

b. 차양의 폭: 1,800, 설치 방위가 남쪽의 경우

그림 8.5 창 높이와 차폐 계수의 관계

3) 루버

루버는 차폐 블록과 똑같이 창을 면적으로 가려서 높은 일사 차폐 효과가 있다. 또한, 가동 루버의 경우에는 시간대나 날씨에 따라서 일사량을 조절을 할 수 있어 채광이나 조망도 가능하다. 그림 8.7~8.8과 같이 루버 틈새(H)가 작은 만큼, 두께(D)가 큰 만큼 일사 차폐 효과가 높아진다. 그림 8.7.a와 같이 틈새(H)가 큰 루버의 경우에는 루버 틈새에서 확산광이 입사하기 쉬워지고, 실외의 조망도 좋아진다. 그림 8.7.b와 같은 틈새(H)가 작은 루버의 경우에는 일사 차폐 효과가 높아진다. 동서 면의 창에 효과적이다.

5. 벽체에 의한 일사 차폐 방법

지붕과 벽도 같지만, 콘크리트 골조의 외부에 공기층을 마련하여 골조에의 일사열의 진입을 환기에 의해 배열한다. 또한, 골조에 단열재를 시공하고 골조 외표면의 일사 반사율을 높게 하여서 차폐 계수를 낮게 한다. 즉 환기, 단열, 일사 반사 기법이다. 하계에 골조에 침입하는 열은 실내외의 온도차에 의한 열관류와 직달 일사나 천공 방사열에 의한 일사열 진입이 있다. 열관류는 단열, 일사열 진입은 환기와 일사 반사가 유효하다.

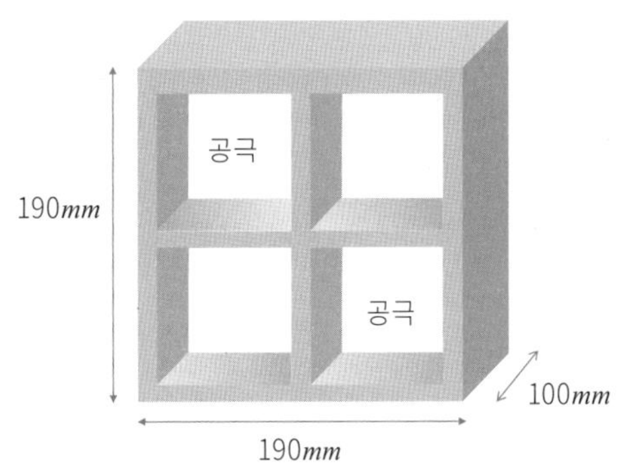

차폐 블록 규격

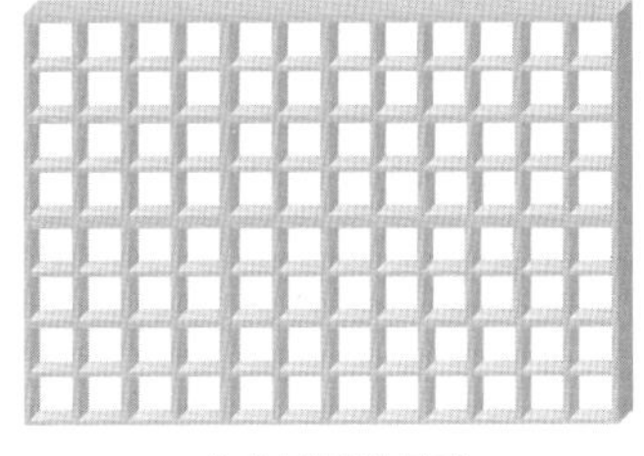
차폐 블록의 형태

차폐 블록을 이용한 고가수조(오키나와 나고시)

차폐 블록을 이용한 집합주택(오키나와 나하시)

그림 8.6 차폐 블록

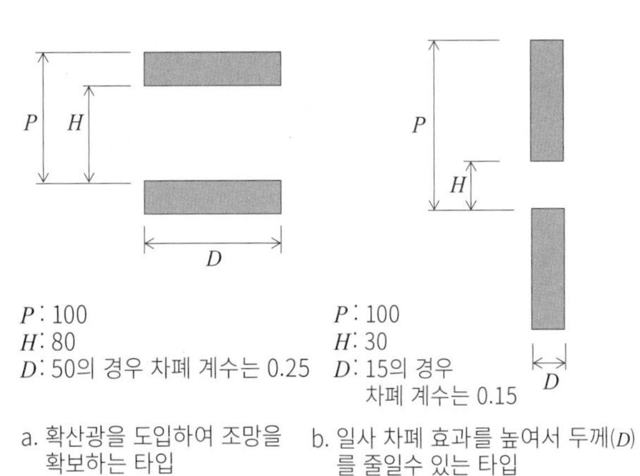

a. 확산광을 도입하여 조망을 확보하는 타입

b. 일사 차폐 효과를 높여서 두께(D)를 줄일수 있는 타입

그림 8.7 루버의 타입과 치수

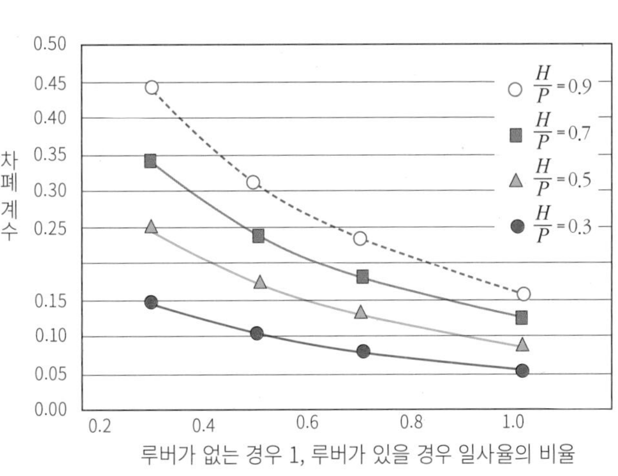

그림 8.8 루버를 설치하는 경우의 차폐 계수

1) 환기

환기에 의한 대책은 환기층 부분의 환기 횟수가 관계한다. 지붕의 차열 블록과 공기층에 의한 환기층은 항상 외기에 개방되는 공극이 있어서 필요한 환기량은 확보되고 있다. 이렇게 외기 환기는 효과가 있지만, 실내의 지붕 밑, 천장 위의 환기의 환기량과 환기 횟수가 중요하다. 벽의 경우에는 더블 스킨 등의 궁리로 해결한다.

2) 단열

단열에 의한 대책은 직달 일사의 부하가 큰 지붕을 중심으로 하면 유효하다. 골조 전체를 단열로 하면 동계에는 유효하지만, 하계에는 실내에 상승한 열기의 방열을 방해하는 역효과가 있으므로 주의 해야 한다.

3) 일사 반사

직달 일사를 반사해서 효과를 얻는 기법으로 일사 반사율을 향상시키는 도료가 있다. 백색이나 엷은 색계의 일반 도료, 차열 도료를 골조 표면에 도포하면 효과적이다. 그러나 장기적인 경우에 자외선에 의한 노화나 외장 표면의 더러움 등으로 성능이 저하하므로 정기적인 청소나 재칠 등의 보수관리가 필요하다.

6. 지붕에 의한 일사 차폐 방법

위도가 낮은 더운 지역의 지붕은 직달 일사의 영향을 가장 많이 받는 곳이며, 창과 마찬가지로 일사 차폐가 필요로 하는 부위이다. 지붕의 일사 차폐 대책으로 단열, 환기, 일사 반사의 관계를 잘 이해하는 것이 중요하다. 더운 지역에서는 지붕에 만든 창문(톱 라이트)을 마련하는 경우는 일사 차폐의 궁리가 필요하며, 그렇지 않으면 권하지 않는 것이 좋다.

- 일사 반사, 차폐를 높이면 단열을 해도 단열 효과는 별로 없다.

이처럼 일사 반사, 일사 차폐, 단열, 환기의 대책을 어느 한쪽을 선택하고 강구하는 것이 효율적이지만, 필자의 연구에 의하면 일사 차폐가 가장 효과적이었다(그림 8.9~8.12).

1) 일사 차폐 블록

지붕 위에 블록을 설치하여 공기층을 마련하는 방법은 직달 일사를 차폐하는 효과로서 유효하다. 또한, 그 공기층은 천공 일사량을 환기에 의해 그 열을 차단하는 역할을 하므로 지붕 슬래브를 보호하므로 지붕 부위의 내구성 향상에도 큰 효과가 있다.

그림 8.9 공기층의 일사 차폐 블록

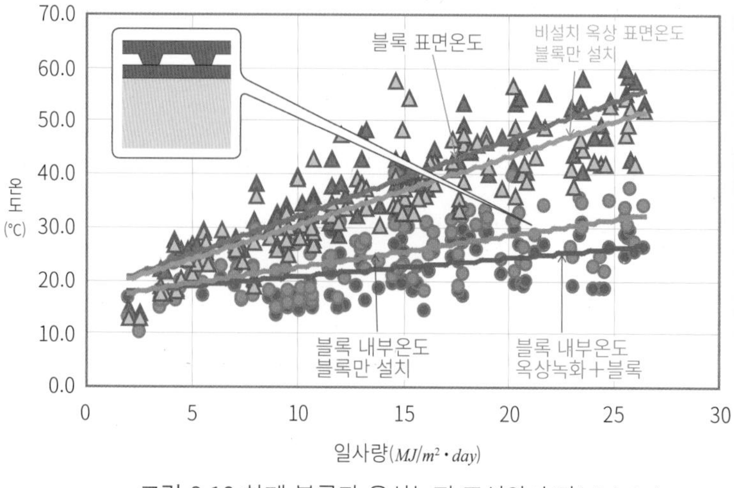

그림 8.10 차폐 블록과 옥상녹지 조성의 효과(저자연구)

공기층의 두께는 최저 30*mm* 이상 확보하여 충분히 환기되는 구조로 하는 것이 중요하다. 이러한 차폐 블록 방법은 신축뿐만 아니라, 기존 건물에도 비교적 설치하기 쉽다. 이 경우에는 기존 지붕의 허용 적재 하중에 주의한다. 그림 8.11은 공기층과 단열재에 의한 일사 차폐 효과이지만, 일사 차폐가 있으면 단열재는 어디에 넣어도 효과가 없다. *A~D* 까지는 단열재가 들어간 구성으로 열관류율은 같다. E는 단열재가 없는 널빤지 한 장이어서 열관류율은 크고 실내 온도는 높아진다고 생각되지만, 실제로는 이 널빤지 한 장에 의한 차폐 효과에 의해 온도차는 거의 같다. 그림 8.12는 일사 차폐, 단열재, 일반 지붕의 비교한 그래프이다. 일사량이 많으면 많은 만큼 지붕+벽면의 차폐 설치 쪽이 비차폐, 단열재보다 실내 온도는 낮아진다.

2) 재료 표면의 일사 반사율·장파장 방사율

외장 표면의 차폐 성능을 검토할 때 해당하는 재료의 수치를 참조하면 좋다(그림 8.13). 재료 표면의 일사 흡수율 A_1은 아래의 횡축에, 일사 반사율 A_2는 위의 횡축에 나타낸다. 일사를 통과하지 않는 건축 재료의 경우, $A_1+A_2=1$의 관계이다.

재료 표면의 장파장 방사율 B_1은 왼쪽의 세로축에, 장파장 반사율 B_2는 오른쪽의 세로축에 나타낸다. 이

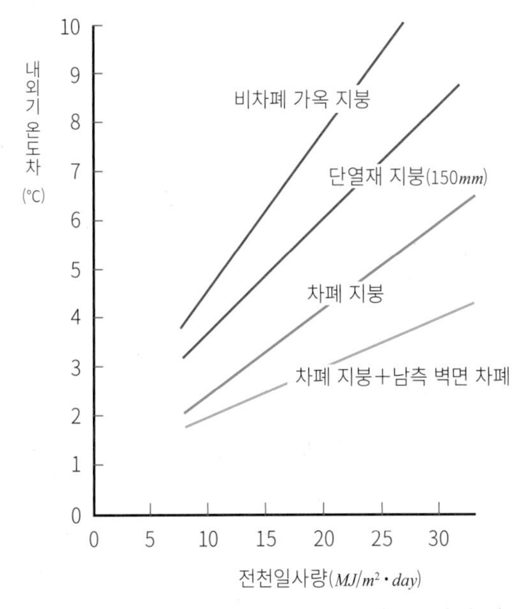

그림 8.12 일사차폐 효과에 의한 실내온도차의 비교

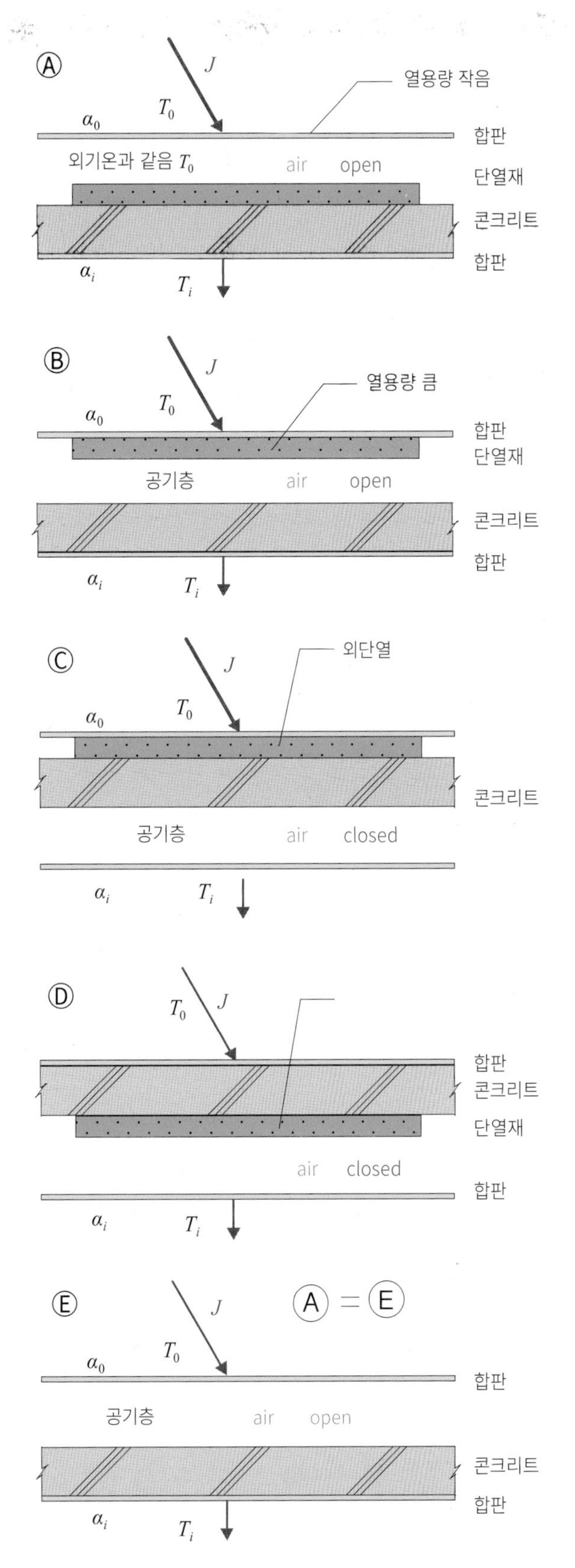

그림 8.11 공기층과 단열재에 의한 일사차폐 효과와 시공방법

러한 값도 일사를 투과하지 않는 건축 재료의 경우 $B_1+B_2=1$이 된다. 환기층이나 중공층 내부의 차열 설계를 검토할 때 이 수치를 이용한다.

- 일사 반사율: 1에 가까울수록 일사 반사 성능은 좋고, 수치가 작은 만큼 반사 성능이 뒤떨어진다.
- 일사 흡수율: 1에 가까울수록 일사 반사 성능은 나쁘고, 수치가 작은 만큼 반사 성능이 뛰어나다.
- 장파장 방사율: 일사를 제외한 약 $3\mu m$ 이상의 비교적 긴 파장의 열방사에 관한 방사율을 의미한다.

모든 물체는 온도(절대 온도)의 4제곱에 비례하는 에너지를 방사하고 있다.

그러나 같은 표면 온도라도 물체의 색 등 표면의 상태에 따라 다르므로 완전 검정체(모든 방사를 완전히 흡수하는 가상적인 물체)의 방사에너지에 대한 그 물체의 방사에너지의 비율이 방사율이다.

3) 장파장 방사율을 높이고 일사 차폐를 실시하는 대책

골조 내부의 열저항을 높이면 장파장 방사율은 향상된다. 이것은 골조의 환기층 내에 면하는 재료, 외장재 표면, 골조 표면 어느 한쪽에 장파장 방사율의 높은 재료(또는 도료)를 설치하는 방법으로, 일사 진입율을 크게 삭감할 수 있다. 이 방법은 반드시 환기층에만 사용할 수 있는 것은 아니고 밀폐된 중공층에도 적용 가능하다.

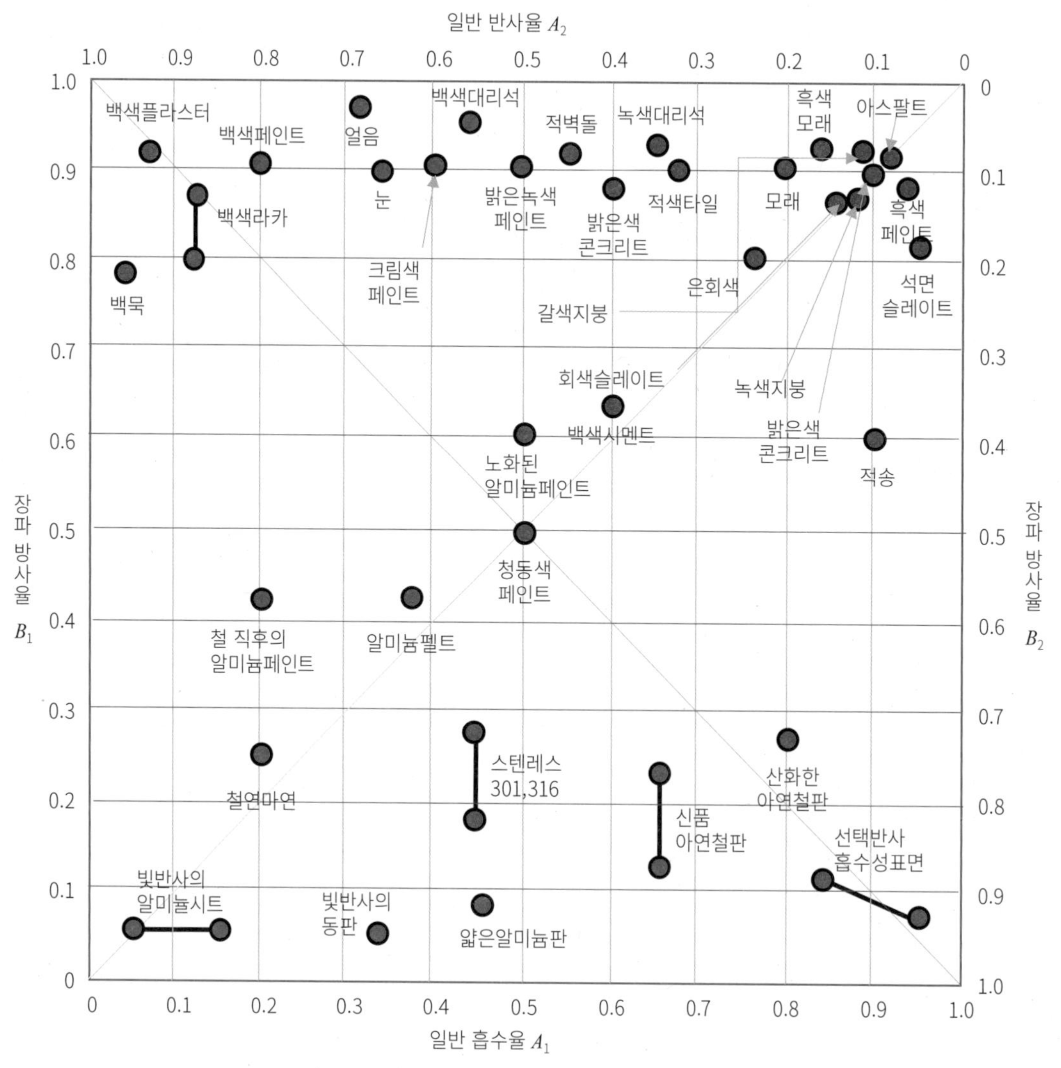

그림 8.13 재료표면의 일사 반사율 · 장 파장 방사율

환기층을 마련하고 알루미늄 외장재를 사용하는 방법 등이 있어, 신축뿐만 아니라 기존 주택에도 비교적 간단하게 적용할 수 있지만, 알루미늄은 염분에 약하므로 바다에 가까운 곳에는 염해 대책이 필요하다.

4) 옥상 녹화

옥상 녹화는 단열성이라기보다는 식물이나 흙에서의 증발산 작용에 따른 잠열의 효과에 의해, 지붕 이나 옥상의 표면 온도를 내려서 실내 온도까지 내리는 것을 목적으로 한다. 옥상 녹화에는 유지관리 등의 배려가 충분히 필요하다. 예를 들면, 재배 부분의 생육 후의 하중을 예상하여 지붕의 적재 하중을 검토할 필요가 있다. 또한, 충분한 배수 대책, 옥상의 방수, 누수 대책이 중요하다. 식물 종류에는 너무 키가 큰 수목을 선택하지 않는 것이 좋다. 태풍, 강풍, 강우의 대책을 고려하고, 잔디는 무난한 옥상 녹화라고 할 수 있다(그림 8.14~8.15).

그림 8.14 차폐 블록+옥상 녹화 조성

그림 8.15 옥상 녹화
(안도 다다오 설계 코베로코크 집합주택 II)

7. 방사 냉방

방사 냉방 시스템은 주로 각 방에 설치하는 "냉방기"와 냉수를 만드는 "실외기", 그것들을 연결하는 "파이프"로 구성된다. 냉방기는 금속제와 수지제가 있고, 실외기는 에어컨과 같은 히트 펌프식이다(그림 8.16).

하계는 실외기로 차갑게 식혀진 냉수가 각 방의 냉방기에 전달하여 냉수가 실내 공기의 열을 빼앗는 "냉방사"에 의해 실온을 내린다. 이러한 방사 냉방은 각 방에 설치된 냉방기로부터의 방사로, 공간 전체를 차갑게 식히고 안정된 실온을 유지하므로 자연스러운 실내 환경을 얻을 수 있다. 그리고 에어컨이나 팬히터와 다른 자연적인 체감을 느낄 수 있으며, 공기 안의 먼지나 곰팡이 등이 실내에서 순환하지 않고 스트레스가 되는 냄새나 소음도 없다.

기본적으로 시즌 중에는 연속 운전하기 때문에 가동하는 횟수가 적어서 소비 전력이 억제되며 에너지 절약에 도움이 된다. 초기 비용은 고액이지만 연비가 좋아서 경비가 적다.

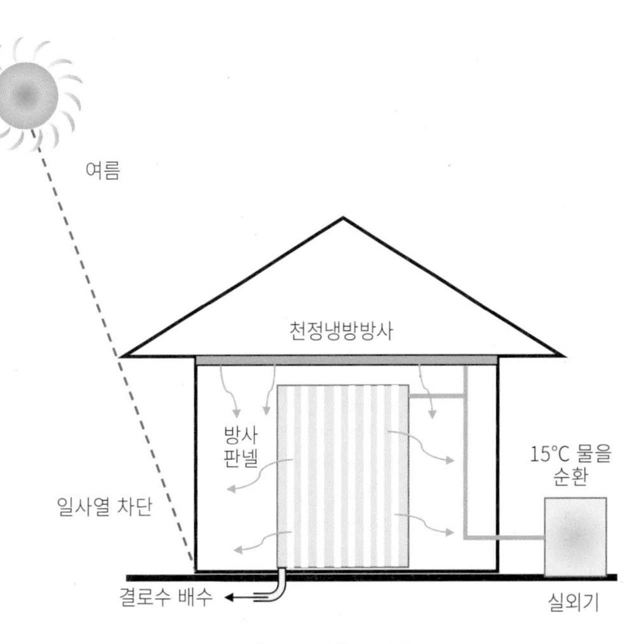

그림 8.16 방사 냉방

09 한랭지에서의 에너지 절약

1. 일사열의 이용

1) 일사열

난방기에 일사열을 최대한으로 도입하기 위해서는 일사열을 취득하는 개구부에 방해가 되지 않도록 아무것도 설치하지 않는 게 좋다. 그리고 개구부를 남쪽으로 하여 일사열이 충분히 진입 하도록 계획한다.

2) 축열 용량

축열은 실온을 안정되고 유지하는데 효과가 있도록 낮에는 열을 흡수하고, 야간에는 저축한 열을 방출하여 실온의 저하를 막는다. 축열에 유효한 건축 부위의 대상은 바닥, 외벽, 칸막이벽, 천장이다.

3) 일사열 취득량

개구부 면적을 크게 하고 일사열 취득형의 유리로 하면 효과가 있다. 그리고, 개구부 주위를 합리적으로 하여, 주택 전체의 일사 취득 계수를 크게 하면 효과가 있다. 재료는 축열 부위에서 계상할 수 있는 "유효 두께"를 설정한다. 재료의 용적 산정 시에 재료의 두께가 유효 두께 이상의 경우에는 유효 두께까지만을 계상할 수 있다. 이것은 유효 두께 이상의 재료의 축열 효과는 작다는 것을 의미하고 있다. 열전도율이 큰 재료일수록 유효 두께는 커진다.

■ 일사 취득 계수(μ치)

"건물에 의한 차폐가 없다고 가정한 경우에 취득할 수 있는 일사량"에 대한 "실제로 건물 내부에 취득할 수 있는 일사량"의 기간 평균적인 비율을 말한다. 값이 큰 만큼 일사를 많이 취득하는 것을 의미한다.

2. 바닥 난방

바닥 난방은 동계에 쾌적한 온도로 따뜻하게 하지만, 하계에도 상쾌하고 시원한 냉난방 설비이다. 바닥에서 직접 전하는 전도열과 바닥에서 방 전체에 퍼지는 방사열의 조합으로 따뜻하게 하는 시스템이다. 팬히터로 가열한 고온의 대류열로 따뜻하게 하는 난방기기와는 난방 방법이 다르고, 부드러운 난방을 느끼는 것이 특징이다.

필자의 연구에서 축열 온수 바닥 난방은 한겨울의 실내 평균 기온이 약 20.5℃로 온종일 안정된 실내 온도로 유지하고 있는 것이 밝혀졌다(그림 9.1).

바닥 난방은 "두한족열"이므로 발밑은 따뜻하고, 머리는 깔끔해서 몸에도 좋고, 방의 먼지나 냄새를 억제하며 청결한 난방이다. 또한, 결로나 곰팡이의 원인이 되는 수증기가 발생하지 않는 것이 장점이라 할 수 있다.

주택의 바닥 난방법에 있어서, 바닥 표면 온도는 25℃ 정도를 상한으로 하는 것이 바람직하다. 20~30℃의 온도 조건에서, 상대습도가 70%를 넘으면 곰팡이의 발육이 촉진되고, 상대습도가 높으면 높은 만큼 그 번식률은 높아지지만, 바닥 난방은 상대습도가 50% 이하를 유지하기 때문에 곰팡이 발생을 억제할 수 있다.

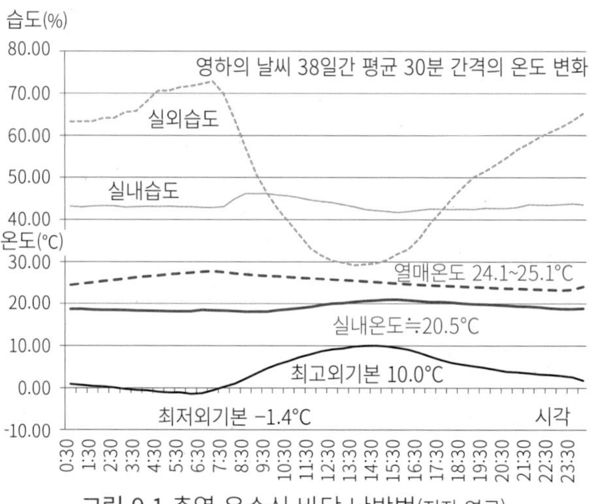

그림 9.1 축열 온수식 바닥 난방법(저자 연구)

3. 온수 순환식 바닥 난방 방식

온수 순환식 바닥 난방 방식은 전기, 가스, 등유 등의 연료로 따뜻하게 물을 덥혀서 그 온수가 파이프를 순환하여 바닥 면을 직접 따뜻하게 하는 방식이다. 전기히터식에 비하면 비교적 난방 시작이 느리지만 스위치를 꺼도 물은 열량이 큰 재료이므로 온수의 따스함이 바닥에 계속 남는다. 선택한 열원 기기의 종류에 따라, 한층 더 연간의 사용 비용을 억제할 수도 있다. 온수식의 결점은 열원 기기의 설치가 필요하다. 열원 기기와 파이프의 배관 공사도 따르기 때문에 전기식에 비하면 도입 비용은 비교적 고가이다.

1) 전기 열원 온수식

전기로 따뜻한 물을 끓이는 방식은 그림 9.2와 같다.

- 히트 펌프 사용: 에너지 절약 기법
- 에코큐트 사용: 저렴한 심야 전력을 이용
- 태양열 이용: 태양열로 얻은 온수를 가스나 등유 보일러로 재가열하여 이용

2) 가스·등유 열원 온수식

가스나 등유로 따뜻한 물을 끓이는 방식은 그림 9.3과 같다.

- 급탕기 이용: 급탕 시의 폐열을 이용
- 가스보일러 이용: 바닥 난방법 전용의 보일러를 이용
- 에코윌 이용: 발전기로 발생한 배열이나 전력을 이용
- 등유보일러 이용: 바닥 난방법 전용의 보일러를 이용

4. 전기히터식 바닥 난방 방식

전기히터식 바닥 난방 방식은 바닥 밑에 히터를 내장한 패널을 설치하는데, 전기로 히터를 발열하여 바닥 면을 직접 따뜻하게 하는 방식이다(그림 9.4).

열원 기기를 수반하지 않는 전기식은 온수식에 비하면 설치비는 저렴하다. 배관 공사도 필요 없고 바닥재의 교체뿐이므로 부분 리폼에도 적절하다. 그러나 전기로 전열선을 따뜻하게 할 때 시간이 짧지만, 온수

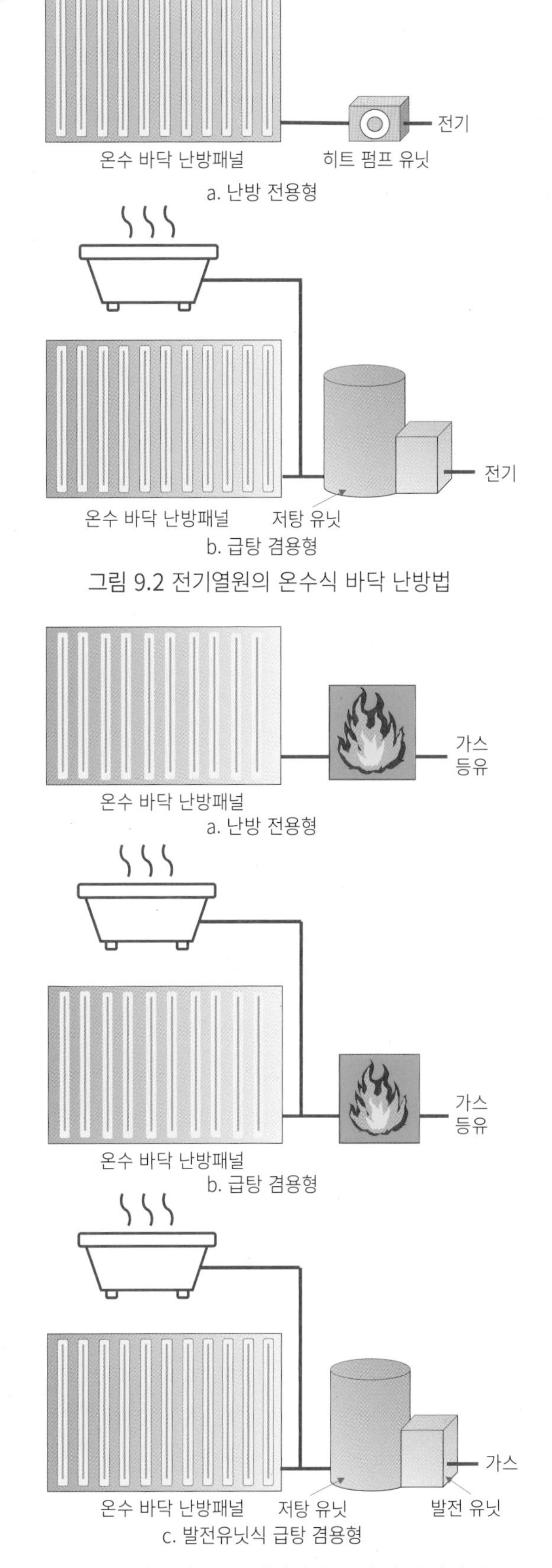

그림 9.2 전기열원의 온수식 바닥 난방법

그림 9.3 가스와 등유 열원의 온수식 바닥 난방법

식에 비하면 방 전체가 따뜻해지기까지 여분의 전기 용량이 커져서 전기세가 고액이 되어 버린다.

전기히터 방식에는 다음과 같은 종류가 있다.

- 전열선 히터: 발열체의 열선 부분에 전기를 통해 발열하는 방식
- 카본식: 발열체가 카본(탄소섬유)의 히터 방식
- PTC 히터: 자기 가열 억제 기능이 있고, 불필요한 발열을 억제하는 방식
- 축열 전기 히터: 심야 전력을 이용해 히터를 따뜻하게 하여 축열재에 열을 모아서 발열하는 방식

5. 온풍식 축열 바닥 난방 방식

바닥 아래에 팬히터를 장치해서 온풍을 보내면 마루 밑은 열이 가득 차고 바닥에 열을 전한다(그림 9.5). 그 열은 바닥을 따뜻하게 하고 축열된다. 그 축열은 천천히 실내에 방사하고 난방을 실시하는 방식이다. 실내에 단열재를 넣으면 그 효과가 늘어나지만, 창으로부터의 콜드 드래프트를 막는 것이 중요하다. 이 시스템은 최근 필자의 연구의 하나로, 저가로 에너지 절약을 할 수 있으며, 하계는 물론 냉방 효과에도 기대된다.

6. 방사 난방 방식

방사 바닥 난방 방식은 천장이 높은 병원의 대합실이나 홀 등에 유효하다. 차가운 벽면에 의해 불쾌감을 발생하게 하지 않기 위해서는 방사의 불균일성(방사 온도의 차이)을 10℃ 이내로 하는 것이 바람직하다.

팬히터 난방 시스템은 실내의 공기 자체를 따뜻하게 하여 순환시키는 "대류 공조"가 주류이다. 그러나 이런 난방 방식으로는 온풍이 직접 신체에 닿아서 불쾌하게 느껴지는 경우가 있다. 또한, 소음이나 실내의 온도가 불균형 등 문제점이 있다.

방사 난방 방식은 이런 문제를 근본적으로 해결하는 동시에 CO_2의 삭감 등을 할 수 있는 환경에 좋은 시스템이다. 그림 9.6과 같이 일사를 실내에 가능한

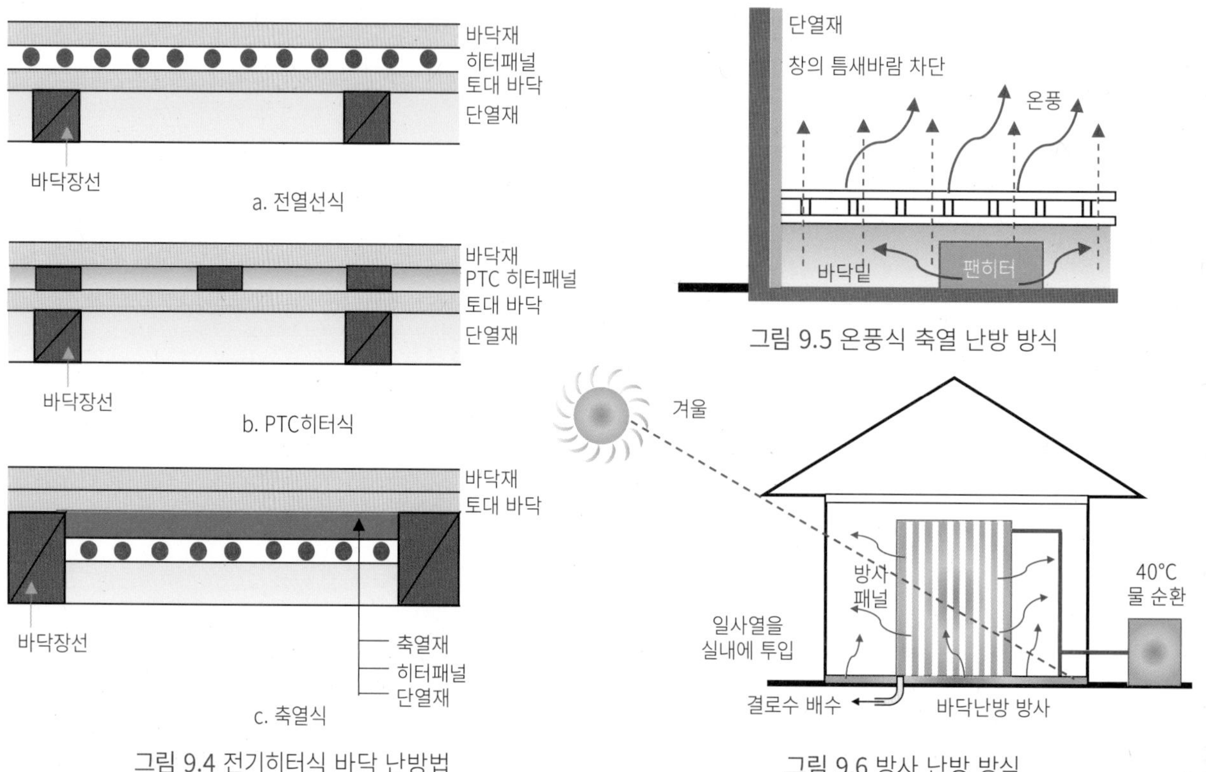

그림 9.4 전기히터식 바닥 난방법

그림 9.5 온풍식 축열 난방 방식

그림 9.6 방사 난방 방식

한 많이 투입하여 축열량이 큰 바닥이나 벽 등에 축열하여 방사하는 패시브 기법이다. 또한, 따뜻해진 뜨거운 물을 바닥이나 방사 패널에 보내고 방사하는 액티브 기법도 있어, 패시브 기법+액티브 기법의 구성으로 방사 난방을 하면 효과는 더욱 상승하고 에너지 절약도 할 수 있다.

페리미터 존은 알루미늄 바닥으로 설치하면 다이렉트 게인과 방사 효과에 의해 바닥 난방의 효과를 높여 준다(그림 9.7).

그림 9.7 바닥 방사 난방

6, 7, 8, 9 에너지 절약 기술·기법 연습문제

1) 히트 펌프에 대해서 말씀하시오.
2) 친밀하게 에너지 절약 방법으로 사용되고 있는 예를 드시오.
3) 연료전지의 원리에 대해서 간단하게 설명하시오.
4) 스마트하우스에 대해서 설명하시오.
5) 지역 냉난방에 대해서 설명하시오.
6) 더운지역에서의 에너지 절약의 설계 기법에 대해서 말씀하시오.
7) 한랭지에서의 에너지 절약의 설계 기법에 대해서 말씀하시오.

6, 7, 8, 9 에너지 절약 기술·기법 / 심화문제

[1] 에너지 절약 기술에 관한 다음 기술 중 가장 부적당한 것은 어떤 것일까?

1. 히트 펌프는 열매체나 반도체 등을 이용하여 저온 부분에서 고온 부분으로 열을 이동시키는 기술이다.
2. 나이트 퍼지는 냉방 개시 시의 부하를 저감하여 에너지 절약화를 도모할 수 있다.
3. 빗물 이용 시스템에서 빗물의 집수 장소는 집수하는 빗물의 오염도를 고려하여 지붕면으로 한다.
4. LED는 조명의 전력 소비량을 감소할 수 있어 냉방용 에너지 소비량도 감소시킬 수 있다.
5. 지역 냉난방 시스템의 활용은 이용하지 않던 열의 활용에 의한 배열 삭감을 기대할 수 있지만, 히트 아일랜드 현상의 완화에는 효과가 없다.

[2] 에너지 절약 기술에 관한 다음 기술 중 가장 부적당한 것은 어떤 것일까?

1. 연료전지의 발전의 원리는 물의 전기 분해와 반대인 반응을 이용한 것으로, 수소와 산소가 결합하여 전기와 물이 발생하는 화학반응이다.
2. 초기 조도 보정은 경년에 따른 광원의 출력 저하 등을 고려한 조명의 에너지 절약 방법의 하나이다.
3. 빗물 이용 시스템에서의 빗물의 집수 장소는 일반적으로 지붕이나 옥상이 많다.
4. 주택의 바닥 난방법에 있어서 바닥 표면 온도는 15℃ 정도로 하는 것이 바람직하다.
5. 방사 바닥 난방 방식은 천장이 높은 병원의 대합실이나 의회 홀 등에 유효하다.

[3] 에너지 절약 기술에 관한 다음 기술 중 가장 부적당한 것은 어떤 것일까?

1. 가스 엔진 히트 펌프는 히트 펌프 운전에 의해 얻을 수 있는 가열량과 엔진의 배열량을 합하여 이용할 수 있다.

2. 사용 전력량을 저감하기 위해서는 자연 채광과 인공조명을 병용한다.
3. 나이트 퍼지는 낮에 외기를 도입하여 다음 날의 공조 부하를 줄이는 에너지 절약 기법이다.
4. 20~30℃의 온도 조건은 상대습도가 70%를 넘으면 곰팡이의 발육이 촉진되어 상대습도가 높은 만큼 그 번식률은 높아진다.
5. 차가운 벽면에 의해 불쾌감을 발생하게 하지 않기 위해서는 방사의 불균일성(방사 온도의 차이)을 10℃ 이내로 하는 것이 바람직하다.

[4] 에너지 절약 기법에 관한 다음 기술 중 가장 부적당한 것은 어떤 것일까?

1. 옥상에 차폐 블록을 설치 시 옥상 바닥과 블록 사이에 약 *3cm*의 공기층을 두었다.
2. 차폐 계수가 큰 만큼 일사 차폐 효과가 높고 에너지 절약이 된다.
3. 방사 난방 방식은 방사 패널이 높은 방사율이 필요하기 때문에 반사율이 높은 수조면에는 충분한 효과를 볼 수 없다.
4. 현열의 처리를 실시할 수 있지만 잠열의 처리를 실시할 수는 없다.
5. 외부 부착의 일사 차폐 블라인드는 외부에서 일사를 차폐하는 것이 내부의 것보다 차폐 효과가 매우 높다.

[5] 에너지 절약 기법에 관한 다음 기술 중 가장 부적당한 것은 어떤 것일까?

1. 차폐 계수는 차폐 장치를 설치한 창에 입사하는 일사량을 차폐 장치를 설치하지 않은 창에 입사하는 일사량으로 곱한 것이다.
2. 실내의 마루에 방열관을 묻은 방사 난방 방식은 온풍 난방 방식과 비교하면 실내에서 상하의 온도차가 적다.
3. 일반적인 사무소 빌딩의 집무 공간에서의 천장 방사 냉방은 실내의 천장, 벽, 바닥에 냉각·가열 패널을 마련하는 것으로 방사 냉난방을 실시하는 방식이다.
4. 에코큐트의 냉매로서 프레온이 아니라 이산화탄소를 사용하고 있다.
5. 에코아이스는 저렴한 야간 전력으로 얼음을 만들어 그것을 낮에 냉방으로 이용하는 시스템이다.

[6] 에너지 절약 기술에 관한 다음 기술 중 가장 부적당한 것은 어떤 것일까?

1. 히트 펌프는 적은 에너지로 열을 모아서 큰 열에너지로서 이용하는 에코 기술이다.
2. 연료전지는 발전 시의 에너지 효율이 높지만 폐기물이 배출되는 단점이 있다.
3. 에코큐트(EcoCute)의 정식 명칭은 "자연 냉매 히트 펌프 급탕기"이다.
4. LED 칩의 기본 구조는 P형 반도체와 N형 반도체가 접합된 "PN 접합"으로 구성되어 있다.
5. 스마트하우스는 가전이나 설비 기기를 정보화 배선 등으로 접속해 최적 제어를 실시하는 것으로, 생활자의 요구에 응한 다양한 서비스를 제공하는 주택을 말한다.

[7] 에너지 절약 기술에 관한 다음 기술 중 가장 부적당한 것은 어떤 것일까?

1. 빛 파장의 차이가 LED의 발광 색을 결정한다.
2. 일사 반사율은 1에 가까울수록 일사 반사 성능이 좋고, 수치가 작을수록 반사 성능이 뒤떨어진다.
3. 히트 펌프의 주류는 기체의 압축·팽창과 열교환을 조합한 것이다.
4. 열매체는 기기의 용도에 따라 명칭이 바뀌며, 냉각 기기이면 냉매, 가열 기기이면 열매라고 한다.
5. 에코큐트는 통상의 전열 기기보다 발열의 효율이 3배에서 5배 양호하지만, 외기온이 낮으면 능률이 향상한다.

[8] 에너지 절약 기술에 관한 다음 기술 중 가장 부적당한 것은 어떤 것일까?

1. 우수 이용도 "중수"에 분류된다.
2. 에코아이스의 빙축열식 공조 시스템은 수냉식에 비하면 얼음을 사용하기 때문에 광열비를 절약할 수 있어서 배열도 억제된다.
3. 방사 바닥 난방법 방식은 천장이 높은 병원의 대합실이나 홀 등에 불리하다.
4. 스마트하우스는 태양전지나 축전지, 에너지 제어 시스템 등을 장비하여 에너지 창조와 절약, 축 에너지형 주택을 가리킨다.
5. 차양의 설치 높이는 창의 바로 위에 설치하는 것이 작은 차양이라도 일사 차폐 효과를 높인다.

[9] 에너지 절약 기법에 관한 다음 기술 중 가장 부적당한 것은 어떤 것일까?

1. PTC 전기히터 바닥 난방 방식은 자기 가열 억제 기능이 있고, 소용없는 발열을 억제하는 방식이다.
2. 더운 지역에서의 냉방 부하의 삭감이나 실내 쾌적성을 향상하려면 "일사 차폐"는 중요하지 않고 내단열이 중요하다.
3. 외기 냉방으로는 동기나 봄, 가을과 같은 중간기처럼 외기온이 실내의 설정 온도보다 낮은 때 외기를 적극적으로 도입하여 냉방 부하를 경감하고 에너지 절약을 도모할 수 있다.
4. HEMS는 가정의 에너지 관리 시스템으로 가전, 태양광 발전, 축전지, 전기자동차 등을 일원적으로 관리하는 주택이라고 말할 수 있다.
5. 차폐 블록은 동쪽 또는 서쪽에만 설치하면 채광과의 균형을 취할 수 있는 일사 차폐 계획이 된다.

[10] 에너지 절약 기법에 관한 다음 기술 중 가장 부적당한 것은 어떤 것일까?

1. 히트 펌프는 CO2 배출량도 대폭 감축할 수 있다.
2. 나이트 퍼지는 내부 발열량이 많은 건물, 단열성이나 기밀성이 높은 건물 등에서 특히 유효한 공조 시스템이다.
3. 연료전지 발전은 소음이 발생하지 않고, 고가이며 수명이 길다.
4. 지역 냉난방 시스템은 에너지센터에서 증기·온수·냉수 등을 제조하여 축열조에 저축하고 파이프라인 지역도관을 통해 각 건물에 열원을 공급한다.
5. 루버 틈새(H)가 작고 두께(D)가 큰 만큼 일사 차폐 효과는 높아진다.

연습문제·심화문제 답안

1편 건축환경

1, 2, 3 연습문제 기후

1) p.23, p.24
2) p.20
3) $°F = \frac{9}{5} \times C + 32 = \frac{9}{5} \times 20 + 32 = 68°F$
4) p.24
5) p.25
6) p.25~p.27
7) 전원불쾌
8) $0.81 \times 27 + 0.01 \times 60 \times (0.99 \times 27 - 14.3) + 46.3$
   = 75.63, 75%를 넘고 있으므로 10%의 사람이 불쾌하다고 느낀다.
9) p.27
10) p.28

1, 2, 3 심화문제 기후

[1] **2.** 내륙부쪽이 연안부보다 크다.
[2] **5.** 착의량이 아니라, 방사이다.
[3] **2.** 대사량이 많을수록 커진다.
[4] **2.** 고위도 지역에서 크고, 저위도 지역에서 작아지는 경향이 있다.
[5] **2.** 밤이 되면 육지에서 바다로 불어, 풍향이 거꾸로 된다.
[6] **3.** 1*clo*, 실온이 30℃의 경우, 신유효온도는 31℃이다.
[7] **3.** 마른공기 1g 아니라 1*kg*이다. 단위에 주위.
[8] **4.** 겨울은 저온·저습하고, 여름은 고온·고습 이라 할수 있다.
[9] **4.** 절대온도 완전히 정지하는 온도를 0[*K*]으로 한다.
[10] **5.** 기온보다 높으면 덥게 느끼고, 낮으면 시원하게 느껴진다.

4 연습문제 전열

1) 열관류율 $K = 1.0W/(m^2 \cdot K)$이므로

$$K = \frac{1}{R} = \frac{1}{\frac{1}{\alpha_0} + \Sigma\frac{d_n}{\lambda_n} + \frac{1}{\alpha_i}} = 1$$이 벽에

단열재($d = 40mm = 0.04m$, $\lambda = 0.04W/(m \cdot K)$)를 마련하기 위해,

$$열관류율\ K = \frac{1}{1 + \frac{d}{\lambda}} = \frac{1}{2} = 0.5W/m^2$$

열관류율 $(K) = 0.5W/m^2$

2) 단열재가 없는 상태에서의 열관류율의 값이 $1.0W/(m^2 \cdot K)$라는 것은,

$$\frac{1}{\alpha_1} + \frac{1}{\alpha_2} = 1.0$$이다.

이 벽체에 열전도율(λ)이 $0.03W/(m \cdot K)$의 단열재를 사용했을때

열관류율이 $0.4W/(m^2 \cdot K)$라는 것은

$$열관류율\ K = \frac{1}{1.0 + \frac{d}{0.03}} = 0.4$$

$d = 0.045(m) = 45(mm)$

답 45[*mm*]

3) **열손실량은 다음 식에서 구한다.**

열손실량=(외벽의 면적×외벽의 열원류율 + 창의 면적×창의 열관류율 + 천장의 면적×천장의 열원류율)×기온차이

수치를 대입하면

$\{180\times0.3+15\times2.0+70\times0.2\}\times(20-0)=1{,}960[W/K]$

4) 열손실 계수(Q치)는, 각부의 열손실량의 합계와 환기에 의한 열손실량을 합하고 바닥 면적으로 나누어서 구한다.

1. 지붕(천장) → $20\times0.1=2$
2. 외벽(창을 제외한) → $50\times0.2=10$
3. 창 → $4\times2.0=8$
4. 실내외 온도차 1℃당 환기에 의한 열손실 → 20.0

$$Q=\frac{2+10+8+20}{20(1.\ \text{바닥 면적})}$$

따라서, 2.0

5) p.34

4 심화문제 전열

[1] **5.** 내측 새시의 기밀성을 높게 한다가 효과적이다.

[2] **4.** 외단열공법 쪽이 올바르다.

[3] **4.** 쾌청일보다 운천일쪽이 높아지기 쉽다.

[4] **1.** 진공상태로는 전자파가 방사열로 전한다.

[5] **3.** 열전도율은 커진다.

[6] **5.** 내단열은 열용량도 작고, 짧은시간에 따뜻하게 할수 있다.

[7] **1.** 열전달저항은 외기측의 값은 작고, 실내측은 크다.

[8] **3.** 외벽과 지붕이나 바닥부분에서 열전도를 고려하지 않으면, 열관류율은 작아지지 않고 단열 효과가 적어진다.

5 연습문제 결로

1) p.40 2) p.40 3) p.42

5 심화문제 결로

[1] **3.** 공기의 상대습도는 낮아진다.

[2] **5.** 외창이 아니라, 내창의 기밀성을 크게 한다.

[3] **4.** 건구온도가 낮을 수록, 포화 수증기압은 낮다.

[4] **2.** 비난방실에서는 표면 결로가 발생하기 쉽다.

[5] **3.** 24℃에서 결로 발생 A점 $8g$, B점 $19g$이므로 $8\div19\times100=$약 42%,

2. B점의 공기가 20℃의 벽면에 접하면, 벽의 표면에 결로가 발생한다.

4. A점의 공기를 B점의 공기와 동일한 상태로 하려면, 가열과 동시에 건조공기 $1kg$당 약 $11g$의 가습이 필요하다. $19-8=11g$

[6] **3.** 가열과 가습을 동시에 실시할 필요가 있다.

[7] **2.** 엔탈피(kJ)가 k이기 때문에 g으로 환산한다.

[8] **5.** 상대습도는 낮아진다.

6, 7, 8 연습문제 실내공기

1) $Q=0.7\times0.8\times2\times\sqrt{0.8-(-0.5)}=1.276[m^3/s]\times3{,}600=4{,}593[m^3/h]$

2) $$Q=0.7\times0.8\times\sqrt{\frac{2\times9.8\times3\times(17-2)}{273+17}}=0.974[m^3/s]\times3{,}600=3{,}506[m^3/h]$$

1)과 2)는 같은 창이지만, 이 경우에는 풍력환기가 크므로 온도차환기보다 풍력환기가 우선이다.

3) 환기량 $Q=5\times\dfrac{0.02}{0.001-0.0003}=142.9[m^3/h]$

환기횟수 $n=\dfrac{Q}{V}$이므로 $\dfrac{142.9}{25}=5.72[\text{회}/h]$

4) p.49 5) p.48, p.49 6) p.50 7) p.51
8) p.52 9) p.53 10) p.55

6, 7, 8 심화문제 실내공기

[1] **5.** 라돈은 방사성 오염물질이다.
[2] **2.** 제2종 기계환기 방식은, 실내가 부압이 아니라, 정압이다.
[3] **4.** 실의 면적이 아니라 실의 용적이다.
[4] **1.** $Q=\alpha\times A\times\sqrt{\frac{2\times g\times h(t_i-t_0)}{273+t_i}}$
개구간거리 h, 개구면적 A만을 비교한다.
다른 조건은 같으므로 신경쓰지 않는다.
Q는 $\sqrt{h}$에 비례하며, A에 비례한다.
$QA=\sqrt{3}\times0.5=0.87$, $QB=\sqrt{2}\times0.6=0.85$,
$QC=\sqrt{1}\times0.7=0.7$
따라서 $QA>QB>QC$가 된다.
[5] **3.** $Q=\alpha\times A\times v\times\sqrt{C_1-C_2}\,[m^3/h]$에서, $\sqrt{C_1-C_2}$의 풍압 계수의 제곱근에 비례한다.
반비례가 아닌 것에 주의.
[6] **4.** 부압이 아니라 정압이다.
[7] **3.** 환기팬이나 레인지 푸드의 형태에 따라서 바뀐다.
[8] **2.** 짧으면 짧은만큼 공기는 신선하다.

9, 10, 11 연습문제 일조·일사

1) 춘분·추분 : $90°-35.7°=54.3°$
하지 : $90°-35.7°+23.4°=77.7°$
동지 : $90°-35.7°-23.4°=30.9°$
여기에서 위도의 분(′)을 도(°)로 고치고 계산한다.
2) 수평면 직달일사량(J_H) :
$300\times\sin60°=300\times0.87=261\,[W/m^2]$
· 남향연직면 직달일사량(J_V) :
$300\times\cos60°=300\times0.5=150\,[W/m^2]$
3) $D=\varepsilon\times H$의 식에서 $1.9\times25m=47.5m$
4) 벽의 열부하량(열 관류량) $Q=A\times K\times(t_o-t_i)$식에서
$Q=50\times2.5\times(30-20)=1{,}250\,[W]$
5) 유리창일사열 취득율(일사침입율)
$=\frac{\text{투과한 일사량}+\text{흡수한 실내에 방출되는 열량}}{\text{입사한 일사량}}$
$=\frac{200+30}{300}=0.17$
이 수치에서 표 11.2의 흡열유리이다.
6) p.60
7) p.61
8) p.63, 북측의 건물의 요철부를 만들지 않는다.
9) p.68
10) p.70

9, 10, 11 심화문제 일조·일사

[1] **5.** 수평면 > 동쪽·서쪽벽면 > 남쪽동쪽 벽면 > 남쪽 벽면 > 북측벽면이다.
[2] **4.** 작게 할수 있다.
[3] **2.** 크다.
[4] **2.** 일반적으로 약간 흐림쪽이 쾌청시보다 많다.
[5] **1.** 천공방사량은 감소한다.
[6] **5.** 수평루버는 남쪽에 설치, 수직루버는 동쪽·서쪽에 설치하는 것이 유효하다.
[7] **3.** 대기방사량은 일반적으로 약간 흐릴때가 쾌청시보다 크다.
[8] **2.** 창의 실내측보다 실외측에 마련하는 쪽이 효과적이다.
[9] **1.** $90-35-23.4=31.6$
[10] **5.** 단파장 방사의 반사율은 높고, 적외선 등의 장파장 방사의 반사율은 낮다.

12, 13 연습문제 채광·조명

1) 주광율 : $D = \frac{E_i}{E_s} \times 100\,[\%]$

E : 실내에 있는 포인트의 조도 $[lx]$

E_s: 전천공조도 $[lx]$

$4 = \frac{E_i}{E_s} \times 100\,[\%]$

$E_i = 4 \times \frac{E_s}{100}$

흐린날 : $\frac{4 \times 5{,}000}{100} = 200\,[lx]$

맑은날 : $\frac{4 \times 15{,}000}{100} = 600\,[lx]$

2) 역2제곱의 법칙 : $E\,[lx] = \frac{I[cd]}{r^2[m]}$

코사인법칙 : $E'[lx] = \frac{I[cd]}{R^2} \times cos\theta$

A점 : $\frac{100}{1^2} = 100\,[lx]$,

B점 : $\frac{200}{(\sqrt{2})^2} \times cos45° ≒ 71\,[lx]$,

C점 : $\frac{200}{2^2} = 50\,[lx]$

3) p.74　4) p.77　5) p.79, p.80

12, 13 심화문제 채광·조명

[1] **5.** 비례하며, 거리의 2제곱에 반비례한다.
[2] **4.** 명순응보다 암순응 쪽이 시간을 필요로 한다.
[3] **3.** 단위체적이 아니라, 단위면적이다
[4] **1.** cd/m^2이다.
[5] **4.** 적색은 낮고, 백색이 높다.
[6] **2.** 앰비언트 조명은 에너지 절약수법이므로, 휘도는 고려해야 한다.
[7] **2.** 색온도는 일몰보다 정오가 높다.
[8] **4.** 저조도는 색온도의 낮은 빛색이, 고조도는 색온도가 높은빛 색을 선호한다.
[9] **1.** 어두운 곳에서는 간상체, 밝은 곳에서는 추상체가 작용한다.
[10] **4.** 앰비언트조도는 태스크조도의 1/10 이상 확보하는 것이 바람직하다.
[11] **1.** 전천공조도는 보통날의 경우, 15,000lx 정도이다. 5,000lx는 비오거나 흐린날이다.

14 연습문제 색채

1) p.86　2) p.87　3) p.87　4) p.88
5) p.89　6) p.90　7) p.91　8) p.92

14 심화문제 색채

[1] **2.** “빨강”이 아니라, “초록”이다.
[2] **1.** 파랑이 밝고, 빨강이 어둡게 보이는 현상이다.
[3] **5.** 흑색이 된다.
[4] **3.** 보는 방향에 따라서 다를수 있다.
[5] **4.** 채도·명도 함께 높아지는 경향이 있다.
[6] **5.** 높으면 팽창해 보인다.
[7] **5.** 암소시에서 비시감도가 최대가 되는 파장이 짧은파장으로 이동하는 현상이다.
[8] **3.** 액센트효과를 얻을 수 있다.

15, 16 연습문제 음·음환경

1) 음속 $v[m/s] = 331.5 + 0.6 \times t$ 이용,
한여름 35℃일 때 : $331.5 + 0.6 \times 35 = 352.5\,[m/s]$,
한겨울 −10℃일 때 : $331.5 + 0.6 \times (-10) = 325.5\,[m/s]$,
한여름이 30$[m/s]$ 정도 빠르다.

2) $IL = 10log_{10}\frac{10^{-5}}{10^{-12}} = 10log_{10}10^7 = 10 \times 7 = 70dB$

3) p.98 그림 15.6에서, $3dB$ 상승한다.
4) p.98 그림 15.6에서, $3dB+3dB=6dB$ 상승한다.
5) p.99~p.100 참조
6) $60dB$
7) p.102 그림 16.3 참조 약 1.05초

15, 16 심화문제 음·음환경

[1] **3.** 길어진다.
[2] **5.** $6dB$이 된다.
[3] **1.** 높은 음.
[4] **3.** 기온이높으면 높을수록 음속도 빨라진다.
[5] **5.** 실면적이 아니라, 실용적이다.
[6] **4.** $3dB$ 감소한다.
[7] **4.** 실용적에 비례하며 실내의 흡음력에 반비례한다.
[8] **5.** 기체, 액체중에서는 종파이지만 고체중에서는 횡파이다.
[9] **3.** 음색이 다르면 다른소리로 들린다.
[10] **2.** 반향은 반사음과 직접음을 구별하고 들을 수 있어 음의 반복을 셀수 있다.
[11] **3.** 흡음율이 1이 되어도 잔향시간은 0이 되지 않는다.

17, 18 연습문제 흡음방음

1) p.106
2) p.108
3) p.110 예를들면 차의 주행음, 엔진의 소리
4) p.112 5) p.113 6) p.114 7) p.116

17, 18 심화문제 흡음방음

[1] **2.** "중고음역의 흡음"보다 "저음역의 흡음"에 효과가 있다.
[2] **1.** 저음역보다 고음역 쪽이 크다.
[3] **4.** "주택의 침실"보다 "음악홀" 쪽이 작다.
[4] **5.** 고음이 마스크되기 싫다.
[5] **5.** NC20~30이다. NC40~50은 전화의 회화가 하기 어려워지는 레벨이다.
[6] **2.** 높아진다.
[7] **1.** 고음역이 아니라 저음역의 흡음율은 높아진다.
[8] **2.** 저음역이 커진다.
[9] **5.** 방해음의 주파수가 낮은 경우에 발생하기 쉽다.
[10] **2.** NC20~30은 매우 조용한 음환경이고,
NC40~50는 전화회화가 어려운 레벨이다.

19, 20 연습문제 지구도시환경

1) p.119 2) p.119, p.123 3) p.120
4) p.122 5) p.123

19, 20 심화문제 지구도시환경

[1] **1.** 지구규모이므로 히트아일랜드 현상이 일어나기 쉬운 도시지역에 한정한 것이 아니다.
[2] **4.** 우리나라에서는 냉하가 된다.
[3] **3.** 박리류의 현상이다.
[4] **2.** 분기점은 건물의 높이의 60~70%의 부분이다.
[5] **5.** 풍속이 바뀌지 않으면 1.0이 된다.

3 연습문제 급수·급탕

1) p.133 2) p.135 3) p.136 4) p.137
5) p.137 6) p.138 7) p.139, p.140

3 심화문제 급수·급탕

[1] **5.** 급탕 보일러는 항상 관수가 신선한 보급수로 바뀌기 때문에, 일반보일러와 비교해 부식하기 쉽다.
[2] **2.** 서모스탯식 수전은 절수에 유효하다.
[3] **3.** 1분간으로 20ℓ의 물을 20℃가 아니라, 25℃ 상승시키는 능력이다.
[4] **2.** 수도직결에 압력을 증가시키기 때문에 저수조는 필요없다.
[5] **5.** 소화용 수조는 골조를 이용할 수 있다.
[6] **5.** 70*kPa*이다.
[7] **2.** 고층건축물은 30*m*, 50*m*이내마다 조닝계획을 한다.
[8] **4.** 급탕온도는 레지오네라 속균대책으로서, 저탕수조 내에는 60℃이상으로 유지할 필요가 있다. 이외로 고온이 필요하다.
[9] **2.** 고가수조방식은 수도직결방식이 불가능한 한 건물에는 건물규모와 상관없이 사용이 가능하다. 그러므로 대규모 건축물에도 적합하다.
[10] **2.** 저수조의 수량은 너무많이 모으면 오염되기 쉬워지기 때문에 비위생적이다.1일사용량의 40~60%가 적당하다.

4, 5 연습문제 배수·통기

1) p.144 2) p.145 3) p.145, p.146 4) p.146
5) p.148 6) p.151 7) p.151

4, 5 심화문제 배수·통기

[1] **3.** 배수종관의 관경보다 작게 해서는 안 된다.
[2] **5.** 이중트랩은 금지.
[3] **4.** 작은만큼 깨끗한 물이다
[4] **5.** 그리스 조집기의 유입관에는, 트랩을 마련하지 않는다.
[5] **1.** S 트랩은 수직에 배수되기 때문에, P 트랩보다 유속이 빨라지며 봉수가 파괴되기 쉽다
[6] **5.** 간접배수로 한다.
[7] **4.** 통기밸브는 부압이 되면 밸브가 열려 공기를 흡입하고 정압이 될때는 밸브가 닫힌다.
[8] **1.** 분류식 하수도는 하수도 본관으로부터의 해충등의 침입방지를 하기위해서 우수트랩이 필요하다.
[9] **3.** 직접배수가 아니라 간접배수이다.
[10] **2.** 트랩의 하류의 배관 도중에 U 트랩을 마련하면 이중트랩이 되므로 금지사항이다.

6, 7 연습문제 위생·가스

1) p.156 2) p.155 3) p.157

6, 7 심화문제 위생·가스

[1] **4.** 세면기의 최저필요 압력은 일반 수도꼭지는 30kPa, 샤워는 70kPa이다.

[2] **1.** 바닥 면에서 30cm 이내의 높이에 설치한다

[3] **1.** 대변기의 세정밸브의 최저필요압력은 70kPa이다.

[4] **5.** 액화석유가스는 LPG이고 도시가스는 LNG이다.

[5] **3.** 헤더배관공법은 동시 사용시의 수량의 변화가 적고, 안정된 급수이다.

[6] **1.** 무수 소변기는 물을 사용하지 않는 절수방식이다. 트랩내에 물보다 비중이 작은 실(seal)액을 넣고 있다.

[7] **1.** 로탱크 방식의 대변기는 급수관 지름을 작게 할 수 있다.

[8] **1.** 탱크레스 대변기는 급수관내의 수압을 직접 이용하여 세정하므로 설치부분의 급수압을 꼭 확인해야 한다.

8, 9, 10 연습문제 공조

1) p.163 2) p.166 3) p.168 4) p.172, p.173
5) p.175

8, 9, 10 심화문제 공조

[1] **2.** 가스터빈보다 가스엔진 쪽이 높다.

[2] **3.** 바닥면 근처에 설치한다.

[3] **2.** 에너지 소비량이 증가한다.

[4] **1.** 응축기뿐만아니라 흡수기에도 냉각수가 필요하기 때문에, 냉각수를 많이 필요로 한다.

[5] **4.** 공기열원 히트펌프 방식의 룸에어컨의 난방능력은 외기의 온도가 낮아질수록 저하한다.

[6] **5.** 외기의 엔탈피가 실내공기의 엔탈피보다 낮은 경우이다.

[7] **2.** 존마다 VAV 유닛을 실에 배치하기 때문에 개별온도 제어가 가능하다.

[8] **4.** 성적계수(COP)의 값은 낮아진다.

[9] **5.** 성적계수(COP)는 수치가 큰만큼 효율이 좋다고 말할 수 있다.

[10] **5.** 흡수냉동기는 동일용량의 원심냉동기와 비교하면, 응축기나 흡수기에도 냉각수를 필요로 하기 때문에 냉각수를 많이 필요로 한다.

11, 12 연습문제 공조기기·환기

1) p.178 2) p.178 3) p.182
4) p.184

$$\text{갤러리면적}\,[m^2] = \frac{\text{풍량}}{\text{유효개구율}} \times \text{풍속}$$

$$= \frac{1{,}800}{0.4} \times 2 \times 3{,}600 = 0.625\,[m^2]$$

예를 들어 0.9W×0.7H의 갤러리를 만들수 있다.

5) p.183

11, 12 심화문제 공조기기·환기

[1] **4.** 클린룸은 항시 정상으로 유지한다.

[2] **2.** 2종기계환기방식이다.

[3] **1.** 1종기계환기방식이다.

[4] **2.** 접촉면적과 시간이 많을수록 향상한다.

[5] **5.** 고압덕트로 한다.

[6] **2.** 제3종환기 방식으로 한다.

[7] **3.** 10m이상 거리를 둔다. 이것은 여름의 레지오네라속균의 번식을 막기 위해서이다.

[8] **3.** 공조기에 부담을 줄일 수 있지만, 공조기의 송풍량을 작게 할수는 없다.

[9] **5.** 주방내에 객석의 악취 등이 유입되지 않도록 주방에 배기팬을 마련해 부압으로 유지하게 한다.

[10] **3.** 성적계수는 일반적으로 외기의 온도가 낮아질수록 저하한다.

13, 14, 15, 16 연습문제 전기·조명

1) p.187 2) p.189 3) p.190 4) p.190
5) p.191 6) p.191 7) p.193 8) p.196
9) p.197 10) p.199

13, 14, 15, 16 심화문제 전기·조명

[1] **3.** A종, B종, C종 및 D종의 4종류가 있다.

[2] **1.** 환자의 안색을 보고 판단하는 병원이나 진단소는 연색성이 높은 쪽이 좋다.

[3] **4.** 저압은 직류로 750*V* 이하, 교류로 600*V* 이하이다.

[4] **5.** 단상 2선식 100*V* 또는 단상 3선식 100*V*/200*V*가 이용되고 있다.

[5] **2.** 정방향이 실지수가 크고 조명율이 좋다.

[6] **3.** 전압강하 때문에 배선사이즈를 굵게 할 필요가 있으므로, 분전반은 전력부하의 중심에 배치한다.

[7] **5.** 매설접지는 물기가 있는 습지를 선정한다.

[8] **1.** 전압이 높은 것은 전력 손실이 작아져, 효율이 좋다.

[9] **2.** B종 접지공사이다. 300*V*이하의 저압용 기기의 철반침대의 접지에는 D종 접지공사를 실시한다.

[10] **4.** 접지는 과전류를 흡수하기위한것이므로 과전류 차단기를 시설해서는 안 된다.

17, 18, 19 연습문제 소화·방재 연습문제

1) p.202 2) p.202, p.203 3) p.203
4) p.204 5) p.204 6) p.205 7) p.206
8) p.207 9) p.208 10) p.209

17, 18, 19 심화문제 소화·방재

[1] **3.** 살수되는 물의 입자가 섬세하며 냉각 효과·질식 효과에 뛰어나므로 기름화재에 유효하다.

[2] **5.** 난간의 통로 측이 아니라 공정측에 설치한다.

[3] **1.** 1호 소화전은 25*m*, 2호 소화전수 15*m* 이내이다.

[4] **5.** 작은 틈새를 마련한다.

[5] **1.** 설계용 수평 지진력의 1/2로 한다.

[6] **2.** 일반적으로 45도가 많지만, 사무소 빌딩의 피뢰설비에 있어서는 60도 이하이다.

[7] **1.** B화재는 기름, C 화재는 전기이다.

[8] **3.** 기계배연설비를 설치한다.

[9] **2.** 바닥면에서 천장까지의 높이가 12*m*이상인 곳에 설치한다

[10] **5.** 인하도선 대신 사용할 수 있다.

20, 21 연습문제 피난설비

1) p.212, p.213, 2) p.213 3) p.214
4) p.215 5) p.217 6) p.217 7) p.218

20, 21 심화문제 피난설비

[1] **1.** 환기설비가 배연설비와 겸용해도 된다.

[2] **2.** 피난 방향과 반대로 연기가 흐르도록 한다.

[3] **3.** 30분간

[4] **5.** 0.2lx이다.
[5] **4.** 이용할 수 있다
[6] **5.** 30m/min 이하이다.
[7] **4.** 연기 감지기는 연기의 농도가 일정치를 초과할 때에 작동한다.
[8] **5.** 낙하방지를 위하여, 에스컬레이터의 말단을 대들보등의 지지재에 견고하게 고정한다.
[9] **3.** 지상층은 위험하여 가장 가까운 층에 운전을 정지한다.
[10] **2.** 정온식열감지기는 주위온도가 설정온도이상이 되었을 때 작동하므로 불과 열을 사용하는곳은 차동식보다 안전하다.

3편 에너지절약

1, 2 연습문제 에너지절약지표

1) p.222 2) p.224 3) p.224 4) p.225
5) p.225 6) p.224 7) p.226

1, 2 심화문제 에너지절약지표

[1] **5.** BEE는 건축물의 환경성능 효율이므로, 커지도록 한다.
[2] **3.** 건축물의 환경 품질(Q)를 분자, 건축물의 환경부하(L)를 분모로 한다.
[3] **2.** 체적이 아니라 바닥면적이다.
[4] **1.** 나눈값이다.
[5] **2.** PAL이다.
[6] **1.** 1차에너지는 석탄, 원유, 수력 등 자연계에 존재하는 상태인것이고, 2차에너지는 가솔린, 도시가스, 전력을 말하고, 1차에너지를 이용하여 변환시킨 에너지이다.
[7] **4.** 에너지 소비량은 1차에너지의 소비량이다.
[8] **3.** PAL의 값이 작을수록 에너지절약으로 판단한다.

3, 4, 5 연습문제 에너지절약 이용·기법

1) p.229 ~ 235 2) p.234 3) p.235, p.236
4) p.236 5) p.241 ~ 242

3, 4, 5 심화문제 에너지절약이용·기법

[1] **5.** 실외측보다 실내측에 이용한다.
[2] **3.** 파워컨디셔너에서 교류로 전환한다.
[3] **4.** 그 안에 쌓인 열을 배기 또는 회수 재이용한다.
[4] **2.** 축전지는 포함되어 있지 않다.
[5] **1.** DC(직류)방식은, AC(교류)방식과 비교해 출력변동의 영향을 받기 어렵고, 안정공급이 가능한 전력이다.
[6] **3.** 페리메타존의 설명이다. 인테리아존은 외부와 접하지 않은 실내공간이다.
[7] **4.** 바이오매스는 유기성이기 때문에, 탄소를 포함한다.
[8] **1.** 태양전지 패널의 설치 경사각도는 30도 정도로 설치한다.

[9] **1.** 급탕에너지 소비계수

$$= \frac{\text{연간 급탕 소비 에너지양}}{\text{연간 가상 급탕부하}}$$

크면 에너지소비량이 많아지기 때문에 소비계수가 작을 수록 에너지 절약이다.

[10] **4.** 가정용 소형풍력발전기라도 밀집 주택지에는 진동음이나 초음파에 의한 주민간의 마찰이 생기므로 충분히 검토후 설치한다.

6, 7, 8, 9 연습문제 에너지절약 기술·기법

1) p.245 2) p.245~248 3) p.249 4) p.250
5) p.251 6) p.254 7) p.262

6, 7, 8, 9 심화문제 에너지절약 기술·기법

[1] **5.** 히트아일랜드 현상의 완화에 유효하다.

[2] **4.** 25℃가 적절하며, 15℃는 너무 낮다.

[3] **3.** 낮이 아니라 밤이며, 낮의 외기냉방보다 낮은 외기를 이용한다..

[4] **2.** 작을 수록 일사차폐효과가 높다.

[5] **1.** 나눗셈한 것이다.

[6] **2.** 연료전지는 폐기물이 배출되지 않는 깨끗한 차세대의 발전장치로서 기대되고 있다.

[7] **5.** 에코큐트는 겨울철과같이 외기온이 낮으면 능률이 저하한다.

[8] **3.** 방사바닥난방법 방식은 천장이 높은 곳에 유효하지만 실지로는 벽난방과 천정난방이 주로 이루어지고 있다.

[9] **2.** 더운지역에서는 일사열을 차단하는 일사차폐가 가장 중요하다.내단열은 냉방에 도움이 되지만 냉방이 없을 경우에는 실내온도가 상승하는 우려도 있다.

[10] **3.** 연료전지발전은 수명이 10년 정도로 길지 않다.

색인(Index)

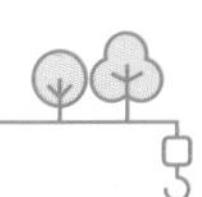

맺는말

본서는 저자의 오랜 세월에 걸쳐 한국과 일본에서 건축계의 대학과 전문학교에서 "건축 환경공학"과 "건축설비"를 가르쳐 온 강의록과 연구경험을 살려서 집필한 건축전문 교과서입니다. 먼저 양국에서 출판된 저자의 『그림으로 보는 건축환경공학』, 『그림으로 보는 건축설비』(기문당출판), 『基礎講座建築環境工学』, 『図説やさしい建築設備』(学芸出版社출판)과는 다른 새로운 내용으로, 환경, 설비, 에너지의 3분야를 하나로 정리할 수 있었습니다. 그리고 일본의 학예 출판사(学芸出版社)의 배려로 『入門テキスト建築環境・設備』 일본어판도 2022년 7월 출판 하였습니다. 본서가 되기까지는 광문각 박정태 사장님께 노고의 감사를 드립니다.

출판에 임해서 한일 교육 기술의 교류에 진력하여서, 양국의 건축환경과 설비를 공부하는 분들이 이 책을 통해 건축 교육 발전과 우호관계에 기여되는 것을 기원하고 있습니다. 전문 교과서를 집필하는 것은 매우 고독한 작업이었습니다만, 항상 사명감과 정열을 가지고, 인내와 노력으로 간행할 수 있었습니다. 끝으로 지금까지 응원해 주신 분들 그리고 가족에게 감사드립니다.

2023년 3월
박찬필

출저 리스트

- 일본건축학회편 "건축설계자 집성 1. 환경" 마루젠, 1978. p140에 가필 수정
- 일본공기조화·위생 공학회편 "공기 조화·위생 공학 편람" 1975, 가필 수정
- 일본건축학회편 "환기설계, 설계계획 팸플릿 18" 쇼코구샤, 1965, 가필 수정
- 일본공기조화·위생공학회 환기 규격 HASS102에 의함
- 일본건축학회편 "건축설계자료 집성 1. 환경" 마루젠, 1978. p119에 가필 수정
- 아사히 파이버 글래스 카탈로그
- 일본건축학회편 "건축설계자료집성 I. 환경" 마루젠, 1978, p122 인용
- 원전: 후지이 마사카즈 "주택의 실내 기후 입문" 쇼코구샤, 출처:일본 건축 학회편 "건축 설계자료 집성 1. 환경" 마루젠, 1978. p97을 토대로 작성)
- 사토 계량기 제작소 홈페이지 인용
- 출처: 건축의 텍스트편집위원회 "개정판 첫 건축 환경" 가쿠게이 출판사, 2014, p83/원출처는 "이과 연표"
- 출처: 와타나베 요 "건축계획원론 I", 마루젠, 1962를 토대로 작성
- 일본건축학회편 "건축설계자료집성 1. 환경" 마루젠, 1978. p105에서 작성
- 일본건축학회편 "건축설계자료집성 1. 환경" 마루젠, 1978. p104에서 작성
- 일본공기조화·위생공학회 자료를 토대로 작성
- 일본판유리 주식회사의 자료를 토대로 작성
- 일본건축학회편 "설계 계획 팸플릿" 쇼코구샤, 1963, p12에 가필 수정
- 파나소닉 조명 설계의 자료를 인용 작성
- 무사시노미술대학 제공
- 기초강좌건축환경 공학 4. p72 인용을 인용
- 일본건축학회편 "건축설계자료 집성 1. 환경" 마루젠, 1978. p2를 참고하여 작성
- ISO(국제 표준화 기구) 226:2003
- 일본건축학회편 "건축설계자료집성 1. 환경" 마루젠, 1978. p36을 참고하여 작성
- 일본건축학회편 "건축설계자료집성 1. 환경" 마루젠, 1978. p19를 인용 작성
- 일본건축학회편 "건축설계자료집성 1. 환경" 마루젠, 1978. p22~23에 가필 수정
- 일본건축학회편 "건축설계자료집성 1. 환경" 마루젠, 1978. p21을 참고하여 작성
- 일본건축학회편 "건축설계자료집성 1. 환경" 마루젠, 1978. p22에 가필 수정
- 환경성의 자료를 참고하여 작성
- 일본건축학회편 "건축설계자료집성 1. 환경" 마루젠, 1978. p13에 가필 수정
- 일본건축학회편 "건축설계자료집성 1. 환경" 마루젠, 1978. p13
- 기상청·이과 연표를 토대로 작성
- 일본건축학회편 "건축설계자료집성 1. 환경" 마루젠, 1978. p108, 109/원 출처 "ASHRAE" ISO-7730을 토대로 작성
- "신건축학 대계 8 자연 환경" 아키라국사를 토대로 작성

참고문헌

한국서적

R.McMullan저 이언구외1인역 『건축환경과학』 태림문화사, 1987년

이경회 『건축환경계획』 문운당, 1987년

이경희 임수영 『친환경건축개론 』 기문당, 2003년

함정도 노정선 『친환경건축의 이해』 기문당, 2003년

카토신스케외2인저 이화철외 7인역 『건축실내환경』 기문당, 2005년

대한건축학회 부산 울산 경남지회편 『친환경건축의 이해』 기문당, 2009년

대한건축학회편 『건축텍스트북 건축설비』 기문당, 2010년

장동찬 김택성 편저 『건축법규해설』 기문당, 2010년

박찬필 『다시태어난 청계천』 기문당, 2012

임정명 『SI단위 건축설비』 기문당, 2013년

김정태외4인 『설비시스템』 기문당, 2013년

오츠카마사유키 『알기쉬운 건축설비』 기문당, 2015년

박찬필 후시미켄 『그림으로 보는 건축환경공학』 기문당, 2016

박찬필 후시미켄 『그림으로 보는 건축설비』 기문당, 2018

박찬필 『일본의 풍토와 경관 서부편』 기문당, 2020

박찬필 『일본의 풍토와 경관 동부편』 기문당, 2021

일본서적

- 日本建築学会編 『建築設計資料集成1環境』 丸善, 1978
- 石福昭他2人 『大学課程建築設備』 オーム社, 1988
- 山田由紀子 『建築環境工学』 培風館, 1989
- 建築大辞典第2版 彰国社, 1993
- 出和生・田尻陸夫 『建築コース建築設備テキスト』, 1996
- 健康をつくる住環境編集委員会 『健康をつくる住環境』 井上書院, 1998
- 吉村武他2人 『絵とき建築設備』 Ohmsha, 2001
- 日本建築学会編 『建築と都市の緑化計画』 彰国社, 2002
- 加藤信介他2人 『図説テキスト建築環境工学』 彰国社, 2002
- 小笠原祥五他2人 『建築設備第三版』 市ヶ谷出版社, 2002
- 〈建築のテキスト〉編集委員会 『初めての建築設備』 学芸出版社, 2003
- 福田健策・高梨亮子 『専門士課程建築計画』 学芸出版社, 2004
- 図解住居学編集委員会編 『図解住居学5住まいの環境』 彰国社, 2004
- 「建築の設備」 入門編集委員会編著 『建築の設備入門』, 2005

- 倉渕隆『初心者の建築講座『建築環境工学』市ヶ谷出版社, 2006
- 田中俊六他4人『最新建築環境工学』井上書院, 2006
- 環境工学教科書研究会編著『環境工学教科書』彰国社, 2006
- 今村仁美・田中美都『図説やさしい建築環境』学芸出版社, 2009
- 堀越哲美他9人『建築環境工学-環境のとらえ方とつくり方を学ぶ-』学芸出版社, 2009
- 宇田川光弘他3人『建築環境工学-熱環境と空気環境-』朝倉書店, 2009
- 大塚雅之『初学者の建築講座建築設備』市ヶ谷出版社, 2011
- 朴賛弼『ソウル清渓川再生』鹿島出版会, 2011年
- 建築のテキスト編集委員会『初めての建築環境』学芸出版社, 2014
- 伏見建・朴賛弼『図説やさしい建築設備』学芸出版社, 2017
- 三浦昌生『基礎力が身につく建築環境工学』森北出版株式会社, 2018
- 検定公式テキスト『家庭の省エネエキスパート検定改訂6版』省エネルギーセンター, 2018
- 朴賛弼・伏見建『基礎講座建築環境工学』学芸出版社, 2020

저자 소개

박찬필(朴賛弼)

학위

공학박사·환경연구가,

일본호우세이대학(法政大學)공학부 건축과박사과정수료, 국비유학생(일본문부성)

전공

건축계획, 환경, 설비, 도시재생, 민속건축

강사·교수

일본호세이대학(法政大學), 무사시노미술대학(武藏野美術大學), 동경코우카쿠인전문학교(東京工學院専門學校), 동경테크닉칼리지(T.T.C), 직업능력개발단기대학동경건축칼리지(職業能力開発短期大学校東京建築カレッジ일본후생성운영)겸임강사, 계원예술대학초빙교수, 한양대학교공학과건축학부겸임 교수

현재

일본호세이대학(法政大學) 디자인공학부건축학과전임교원, 일본민속건축학회이사

저서

『入門テキスト建築環境·設備』学芸出版社

『그림으로 보는 건축설비』 기문당, 『図説やさしい建築設備』 学芸出版社

『그림으로 보는 건축환경공학』 기문당, 『基礎講座建築環境工学』 学芸出版社

『韓屋と伝統集落-韓国の暮らしの原風景-』 法政大学出版局

『다시 태어난 청계천』 기문당, 『ソウル清渓川再生-歴史と環境都市への挑戦-』 鹿島出版会

『Seoul Cheong Gye Cheon StreamRestoration』(영문판) 기문당

『よみがえる古民家』 柏書房

『일본의 풍토와 경관 서부지방편』 기문당

『일본의 풍토와 경관 동부지방편』 기문당 외 저서 다수

「온열환경에 관한 연구」, 「도시재생」, 「전통민가와 마을을 중심으로」 논문 다수

「역사와 환경도시의 도전. 청계천사진·도면전람회」, 2012년 7월 동경, 2013년 3월 오사카 개최

수상

일본민속건축학회장려상, 무사시노미술대학대학원우수논문작품상, 공익사단법인중앙일한협회공로감사장, 일본민속건축학회우수학술논문상, 무사시노미술대학나가오시게다케우수작품상, 대한건축학회저작상

*Home page: http://www.k.hosei.ac.jp/park/

입문
건축환경설비

2023년 3월 15일 1판 1쇄 인 쇄
2023년 3월 25일 1판 1쇄 발 행

지 은 이 : 박 찬 필
펴 낸 이 : 박 정 태

펴 낸 곳 : **광 문 각**

10881
파주시 파주출판문화도시 광인사길 161
광문각 B/D 4층
등 록 : 1991. 5. 31 제12 - 484호
전 화(代) : 031-955-8787
팩 스 : 031-955-3730
E - mail : kwangmk7@hanmail.net
홈페이지 : www.kwangmoonkag.co.kr

ISBN : 978-89-7093-092-3 93540

값 : 29,000원

한국과학기술출판협회
Korean Science & Technology Publisher Association